Janzen

—

Kalkül und Sprache

EPISTEMATA

WÜRZBURGER WISSENSCHAFTLICHE SCHRIFTEN

Reihe Philosophie

Band 496 — 2011

Jan Janzen

Kalkül und Sprache

Freges und Wittgensteins Überlegungen zur Bedeutung formaler Sprachen im Verhältnis zur modelltheoretischen Tradition

Königshausen & Neumann

Bibliografische Information der Deutschen Nationalbibliothek

Die Deutsche Nationalbibliothek verzeichnet diese Publikation in der Deutschen Nationalbibliografie; detaillierte bibliografische Daten sind im Internet über http://dnb.d-nb.de abrufbar.

D 188

Gedruckt auf säurefreiem, alterungsbeständigem Papier
Umschlag: skh-softics / coverart
Umschlagabbildung: © Anke Thiele
Bindung: Verlagsbuchbinderei Keller GmbH, Kleinlüder

Printed in Germany
ISBN 978-3-8260-4540-0
www.koenigshausen-neumann.de
www.buchhandel.de
www.buchkatalog.de

Vorwort und Danksagung

Das vorliegende Buch stellt eine teils massiv überarbeitete Version eines Textes dar, der im Jahr 2008 von der Freien Universität Berlin als Promotion angenommen wurde.

Bereits der ursprüngliche Text war dabei auf recht verschlungenen Wegen entstanden: Begonnen in einem von Prof. Dr. Sybille Krämer betreuten Projekt als mathematikhistorische Arbeit zur Entstehung der Zahl Null in der modernen Mathematik, wurde mir alsbald deutlich, dass der in der Erfindung dieser Zahl sich so deutlich niederschlagende Wandel allein einen Aspekt einer ganz grundlegenden Reevaluation der Mathematik darstellt, deren allgemeine Betrachtung sich fortan immer mehr in den Mittelpunkt meines Interesses drängte. Das Ende dieses Weges bildete schließlich eine Arbeit, in deren Mittelpunkt die Frage nach der *Bedeutung* mathematischer und logischer Ausdrücke stand. Die erneute Überarbeitung des Textes änderte nun zwar nichts mehr an dieser Grundausrichtung, allein sie war hoffentlich hilfreich, die vorgetragenen Argumente in all ihren Voraussetzungen noch einmal deutlicher und klarer herauszuarbeiten.

Zu besonderem Dank bin ich Prof. Dr. Holm Tetens verpflichtet, der die Betreuung der Arbeit erst zu einem sehr späten Zeitpunkt übernahm und sich fortan sehr engagiert um ihre Fortentwicklung kümmerte. Ähnlich einschlägig wie die Diskussionen mit ihm waren für die Entstehung der Thesen dieses Buches die mit Prof. Juliet Floyd – auch ihren stetigen Bemühungen zur Unterstützung meiner Arbeit verdanke ich sehr viel. Zudem muss ich Prof. Dr. Sybille Krämer für ihre langjährige Unterstützung danken. Für hilfreiche Diskussionen von Teilen der Arbeit danke ich außerdem Jun. Prof. Dr. Gregor Betz, Dipl. Math. Peter Krautzberger, Dr. des. David Lauer, M.A. David Löwenstein sowie Dipl. Math. Tobias Lessmeister – sowie außerdem den Teilnehmern des im Sommer 2006 von mir an der FU Berlin organisierten Workshops ‚Die Mathematik und ihre Philosophien' und denjenigen einer Arbeitsgruppe zu eben diesem Thema, in der über den Zeitraum einiger Jahre die Thesen dieser Arbeit immer wieder diskutiert wurden. Für hilfreiche Korrekturvorschläge danke ich auch Olaf Reineke und Iris Hochhaus.

Auf einer persönlicheren Ebene fühle ich mich aufgrund ihrer durchgehenden Unterstützung auch in schwierigen Zeiten meiner Lebensgefährtin Anke Thiele zu großem Dank verpflichtet sowie meinen Eltern, ohne deren stets selbstlose Unterstützung diese Arbeit vielleicht nie entstanden wäre.

Berlin, im April 2011. *JJ*

für Emil & Anke

Inhalt

TEIL I:
EINLEITUNG

I.I.

Einleitung: Logik und Mathematik zwischen Kalkül und Sprache

In vielen alltäglichen Situationen können Missverständnisse dadurch vermieden oder behoben werden, dass man die Gesprächsteilnehmer mit einem für den Debattenausgang ausschlaggebenden Gegenstand *sinnlich* konfrontiert. Um ein triviales Beispiel zu nennen erscheint es zur Klärung, ob der im Nebenzimmer befindliche Tisch drei oder vier Beine hat, als weitaus angemessener, sich in besagtes Zimmer zu begeben und den Tisch in Augenschein zu nehmen, als etwa die Gründe für unterschiedliche Meinungen gegeneinander abzuwägen.

Jedoch gibt es in unserem sprachlichen Repertoire eine ganze Reihe von Begriffen, für deren Klärung uns diese Strategie versagt bleibt. Ganz besonders dringlich scheint das Bedürfnis, Fehldeutungen zu vermeiden, für die Begriffe der Mathematik und Logik zu sein, die nicht erst seit der zunehmenden Verwendung technischer Artefakte eine Vielzahl unserer Umgangsweisen mit der Welt prägen und deren Unverlässlichkeit daher dem reibungslosen Ablauf unseres Hantierens in und mit der Welt in erheblichem Ausmaß Schaden könnte. Wie bereits angedeutet aber lässt sich die Tatsache, dass wir bezüglich dieser Ausdrücke Missverständnissen aufsitzen, leider nicht dadurch ausschließen, dass wir die fraglichen Gegenstände einfach mit besonders großer Intensität und Sorgfalt betrachten. Denn spätestens auf den zweiten Blick wird deutlich, dass niemand jemals eine Sinneswahrnehmung der Dinge gehabt hat, über die in mathematischen und logischen Sätzen gesprochen wird: Für jeden jemals gesehenen Kreis gibt es den Punkt, an dem seine immer schärfere Fokussierung zu erkennen erlaubt, dass er dem mathematischen Ideal nicht vollständig genügt. Und auch hinsichtlich der Zahlen scheint eine Wahrnehmung ihrer als ausgeschlossen, da wir ja wohl nicht davon ausgehen, dass, sollte jede geschriebene *Ziffer* ‚2' zerstört worden sein, damit auch die *Zahl* 2 zerstört wäre. Ganz zu schweigen von abstrakteren mathematischen Gebilden wie Funktionen oder gar den so genannten ‚logischen Konstanten'.

Verwunderlich an dieser ersten Bestandsaufnahme aber wirkt allemal, dass mathematische und logische Sätze in den meisten kommunikativen Zusammenhängen als besonders zuverlässig behandelt werden; erschiene es doch, gegeben den aufgezeigten Mangel, als plausibler, gerade bezüglich dieser Sprachbestandteile in besonderem Maße daran zu zweifeln, ob wir das, was wir mit ihnen zur Darstellung bringen wollen, auch tatsächlich korrekt dargestellt haben.

Die sich somit andeutende Schwierigkeit kann man vielleicht dadurch am besten dingfest machen, dass man sie als die Unmöglichkeit versteht, die *Bedeutungen* mathematischer und logischer Ausdrücke sinnlich zu erfassen. Denn bereits wenn man die Aussage, dass Sätze der Mathematik und Logik eine Bedeutung besitzen, nur soweit expliziert, dass sie uns nicht als schlichte Kritzeleien begegnen, sondern als wahrheitsfähige Aussagen, wird das benannte Problem greifbar: Auf welcher Grundlage entscheiden wir über ihre Wahrheit oder Falschheit? Zumindest der oben angewandte Kniff, hierzu direkt auf Wahrnehmungsurteile zurückzugreifen, steht uns an dieser Stelle nicht zur Verfügung.

Im Zentrum dieser Arbeit wird die Darstellung zweier Positionen stehen, die sich als Ausarbeitungen dieses noch recht spärlich artikulierten Bedeutungsbegriffs mathematischer und logischer Ausdrücke verstehen. Die *systematische* Frage, ob eine dieser Positionen tatsächlich eine angemessene Erklärung anbieten kann, warum wir in mathematischen und logischen Sätzen derart verlässliche Instrumente erkennen, wird zwar im Hintergrund der folgenden Ausführungen stets präsent sein, in den drei Hauptteilen aber zugunsten einer *historisch-immanenten* Rekonstruktion der beiden zu thematisierenden Positionen zurücktreten und erst im Schlussteil wieder ins Zentrum der Aufmerksamkeit rücken.

Die begriffliche Differenz, die als Grundlage für die darzustellende Unterscheidung der beiden Positionen angesehen werden kann, datiert zumindest bis auf Gottfried Wilhelm Leibniz zurück: Dieser unterschied in seinem Vorhaben, allgemeine Strukturen aller symbolischen und kognitiven Fähigkeiten des Menschen herauszuarbeiten, zwischen zwei Teilprojekten:[1] Das erste bestand in der Formulierung eines so genannten ‚calculus ratiocinator', eines im modernen Sinn syntaktischen Kalküls, der die symbolische Repräsentation allen menschlichen Räsonierens ermöglichen sollte und in dem Meinungsverschiedenheiten letztlich durch reine Rechenvorgänge aus der Welt geschafft werden könnten. Sein Interesse galt jedoch ebenfalls der Erschaffung einer ‚lingua universalis', die man in zeitgenössischer Terminologie als eine bedeutungsvolle Sprache verstehen kann, deren undefinierte Grundkonstanten Begriffe zur Darstellung bringen sollen, die jedem menschlichen Sprechen gemeinsam sind.

Die leibnizsche Unterscheidung erlebte eine nachhaltige Renaissance im Jahr 1967, als sie von Jean van Heijenoort zur Differenzierung zweier Traditionen herangezogen wurde, in denen verschiedene Interpretationen der modernen mathematischen Logik zum Ausdruck kamen. In Bezug auf das Verhältnis der Forschungen Gottlob Freges und George Booles verdeutlichte er in einem kurzen aber wegweisenden Text,[2] dass Boole sich der Intuition verpflichtet fühlte, logische Systeme als syntaktische *Kalküle* zu deuten, wohingegen Freges Projekt primär darin bestand, die leibnizsche Idee einer Universal*sprache* fortzuführen.

Um jedoch die volle Tragweite dieser Unterscheidung sichtbar zu machen, soll sie im Folgenden in ihrer Weiterentwicklung durch Jaakko Hintikka zugrunde gelegt werden. Erst dieser nämlich interpretiert die Unterscheidung in derart umfassendem Sinn, dass sich ihre beiden Seiten als genuin unterschiedliche *philosophische* Konzeptionen hinsichtlich der Bedeutung logischer und mathematischer Sätze zu erkennen geben – oder sogar darüber hinaus der Bedeu-

---

[1] Vgl. Leibniz (1955).
[2] Vgl. Van Heijenoort (1967).

tung sprachlicher Äußerungen insgesamt. Erst die von ihm als ‚ultimative Präsupposition der Philosophie des 20. Jahrhunderts'[3] geltend gemachte Unterscheidung zwischen einer Position, die *Sprachen als Kalküle* versteht und einer, die *Sprachen als universelle Medien* deutet, ist es also, die hier als Ausgangspunkt gewählt werden soll, weil erst sie erkennen lässt, wie grundlegend die Unterscheidung tatsächlich ist. Denn Hintikka legt in seiner Bestimmung Wert darauf, dass diese Unterscheidung nicht primär einer besseren Differenzierbarkeit historischer Details geschuldet ist, sondern die Gegenüberstellung unterschiedlicher philosophischer Weltanschauungen ermöglicht. Bereits die Tatsache allerdings, dass in Hintikkas Differenzierung nur noch unterschiedslos von Sprachen ausgegangen wird, kann als Hinweis darauf verstanden werden, dass im Folgenden der Gewinn, eine philosophisch höchst wichtige Unterscheidung zu untersuchen, nur um den Preis zu haben sein wird, dass der Untersuchungsradius zumindest an manchen Stellen von dem klar umrissenen Gebiet formaler mathematischer und logischer Sprachen auf das weit komplexere Terrain natürlicher Sprachen ausgedehnt wird.

Die erste der von Hintikka benannten Positionen wird sich als eine erweisen, die davon ausgeht, dass für logische und mathematische Sätze eine Begründung erforderlich ist, die zu der eingangs hinsichtlich von Sätzen über Gegenstände der Außenwelt gegebenen analog ist, und dass Zweifel an derartigen Aussagen angebracht sind, solange keine solche Begründung gefunden wurde. Diese Auffassung resultiert letztlich aus der Annahme, dass jede *sprachliche* Begründung in einen problematischen Regress mündet, da ja auch bezüglich der erklärenden Sprache wiederum sichergestellt werden muss, dass keine Missverständnisse bestehen. Die Unvermeidlichkeit eines infiniten Regresses folgt dann des Weiteren aus der Kernthese dieser im Folgenden als *algebraische Bedeutungstheorie* bezeichneten Position, *der zufolge jede Sprache beliebig reinterpretiert werden kann* und somit keine Sprache als ein Endpunkt in dem Sinne akzeptiert werden sollte, dass die Bedeutungen ihrer Ausdrücke als fixiert vorausgesetzt werden dürften, wenn die Bedeutungen von Ausdrücken einer anderen Sprache angegeben werden sollen. Eine hinreichende Begründung der Bedeutung sprachlicher Ausdrücke ist dieser Position zufolge also mit allein sprachlichen Mitteln prinzipiell nicht zu leisten. Welches Begründungsmodell stattdessen vorgeschlagen wird, soll im anschließenden zweiten Teil dieser Arbeit geklärt werden, der gänzlich im Zeichen der Frage stehen wird, wie ausgehend von den just angedeuteten Thesen eine Bedeutungstheorie für mathematische und logische Ausdrücke präzise ausgearbeitet werden kann.

Die Darstellung dieser Position allerdings wird im Rahmen dieser Arbeit primär als Kontrastfolie der tatsächlich im Zentrum stehenden Ausarbeitung der zweiten Position dienen, denn gerade anhand ihrer Gegenüberstellung werden die wesentlichen Momente dieser zweiten Spielart deutlich, die Hintikka als *universalistische* Position bezeichnet und in deren Mittelpunkt die These steht, *dass*

[3] Vgl. Hintikka (1997).

eine als interpretiert vorauszusetzende Sprache den Rahmen jedweder Bestimmung sprachlicher Bedeutung abgeben muss. Die wichtigsten Vertreter dieser Position sind Hintikka zufolge Gottlob Frege, Ludwig Wittgenstein und Willard van Orman Quine. In dieser Arbeit allerdings soll sich allein den ersten beiden dieser Denker gewidmet werden, und zwar aus folgenden Gründen: Erstens ist dieses Buch auch ohne einen eigenen Teil über Quine lang und kompliziert genug. Der zweite und wichtigere Punkt allerdings besteht darin, dass Wittgensteins Beschäftigung mit der Philosophie Freges seine Auseinandersetzung mit der jedes anderen Philosophen weit in den Schatten stellt und sich die universalistische Position mitsamt ihrer Stärken und Schwächen nicht zuletzt aufgrund dieser direkten Bezugnahme in dem Verhältnis ihrer Ansätze so gut wie nirgends sonst zu erkennen gibt.

Freges und Wittgensteins Philosophien der Logik und Mathematik also sollen im dritten und vierten Teil in den Mittelpunkt des Interesses gerückt werden. Zwar wird sich in diesem Zusammenhang zeigen, dass es *prima facie* naheliegende Gründe für Hintikkas Vereinigung beider Konzeptionen in einer einzigen Position gibt. Gleichwohl wird aber nach der eingehenden Evaluation ihrer Überlegungen auch zu fragen sein, ob sich die These tatsächlich halten lässt, dass beide Vertreter einer im Kern identischen Position sind.

In Bezug auf die Gestaltung dieser Arbeit ist noch darauf hinzuweisen, dass am Ende der einzelnen in § unterteilten Kapitel die Ergebnisse in Form von Thesen zusammengefasst werden. Sollten Hervorhebungen in Zitaten nicht eigens markiert sein, stammen sie vom Verfasser des Zitats. Wenn außerdem für bestimmte Texte Abkürzungen verwendet werden, so werden diese bei deren erster Nennung eingeführt.

TEIL II:

DIE ALGEBRAISCHE THEORIE DER BEDEUTUNG

II. I.

Einführung: Vom Schema zur Bedeutung

In diesem ersten Teil soll eine Bedeutungstheorie für mathematische und logische Aussagen vorgestellt werden, die sich vor dem Hintergrund der bereits erwähnten Traditionslinie entwickelt hat, in der Sprachen als ‚Kalküle' verstanden werden. Diese algebraische Bedeutungstheorie ist durch den Versuch ausgezeichnet, auf vorausgesetzte sprachliche Klassifikationen gänzlich zu verzichten und stattdessen für jede Sprache zu bestimmen, ob sie dem tatsächlich angemessen ist, worüber mit ihr gesprochen werden soll: Sprachen sind ihr zufolge allein Mittel zu unabhängig von ihnen gegebenen Zwecken, bzw. reine Wiedergabeinstrumente von Erkenntnissen, die prinzipiell immer auch ohne Bezugnahme auf die Sprache gewonnen werden können.

Da diese Tradition wie erwähnt ihren Ausgang von einer bestimmten Logikkonzeption nimmt, bietet es sich an, ihre Erschließung mit der Explikation dieser Logikauffassung anheben zu lassen. Die Logikkonzeption, die der algebraischen Position als Ausgangspunkt dient, ist die derzeit zumeist vertretene *schematische* Auffassung. Bevor diese allerdings dargestellt werden soll, muss vor einer vorschnellen Identifikation dieser Logikkonzeption mit der später vorzustellenden Bedeutungstheorie gewarnt werden, denn die schematische Logikkonzeption kann auf ganz unterschiedliche Arten interpretiert werden und mit Quine ist einer ihrer Verfechter sogar eher der hier als universalistisch bezeichneten Tradition zuzurechnen. Demnach ist es nicht die schematische Logikkonzeption an sich, sondern erst ihre spezielle Interpretation dieser Konzeption, in der die Besonderheiten der algebraischen Bedeutungstheorie zu Tage treten. Und dies ist auch der Grund, warum sich dieser Konzeption hier nur sehr knapp in dieser Einführung zugewandt werden soll: Es soll möglichst rasch zur speziellen Deutung dieser Konzeption innerhalb der algebraischen Bedeutungstheorie vorangeschritten werden, da sich erst an diesem Punkt die Besonderheiten der eigentlich zu betrachtenden Bedeutungstheorie zu erkennen geben werden.

Versuchen wir uns dennoch kurz die Antwort der schematischen Logikkonzeption auf die im Kern der Logik verankerte Frage nach den logisch-inferentiellen Eigenschaften unserer Sätze vor Augen zu führen. Die Besonderheit ihrer Antwort liegt darin, dass sie nicht direkt von den Sätzen spricht, sondern den Gegenstandsbereich der Logik mit so genannten Satz*schemata* bevölkert. Diese Schemata sollen allein die logischen Aspekte der Sätze zur Darstellung bringen und sind deswegen so hilfreich, weil man bei einer Beschränkung auf Schemata nicht länger von nicht-logischen Eigenschaften abgelenkt wird. Ein solches Schema entsteht, wenn alle Bestandteile eines Satzes mit Ausnahme der ‚logischen Konstanten' (‚*und*', ‚*nicht*', ‚*Es existiert ein*', ‚*ist gleich*') durch ‚Platzhalter' ersetzt werden (wobei gleiche Ausdrücke durch gleiche Platzhalter zu ersetzen sind). Der Satz ,Julius Cäsar ist Kaiser von Rom und Julius Cäsar ist nicht Kaiser von Rom' ergibt also folgendes Schema: ,$f(x)$ und nicht $f(x)$'.

Ein sehr offensichtliches Problem der Bestimmung der Logik als Untersuchung der inferentiellen Eigenschaften solcher Schemata liegt darin begründet, dass die Logik es ihr zufolge scheinbar ausschließlich mit linguistischen Objekten zu tun hat. Sie könnte uns in der genannten Form genau genommen nicht einmal etwas über den Status unserer *Sätze* mitteilen, weil sie die Bedeutung dieser Sätze nicht erfassen kann, und zwar aus dem schlichten Grund, dass ihre Untersuchungsgegenstände zu großen Teilen aus bedeutungslosen Ausdrücken bestehen und daher die wesentliche Eigenschaft unserer Sätze vermissen lassen, *wahr oder falsch* zu sein.

Betrachtet man jedoch etwas eingehender die Form, die der Untersuchung der Schemata gegeben wird, dann muss dieser erste Eindruck als Fehldiagnose zurückgewiesen werden. Denn es gibt sehr wohl eine Entsprechung zur Unterscheidung wahrer und falscher Sätze, und diese führt dazu, dass die sich andeutenden negativen Konsequenzen samt und sonders umschifft werden können. Gemeint ist die Unterscheidung zwischen *gültigen und ungültigen* Schemata: *Gültig* ist ein Schema genau dann, wenn es für alle möglichen Ersetzungen seiner Platzhalter durch syntaktisch passende Ausdrücke zu einem wahren Satz wird (da von dem angegebenen Beispielschema das genaue Gegenteil gilt, wird es als *ungültig* bezeichnet). Ausgehend von dieser Definition können dann doch die uns eigentlich interessierenden logischen Eigenschaften von Sätzen bestimmt werden: Ein Satz ist *logisch wahr* genau dann, wenn ihm ein gültiges Schema entspricht (da er wiederum die entgegengesetzte Eigenschaft aufweist, wird unser Beispielsatz als *logisch falsch* bezeichnet).

Die Logik muss somit zwar als ein metalinguistisches Unternehmen betrachtet werden, allein sie kann die Einschränkungen, die sich hieraus *prima facie* für ihren Gegenstandsbereich ergeben, durch die Einführung des Gültigkeitsbegriffs umgehen. Das Gelingen dieser Strategie allerdings setzt die Hilfsmittel voraus, die zur Definition des Gültigkeitsbegriffs benötigt werden. Das ausschlaggebende Prädikat an dieser Stelle ist das der ,Wahrheit unter allen möglichen Ersetzungen'. Etwas zugespitzt kann man an dieser Stelle davon sprechen, dass sich die Ausführungen dieses Teils allesamt mit diesem Prädikat beschäftigen.

Zuerst einmal ist in diesem Zusammenhang das *Wahrheitsprädikat* genauer unter die Lupe zu nehmen. Dass es sogar *nur* dieses Prädikat sein soll, das die Probleme aufhebt, die aus der Einschränkung auf linguistische Objekte zu entstehen scheinen, bemerkt Quine mit folgenden Worten: „[T]he truth predicate serves, as it were, to point through the sentences to the reality; it still serves as a reminder that though sentences are mentioned, reality is still the whole point.“[1]

[1] Quine (1986, S. 14). Dass die Natur ,aller möglicher Ersetzungen' für Quine keine herausragende Rolle spielt, hängt damit zusammen, dass er die in den folgenden Kapiteln thematisierten Annahmen, vor deren Hintergrund eine Reflexion auf diese Ersetzungen erst aussagekräftig wird, *nicht* teilt: Er ist kein Vertreter der algebraischen Bedeutungstheorie, sondern ver-

Dass ein solches Wahrheitsprädikat vorhanden sein muss, ist nun zwar für die schematische Logikkonzeption an sich wesentlich, wie die Definition des Prädikats allerdings genau auszugestalten ist, darin unterscheiden sich die verschiedenen Deutungen dieser Logikkonzeption am deutlichsten. Um also die spezielle Deutung dieser Konzeption in der algebraischen Bedeutungstheorie ausfindig machen zu können, müssen wir den theoretischen Rahmen betrachten, in dem dieser Bedeutungstheorie zufolge das Wahrheitsprädikat definiert wird. Da der Teilbereich der Logik, in dem dies geschieht, gemeinhin unter dem Titel *Semantik* zusammengefasst wird – dem also, was informell als Theorie der *Bedeutung* bestimmt wird – geht es mit anderen Worten in den folgenden Kapiteln allem voran um den Semantikbegriff der algebraischen Bedeutungstheorie.

Ein erster Fingerzeig in Richtung ihres Semantikverständnisses liegt in der Tatsache, dass die Vertreter der algebraischen Position Semantik unisono mit der *Modelltheorie* identifizieren. Ausgehend von einer Analyse der wichtigsten Relation zwischen Schemata, der der logischen Folgerung, sollen im folgenden zweiten Kapitel nach und nach die Kriterien etabliert werden, die eine den Erfordernissen der algebraischen Bedeutungstheorie genügende Semantik zu erfüllen hat und anhand derer zu klären ist, warum gerade die Modelltheorie eine so gute Kandidatin für eine angemessene Bedeutungstheorie darstellen soll.

Neben einer Analyse des Wahrheitsprädikats wird in diesem Zusammenhang dann auch die Frage nach der Natur ‚aller möglicher Ersetzungen' in den Mittelpunkt des Interesses rücken, und damit die nach den Bedeutungen der in den Schemata für die Platzhalter einsetzbaren Ausdrücke (und weil hier letztlich ein Verständnis dieser Ersetzungen zugrunde gelegt werden muss, dem zufolge diese *prinzipiell nicht* ausgehend von einer fixierten Metasprache spezifiziert werden, wird an dieser Stelle implizit auch eine Differenz zur Position Quines erkennbar). Die Anforderungen an eine angemessene Semantik werden es in diesem Zusammenhang allem voran als erforderlich erweisen, dass auf metalinguistischer Ebene auf genügend dieser ‚Interpretationen' zugegriffen werden kann. Diese Anforderung wird in der Semantik zumeist durch die Verwendung einer *Mengentheorie* eingelöst, deren Untersuchung dann im Mittelpunkt des dritten Kapitels stehen wird. Erst in diesem Zusammenhang wird sich deutlich die Differenz der hier darzustellenden Bedeutungstheorie von anderen Interpretationen der schematischen Logikkonzeption zu erkennen geben. In letzteren nämlich wird zumeist die Mengenlehre als auf einem selbst sprachlichen Fundament aufruhende Theorie verstanden. Dieses Vorgehen jedoch widerspricht der Kernthese der algebraischen Bedeutungstheorie, der Reinterpretierbarkeit jeder Sprache. Daher soll hier eine mit dieser These konforme Deutung der Mengenlehre vorgestellt werden, in der auch ihre Sprache als reinterpretierbar und begründbar hinsichtlich unabhängig gegebener Tatsachen betrachtet wird.

---

teidigt vehement einen (sprach-)*immanenten* Wahrheitsbegriff, weswegen er davon ausgeht, dass die zulässigen Ersetzungen vor dem Hintergrund einer *als fixiert zu betrachtenden* Metasprache (‚mother tongue') bestimmt werden müssen. Vgl. auch Hintikka (1990).

Obwohl an dieser Stelle die Darstellung der algebraischen Bedeutungstheorie prinzipiell abgeschlossen sein wird, folgt doch vor einem Resümee noch ein viertes Kapitel, in dem eine Motivation für die Sprachskepsis nachgereicht wird, die sich wie ein roter Faden durch die Ausführungen dieses Teils ziehen wird. In diesem Abschnitt werden Resultate präsentiert, denen zufolge eine alleinige Untersuchung linguistischer Strukturen prinzipiell niemals in der Lage sein kann, ihre möglichen Interpretationen auf eine angemessene Weise einzuschränken. Dies ist der Grund, warum die hier zur Debatte stehende Bedeutungstheorie das Verhältnis von verwendeter Sprache und zu beschreibender Struktur auf eine ganz bestimmte Weise versteht: Es soll zu Beginn ohne sprachliche Hilfsmittel die Struktur ausfindig gemacht werden, die dann erst nachträglich sprachlich beschrieben wird. Denn wenn man die sprachliche Theorie dieser Struktur erst nachträglich anpasst, kann man prinzipiell die von den eben angedeuteten Ergebnissen dargestellte Misere umgehen, der zufolge es beim Vorgehen in anderer Richtung niemals ausgeschlossen werden kann, dass man trotz größter Sorgfalt die intendierte Interpretation letztlich doch nicht zweifelsfrei aussondern kann.

Obwohl der in der Einleitung als ‚Pate' dieser Position herausgestellte Jaakko Hintikka auch im Folgenden zur Klärung bestimmter Aspekte der algebraischen Bedeutungstheorie noch oft zitiert werden soll, so ist es doch wichtig darauf hinzuweisen, dass die folgenden Kapitel *nicht* als Diskussion seiner Position zu verstehen sind. Deren Darstellung würde eine intensive Beschäftigung mit den sehr speziellen technischen Hilfsmitteln voraussetzen, die in Hintikkas Auseinandersetzung mit den hier zur Disposition stehenden Problemen zum Einsatz kommen (allem voran wären das zwei von ihm begründete Felder: erstens die so genannte ‚spieltheoretische Semantik' sowie zweitens die ‚independence-friendly logic').[2] Stattdessen sollen hier die logischen und mathematischen Sprachen und Theorien zugrunde gelegt werden, die in der derzeitigen Debatte als kanonisch angesehen werden (welche das genau sind, wird sich in den folgenden Abschnitten herausstellen). Was also im ersten Teil dieser Arbeit gezeigt werden soll, besteht in erster Linie in einer Darstellung der Form, die eine algebraische Bedeutungstheorie annehmen müsste, die anhand dieser kanonischen Hilfsmittel verfahren würde.

---

[2] Die Besonderheit der ‚spieltheoretischen Semantik' besteht vor allem darin, dass ihr zufolge die semantische Evaluation eines Satzes *nicht kompositional* vonstatten geht, also im Ausgang von den einfachsten Satzbausteinen und hin zu immer komplexeren, sondern reduktiv im Ausgang von den vollständigen komplexen Sätzen.

Die für den hier zur Debatte stehenden Zusammenhang zentrale These Hintikkas in Bezug auf die ‚independence-friendly logic' ist die auf den ersten Blick schwerlich glaubhafte, dass es mit den Mitteln dieser Theorie möglich ist, das Wahrheitsprädikat *ohne Aufstieg zu einer Metasprache* zu definieren. Vgl. Hintikka (1996, Kap. 2 und 6).

II.II.

Semantik und Modelltheorie

Da sich die algebraische Bedeutungstheorie aus einer Konzeption entwickelt haben soll, die Sprachen als Kalküle bestimmt, erscheint es als plausibel, sich ihr über den Begriff des Kalküls zu nähern. Ein solcher Versuch ist jedoch nur dann nicht irreführend, wenn man die sehr spezielle Bestimmung zur Kenntnis nimmt, die dem Kalkülbegriff in diesem Zusammenhang zugesprochen wird. Denn macht auch die gängige Begriffsverwendung Glauben, dass durch eine Bezugnahme auf den Kalkülbegriff gerade die Sphäre der *Syntax* als primärer Untersuchungsgegenstand ausgezeichnet wird, so weist Hintikka darauf hin, dass er und van Heijenoort sich zur Verwendung dieses Begriff aus einem ganz anderen Grund veranlasst fühlten: „Indeed, my choice of the word 'calculus' (or rather, van Heijenoorts choice of the word) is calculated to highlight this *reinterpretability* of the language, *not* it's purely formal character."[1] Nicht die Bedeutungsneutralität des Kalküls steht demnach im Mittelpunkt, sondern vielmehr die hierdurch eröffneten Möglichkeiten, mittels eines Kalküls Aussagen über unter Umständen ganz unterschiedliche Gegenstandsbereiche zu treffen. Das in dieser Hinsicht Wesentliche einer kalkülinternen Folgerungsbeziehung wäre demnach, dass wie auch immer die spezifischen Objekte der Untersuchung geartet sind, diese, sofern sie bestimmte Axiome erfüllen, immer auch bestimmte Theoreme erfüllen müssen. Mit seiner Bestimmung von Sprachen als Kalkülen kommt es Hintikka also gerade darauf an, das Moment einer inhärenten semantischen Variabilität als konzeptionell tragendes Moment einer jeden Sprache zu begreifen: Jeder Sprache ist wesentlich zueigen, dass sie nicht mit einer unhintergehbaren Bedeutung ausgestattet ist, sondern in ihrem Kern offen ist für verschiedene Bedeutungszuweisungen bzw. Interpretationen.

Noch schärfer kann man die Stoßrichtung des verwendeten Kalkülbegriffs durch den Hinweis fassen, dass er gerade auf die *Grenzen* syntaktischer Erwägungen verweisen soll, um damit die Wichtigkeit der als Komplement dieser Untersuchungen verstandenen semantischen Untersuchungen besonders hervorzuheben. Wenn es nämlich die Systematik variierender Interpretationen ist, derer wir zum adäquaten Verstehen unserer Sprache habhaft werden müssen, dann können syntaktische Erwägungen uns in ihrer Erklärung nicht behilflich sein, denn der Begriff der Interpretation scheint den Mitteln syntaktischer Erwägungen verschlossen, eine Untersuchung der Interpretationen allein mit semantischen Methoden möglich. Man kann an dieser Stelle also die erkennbare Tendenz so hervorheben, dass es Hintikka gerade darum zu gehen scheint, die Wichtigkeit und Unumgänglichkeit einer eigenständigen semantischen Theorie zu be-

[1] Hintikka (1988, S.3). Zweite Hervorhebung hinzugefügt.

tonen. Um zu zeigen, dass es tatsächlich eine wissenschaftlich respektable Semantik gibt, die dieser Aufgabe Herr zu werden vermag, wird dann die bereits erwähnte Identifikation von Semantik und *Modelltheorie* bemüht.

Geht man erst einmal heuristisch davon aus, dass die Disziplin, die heute Semantik genannt wird, dem Versuch gewidmet ist, den intuitiven Begriff der Bedeutung präzise zu reformulieren, kann man die erwähnte Identifikation so verstehen, dass hinsichtlich des gesamten Felds, das man informell als Theorie der Bedeutung bezeichnet, einer mathematischen Disziplin die Aufgabe zugewiesen wird, einen vollständigen Methodenkanon derartiger Theoriebildungen darzustellen. Die zentrale Konsequenz dieser Überlegungen besteht dann darin, dass die Grenzen modelltheoretischer Methoden die Grenzen dessen markieren sollen, was von einer Theorie der Bedeutung überhaupt zu verlangen ist.

Obwohl inzwischen davon auszugehen ist, dass die Synonymie beider Begriffe weitestgehend als kanonisch angesehen wird – wovon z.B. die Einleitung in Georg Kreisels und Jean-Louis Krivines Buch ‚Modelltheorie' beredtes Zeugnis ablegt, in der von der „Modelltheorie, auch ‚Semantik' genannt (...)"[2], gesprochen wird –, so ist es doch von großem Interesse, dass diese Äquivalenz von Vertretern der algebraischen Position mit besonderer Vehemenz hervorgehoben wird: Man bemerke etwa die Selbstverständlichkeit, wenn Hintikka von „all semantics (model theory)"[3] spricht. Wie wichtig die Modelltheorie aber tatsächlich für die algebraische Bedeutungstheorie ist, wird erst aufgrund der These bemerkbar, dass letztlich auch der Unterschied der beiden hier im Fokus stehenden Traditionslinien allem voran an ihrem jeweiligen Verhältnis zur (mit der Semantik identifizierten) Modelltheorie hängt: „It is important to realize that what is at issue [concerning the distinction between logic as calculus and logic as language] is strictly the expressibility of semantics."[4] Die Frage, ob ein genaues Verständnis ihrer Funktionsweise einen Grund für diese exponierte Stellung der Modelltheorie anzugeben erlaubt, soll in diesem Kapitel beantwortet werden.

Um philosophische Relevanz und Funktionsweise der Modelltheorie nachzeichnen zu können, soll in einem ersten § die wohl wichtigste Funktion der Modelltheorie für die Lösung philosophischer Probleme vorgestellt werden, da sich vor diesem Hintergrund die Anforderungen, die gerade von der algebraischen Bedeutungstheorie an die Modelltheorie gestellt werden, sehr gut nachzeichnen lassen. Nachdem diese Rolle modelltheoretischer Überlegungen umrissen ist, werden im zweiten und dritten § Aspekte der zeitgenössischen Modelltheorie präsentiert: Im zweiten wird die auf Alfred Tarski zurückgehende Wahrheitstheorie vorgestellt, im dritten werden zentrale Bausteine der Modelltheorie präsentiert. Diese Überlegungen werden nicht zuletzt deswegen voneinander getrennt, weil, wie sich zeigen wird, eine scharfe Unterscheidung zwischen Tarskis Wahrheitstheorie und der Modelltheorie unabdingbar ist, um die Ziele der algebraischen Bedeutungstheorie einlösen zu können. Im abschließenden vierten §

---

[2] Kreisel; Krivine (1972, S. IX).
[3] Hintikka (1993, S. 27).
[4] Hintikka (1992, S. 169).

soll dann anhand des Objektbegriffs der Modelltheorie gezeigt werden, warum sie tatsächlich den Anforderungen gerecht zu werden vermag, die im ersten § an sie gestellt wurden.

§ I. Zum Begriff der logischen Folgerung

Die These, hinsichtlich derer der Modellbegriff überhaupt erst das Interesse auf sich zog, besagte, dass die Modelltheorie eine adäquate Explikation des informellen Bedeutungsbegriffs liefert. Es wird sich jedoch als dienlich erweisen, nicht direkt zur Beantwortung der Frage voranzuschreiten, inwieweit die Modelltheorie eine Theorie sprachlicher Bedeutung darstellt, sondern stattdessen mit einer Analyse der wohl bekanntesten Anwendung modelltheoretischer Ergebnisse in Logik und Philosophie zu beginnen, der mit der oben (S. 14) gegebenen Erklärung von logischer Wahrheit eng verwandten Explikation der *logischen Folgerungsrelation*. An dieser Explikation nämlich wird sich rückblickend sehr genau zeigen lassen, warum die Modelltheorie oftmals als derart aussichtsreiche Kandidatin für eine Theorie sprachlicher Bedeutung angesehen wird.

Es ist schwer möglich, die Rolle des Folgerungsbegriffs für die Logik zu überschätzen: „The intuitive concept of consequence, the notion of one sentence following logically from others, is without doubt the most central concept in logic."[5] Bezüglich dieses Begriffs nun hat sich inzwischen weitestgehend die Meinung durchgesetzt, dass es allein der auf Arbeiten Alfred Tarskis[6] zurückgehenden semantisch-modelltheoretischen Definition des Begriffs gelingt, ihn erstens vollkommen präzise (sprich ohne Verwendung selbst erklärungsbedürftiger Begriffe) und zweitens dennoch in seiner vollen Allgemeingültigkeit zu erfassen. Diese Definition der *Folgerungsrelation* lautet wie folgt:

> *F:* *Ein Schema φ folgt genau dann aus einer Menge von Schemata Γ, wenn jedes Modell der Menge Γ auch Modell von Schema φ ist.*

Dass inzwischen eine breite Zustimmung besteht, dass diese Definition (die laut John Etchemendy „the philosophical locus of the model-theoretic definitions"[7] darstellt) die Folgerungsrelation tatsächlich angemessen erfasst, kann anhand des von Kurt Gödel in den dreißiger Jahren des letzten Jahrhunderts bewiesenen Vollständigkeitssatzes erläutert werden, in dem die Äquivalenz von syntaktischer Ableitungs- und semantischer Folgerungsrelation für die Prädikatenlogik erster Stufe gezeigt wird.[8] Der Satz besagt, dass genau dann, wenn in dieser Theorie eine Aussage φ aus einer anderen ψ semantisch folgt, auch ein Beweis von φ aus ψ auf der Grundlage eines Kalküls existiert, sofern der allein bestimmte elementare Schlussregeln enthält. Gerade weil inzwischen einige Jahrzehnte an Reflexionen zwischen uns und diesem gödelschen Beweis liegen, kann der Grund

---

[5] Etchemendy (1990, S. 6).
[6] Vgl. Tarski (1936, S. 9).
[7] Etchemendy (1990, S.7).
[8] Vgl. Gödel (1930).

für die nach wie vor als verbindlich zu bezeichnende These, dass die eigentliche Definition des Folgerungsbegriffs die modelltheoretische ist, aber nicht länger mittels einer verbreiteten Skepsis hinsichtlich der expressiven Kapazität spezieller syntaktischer Kalküle erklärt werden, sondern muss im Sinne eines Konsenses veranschlagt werden, dass allein die semantische Formulierung des Begriffs das angestrebte Ziel erreicht, den intuitiven Kern des Begriffs angemessen wiederzugeben. Die Zustimmung zu dieser These zeigt sich genau genommen in einer asymmetrischen Wertzuweisung bezüglich des in dem Beweis Geleisteten: Die meisten Kommentatoren sehen das Bemerkenswerte des Satzes in einer Aufwertung des deduktiven Ableitbarkeitsbegriffs, der sich der modelltheoretischen Konzeption als angemessen erwiesen habe. Unbefragt bleibt jedoch, dass den Maßstab der Angemessenheit die semantisch-modelltheoretische Konzeption darstellt, bezüglich derer John Etchemendy folgendes feststellt: „The extensional adequacy [of the model-theoretic definition] (...) is guaranteed on an intuitive or conceptual level, not by means of additional theorems."[9]

Die entscheidende Grundlage für dieses nicht unmittelbar nachvollziehbare Vertrauen besteht in der verbreiteten Annahme einer extensionalen Äquivalenz dieser Definition zu einer als weitaus intuitiver geltenden Definition der Folgerungsrelation, so dass allem voran das Vertrauen in die Korrektheit dieser zweiten Definition als ausschlaggebend für das Vertrauen in die Angemessenheit von *F* betrachtet werden muss. Dies ist die *modale Folgerungsdefinition*:

> *FM:* *Ein Schema φ folgt genau dann aus einer Menge von Schemata Γ, wenn es unmöglich ist, dass gleichzeitig alle Elemente von Γ wahr sind und φ falsch ist.*

Sollte man ein Feld benennen, dessen philosophische Reputation durch die Errungenschaften der Modelltheorie am deutlichsten angewachsen ist, ist die Modallogik sicherlich die aussichtsreichste Kandidatin, denn die Modelltheorie erlaubt zumindest formal eine Erklärung der oft skeptisch beurteilten ‚möglichen Welten', die traditionell die einzige Erläuterung der Modalbegriffe darstellen; mit den Worten David Kaplans: „Tarski reduced possible worlds to models."[10] Darin, dass die Modelltheorie eine adäquate Explikation unserer umgangssprachlichen Modalbegriffe soll bieten können, ist also ein wesentlicher Grund für die große Akzeptanz der modelltheoretischen Folgerungsdefinition zu sehen. Die Frage allerdings, ob die Modelltheorie diese Explikation tatsächlich leisten kann, soll uns erst im vierten § dieses Kapitels beschäftigen.

Versucht man aufgrund des wenigen bislang Ausgeführten eine erste grobe Charakterisierung der Rolle anzugeben, die der Modelltheorie in der Philosophie zukommt, scheint zumindest folgendes als gesichert: Die Modelltheorie soll zur Explikation einer ganzen Reihe problematischer philosophischer Begriffe beitragen, im Besonderen semantischer und modaler. Diese Funktion wird auch in folgender Aussage Stewart Shapiros deutlich: "The model-theoretic formulation of consequence provides a reasonable mathematical model of logical consequence,

---

[9] Etchemendy (1990, S. 4).

[10] Kaplan (1975, S. 216).

one that answers to some of the modal [and] semantic (...) intuitions underlying the pre-theoretic notion of consequence."[11]

Wie sich zum Ende dieses Kapitels zeigen wird, ist es tatsächlich gerade die modelltheoretische Folgerungsdefinition *F*, die Aufschluss darüber zu geben vermag, welche Rekonstruktion unserer semantischen Intuitionen die Modelltheorie anzubieten hat. Um diese Rekonstruktion jedoch angemessen verstehen zu können, mangelt es uns noch an einem klaren Bild der ‚Mechanik' der Modelltheorie. Die folgenden beiden §§ sollen dies zur Verfügung stellen.

§ II. Wahrheitsdefinitionen und Sprachhierarchien

Die tatsächliche Historie nur leicht vereinfachend kann man davon ausgehen, dass es neben dem bereits erwähnten gödelschen Vollständigkeitssatz zwei weitere Ergebnisse waren, die entscheidend zum Entstehen der Modelltheorie als eigenständiger mathematischer Disziplin beigetragen haben[12] und die damit letztlich auch Tarskis Definition des Folgerungskonzepts möglich machten: Zuerst ist die auch in der Philosophie breit rezipierte ebenfalls auf Arbeiten Tarskis zurückgehende Untersuchung des Wahrheitsbegriffs zu nennen, in der einige notwendige Vorarbeiten für die spätere Präzisierung des Folgerungsbegriffs geleistet wurden. Zum anderen müssen die auf Leopold Löwenheim und Thoralf Skolem zurückgehenden und inzwischen als ‚Löwenheim-Skolem-Theoreme' bekannten Sätze erwähnt werden.[13] Bevor allerdings in II.IV. die Resultate von Löwenheim und Skolem noch die einzigen komplexeren modelltheoretischen Sätze darstellen werden, die analysiert werden sollen, ist zuerst einmal das Verhältnis der Modelltheorie zur tarskischen Wahrheitsdefinition zu erläutern.

Tarskis Wahrheitstheorie

Tarski führt seine Wahrheitsdefinition explizit als *semantische* Wahrheitsdefinition ein, wobei der Begriff der Semantik wie folgt erklärt wird: „By semantics we mean the part of logic that, loosely speaking, discusses the relation between linguistic objects (such as sentences) and what is expressed by these sentences."[14] Trotz der von Tarski oft hergestellten Verbindung seiner Theorie zur Semantik ist deren Zusammenhang gerade in den Passagen, in denen die Wahrheitsdefinition eingeführt wird, zumeist jedoch nicht unmittelbar erkennbar:

> „Consider a sentence in English whose meaning does not raise any doubts, say the sentence ⌜snow is white⌝. For brevity we denote this sentence by ⌜S⌝, so that ⌜S⌝ becomes the name of the sentence. We ask ourselves the question: What do we mean by saying that S is true or that it is false? The answer to this question is simple: in

[11] Shapiro (1998, S. 131f.).

[12] Vgl. für einen gelungenen Abriss der Ursprünge der Modelltheorie Vaught (1974).

[13] Auf die Wichtigkeit dieser Resultate für das Entstehen der Modelltheorie machte in jüngster Vergangenheit Calixto Badesa (2004) in einem Buch mit dem paradigmatischen Titel ‚The Birth of Model Theory' aufmerksam.

[14] Tarski (1993, S. 103).

the spirit of the Aristotelian explanation, by saying that S is true we simply mean that snow is white, and by saying that S is false we mean that snow is not white. By eliminating the symbol ⌜S⌝ we arrive at the following formulations:

(1) ⌜Snow is white⌝ is true if and only if snow is white.

(1') ⌜Snow is white⌝ is false if and only if snow is not white."[15]

Dass das zu definierende Wahrheitsprädikat ein *semantisches* ist, wird daran erkennbar, dass die rechte Seite von (1) es erforderlich macht, dass die hier getroffene Aussage eine Spezifikation einer tatsächlich bestehenden Tatsache ist, sprich eine bestimmte semantische Relation zwischen der Aussage und einem Wirklichkeitsausschnitt vorliegt. Vor diesem Hintergrund soll die Definition zeigen, dass die Rechtfertigung, einem Satz die Eigenschaft der Wahrheit zuzuschreiben, identisch mit der Rechtfertigung zu dessen Äußerung ist – sie besteht in beiden Fällen in einer Übereinstimmung der Aussage mit bestimmten Tatsachen. Das exakte semantische Verhältnis zwischen Satz und Tatsache würde besonders deutlich werden, wenn man das Wahrheitsprädikat definitorisch auf ein basaleres Denotationsprädikat zurückführen würde, das Verbindungen zwischen einzelnen Worten und ihren Referenzen einführt. Da jedoch ein äquivalentes Verfahren im folgenden § für die Modelltheorie erläutert werden soll, kann an dieser Stelle auf eine solche Explikation verzichtet werden.

Da der semantische Aspekt somit im Folgenden noch eigens thematisiert wird, soll hier erst einmal ein weiteres wesentliches Moment der Theorie vor Augen geführt werden, die *Unterscheidung zwischen Objekt- und Metastufe*, denn wie sich später noch herausstellen wird ist diese Unterscheidung für die algebraische Bedeutungstheorie (und genau genommen bereits für die schematische Logikkonzeption an sich) von schwer zu überschätzender Bedeutung. Die Notwendigkeit dieser Unterscheidung ergibt sich direkt aus den Zielen, die Tarski mit seiner Theorie verfolgt. Seine Konzeption kann man so beschreiben, dass sie Wahrheit als ‚Zitattilgung'[16] erkennbar machen soll, da die Definition darauf zielt, das direkte assertorische Aussprechen von Sätzen in ein Sprechen von deren Namen (und umgekehrt) zu transformieren. Bezüglich des bisher dargestellten Rahmens kann die tarskische Wahrheitstheorie dieses Ziel allerdings nur bezüglich einer bestimmten Menge von Aussagen erreichen: Tarski selbst stellt fest, dass Sätze wie (1) und (1') nur so lange keine Probleme verursachen, wie in den objektsprachlichen Sätzen das Wahrheitsprädikat *nicht* vorkommt. Die mit dem Auftreten des Wahrheitsprädikats auf dieser Stufe verbundenen Schwierigkeiten, die sich z.B. in der bekannten Lügner-Paradoxie zeigen, treten zwar vorderhand in formalen Sprachen nicht auf, da deren Vokabular keine semantischen

---

[15] Ebd. Statt der von Tarski verwendeten Anführungszeichen werden zur Denotierung syntaktischer Objekte hier und im Folgenden Eckenoperatoren verwendet: Bei mehr als ein Zeichen umfassenden Ausdrücken können diese Operatoren als Kopplung der auftretenden Zeichen im Sinne ihrer Hintereinanderschreibung verstanden werden, also z.B. ⌜*f*(*a*)⌝ als ‚⌜*f*⌝^⌜(⌝^⌜*a*⌝^⌜)⌝', wobei ‚^' als Symbol für die Kopplung der Zeichen zu verstehen ist.

[16] Vgl. z.B. Quine (1974).

Ausdrücke enthält, aber Tarskis Ziel besteht gerade darin, das Wahrheitsprädikat für solche Sprachen zu definieren, es also in deren Vokabular aufnehmen zu können. Genau dies erwies sich aber als unmöglich, denn eines der bekannten Theoreme Tarskis besagt, *dass keine Sprache (die minimalen Anforderungen genügt) ihr eigenes Wahrheitsprädikat enthalten kann.*[17] Um das Ziel, dieses Prädikat zu definieren, dennoch erreichen zu können, musste er dessen Definition also in einer Sprache formulieren, die von der Sprache unterschieden ist, für die das Wahrheitsprädikat jeweils angegeben werden soll. Tarski selbst weist mit folgenden Worten auf die Wichtigkeit dieser Unterscheidung hin:

> „Darum müssen wir immer, wenn wir die Sprache einer formalisierten deduktiven Wissenschaft untersuchen, zwischen der Sprache, *von der* wir sprechen, und der Sprache, *in der* wir sprechen, so wie auch zwischen der Wissenschaft, die Gegenstand der Betrachtung ist, und der Wissenschaft, in der die Betrachtung angestellt wird, deutlich unterscheiden."[18]

Die Sprache, mittels derer man in einer Untersuchung über eine bestimmte andere Sprache spricht, wird von Tarski als ‚Metasprache' bezeichnet, die jeweils untersuchte Sprache dagegen als ‚Objektsprache'. Um diese Unterscheidung zu verstehen gilt es insbesondere, das Instrumentarium der Metasprache zu bestimmen, sprich zu klären, welche Elemente das Vokabular einer Metasprache L_1 enthalten muss, um den eben angegebenen Satz (1) als partielle Definition des Wahrheitsprädikats einer Objektsprache L_0 formulierbar zu machen.

Da die genauen Definitionen das Vokabular sowie den rekursiven Aufbau formaler Sprachen betreffend erst im nächsten § spezifiziert werden, soll an dieser Stelle der Einfachheit halber die Objektsprache aus einem Fragment der englischen Sprache bestehen, nämlich einzig aus dem Satz ⌜Snow is white⌝; die Metasprache ist Deutsch. Trotz der Beschränkung auf dieses Beispiel ist es sinnvoll, den Ausgang nicht von der (in diesem Fall nicht mehr partiellen sondern vollständigen) Wahrheitsdefinition (1) zu nehmen, sondern das

Schema T: ⌜X⌝ ist wahr-in-L genau dann, wenn p.

zu analysieren. Im Zentrum der Aufmerksamkeit steht das (nicht zusammengesetzte) zu definierende Prädikat ‚wahr-in-L', in dem das L die Objektsprache nennt.

Welche Elemente muss nun also die Metasprache beinhalten, um dieses Prädikat definieren zu können? Sie muss erstens eine Menge von Ausdrücken enthalten, die der Metavariable X und den Eckenoperatoren geschuldet sind. Wie oben bereits angedeutet, liefert die Anwendung der Eckenoperatoren den metasprachlichen Namen eines objektsprachlichen Satzes. Für das hier gewählte einfache Beispiel bedeutet das schlicht, dass der L_0-Satz ‚Snow is white' in L_1 einen Namen besitzen muss. Die tatsächliche Komplexität dieser Anforderung wird erst bei immer mehr Sätze und Bildungsmöglichkeiten umfassenden Sprachen

[17] Vgl. das Nachwort zu Tarski (1935, S. 393ff.).

[18] Ebd. S. 281f.

erkennbar und bezüglich natürlicher Sprachen, die im Gegensatz zu formalen Sprachen nicht anhand einer vollständig spezifizierbaren Liste von Rekursionsklauseln aufgebaut sind, bedürfte es einer besonderen Verfahrensweise, um sicher zu stellen, dass *jeder* Satz der Objektsprache einen Namen in der Metasprache besitzt (aber nur unter dieser Voraussetzung ist es möglich, das Wahrheitsprädikat mit der gewünschten Extension auszustatten, nämlich *sämtliche* der in der Objektsprache wahren Sätze). Bezüglich formaler Sprachen ist diese Forderung allerdings aufgrund ihres rekursiven Aufbaus weit weniger schwer erfüllbar, weswegen Tarski seine Ergebnisse allein als aussagekräftig bezüglich derartiger Sprachen verstanden wissen will. Tarski selbst weist auf die Charakteristika dieser ersten Ausdrucksmenge mit folgenden Worten hin: „Ausdrücke von strukturell-deskriptivem Typus, die einzelne Zeichen und Ausdrücke der betrachteten Sprache, ganze Klassen und Folgen solcher Ausdrücke oder endlich die zwischen ihnen bestehenden Relationen bezeichnen.“[19]

Die zweite notwendig in die Metasprache aufzunehmende Ausdrucksmenge besteht aus Ausdrücken, die im *Schema T* für die Metavariable *p* eingesetzt werden können. Es handelt sich in diesem Fall jeweils um eine *Übersetzung* des durch eine Ersetzung von *X* benannten objektsprachlichen Ausdrucks in einen interpretierten Ausdruck der Metasprache. Eine korrekte Übersetzung ist erforderlich, weil die Zuschreibung des Wahrheitsprädikats nur dadurch gerechtfertigt ist, dass der mittels der Eckenoperatoren benannte Satz mit den vom metasprachlichen Satz behaupteten Tatsachen übereinstimmt – zur Entscheidung dieser Frage müssen wir also wissen, ob die *korrekte* metasprachliche Übersetzung des objektsprachlichen Ausdrucks mit bestimmten Tatsachen übereinstimmt. Da die Korrektheit der Übersetzungen somit zwar für die Definition des Wahrheitsprädikats sichergestellt sein muss, sich aber in den formalen Definitionen nirgends auf den Übersetzungsbegriff bezogen wird, gilt eine hinreichende Übersetzungstheorie zumeist zwar als Bestandteil der ‚Methodologie' der Wahrheitstheorie, wird aber gleichwohl strikt von dem formal-axiomatischen Rahmen unterschieden, in dem die Wahrheitsdefinitionen jeweils angegeben werden. Tarski selbst beschreibt diese Ausdrucksmenge wie folgt: „Ausdrücke, die mit allen Konstanten der zu erörternden Sprache gleichbedeutend sind oder zum Definieren solcher gleichbedeutender Ausdrücke (...) hinreichen. “[20]

Nachdem zwei der drei wesentlichen Bestandteile des Vokabulars einer adäquaten Metasprache beschrieben sind, ist der Hinweis angebracht, dass selbst das Vorhandensein *aller* geforderten Bestandteile des Vokabulars noch nicht dafür Sorge tragen kann, dass die Wahrheitsdefinition tatsächlich adäquat formulierbar ist. Denn z.B. der wichtige Sachverhalt, dass jeder objektsprachliche Ausdruck *eindeutig* mit den Mitteln der Metasprache zu identifizieren ist, kann nicht durch eine metasprachliche Ausdrucksmenge gewährleistet werden, sondern muss explizit gefordert werden. Man braucht somit auf der Metaebene *Axiome*, die unter

---

[19] Ebd. S. 329f..
[20] Ebd. S. 329.

anderem eine exakte Wiedergabe der Syntax der Objektsprache sicherstellen. Da die Gesamtheit der benötigten Axiome, welche die so genannte Meta*theorie* ausmachen, aber erst vollständig formulierbar ist, wenn auch die dritte und letzte Ausdrucksmenge eingeführt ist, die Tarski zufolge eine Metasprache enthalten muss und die er als „Ausdrücke von allgemein-logischem Charakter"[21] bezeichnet, soll deren Angabe bis zum nächsten Kapitel aufgeschoben werden, in dem dieser Anteil der Sprache eigens untersucht wird.

Wahrheitstheorie und algebraische Bedeutungstheorie

Bereits nach dieser kursorischen Einführung der tarskischen Wahrheitstheorie soll sich dem Verhältnis dieser Theorie zur algebraischen Bedeutungstheorie zugewandt werden, und zwar weil bereits an dieser Stelle ohne weiteres Aufheben nachgewiesen werden kann, dass diese Wahrheitstheorie in der hier angegebenen Form das von der Semantik im Rahmen der algebraischen Bedeutungstheorie Geforderte *nicht* einlösen kann. Die eben angegebenen methodologischen wie axiomatischen Voraussetzungen einer metatheoretischen Untersuchung des Wahrheitsprädikats nämlich bieten die denkbar schlechtesten Voraussetzungen, um die von Hintikka als Kulminationspunkt der algebraischen Tradition beschriebene Theorie – eine, die ohne jedwede *vorauszusetzende* sprachliche Bedeutung auskommt – kohärent formulieren zu können, und zwar aus folgendem Grund: Der Versuch, eine Theorie der Bedeutung zu etablieren, die ihren Ausgang nicht von einer bereits interpretierten Sprache nimmt, beinhaltet als eine seiner Kernanforderungen, während der Definition der semantischen Relationen nicht an präsupponierte Bedeutungen der Symbole gebunden zu sein. Tarskis Wahrheitstheorie aber ist prinzipiell im Hinblick auf eine *interpretierte* Objektsprache angelegt, und deren spezifische Interpretation ist sogar wesentlich für die Definierbarkeit eines angemessenen Wahrheitsprädikats. So merkt Tarski selbst an, dass vollkommen unklar ist, was es heißen solle, einer uninterpretierten Zeichenkette die Eigenschaft der Wahrheit zuzuschreiben:

> „Es erübrigt sich vielleicht hinzuzufügen, dass uns hier ‚formale' Sprachen und Wissenschaften in einem besonderen Sinn des Wortes ‚formal' gar nicht interessieren, nämlich solche Wissenschaften, deren Zeichen und Ausdrücken kein inhaltlicher Sinn zukommt. Für solche Wissenschaften verliert das hier besprochene Problem jede Relevanz, ja es wird hier geradezu unverständlich."[22]

Das heißt: Der semantische Aufstieg zur Metasprache und die damit verbundene Wahrheitsdefinition für die Objektsprache werden allein vor dem Hintergrund einer immer bereits als interpretiert verstandenen Objektsprache möglich. Nur so gedeutet kann die tarskische Theorie ihre Arbeit verrichten, denn die für die metatheoretische Methodologie zentrale Angabe eines Kriteriums, wann eine Bedeutungsgleichheit von objekt- und metasprachlichen Ausdrücken besteht, ist daran gebunden, dass es zwei interpretierte Sprachen sind, zwischen denen eine

---

[21] Ebd.

[22] Ebd. S. 281.

Übersetzung angegeben werden muss (denn es ist vollkommen unverständlich, worin eine Bedeutungsgleichheit zwischen uninterpretierten Zeichenketten bestehen soll). In diesem Sinne hat Peter Milne völlig recht, wenn er über die Verwendung des Wahrheitsbegriffs bei Tarski folgendes behauptet: „Truth is a property of meaningful sentences, not empty formulas.“[23]

Wenn stattdessen die *modelltheoretischen* Methoden das im Rahmen einer algebraischen Bedeutungstheorie Geforderte – eine Semantik nämlich für *uninterpretierte* Sprachen – sollen einlösen können, dann muss sich demnach ihr begrifflicher Apparat von dem der Wahrheitstheorie unterscheiden. Ein solcher Unterschied jedoch würde implizieren, dass die oft zu findende Aussage, der zufolge das bislang definierte absolute Prädikat ‚ist wahr' allein ein Sonderfall des relativen modelltheoretischen Prädikats ‚ist wahr in Modell $\mathfrak{M}$' ist, als problematisch angesehen werden muss. Und obwohl sich herausstellen wird, dass viele der bislang angeführten Elemente der Wahrheitstheorie auch essentielle Bestandteile der Modelltheorie darstellen, so wird sich in der anschließenden Einführung der modelltheoretischen Grundbegriffe doch in der Tat herausstellen, dass die theoretischen Rahmen, in denen die beiden Prädikate bestimmt werden können, von grundsätzlich anderer Natur sind – und dass die spezielle modelltheoretische Umgebung, in der das relative Wahrheitsprädikat definiert wird, diese Theorie tatsächlich zu einer aussichtsreicheren Kandidatin macht, um den Anforderungen der algebraischen Bedeutungstheorie gerecht zu werden.

§ III. Einige basale Begriffe der Modelltheorie

Jon Barwise bestimmt den Kern der Modelltheorie wie folgt:

> „The basic idea of model theory (...) is that one can profit by paying attention to the relationship between some *mathematical structures* and some collection of expressions of a language used to describe properties of such structures. The basic notion is that of *satisfaction*: $\mathfrak{M} \models \varphi$ if the expression φ *is true of*, or satisfied by, the structure $\mathfrak{M}$."[24]

Die basalen Definitionen Theorie sollen nun angegeben werden, um entscheiden zu können, ob die sie bessere Chancen besitzt, den Rahmen einer algebraischen Bedeutungstheorie abgeben zu können als die eben erläuterte Wahrheitstheorie.

Der Modellbegriff

Der erste Schritt einer Einführung in die Modelltheorie besteht darin, einen exakt spezifizierten Bestand von Symbolen zu kennzeichnen, auf den man in der Erzeugung einzelner Sprachen zurückgreifen kann. Dieses so genannte *Vokabular* gliedert sich in drei Bestandteile:

---

[23] Milne (1999, S. 156).

[24] Barwise (1985, S. 4).

V1. *Logische Konstanten*: Diese Menge besteht aus dem einstelligen Junktor $\ulcorner\neg\urcorner$ (‚nicht'), dem zweistelligen Junktor $\ulcorner\wedge\urcorner$ (‚und'), dem Existenzquantor $\ulcorner\exists\urcorner$ (‚Es existiert ein') und dem zweistelligen Relationssymbol $\ulcorner\equiv\urcorner$ (‚ist gleich' bzw. ‚=').

V2. *Nicht-logische Konstanten:* Diese sind anhand einer so genannten *Signatur* gegeben, die aus einem Quadrupel $S=(C, F, R, st)$ besteht. Hierbei ist C als Menge von Konstantensymbolen zu verstehen, F als Menge von Funktionssymbolen und R als Menge von Relationssymbolen. Die Elemente der beiden letzten Mengen bekommen ihre jeweilige Stellenzahl durch die Funktion st: $F \cup R \rightarrow \mathbb{N}$ zugewiesen.

V3. Außerdem werden noch eine abzählbar unendliche Menge von Variablen $\{v_n | n \in \mathbb{N}\}$ (Variablen werden im Folgenden informell durch $x, y,\ldots$ bezeichnet) sowie die beiden syntaktischen Hilfszeichen (und) zum Alphabet hinzugerechnet.

Wenn wir im Folgenden von einer Sprache L_S sprechen, dann wird durch den Index die jeweilige Signatur bezeichnet, sprich der je spezifische Anteil des Vokabulars. Beginnen wir nun mit einer rekursiven Definition der *Terme* einer beliebigen Sprache L_S, deren Menge im Folgenden als $Term_{L_S}$ bezeichnet werden soll:

T1. Alle Variablen sind Terme.

T2. Alle Individuenkonstanten sind Terme.

T3. Sind $t_1,\ldots,t_n$ Terme und ist $f\in F$ mit $st(f)=n$, so ist auch $f(t_1,\ldots,t_n)$ ein Term.

Auf der Grundlage der Definition der Terme, die sich später als die Zeichenreihen erweisen werden, deren Interpretationen Objekte darstellen, definieren wir nun die L_S-*Formeln* (die Menge $Form_{L_S}$) ebenfalls rekursiv:

F1. Sind t_1, t_2 Terme, so ist $t_1\equiv t_2$ eine Formel.

F2. Sind $t_1,\ldots,t_n$ Terme und ist $r\in R$ mit $st(r)=n$, so ist $r(t_1,\ldots,t_n)$ eine Formel.

F3. Sind φ und ψ Formeln und ist x eine Variable, so sind auch $\neg\varphi$, $\varphi\wedge\psi$ sowie $\exists x\varphi$ Formeln.

Formeln werden sich gegenüber Termen als die Ausdrücke erweisen, die nach Angabe einer Interpretation (und gegebenenfalls bei Belegung ihrer freien Variablen) einen Wahrheitswert annehmen können.

Nach dieser Spezifikation der syntaktischen Seite muss die entsprechende Semantik eingeführt werden, die den Termen und Formeln Interpretationen zuordnet. Der in dieser Hinsicht zentrale Begriff der *Struktur* ist als Quintupel $\mathfrak{M} := (A, (c^{\mathfrak{M}})_{c\in C}, (f^{\mathfrak{M}})_{f\in F}, (r^{\mathfrak{M}})_{r\in R}, b)$ definiert, wobei A den (nichtleeren) Träger des Modells darstellt, den Bereich von Objekten also, über den die interpretierten Aussagen sprechen sollen. Die Interpretation der Elemente der jeweiligen Signatur über dem Träger erfolgt dann wie folgt:

I1. Die $c^{\mathfrak{M}}$ *denotieren* jeweils ein Individuum des Trägers (sprich $c^{\mathfrak{M}} \in A$ für $c \in C$).

I2. Die $f^{\mathfrak{M}}$ *denotieren* jeweils eine rechtseindeutige Menge geordneter $(st(f)+1)$-Tupel des Trägers (also $f^{\mathfrak{M}}: A^{st(f)} \rightarrow A$).

I3. Die $r^{\mathfrak{M}}$ *denotieren* eine Teilmenge des $st(r)$-fachen kartesischen Produkts ($A^1 \times ... \times A^{st(r)}$) des Trägers (also $r^{\mathfrak{M}} \subseteq A^{st(r)}$).

Bleibt noch die *Belegungsfunktion b*. Sie ordnet jeder Variable ein Objekt des Trägers zu, sprich $b: \{v_n | n \in \mathbb{N}\} \rightarrow A$. Diese Funktion erlaubt es, den Wert *eines jeden* Terms t zu berechnen, auch wenn dieser freie Variable aufweisen sollte:

$$t^{\mathfrak{M}} = \begin{cases} b(x_i) \text{ gdw. } t = x_i \\ c^{\mathfrak{M}} \text{ gdw. } t = c \in C \\ f^{\mathfrak{M}}(t_1^{\mathfrak{M}},...,t_n^{\mathfrak{M}}) \text{ gdw. } t = f(t_1,...,t_n),\ st(f) = n,\ t_i \in Term_{L_S} \text{ für } i = 1,...,n \end{cases}$$

Jetzt kann die folgende rekursive Definition angegeben werden, die letztlich jede wohlgeformte Formel der Sprache L_S zu einer in Bezug auf die Struktur $\mathfrak{M}$ interpretierten Aussage macht:

a. $\mathfrak{M} \models \ulcorner r(t_1,...,t_n) \urcorner$ gdw. $r^{\mathfrak{M}}(t_1^{\mathfrak{M}},...,t_n^{\mathfrak{M}})$

b. $\mathfrak{M} \models \ulcorner t_1 \equiv t_2 \urcorner$ gdw. $t_1^{\mathfrak{M}}$ *ist gleich* $t_2^{\mathfrak{M}}$

c. $\mathfrak{M} \models \ulcorner \neg\varphi \urcorner$ gdw. *nicht* $\mathfrak{M} \models \ulcorner \varphi \urcorner$

d. $\mathfrak{M} \models \ulcorner \varphi \wedge \psi \urcorner$ gdw. $\mathfrak{M} \models \ulcorner \varphi \urcorner$ *und* $\mathfrak{M} \models \ulcorner \psi \urcorner$

e. $\mathfrak{M} \models \ulcorner \exists x \varphi \urcorner$ gdw. *ein* $a \in A$ *existiert, so dass* $\mathfrak{M}^* \models \ulcorner \varphi(x) \urcorner$ *gilt, wobei* $\mathfrak{M}^*$ *von* $\mathfrak{M}$ *nur dadurch unterschieden ist, dass* $\ulcorner x \urcorner$ *mit Objekt a belegt ist.*

Diese letzten Definitionen bringen uns direkt zum Modellbegriff, der letztlich allein eine minimale Modifikation des oben bereits eingeführten Strukturbegriffs darstellt. Wenn wir anstelle der Formeln der gewählten Signatur allein deren *Aussagen* betrachten (also alle Elemente der Menge $Form_{L_S}$, die keine freien Variablen aufweisen), hängt die Erfüllungsrelation nicht länger von einer je spezifischen Belegungsfunktion ab. Für jede (auch als *Theorie* bezeichnete) Menge Γ von Aussagen sei genau dann, wenn $\mathfrak{M} \models \Gamma$ gilt (was heißt, dass $\mathfrak{M}$ jede einzelne Aussage aus Γ erfüllt), $\mathfrak{M}$ ein *Modell* der Theorie Γ.

Besonders die letzten Definitionen *a-e* erinnern stark an die oben angegebenen metasprachlichen Wahrheitsdefinitionen. Aber wie bereits herausgestellt, ist die Aufgabe, die von diesen Definitionen (sowie dem gesamten eben angegebenen formalen Rahmen) zu leisten ist, gerade im Hinblick auf die Formulierung einer algebraischen Bedeutungstheorie eine andere als die der Wahrheitstheorie: Die modelltheoretischen Definitionen sollen eine Semantik ermöglichen, die sich nicht davon abhängig machen darf, dass die untersuchte Sprache immer eine interpretierte sein muss. Die beschriebene Methodik der Modelltheorie bietet nun in der Tat eine Grundlage, viele Thesen der algebraischen Bedeutungstheorie weiter zu präzisieren. Im selben Atemzug werden aber auch eine ganze Reihe von mehr oder minder schwerwiegenden Problemen für ein derartiges Unterfangen an ihr erkennbar.

Zur Reinterpretierbarkeit logischer und nicht-logischer Konstanten

Den paradigmatischen Fall der algebraischen Bedeutungskonzeption bieten sicherlich die *nicht-logischen Konstanten* der Sprache. Deren Variabilität stellt eine der Eigenschaften dar, die für die Konzeption der zeitgenössischen Modelltheorie insgesamt von herausragender Bedeutung sind: „We can think of the standard, model-theoretic analysis of the logical notions as involving two features, variation in the domain of quantification and reinterpretation of the nonlogical constants."[25] Den Anforderungen einer algebraischen Bedeutungstheorie scheint diese Konzeption im Gegensatz zu derjenigen der Wahrheitstheorie gerade deswegen zu genügen, weil die Denotate aller Konstanten-, Funktions- sowie Relationssymbole gewechselt werden können, ohne dass deren Fixierung letztlich irgendeiner (objekt-)sprachlichen Bedeutung Rechenschaft schuldig wäre.

Zumindest auf den ersten Blick jedoch scheinen die *logischen* Konstanten nicht die Variabilität aufzuweisen, welche die nicht-logischen Konstanten auszeichnet, was es erforderlich macht, sich zu vergewissern, wie mit derartigen Ausdrücken im Rahmen einer algebraischen Bedeutungstheorie umzugehen ist. Problematisch erscheinen sie, weil das oben zur Einführung der Unterscheidung von logischem und nicht-logischem Anteil des Vokabulars herangezogene Kriterium, dem zufolge die logischen Konstanten jeweils eine fixe Bedeutung besitzen, erst einmal der These zu widersprechen scheint, dass prinzipiell jeder sprachliche Bestandteil reinterpretierbar ist.

Wenn man noch einmal die oben angegebenen Rekursionsklauseln für die logischen Konstanten (*b* bis *e*) betrachtet, dann ist augenfällig, dass eine Bedeutung der metasprachlichen Ausdrücke ‚ist gleich', ‚nicht', ‚und' sowie ‚Es existiert ein' in diesen Definitionen vorausgesetzt wird (dies wird genau genommen bereits in der Einführung der logischen Konstanten in V1 deutlich). Diese Klauseln sind also nur dann verständlich, wenn die Bedeutungen der Ausdrücke im Rahmen der Metasprache fixiert sind (im Falle der Junktoren etwa anhand der zugehörigen Wahrheitstafeln). Dies allerdings legt uns genau genommen auf nichts anderes fest als darauf, dass wir eine Reinterpretation der logischen Konstanten nicht selbst mittels modelltheoretischer Methoden zuwege bringen können. Gila Sher beschreibt diese Situation folgender Maßen: „What distinguishes logical constants in Tarski's semantics is not the fact that their interpretation does not vary from model to model (it does!), but the fact that they are interpreted *outside* the system of models"[26] Während spezifischer Modellkonstruktionen können die logischen Konstanten als *zeitweilig fixierte Parameter* gelten, wobei ihre jeweils fixierte Bedeutung es ermöglicht, die Basisklauseln der rekursiven Definition der Erfüllungsrelation bereitzustellen. Außerhalb spezifischer mo-

[25] Etchemendy (1988, S. 70).

[26] Sher (1991, S. 49).

delltheoretischer Konstruktionen ist es aber sehr wohl möglich, die Bedeutungsfestlegung etwa der Junktoren anhand ihrer Wahrheitstafeln durch eine andere zu ersetzen, so dass in einer anschließenden Modellkonstruktion die Rekursionsklauseln anhand dieser anderen – aber gleichwohl in der neuen Konstruktion wiederum als fixiert zu betrachtenden – Bedeutung spezifiziert werden müssten.

Das Problem der scheinbaren Fixierung der logischen Konstanten wird also somit zumindest partiell durch den Hinweis gelöst, dass ihre metastufige Reinterpretierbarkeit durch ihre Fixierung innerhalb spezifischer modelltheoretischer Konstruktionen nicht ausgeschlossen wird. Dass dies jedoch keinesfalls eine vollständige Lösung des Problems darstellt, soll jetzt paradigmatisch an einer Betrachtung der *Identitätsrelation* gezeigt werden.

Arbeitet man wie gewöhnlich mit endlich vielen undefinierten Prädikaten, kann man sich zwar eine eigenständige Diskussion des Status der Identitätsrelation immer durch die Definition einer zumindest für die jeweils betrachtete Theorie syntaktisch äquivalenten Kongruenz sparen, jedoch zeigt gerade der Grund, aus dem heraus sie dennoch kanonisch zu den logischen Konstanten gezählt wird, mit aller Deutlichkeit die Grenzen ihrer Reinterpretierbarkeit auf. Dieser Grund nämlich besteht darin, dass bereits für die metatheoretische Bestimmung angemessener Interpretationen ein Rekurs auf die Identitätsrelation unabdingbar ist. Dies wird in folgender Aussage Michael Dummetts deutlich:

> „In order to know whether a given interpretation is admissible, that is, intelligible, we must know when two terms of the metalanguage pick out the same element of the domain, since the requirement that one and the same element, considered as picked out by each of two distinct singular terms of the metalanguage, should behave differently in respect of the satisfaction of some predicate of the object-language will render the interpretation contradictory and so inadmissible.“[27]

Dummett argumentiert hier trefflich dafür, dass bereits zur Bestimmung der Angemessenheit bestimmter Interpretationen ein Verständnis der Identitätsrelation unumgänglich ist: Die Identitätsbeziehungen innerhalb eines Modells sind nichts, was unserer Bestimmung unterworfen ist, sondern wir müssen sie bereits voraussetzen, um anhand ihrer ein Modell angemessen spezifizieren zu können. Wie aber kann die algebraische Bedeutungstheorie mit derartigen Begriffen umgehen, die sich unserer interpretativen Willkür so deutlich widersetzen?

Eine naheliegende Entgegnung auf diese Frage von Seiten der algebraischen Bedeutungstheorie führt uns nun zum ersten Mal zu einer ihrer absolut fundamentalen Annahmen. Ein Problem nämlich für diese Theorie würde die dargestellte Situation bedeuten, wenn die Faktorisierung des Trägers in die benötigten Äquivalenzklassen anhand sprachlich formulierter Identitätskriterien vonstatten gehen müsste, denn dann müssten eben doch *sprachliche* Restriktionen zu den Basisannahmen der Modelltheorie gezählt werden. Dieses Problem besteht jedoch solange nicht, wie man darauf beharrt, dass die Identitätsrelation gerade nicht sprachlich dem Träger aufgeprägt wird, sondern dessen Faktorisierung be-

---

[27] Dummett (1991a, S. 308f.).

reits eine wesentliche Eigenschaft der Objektstruktur *an sich* ausmacht und wir darüber hinaus diese Eigenschaft auch ohne Rückgriff auf sprachliche Instrumentarien erkennen können. Die betrachteten Strukturen weisen diesem Bild zufolge von uns erkennbare Eigenschaften auf, als deren nachträgliche sprachliche Einlösung die von uns formulierten Identitätskriterien zu verstehen sind.

Wohlgemerkt ist diese Entgegnung eine Lösung des Problems nur in einem bestimmten Sinn: Es werden nämlich bestimmte Grenzen der Reinterpretierbarkeit sehr wohl akzeptiert, aber es wird sich dagegen verwahrt, dass diese Grenzen aufgrund einer vorauszusetzenden sprachlichen Strukturiertheit unserer Welterfassung auftreten, sondern sie ergeben sich vielmehr direkt aus einer Konfrontation mit den fraglichen Objekten. Diese Strategie erlaubt es, die Kernthese der algebraischen Bedeutungstheorie aufrechtzuerhalten, dass eine Semantik möglich ist, deren Verfahrensweisen nicht von *sprachlichen* Voraussetzungen restringiert sind.

Dass diese Entgegnung tatsächlich eine favorisierte Verteidigung der algebraischen Bedeutungstheorie auf die genannten Probleme darstellt, darf man deswegen annehmen, weil sich etwa in den Schriften Hintikkas Passagen finden, die nahe legen, dass ihm zufolge tatsächlich unsere sprachlichen Einteilungen allein als nachträgliche Formulierungen von Erkenntnissen zu verstehen sind, die wir unabhängig von einem sprachlichen Zugriff durch eine direkte und unvermittelte Bezugnahme auf ontologische Strukturen gewinnen:

> „I am even tempted to suggest that the role Gödel assigned to intuition in the foundations of mathematics should really be understood as pointing out the importance of this metatheoretical or model-theoretical way of deriving better deductive principles for the study of certain kinds of structures *from insights concerning these structures directly*."[28]

Mit dieser Entgegnung auf das Problem der logischen Konstanten rückt wie erwähnt ein wesentlicher Bestandteil der algebraischen Bedeutungstheorie in den Fokus, *die Bezugnahme auf vorsprachlich gegebene Objekte*. Wie zentral diese Bezugnahme innerhalb der algebraischen Bedeutungstheorie tatsächlich ist, wird sich jetzt im letzten § dieses Kapitels ebenso herausstellen wie die Tatsache, dass sie es ist, an der vielleicht am genauesten Aufschluss über die spezifische Form der Semantik, die die Modelltheorie darstellt, zu erhalten ist.

§ IV. Zum Objektbegriff der Modelltheorie

Kann die nun soweit wie vorgesehen umrissene Modelltheorie die von ihr im ersten § dieses Kapitels geforderten Explikationsleistungen erbringen?

Oben wurde dafür argumentiert, dass das Vertrauen in die Angemessenheit von Tarskis Folgerungsdefinition *F* in dem Vertrauen fußt, dass sie extensional äquivalent ist zu der intuitiv naheliegenden modalen Definition des Folgerungsbegriffs *FM*. Eine Begründung für das Vertrauen in diese Äquivalenz jedoch

[28] Hintikka (1996, S. 102). Hervorhebung hinzugefügt.

steht bislang noch aus. Um diese Begründung nachreichen zu können wird es sich als dienlich erweisen, nicht das gesamte definierte modelltheoretische Instrumentarium mitzuschleppen, sondern sich auf bestimmte Elemente zu beschränken. Hierzu soll auf Tarskis Monographie zum Wahrheitsbegriff (Tarski (1936)), und zwar speziell auf die in diesem Werk auftauchende erste Antizipation des späteren Modellbegriffs zurückgegriffen werden, die so genannten *Sequenzen*. Diese werden eingeführt, weil Tarski den Wahrheitsbegriff nicht direkt definieren konnte, denn bezüglich Formeln mit *freien* Variablen kann von deren Wahrheit nicht gesprochen werden. Zu einer Definition der Erfüllungsrelation[29] wird der Begriff einer Sequenz eingeführt, die jeweils aus einer abzählbar unendlichen Menge von Objekten $\langle a_1,...,a_n,...\rangle$ bestehen. Wie aber müssen diese Sequenzen genau beschaffen sein, damit sie die fragliche extensionale Äquivalenz der Definitionen gewährleisten können? Fragen wir hierzu erst einmal, unter welchen Bedingungen zwei offene Sätze der Definition F genügen.

(1) x ist Philosoph.

(2) x ist nicht geisteskrank.

Anhand von F (relativiert auf Sequenzen) würde (2) aus (1) genau dann logisch folgen, wenn jede Sequenz, die (1) erfüllt, auch (2) erfüllt. Es ließe sich aber durchaus eine Sprache vorstellen, deren Vokabular ausschließlich Namen von Philosophen aufweist, die nicht geisteskrank sind. Dass in einem solchen Fall der Definition Genüge getan wäre, sollte die Skepsis schüren, ob Sequenzen, die allein aus den in der jeweils betrachteten Sprache vorhandenen *Namen* bestehen, die hier zu leistende Aufgabe angemessen verrichten können. Dass wie oben behauptet die modale Definition *FM* tatsächlich ein intuitiv naheliegendes Korrektiv für die Angemessenheit anderer Folgerungsdefinitionen abgibt, wird an dieser Stelle daran ersichtlich, dass die eben angeführte Skepsis anhand von *FM* angemessen artikuliert werden kann: *FM* zufolge muss es unmöglich sein, dass (1) wahr und (2) falsch ist, wenn die Relation der logischen Folgerung zwischen ihnen bestehen soll. Eine derartige Relation besteht in dem gewählten Beispiel nämlich in keiner Weise, denn die Folgerung erscheint nur deswegen auf den ersten Blick als eine logische, weil das Vokabular der untersuchten Sprache *zufällig* keinen Namen eines geisteskranken Philosophen beinhaltet. Solange wir also nur vorhandene Namen von Objekten zur Evaluation von F heranziehen, dürfen wir nicht von einer extensionalen Äquivalenz der Definitionen ausgehen.

Tarski selbst bemerkt dieses Problem und sieht die einzige Chance es zu umgehen darin, *nicht von Namen auszugehen, sondern von den Objekten selbst.* John Etchemendy weist wie folgt auf den wichtigen Punkt hin, dass eines der Elemente der Erfüllungsrelation kein sprachliches Objekt sein darf: „Satisfaction is explicitly intended *not* to be a relation between a linguistic entity (...) and a sentential function."[30] Diese Strategie findet in der obigen Darstellung der Mo-

[29] Erfüllungsrelation heißt hier: Erfüllung einer Formel durch eine Sequenz.

[30] Etchemendy (1990, S. 38).

delltheorie ihre wohl deutlichste Ausprägung in der Gestaltung der Rekursionsklausel für den Existenzquantor *e*: In ihrer Formulierung wurde penibel darauf geachtet, nicht zu fordern, dass das Objekt *a* einen Namen in der Objektsprache besitzen muss, und dass somit kein Objekt, allein weil es keinen solchen Namen besitzt, aus dem Betrachtungsradius herausfallen kann.

Mit diesem Schachzug will Tarski den mit einem alleinigen Bezug auf sprachliche Entitäten verbundenen Problemen entgehen. Wie aussagekräftig dieser Zug aber tatsächlich ist, wird daran deutlich, dass er den triftigsten Beleg dafür bietet, Tarskis Theorie als eine *korrespondenztheoretische*[31] Wahrheitstheorie zu verstehen, sprich als eine Theorie, die Wahrheit über das Verhältnis von sprachlichen und nichtsprachlichen Entitäten bestimmt. Und diese Vorgehensweise ist es darüber hinaus, welche das basale semantische Muster der Modelltheorie in aller Deutlichkeit zu erkennen gibt: Die Bedeutungsbestimmung sprachlicher Ausdrücke soll nicht durch selbst sprachliche Vorannahmen restringiert werden, sondern soll in einer unmittelbaren Verknüpfung von bestimmten Zeichen und ‚Bestandteilen der Welt' bestehen.

In der vorgeschlagenen Lesart besteht demnach die zentrale Innovation von *F* gegenüber tradierten Folgerungsdefinitionen darin, dass sie nicht durch sprachliche Restriktionen eingeschränkt wird. Und gerade dieses Moment ist es, dass Tarski darin bekräftigt, mit dieser Definition dem Wunsch zu entsprechen, sich „bei der Präzisierung des Begriffs" zu bemühen, „sich seiner üblichen, in der Umgangssprache vorgefundenen Verwendungsweise anzupassen."[32] Denn ihm zufolge ist die intuitive Verwendung des Folgerungskonzepts gerade nicht an eine bestimmte Sprache oder einen bestimmten Kalkül gebunden. Der Modellbegriff betritt somit genau dann die Bühne, wenn es gilt, den logischen Folgerungsbegriff unabhängig von bestimmten sprachlichen Restriktionen zu bestimmen.

An dieser Stelle liegt die Vermutung nahe, dass das bisherige Vorgehen tatsächlich die extensionale Äquivalenz von *F* und *FM* sichert, denn der Moment von *F*, durch den wir ihre Angemessenheit gegenüber der in der ‚Umgangssprache vorgefundenen Verwendungsweise' sichergestellt haben, ist ja gerade der Moment, durch den sie eine Äquivalenz zu *FM* gewinnen soll, denn auch in *FM* spielen ja sprachliche Restriktionen keine Rolle, sondern allein die Restriktionen dessen, was möglich ist. Gleichwohl ist diese Schlussfolgerung vorschnell. Denn obwohl es sicherlich einen Schritt in die richtige Richtung darstellt, löst das bisherige Vorgehen das Problem noch nicht, vielmehr wird das Problem nur in einer ähnlichen Strategie wie der, die oben bezüglich des Problems der logischen Konstanten zum Einsatz kam, in die Metatheorie verschoben. Denn allein der Übergang von Namen zu Objekten *kann* das Problem noch nicht lösen: Eine explizit über Gegenstände und nicht über deren Namen sprechende Folgerungsdefinition sichert zwar zu, dass möglicherweise nicht benannte Objekte des Trägers keine Probleme verursachen können, aber auch sie kann Probleme nicht lö-

---

[31] Vgl. hierzu z.B. Moreno (1992 , S. 56) sowie Davidson (1969, S. 758).

[32] Tarski (1936, S. 1).

sen, die dann entstehen, wenn der betrachtete Träger bestimmte relevante Gegenstände erst gar nicht enthält. Sollten mit anderen Worten allein die tatsächlich im Träger vorhandenen Gegenstände Aufnahme in die Sequenzen finden, ist es nicht allzu schwer vorstellbar, dass die Kontingenz des jeweils Existierenden uns auch hier einen Strich durch die Rechnung macht, so dass auch eine nicht über Namen, sondern über Gegenstände sprechende Definition durchaus die Relation der logischen Folgerung zwischen Aussagen behaupten könnte, bezüglich derer wir intuitiv nicht von einer solchen Relation ausgehen.

Mit anderen Worten ist die Umstellung von einer Definition, die von Namen spricht, zu einer, die statt dessen von Objekten spricht, noch nicht hinreichend, um den *modalen* Intuitionen genüge zu tun, die so grundlegend für das Vertrauen in *FM* sind: Allein der Hinweis, dass wir diesen modalen Intuitionen nicht auf der sprachlichen Ebene gerecht werden müssen, enthebt uns nämlich nicht der Aufgabe, sie überhaupt an irgendeiner Stelle unserer Theorie einzulösen. Verstehen wir die bislang versuchte Lösungsstrategie so, dass wir uns um Probleme, die aufgrund von unbenannten Objekten entstehen, nicht zu kümmern brauchen, dann fehlt jetzt noch der Nachweis, dass wir uns um Probleme, die aufgrund zufällig nichtexistenter Objekte entstehen, ebenfalls nicht zu kümmern brauchen. Eine naheliegende Form dieses Nachweises besteht dann darin, zu zeigen, dass wir in der Metatheorie einen Zugriff auf *alle möglicherweise existierenden* Objekte sicherstellen können, und somit tatsächlich in dem Nachweis einer Einlösbarkeit unserer modalen Intuitionen. Und erst ein solcher Nachweis würde das oben beschriebene Problem tatsächlich lösen, denn die Existenz eines Objekts, das sowohl Philosoph als auch geisteskrank ist, ist sicherlich möglich. Könnte unsere Metatheorie aber diesen Nachweis liefern, bestünde letztlich doch aller Grund zu der Annahme, dass die Definitionen *F* und *FM* koextensiv sind. Das nächste Kapitel wird sich zu großen Teilen damit beschäftigen, wie die Metatheorie diesen Anforderungen gerecht werden kann.

Unabhängig von den zuletzt beschriebenen noch ungelösten Problemen darf jedoch nicht aus den Augen verloren werden, dass mit der beschriebenen Vorgehensweise, auf der Metaebene den Rekurs auf spezielle sprachliche Annahmen möglichst zu vermeiden, eine für die gesamte algebraische Tradition zentrale Überlegung in den Mittelpunkt des Interesses rückt. Dass die Modelltheorie eine derartige Vorgehensweise ermöglicht, bildet nämlich den wohl gewichtigsten Grund, aus dem heraus Hintikka ihr einen derart großen Stellenwert beimisst: Die Funktionsweise der Modelltheorie soll eine Möglichkeit bieten, den Platz zu finden, an dem man endlich die Fesseln der universalistischen Tradition ablegen kann. Denn wenn man auf der einen Seite völlig bedeutungsneutrale Zeichengebilde besitzt und auf der anderen eine Klasse von Objekten, derer man gänzlich ohne Rückgriff auf sprachliche Muster habhaft werden kann, dann wird die der algebraischen Tradition zugeschriebene Idee erstmals greifbar, dass man sowohl hinsichtlich der Konstruktion einer syntaktischen Struktur als auch im Rahmen des Rückgriffs auf die die Interpretationen darstellenden Objekte auf keinerlei vorauszusetzende bedeutungsvolle Sprache zurückgreifen muss.

So wird anhand der Untersuchung des Folgerungsbegriffs tatsächlich die Spezifik der modelltheoretischen Semantik greifbar: Gewendet als Theorie der Bedeutung kann sie allein dann die von ihr im Rahmen der algebraischen Bedeutungstheorie verlangten Reduktionen zuwege bringen, wenn die als Bedeutungen der Ausdrücke fungierenden Entitäten nicht selbst wieder anhand sprachlicher Kriterien individuiert, sondern unabhängig von derartigen (und allen sonstigen kontingenten) Restriktionen gegeben sind. Es ist in Hintikkas Schriften deutlich spürbar, dass er die Möglichkeiten, die mit speziellen sprachlichen Zugriffsformen verbundenen Einschränkungen hinter sich lassen zu können, als die wichtigste mit der Einführung modelltheoretischer Methoden verbundene Innovation der Philosophie versteht: „Accordingly, eventually each particular feature of the world out there can be seen (...) as it is considered in itself, without reference to the distorting effects of our language."[33] Die Möglichkeiten der Modelltheorie sind also für ihn nicht deswegen so interessant, weil sie eine kontinuierliche Variation der Interpretationen zulassen, sondern weil sie den Königsweg weisen, um zur *richtigen* Interpretation unserer Ausdrücke vordringen zu können.

Neben den sich an dieser Stelle aufdrängenden Fragen, wie der Rückgriff auf vorsprachliche Objekte zu vollbringen sein soll und wie die Metatheorie eine Einlösung unserer modalen Intuitionen zuwege bringen kann, wird im kommenden Kapitel außerdem eine Frage zu beantworten sein, die den Status der Sprache betrifft, in der die Modelltheorie selbst formuliert ist. Denn als *Theorie* muss auch sie selbstverständlich im Rahmen einer spezifischen Sprache formuliert werden. Warum allerdings selbst noch diese Sprache im Rahmen der algebraischen Bedeutungstheorie nicht als prinzipiell interpretierte vorausgesetzt werden muss, ist ein bislang vollkommen ungeklärtes Problem. Diese Fragen sollen im nächsten Kapitel durch eine Hinwendung zur genauen Ausgestaltung der Metatheorie, in der die Modelltheorie formuliert ist, beantwortet werden.

1. In der algebraischen Bedeutungstheorie werden Semantik und Modelltheorie identifiziert. Anders als die Wahrheitstheorie kann die Modelltheorie jedoch tatsächlich als Bedeutungsbestimmung uninterpretierter Kalküle verstanden werden.

2. Den paradigmatischen Fall einer modelltheoretischen Bedeutungsbestimmung bilden die nicht-logischen Konstanten der jeweils betrachteten Sprache. Eine Reinterpretation der logischen Sprachbestandteile muss unabhängig vom modelltheoretischen Instrumentarium geleistet werden.

3. Die modelltheoretische Folgerungsdefinition erlaubt die Fokussierung eines wesentlichen Aspekts der algebraischen Bedeutungstheorie: Diese Definition gewinnt ihre Plausibilität aus der Annahme, dass auf der Metaebene, auf der die Modelltheorie operiert, keinerlei kontingente und im Besonderen keine sprachlichen Restriktionen hinsichtlich der Erkennbarkeit von Gegenständen bestehen.

---

[33] Hintikka (1997a, S. 108).

II.III.

Modelle als Mengen

Das für die Argumentation des vorangegangenen Abschnitts so zentrale Anliegen, die modelltheoretischen Reduktionen der logischen Folgerung, der semantischen sowie der modalen Begriffe zu analysieren, machte deutlich, wie aussichtslos in dieser Perspektive jeder Versuch ist, die Methodik der Modelltheorie verstehen zu wollen, ohne gleichzeitig deren gesamten metatheoretischen Rahmen in die Betrachtung einzubeziehen. Die somit fällige Erweiterung des Betrachtungsradius soll in diesem Kapitel geleistet werden, wobei sich zeigen wird, dass sämtliche der zum Ende des letzten Kapitels als offen markierte Fragen genau genommen solche nach der speziellen Gestalt der Metatheorie sind und nach deren Explikation beantwortet werden können.

Die zumindest in der gegenwärtigen mathematischen Praxis nahezu ubiquitär zur Verwendung kommende Metatheorie ist die *Mengenlehre*, weswegen auch hier allein die gebräuchliche erststufige Mengentheorie in der auf Ernst Zermelo und Abraham Fraenkel zurückgehenden Axiomatisierung (im Folgenden abgekürzt als *ZF* – Zermelo-Fraenkelsches Axiomensystem) betrachtet werden soll.

Obwohl auch hier bereits die relevanten Thesen anhand der Mengenlehre verdeutlicht werden, so sollen im ersten § in der Hauptsache doch Anforderungen an Metatheorien *insgesamt* im Fokus stehen. Im zweiten § soll dann zu Beginn eine Vorstellung der Theorie *ZF* gegeben werden und eine Beantwortung der Frage versucht werden, warum sie unseren modalen Intuitionen Genüge tun kann. Außerdem sollen über die formale Rekonstruktion hinausgehende philosophische Interpretationen der Mengenlehre vorgestellt werden, deren eine sich als paradigmatische Deutung der Metatheorie der algebraischen Bedeutungstheorie zu erkennen geben wird. Diese Interpretation wird zudem zu klären erlauben, welche Konzeption des Zugriffs auf vorsprachlich gegebene Objekte in der algebraischen Bedeutungstheorie angelegt ist. Zu guter Letzt soll im dritten § das Verhältnis der in der algebraischen Bedeutungstheorie zum Ausdruck kommenden Interpretation der Mengenlehre zur Modelltheorie geklärt werden, und im Besonderen die Frage nach dem Status der Sprache, in der die Modelltheorie formuliert ist, beantwortet werden.

§ I. Theorien und Metatheorien

Um zu Beginn die besonderen Anforderungen an einen metatheoretischen Rahmen der Modelltheorie klären zu können, ist es hilfreich, zu den oben formulierten Differenzen zwischen Wahrheits- und Modelltheorie zurückzukehren, die von folgender These Hartry Fields noch einmal mit besonderem Nachdruck auf den Punkt gebracht werden: „'True in a model', unlike the disquotational notion of truth, is applicable to languages that we don't understand (...).“[1] Wie oben gezeigt besteht dieser Unterschied, weil es bezüglich der Wahrheitstheorie von zentraler Relevanz ist, über ein Kriterium der Bedeutungsgleichheit von objekt- und metasprachlichen Ausdrücken zu verfügen, es aber zur Formulierung eines solchen Kriteriums unerlässlich ist, die Objektsprache zu verstehen.

Im Gegensatz hierzu hängt die Anwendbarkeit des Prädikats ‚wahr in $\mathfrak{M}$ ‘ nicht essentiell von einem Verstehen des Satzes ab, dem dieses Prädikat jeweils zugesprochen wird. Dass auf das im ersten Fall erforderliche Verstehen der Objektsprache im zweiten Fall verzichtet werden kann, macht deutlich, dass im zweiten Fall die Metatheorie eine zusätzliche Aufgabe übernehmen muss, um nämlich den Mangel an Kenntnis des inhaltlichen Sinns der Ausdrücke der Objektsprache zu kompensieren. Sie kann dies leisten, weil sie wie im letzten Kapitel gezeigt den bedeutungslosen nicht-logischen Konstanten selbst eine Bedeutung verleihen kann. Man braucht die Objektsprache also nicht zu verstehen, weil alles Nötige zur Evaluation des Verhältnisses, ob der jeweilige Satz in der betrachteten Struktur wahr ist, von der Hintergrundtheorie bereitgestellt wird: Sie gibt den nicht-logischen Konstanten Bedeutung und stellt damit Wahrheitsbedingungen für die wohlgeformten Aussagen der betrachteten Sprache bereit.

Zum Verhältnis der Modelltheorie zur Mengenlehre

Diese einführenden Betrachtungen laufen auf die These hinaus, dass die Modelltheorie in besonders hohem Maße abhängig ist von ihrem metatheoretischen Rahmen, weil die Metatheorie hier auch noch ein etwaiges Nichtverstehen der Objektsprache kompensiert. Und in der Tat wird diese Abhängigkeit auf noch dramatischere Weise deutlich, wenn wir von jetzt ab den kanonischen Rahmen der Modelltheorie – nämlich die *Mengenlehre* – in den Fokus rücken und deren gängige Verhältnisbestimmung betrachten: „Model theory can be formulated as an axiomatic mathematical theory along the same lines as, say group theory or number theory. When it is so formulated it will be seen to be a branch of axiomatic set theory.“[2] Je genauer man auf eine axiomatische Formulierung der Modelltheorie achtet, um so schwerer wird es letzten Endes, diese überhaupt noch als eigenständige Theorie anzusehen, denn stattdessen verschwinden die Unterschiede zwischen ihr und der Mengenlehre mehr und mehr: „(...) [W]e think of model theory as applied set theory.”[3] Oft wird die Modelltheorie somit schlicht als Anwendung der Methoden der Mengenlehre auf bestimmte Axiomensysteme verstanden.

Wenn die beschriebene Abhängigkeit hier auch nicht *en detail* dargestellt werden soll, so dürften die einführenden Überlegungen doch zumindest deutlich gemacht haben, dass die Modelltheorie voraussetzen muss, dass die Mengenlehre die benötigten Reinterpretationen der nicht-logischen Konstanten bereitstellen kann, um ihre interpretative Arbeit überhaupt aufnehmen zu können. Schon die-

[1] Field (1986, S. 64).
[2] Resnik (1980, S. 121).
[3] McIntosh (1979, S. 320).

se Feststellung aber bietet genügend Grund um die Frage zu motivieren, auf welche Weise denn die Mengenlehre ausgezeichnet ist, damit man *zurecht* davon ausgehen darf, dass sie diese Anforderungen erfüllen kann.

Ein zugegeben noch recht erratischer Hinweis auf die sich aus diesen Anforderungen ergebende Sonderstellung mengentheoretischen Vokabulars in der Metatheorie findet sich in folgender Aussage Hilary Putnams: „The notion of a 'set' is not considered to be a 'descriptive' notion, however, but belongs to the purely logical vocabulary, along with the words *all*, *and*, *or*, *if-then*, *not*, and so on."[4] Eine Präzisierung dieser Aussage wird möglich in einer genauen Betrachtung der Rolle mengentheoretischer *Axiome*, die in diesem Zusammenhang nicht selbst als reinterpretierbare Aussagen verstanden werden, sondern als solche mit fixierter Bedeutung. Dies ist erforderlich, weil wir *wahre* Aussagen benötigen, um die Existenz der benötigten Interpretationen verbürgen zu können.

Dass die Mengenlehre in dieser Hinsicht anderen Theorien voraus sein soll, erscheint jedoch als problematisch, ist doch die axiomatische Mengenlehre auf den ersten Blick anderen mathematischen Theorien in ihrer Gestalt sehr ähnlich: Ihre Signatur beinhaltet eine nicht-logische Konstante, das 2-stellige Relationssymbol $\in$ und in der derart spezifizierten Sprache $L_{\in}$ ist die kanonische Liste der Axiome der klassischen Mengenlehre vollständig formulierbar. Wenn man allerdings diese Sprache anhand der oben angegebenen Richtlinien evaluieren will – also z.B. fragt, welche Denotation der $\in$-Relation im Hinblick auf welchen Trägerbereich zugesprochen wird –, dann befindet man sich bereits am Rande eines Missverständnisses, das besonders deutlich wird, wenn man die Interpretation, welche diesem Axiomensystem gemeinhin zugesprochen wird, mit der vergleicht, die mit *algebraischen* Axiomatiken in Zusammenhang gebracht wird.

Algebraische und nicht-algebraische Theorien

Eine Axiomatik z.B. in der Gruppentheorie wird gemeinhin derart verstanden, dass anhand ihrer evaluiert werden kann, welche Theoreme eine Struktur erfüllen muss, *wenn* sie ein Modell der Gruppenaxiome darstellt: „These axioms are to be read 'structurally' (...), that is, as *defining conditions*, not as absolute assertions of (putative) truths based on established meanings of primitive terms."[5] In diesem Sinne sprechen derartige Axiomatiken über ‚nichts im Besonderen', denn algebraische Theoreme kann man vor diesem Hintergrund als implizite Konditionale rekonstruieren, deren (konjugiertes) Antezendenz eben die Menge dieser ‚schematischen' Axiome bildet, so dass in den entstehenden Konditionalen erst einmal keinerlei direkte Existenzannahmen gemacht werden, vielmehr die bewiesenen Theoreme erst dann nichttrivial wahr werden, wenn die Existenz einer die Axiome erfüllenden Struktur extern abgesichert ist. Und die somit erkennbar gewordene Variabilität der Bedeutungen algebraischer Theorien ist es auch, aufgrund derer die in diesem Teil auszuführende Bedeutungstheorie als *algebraisch*

[4] Putnam (1994, S. 333).
[5] Hellman (2003, S. 136).

bezeichnet wird, weil sie nämlich jede sprachliche Struktur als algebraisch in dem gerade ausgeführten Sinne betrachtet.

Ganz im Gegenteil ist die Rolle mengentheoretischer Axiome gerade in Bezug auf metatheoretische Fragestellungen jedoch zumeist die assertorischer Aussagen: „The axioms of set theory, as standardly read, are not 'structural' in this sense (...); rather, they are normally understood as specifying truths outright about 'set-theoretic reality', 'the cumulative hierarchy of (pure) sets'."[6] Es ist an dieser Stelle hilfreich, im Anschluss an Stewart Shapiro[7] nicht allein zwischen algebraischen und mengentheoretischen Axiomatiken zu unterscheiden, sondern zwischen algebraischen und nicht-algebraischen Theorien insgesamt: Als *nicht-algebraisch* werden all jene Theorien bezeichnet, deren Axiomatisierung vor dem Hintergrund vorgenommen wird, wahre Sätze bezüglich *eines* absolut bestimmten Gegenstandsbereichs (sprich eines eindeutigen Isomorphietyps)[8] aufzufinden. Paradigmatisch hierfür sind Arithmetik und Analysis. Als *algebraisch* dagegen werden all die Theorien bezeichnet, deren Axiome von einer Vielzahl von Strukturen erfüllt werden, die nicht alle isomorph sein müssen und sich demnach hinsichtlich mathematisch relevanter Eigenschaften unterscheiden können.

Würde man die Mengenlehre selbst als algebraische Theorie betrachten, müsste man in diesem Fall auch ihre Theoreme als implizite Konditionale auffassen. An ein solches Verständnis müsste sich in der gebotenen Konsequenz aber die Frage anschließen, die an alle algebraischen Theorien gestellt wird: Welche Metatheorie versichert uns der Existenz einer Struktur, in der die Axiome der Mengenlehre erfüllt werden? Welche Auswirkungen es also haben würde, die Metatheorie selbst als algebraisch anzusehen, beschreibt Stewart Shapiro wie folgt: „However, if an Hilbertian algebraist did think of the axiomatized metatheory as algebraic, then she would have to worry about it's consistency."[9] Der einzige Ausweg, um an dieser Stelle nicht einem infiniten Regress anheim zu fallen, scheint also darin zu bestehen, zu einer Theorie zu gelangen, die als nicht-algebraisch eingestuft wird.

Im Anschluss an die vorgestellte Unterscheidung können wir versuchen, ein erstes notwendiges Kriterium zur näheren Eingrenzung passender Metatheorien einzuführen: *Sie müssen nicht-algebraische Theorien im vorgestellten Sinn darstellen*. Wenn man aber der gängigen Praxis, die Mengenlehre als Endpunkt der mathematischen Theorienhierarchie zu klassifizieren und sie damit, sollte das Kriterium zutreffen, als nicht-algebraisch einzustufen, nicht einfach kommentarlos folgen will, muss man sich an dieser Stelle fragen, ob es für die Auszeichnung der mengentheoretischen Axiome als eindeutiger Beschreibung eines Isomorphietyps tatsächlich gute Gründe gibt. Im Ausgang von einer Vorstellung der klassi-

---

[6] Ebd.

[7] Vgl. Shapiro (1997, S. 40f.).

[8] Zwei Strukturen S_1 und S_2 bezeichnet man als *isomorph* genau dann, wenn eine Bijektion $f : S_1 \rightarrow S_2$ derart existiert, dass für alle Objekte x des Trägers von S_1 gdw. $\varphi(x)$ in S_1 gilt, auch $\varphi(f(x))$ in S_2 gilt und das analoge auf die Umkehrabbildung zutrifft.

[9] Shapiro (2005, S. 70).

schen Mengenlehre ist also im folgenden § die Frage zu beantworten, warum gerade die Existenzannahmen, die in ihren Axiomen vorkommen, nicht wieder vor dem Hintergrund einer stärkeren Metatheorie gerechtfertigt werden müssen, sondern als absolute Aussagen in dem Sinn akzeptiert werden dürfen, dass sie ohne weitere Vermittlung wahr sind.

§ II. Die axiomatische Mengenlehre und der intuitive Mengenbegriff

Um eine Grundlage für die Entscheidung bereitstellen zu können, ob die Mengentheorie als algebraische oder als nicht-algebraische Theorie zu verstehen ist, bedarf es unweigerlich einer Darstellung dieser Theorie zumindest in ihren Grundzügen. Betrachten wir also das System der kanonischen Mengenlehre.

Das System ZF

Im Folgenden soll das in der Sprache $L_\in$ formulierte Axiomensystem *ZF* vorgestellt sowie die Struktur umrissen werden, auf die man als ihr intendiertes Modell stößt, versucht man retrospektiv den Gehalt der einzelnen Axiome zu verstehen.

1. Das Extensionalitätsaxiom: $\forall x, y(x = y \leftrightarrow \forall z(z \in x \leftrightarrow z \in y))$

Diesem Axiom, das besagt, dass zwei Mengen genau dann gleich sind, wenn sie die gleichen Elemente besitzen und das als Beschreibung der einzigen nichtlogischen Konstanten $\in$ verstanden werden kann, wird oft ein besonderer Status zugesagt: Bezüglich aller folgenden Axiome ließe sich eine Theorie auch ohne sie ersinnen, die dennoch zumindest mit einigem Recht als *Mengen*lehre zu bezeichnen wäre. Das Extensionalitätsaxiom demgegenüber würde so direkt mit der intuitiven Bedeutung des Begriffs ‚Menge' zusammenhängen, dass keine ohne es formulierte Theorie denkbar ist, die dennoch den Namen Mengenlehre verdienen würde.[10] Wollten wir neben Mengen auch über andere Gegenstände sprechen, müssten wir das Identitätskriterium auf Mengen relativieren. Um weitere Komplikationen zu vermeiden beschränken wir uns aber im Folgenden auf eine Spezifikation der Mengenlehre ohne von Mengen unterschiedene ‚Urelemente'.

2. Das Paarmengenaxiom: $\forall x, y \exists z \forall w(w \in z \leftrightarrow w = x \vee w = y)$

3. Das Vereiningungsmengenaxiom: $\forall x \exists y \forall z(z \in y \leftrightarrow \exists w(w \in x \wedge z \in w))$

Diese beiden Axiome machen (schwächere) *konditionale* Existenzannahmen, sie sichern also die Existenz einer bestimmten Menge, *sollten bestimmte andere Mengen existieren*. Das Paarmengenaxiom sagt aus, dass zu je zwei Mengen eine weitere existiert, die genau diese als Elemente enthält. Das Vereinigungsmengenaxiom sichert zu jeder Menge die Existenz einer weiteren Menge, die genau die Elemente der Elemente der Ausgangsmenge enthält.

4. Das Potenzmengenaxiom: $\forall x \exists y \forall z(z \in y \leftrightarrow \forall w(w \in z \rightarrow w \in x))$

---

[10] Vgl. Boolos (1998a, S. 28f.).

Obwohl auch dieses Axiom ein konditionales Existenzaxiom darstellt, ist es ein extrem starkes Axiom, das aussagt, dass zu jeder Menge eine weitere existiert, die genau die Teilmengen der Ausgangsmenge als Elemente enthält (diese *Potenzmenge* einer Menge x soll fortan als $\mathcal{P}(x)$ bezeichnet werden). Die Stärke dieses Axioms wird sich besonders deutlich zeigen, wenn im Anschluss an die Einführung der Axiome deren Rolle hinsichtlich des iterativen und kumulativen Mengenkonzepts herausgearbeitet wird.

5. Das Ersetzungsschema: Axiome sind alle Formeln der Form

$$\ulcorner \forall \vec{p}(\forall u \exists! v \varphi(u,v,\vec{p}) \rightarrow \forall x \exists y \forall v(v \in y \leftrightarrow \exists u(u \in x \wedge \varphi(u,v,\vec{p})))) \urcorner$$

für die gilt, dass $\varphi \in Form_{L_{\in}}$ und dass y an keiner Stelle frei vorkommt.[11]

Die einzelnen Instanzen dieses Schemas sagen aus, dass das Bild einer Menge unter einer Funktion φ ebenfalls eine Menge ist und sind unter Umständen sehr starke konditionale Existenzaussagen. Wie deren Stärke genau mit dem intendierten Mengenkonzept zusammenhängt, soll aber ebenfalls erst im Anschluss an die Darstellung der Axiome erläutert werden.

6. Das Unendlichkeitsaxiom:

$$\exists x(\exists y(y \in x \wedge \forall z \neg(z \in y)) \wedge \forall y(y \in x \rightarrow \exists z(z \in x \wedge \forall w(w \in z \leftrightarrow w = y))))$$

Diese einzige *direkte* Existenzaussage der ZF-Axiomatik besagt, dass eine Menge existiert, welche die leere Menge enthält und mit jedem Element auch die Menge enthält, die dieses Element als einziges Element enthält.

Wichtig ist an dieser Stelle noch der Hinweis, dass dieses Axiom wie erwähnt die Existenz der ‚leeren Menge' (die im Folgenden als ‚$\varnothing$' bezeichnet wird) erforderlich macht, und zwar aufgrund des Konjunktionsglieds ‚$\exists y \forall z \neg(z \in y)$'. Deren Existenz folgt aus Schema 5 und einem Axiom der Prädikatenlogik: $\exists x(x = x)$.

7. Das Fundierungsaxiom: $\forall x(\exists y(y \in x) \rightarrow \exists y(y \in x \wedge \forall z(z \in y \rightarrow \neg(z \in x))))$

Dieses Axiom, das besagt, dass jede nichtleere Menge ein Element besitzt, das mit der Ausgangsmenge kein Element gemeinsam hat, kann ähnlich wie Axiom 1 als eine Charakterisierung der nicht-logischen Konstanten $\in$ betrachtet werden. Im Gegensatz zu den Existenzannahmen der anderen Axiome *beschränkt* dieses Axiom allerdings den Bereich zulässiger Objekte. Diese im Hinblick auf die Darstellung der intendierten Struktur nicht unwichtige Eigenschaft soll aber ebenfalls erst später näher beleuchtet werden.

Nach dieser mehr oder minder schlichten Aufzählung der Axiome werden sich zumindest der Mengenlehre Unkundige sicherlich sofort und zurecht fra-

---

[11] $\vec{p}$ steht hier für $p_1,\ldots,p_n$ und weist darauf hin, dass in der Formulierung der Formel φ weitere Mengen als Parameter auftreten dürfen. Die einzige weitere hier verwendete Abkürzung wird wie folgt definiert: $\exists! x\varphi(x) :\leftrightarrow \exists x\varphi(x) \wedge \forall y(\varphi(x) \rightarrow y = x)$. Durch diese Einschränkung wird gesichert, dass φ eine funktionale Klasse ist, dass also jedes die Aussage erfüllende geordnete Paar (u,v) ein unterschiedliches rechtes Glied besitzt.

gen, warum gerade diese Liste als kanonische Axiomatisierung anerkannt wird. Eine naheliegende Antwort auf diese Frage, die gleichwohl noch keine Entscheidung darüber impliziert, ob die Mengenlehre eine algebraische oder eine nicht-algebraische Theorie darstellt, besteht in dem Versuch, so viel wie möglich über die Klasse von Strukturen herauszufinden, die die Axiome erfüllen, wie viele Elemente diese Klasse auch immer enthalten mag.

Der Bestandteil, der allen diesen Strukturen gemeinsam ist und demnach den wesentlichen Gehalt des Axiomensystems zum Ausdruck bringt, umfasst zwei Gesichtspunkte, nämlich erstens die *iterative* und zweitens die *kumulative* Natur einer jeden die Axiome erfüllenden Mengenhierarchie. Wie aber kann das Auftreten dieser Strukturmerkmale vor dem Hintergrund der vorgestellten Axiome beschrieben werden?

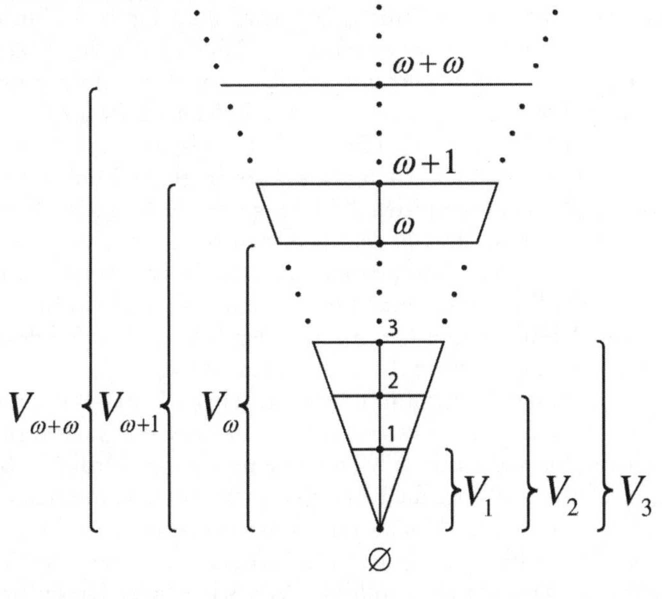

Abbildung 1: Die kumulative und iterative Hierarchie der reinen Mengen

Der Ausgangspunkt der in Abbildung 1 dargestellten Hierarchie wird von der leeren Menge ‚∅' gebildet. Die Übergänge von einer Stufe zur nächsten, die in der Abbildung mittels durchgezogener Linien dargestellt sind, geben ein *iteratives* Muster zu erkennen, weil sie sämtlich anhand folgender Konstruktion vonstatten gehen: Auf jeder neuen Stufe – wobei die einzelnen Stufen durch Ordinalzahlen indiziert werden – erhalten wir, sollten auf der letzten Stufe n Mengen vorhanden gewesen sein, 2^n viele Mengen, sprich auf Stufe $n+1$ sind ‚alle möglichen Zusammenfassungen' von Elementen der Stufe n als Mengen vorhanden. Somit ist auch im Besonderen, sollte x eine der Mengen der Stufe n sein, $\mathcal{P}(x)$ eine der Mengen der Stufe $n+1$. Der für den endlichen Fall unproblematische Zusammenhang von Stufenabfolge und Potenzmengenbildung wird somit ersichtlich. Die Potenzmengenbildung ist für die ‚Breite' der jeweiligen Stufen verantwortlich: Wenn wir die Menge aller Elemente der Stufe n betrachten, besteht die von Axiom 4 geforderte Menge als Menge ‚aller möglichen Zusammenfassungen' von Elementen der Stufe n aus den für die Stufe $n+1$ benötigten Mengen. Axiom 4 sichert somit die gewünschte Vielzahl von Mengen auf jeder Nachfolgerstufe.

Auch mittels der gepunkteten Linien in Abbildung 1 soll ein iteratives Muster der Hierarchie zum Ausdruck gebracht werden: Jetzt geht es darum, dass es in der Hierarchie Stufen gibt, die nicht durch den beschriebenen Aufstieg erreichbar sind, denn sie besitzen keinen direkten Vorgänger. Diese ‚Limesstufen' werden als Vereinigung aller Elemente bestimmt, die sich auf den unterhalb ihrer befindlichen Stufen befinden:

$$V_\lambda = \bigcup_{\alpha<\lambda} V_\alpha \text{ falls } \lambda \neq \emptyset \text{ und } \lambda \text{ keinen direkten Vorgänger besitzt.}$$

Die Existenz der ersten dieser Stufen, V_ω, wird erst durch Axiom 6 gesichert, denn der Endpunkt der Reihe der natürlichen Zahlen kann durch keinen approximativen Prozess ‚von unten' erreicht werden. Vor dem Hintergrund dieser so gesicherten Menge kann die Tatsache, dass die Existenz sehr großer Ordinalzahlen und damit vieler Stufen der V_α-Hierarchie beweisbar ist, vor allem mit Schema 5 in Verbindung gebracht werden, da wir die fragliche Funktion so gestalten können, dass von der resultierenden Bildmenge die Existenz sehr großer Ordinalzahlen impliziert wird. Obwohl also, wie sich bei genauerer Betrachtung zeigen würde, der Gehalt der Axiome sich vollständig erst anhand ihres Zusammenwirkens erklären ließe, trifft man hinsichtlich Abbildung 1 doch etwas Zentrales, wenn man Axiom 4 mit der ‚Breite' der Stufen und Schema 5 mit der ‚Höhe' des gesamten Trichters in Zusammenhang bringt.

Ein letztes zentrales Kriterium, um die gegebene Darstellung mit dem Axiomensystem in Übereinstimmung zu bringen, besteht im Nachweis, dass es für jede in der Hierarchie vorhandene Menge x eine *kleinste* Ordinalzahl α gibt, so dass $x \in V_\alpha$ gilt. Diese Leistung, die einen gewissen Anteil daran hat, dass man die iterative Konzeption in der *ZF*-Axiomatik wiedererkennt, wird von Axiom 7 vollbracht, das (wie Schema 5) in der Mathematik außerhalb der Mengenlehre nicht von großer Bedeutung ist, sondern allein, wie Oliver Deiser bemerkt, „für ein scharfes Bild des Mengenuniversums sorgt."[12] Axiom 7 sichert, dass jede Menge auf einer bestimmten Stufe der Hierarchie zum ersten Mal auftaucht, indem es unendliche absteigende $\in$-Ketten ausschließt. Wie in dem Zitat Deisers ersichtlich, ist dieses Axiom wichtig für das Bild eines sukzessive im Ausgang von der leeren Menge aufgebauten Universums, in dem Mengen allein aus bereits vorhandenen Mengen konstruiert werden. Somit kann für jedes Element eindeutig der Punkt seines ersten Auftauchens in der Hierarchie angegeben werden. Und dadurch, dass auf höheren Stufen ‚jede mögliche Kombination' der Elemente niedrigerer Stufen gegeben ist, tritt ein Element, sollte es einmal in der Hierarchie aufgetaucht sein, fortan auf jeder Stufe auf. Somit sind die beiden anfangs erwähnten zentralen Charakteristika eingeführt: Die Hierarchie ist *iterativ*, weil

[12] Deiser (2002, S. 434).

sie anhand der Wiederholung bestimmter Mengenbildungsprozesse beschrieben wird und *kumulativ,* weil eine Menge, wenn sie einmal aufgetreten ist, auf jeder höheren Stufe ebenfalls vorhanden ist.

Eine der sicherlich erstaunlichsten Tatsachen an dieser Darstellung der Mengenhierarchie besteht darin, dass bereits ohne Bezugnahme auf weitere Interpretationen dieser Struktur eine Erklärung möglich ist, warum oftmals davon ausgegangen wird, dass eine Bezugnahme auf die Mengenhierarchie in der Metatheorie dafür Sorge tragen kann, dass eine vor ihrem Hintergrund formulierte modelltheoretische Folgerungsdefinition tatsächlich unsere modalen Intuitionen einzuholen vermag. Der Grund hierfür ist ein weiteres notwendiges Kriterium zur Verwendbarkeit der Mengenlehre als Metatheorie, und zwar das zumeist als ausschlaggebend bewertete, ihre *Ausdrucksstärke*: Nahezu jede bekannte mathematische Theorie kann im Rahmen der Mengentheorie dargestellt werden. Ein Grund, warum die Mengentheorie derart umfassend ist, ergibt sich aus der Maximalität der Mengenhierarchie, dass nämlich im Übergang zu einer neuen Stufe immer alle möglichen Zusammenfassungen bereits vorhandener Elemente in Betracht gezogen werden und wir zudem auf jeder Stufe auf die Existenz einer folgenden (und der entsprechenden Limesstufen) schließen dürfen. Für die benötigte Einbettbarkeit anderer mathematischer Strukturen lässt sich dann so argumentieren, dass man eine solche Struktur dadurch übersetzt, dass ihre Entitäten zur Mengenlehre als *Urelemente* hinzugenommen werden und die Allgemeingültigkeit der Mengenbildungsprozesse dann dafür Sorge trägt, dass sich sämtliche Merkmale der Ausgangsstruktur angemessen im Rahmen der Mengenlehre rekonstruieren lassen, denn diese Theorie ist wie bemerkt daraufhin angelegt, dass mittels ihrer *jede mögliche* Zusammenfassung von Elementen spezifiziert werden kann. Den noch erforderlichen Nachweis, dass die Urelemente letztlich eliminierbar sind, kann man dann durch einen Beweis antreten, dass in der Hierarchie der *reinen* Mengen eine zu der gewählten Struktur isomorphe existiert.

Diese Aussagen über Größe und Aufbau der Mengenhierarchie bilden also letztlich die Grundlage für die mehr oder minder einhellige Meinung, dass die Mengentheorie uns eine angemessene Reduktion der Modalbegriffe ermöglicht. Mit den Worten Hilary Putnams: „Mathematics has (...) got rid of possibility by simply assuming that, up to isomorphism anyway, all possibilities are simultaneously *actual* – actual, that is, in the universe of 'sets.'“[13] Darüber hinaus kann man diesen Sachverhalt auch so verstehen, dass er als Erklärung für die Angemessenheit der modelltheoretischen Explikationen *semantischer* Begriffe einstehen kann: Denn Putnams Aussage, der zufolge die Mengenlehre keine mögliche Reinterpretation der nicht-logischen Konstanten ausschließt, kann auch so formuliert werden, dass in dieser Theorie „alle [möglichen] ‚Bedeutungen' unserer Grundbegriffe“[14] repräsentiert sind. Die These nun, der zufolge diese Reduktionen diesseits bestimmter philosophischer Interpretationen der Mengenlehre

---

[13] Putnam (1975, S. 70).

[14] Müller (1965, S. 158).

möglich sind, findet an dieser Stelle ihre formale Einlösung in der Möglichkeit, sowohl absolutes als auch relatives Wahrheitsprädikat mittels *allein* mengentheoretischen Vokabulars zu definieren.[15] Wir können somit die oben in den Definitionen noch auftauchenden philosophisch problematischen Begriffe (‚wahr', ‚denotiert') vollständig eliminieren – und die Plausibilität der entstehenden Definition ruht scheinbar einzig auf einem Verständnis der ‚allumfassenden Natur' der Mengenhierarchie.

Nachdem an dieser Stelle also erkennbar ist, warum die Mengenlehre nahezu unisono als Metatheorie der Mathematik anerkannt wird, dürfte die Tatsache einiges Erstaunen auslösen, dass die bislang genannten Gründe für diese Auszeichnung dennoch nicht ausreichen, um die Mengenlehre auch als angemessene Metatheorie der algebraischen Bedeutungstheorie auszeichnen zu können. Im Folgenden soll gezeigt werden, welche Thesen zusätzlich zu akzeptieren sind, will man der Mengenlehre diesen Status zuerkennen.

Philosophische Interpretationen der Mengenlehre

Wenn wir uns nun für den Rest dieses § von dem festen mathematischen Boden einer internen Darstellung der Mengentheorie verabschieden und uns genuin philosophischen Interpretationen zuwenden, die nicht länger als Bestandteile dieser Theorie anzusehen sind, dann primär um zeigen zu können, dass die bisherige interne Darstellung der Mengentheorie ihre Funktion innerhalb der algebraischen Bedeutungstheorie noch nicht zu erklären vermag. Um auf die bislang ungelösten Probleme aufmerksam machen zu können, sollen im Folgenden zwei Interpretationen der Mengenlehre vorgestellt werden, die (wie nach ihrer Darstellung unschwer zu erkennen sein wird) an den zwei entgegengesetzten Polen des Spektrums möglicher Interpretationen angesiedelt sind: Die erste wird primär bemüht um zu zeigen, dass die Mengentheorie nicht bei jeder Interpretation den Anforderungen der algebraischen Bedeutungstheorie gerecht zu werden vermag und dass ihre spezifische Interpretation der Mengentheorie somit einen wesentlichen Bestandteil dieser Theorie darstellt. Die zweite Interpretation stellt dann die wohl paradigmatischste Interpretation der Mengentheorie vor, unter der sie tatsächlich den Erfordernissen der algebraischen Bedeutungstheorie gerecht wird.

---

[15] Missverständlich mag in diesem Zusammenhang das Verhältnis dieser Aussage zu derjenigen wirken, mit der oben auf Differenzen zwischen Wahrheits- und Modelltheorie hingewiesen wurde. Ihre Vereinbarkeit lässt sich obigem Hinweis entnehmen, dass der erforderliche Korrektheitsnachweis der Übersetzung (in dem diese Differenz zum Ausdruck kommt) zwar Teil der ‚Methodologie' der Wahrheitstheorie sein muss, jedoch *nicht* zu dem formalen Apparat gerechnet wird, in dem die Wahrheitsdefinitionen formuliert sind.

Die behauptete Reduzierbarkeit impliziert im Übrigen auch, dass die oben auf S. 24 angekündigte Metatheorie *nur* die Mengenlehre enthalten muss. Die Mengenlehre ist ausdrucksstark genug, so dass wir in ihr auch die objektsprachliche Syntax formalisieren können, und mehr benötigt die Metatheorie auch der Wahrheitstheorie nicht, um das zuletzt geforderte umsetzen zu können.

Die erste Interpretation nimmt ihren Ausgang von dem bereits angeführten zentralen Kriterium der Ausdrucksstärke. Will man der Mengenlehre aufgrund dieser Eigenschaft die Rolle als Metatheorie zusprechen, so erscheint es als naheliegender von der Mengenlehre mit Mary Tiles als von einer „superstructure“[16] der Mathematik zu sprechen, als die in diesem Zusammenhang eher missverständliche Rede ihrer als der ‚Grundlage‘ der Mathematik aufrechterhalten zu wollen. Denn sie besitzt hier einen besonderen Status allein in dem gänzlich unspektakulären Sinn, dass man zur Ausführung metamathematischer Fragen eine starke Hintergrundtheorie benötigt und sich die Mengenlehre in diesem Zusammenhang als gutes Instrument bewährt hat – man bestimmt die Mengentheorie also nachträglich als angemessene Rahmentheorie der Mathematik. Oder wieder einmal mit den Worten Stewart Shapiros: „(...) [T]here is nothing ultimate about set theory. It is a convenient place to end the structure-system regress, but not a necessary one.“[17]

Wohlgemerkt wird man auch dieser minimalen Begründungsstrategie selbstverständlich solange nicht folgen, wie man von der *In*konsistenz der Mengenlehre überzeugt ist, aber bei einer solchen Überzeugung kann ohnehin keine Interpretation der Mengenlehre ihre Verwendung als Metatheorie rechtfertigen. Das Ausgehen von ihrer Konsistenz ist somit zwar unabdingbar, um die Mengentheorie überhaupt als Metatheorie zu akzeptieren, aber die jetzt zur Debatte stehende Interpretation ist dadurch ausgezeichnet, dass es ihr zufolge nicht erforderlich ist, von ihrer Konsistenz in einem stärkeren Maße überzeugt zu sein als bezüglich anderer möglicher Metatheorien (wie der Kategorientheorie) – und etwa ein Vertrauen in ihre Konsistenz aus dem Grund, dass ein inhärenter Widerspruch in den langen Jahren der Beschäftigung mit dem Axiomensystem wohl bereits gefunden worden wäre, vollauf ausreicht. Dass dem Vertrauen in die Konsistenz hier eine möglichst geringe Funktion zugewiesen wird, zeigt dann letztlich auch, dass das im ersten § formulierte notwendige Kriterium für Metatheorien etwas zu stark war: Die Nicht-Algebraizität der Theorie ist nicht erforderlich, es reicht bereits eine *ohne Vermittlung durch eine stärkere Theorie* entstandene Konsistenzüberzeugung aus. Insgesamt kann man diese Interpretation dann als den Vorschlag verstehen, maximale Ausdrucksstärke gekoppelt mit einer solchen unvermittelten Konsistenzüberzeugung bereits als *notwendiges und hinreichendes* Kriterium für Metatheorien zu akzeptieren, wobei dieses Kriterium eben wohlgemerkt nicht impliziert, dass die Theorien, die das Kriterium erfüllen, nur isomorphe Modelle besitzen müssen.

Herauszuheben ist an dieser ersten Interpretation in jedem Fall, dass sie im Rahmen der algebraischen Bedeutungstheorie *nicht* zum gewünschten Ziel führt. Dies hängt damit zusammen, dass die Mengenlehre hier eine mathematische Theorie wie jede andere ist und daher als eine von Grund auf sprachliche Struk-

---

[16] Tiles (1989, S. 209).

[17] Shapiro (1989, S. 160). Der ‚structure-system regress' ist der oben beschriebene Aufstieg zu immer stärkeren Metatheorien, wobei Strukturen als algebraisch und Systeme als nicht-algebraisch zu verstehen sind.

tur anzusehen ist. Diese Deutung kommt in folgender trefflicher Passage Michael Halletts zum Ausdruck: „What this means is that *ZF* does not *formalize* set theory, in the sense that it presents a mathematical version of some independent set theoretic reality – it *is* set theory."[18] Vor dem Hintergrund dieser Interpretation der Mengenlehre kann man also keine Bedeutungstheorie gestalten, die ohne jedweden Rückgriff auf sprachliche Voraussetzungen auskommt. Dass sie aber diesen interpretativen Pfad nicht beschreiten kann, lässt bereits eindringlich klar werden, dass ihre spezifische Interpretation der Mengenlehre für die interne Kohärenz der algebraischen Bedeutungstheorie nicht unerheblich sein kann.

Fernab jedoch davon, ihre Relevanz allein vor dem Hintergrund dieser Bedeutungstheorie entfalten zu können, ist die jetzt vorzustellende Interpretation die stattdessen wohl verbreitetste Interpretation der Mengenlehre überhaupt. Sie nimmt ihren Ausgang von der These, dass man von der Konsistenz der Mengenlehre aus einem Grund überzeugt sein könnte, der *von genuin anderer Natur* ist als diejenigen, aufgrund derer man von der Konsistenz aller ähnlich ausdrucksstarker Theorien überzeugt sein darf. Dass es darüber hinaus gerade das iterative (und kumulative) Mengenkonzept ist, das für diesen besonderen Status verantwortlich zeichnen soll, verdeutlicht folgende Aussage von George Boolos:

> „The interest of the iterative conception is that it shows that the axioms of Zermelo (-Fraenkel) set theory are not just a collection of principles chosen for their apparent consistency and ability to deliver desired theorems concerning arithmetic, analysis, and Cantorian transfinite numbers, but not otherwise distinguished from other equally powerful consistent theories. The conception is *natural* in the simple sense that people can and do easily understand, and readily regard as at least plausible, the view of sets it embodies."[19]

Der Unterschied dieser Interpretation zu der bereits dargestellten kann wohl am markantesten anhand der speziellen Rolle, welche die Mengenhierarchie in der zweiten Interpretation erfährt, verdeutlicht werden. Das Abhängigkeitsverhältnis von Hierarchie und Axiomatik nämlich wird hier schlicht umgekehrt: Der ‚Mengentrichter' soll eine *Begründung* für die Wahl spezifischer Axiome abgeben und gerade keine nachträgliche Veranschaulichung dessen, was in der Axiomatisierung zum Ausdruck kommt. Stattdessen liege ein Verständnis des iterativen Konzepts der Formulierung der Axiome bereits zugrunde. Das oben beschriebene Bild des umgekehrten Kegels wäre somit als eine Art ‚informelles Modell' zu verstehen, das eine dem gesamten historischen Prozess ihrer Axiomatisierung zugrunde liegende Konzeption der Mengentheorie zum Ausdruck bringt. Die *ZF*-Axiomatik wird in diesem Sinne nicht als Ausgangspunkt in dem Sinne angesehen, dass mit den Axiomen gearbeitet wird und sich dann nachträglich eine bestimmte Vorstellung der durch sie beschriebenen Struktur als heuristisches Hilfsmittel anbietet, sondern die Axiome werden in gewisser Weise als ein Pro-

[18] Hallett (1994, S. 81).
[19] Boolos (1998, S. 127).

dukt des Versuchs betrachtet, dem informellen Konzept eine möglichst adäquate Formulierung zu verleihen.

Besonders wichtig ist, dass an dieser Stelle von einem *informellen* Modell gesprochen wird. Informell in dem Sinn, dass die Genese dieses Modells selbst nicht anhand modelltheoretischer Verfahren zu explizieren ist. Ganz im Gegenteil führt der Versuch, das Verhältnis von Axiomatik und ‚Modell' in diesem Zusammenhang anhand eines selbst wiederum im Rahmen einer Theorie fassbaren Verfahrens verstehen zu wollen, in die Irre. Denn die Modellkonstruktion bildet hier kein Ergebnis einer mathematischen Arbeit, sondern die intuitive Einsicht in dieses Modell wird als Triebfeder einer angemessenen Formalisierung der Mengentheorie verstanden. Diese Bestimmung des spezifischen Verhältnisses von Theorie und Modell rührt daher, dass eine Erfassung des Modells prinzipiell auch ohne Kenntnis der Axiomatik vorstellbar sein soll: „The *iterative conception of set* (...) often strikes people as entirely natural, free from artificiality, not at all ad hoc, and *one they might have formulated themselves*."[20] Sollte man die Axiome somit als Beschreibungen einer intuitiv zugänglichen Struktur verstehen können, würde damit ein triftiger Grund geliefert, an die Wahrheit der Axiome zu glauben und damit mit einer besonderen Sicherheit von der Konsistenz der Theorie überzeugt zu sein.

Gegeben die Tatsache, dass in den meisten Fällen für eine solche Sichtweise durch einen Hinweis darauf argumentiert wird, dass wir eine *präzise* Intuition der fraglichen Struktur besitzen, erscheint es als plausibel davon auszugehen, dass es *genau ein* ‚Modell' ist, das unserer Formulierung der Axiomatik zugrunde liegt. Denn wie sollte die erforderliche Präzision anders gewährleistet werden als durch die These, dass es tatsächlich *eine bestimmte* Struktur ist, zu der wir intuitiven Zugang besitzen? Mit anderen Worten legen diese Überlegungen es zumindest nahe, dass in dieser Interpretation das oben formulierte notwendige Kriterium für Metatheorien tatsächlich eingelöst werden muss: Es ist für die algebraische Bedeutungstheorie von immensem Vorteil, die Zermelo-Fraenkelsche Mengenlehre als *nicht-algebraische Theorie* zu verstehen.

Besonders deutlich wird dieser Sachverhalt wieder einmal in Bezug auf die einzige nicht-logische Konstante $\in$: Die Sicherheit, dass verschiedene Personen, die alle in der Sprache $L_\in$ im Rahmen der *ZF*-Axiomatik arbeiten, diese zweistellige Relation auf die gleiche Weise interpretieren, wird – um nicht in den oben angedeuteten infiniten Regress in Bezug auf immer stärkere Metatheorien zu geraten – *nicht* anhand der Angabe seiner Denotation über einem bestimmten Träger gesichert, sondern die Übereinstimmung in den Interpretationen soll anhand der Einsicht in das eben erwähnte informelle Modell gewährleistet werden. Man muss somit die $\in$-Relation als eine besonders ausgezeichnete Relation verstehen, denn es erscheint in den jetzt zur Debatte stehenden Versuchen, der *ZF*-Axiomatik eine herausragende Rolle unter den mathematischen Axiomatiken zuzugestehen, oft so, *als ob sie eher zu den logischen als zu den nicht-logischen*

[20] Boolos (1998a, S. 16). Hervorhebungen hinzugefügt.

Konstanten gerechnet wird: In Büchern, die einer Einführung in die Mengenlehre gewidmet sind, wird häufig – in der gleichen Weise, wie dies bei der Einführung der logischen Konstanten geschieht – zu Beginn der Ausführungen darauf hingewiesen, dass die ∈-Relation die intuitiv verstandene 2-stellige Relation ‚ist Element von' darstellt.[21] Eine etwaige Ambivalenz in Bezug auf die Interpretation dieses Symbols soll also dadurch aufgehoben werden, dass sich eine ganz bestimmte Interpretation aufgrund des intuitiven Mengenverständnisses geradezu aufdrängt. Es soll in diesem Sinne die im informellen Modell zum Ausdruck kommende Interpretation der ‚Element von' Relation sein, welche die Möglichkeit von abweichenden Interpretationen verhindert und somit die Notwendigkeit aufhebt, die Interpretation dieser Relation wiederum in Bezug auf eine stärkere Metatheorie absichern zu müssen. Dass sich in diesem Zusammenhang eine bestimmte Interpretation dieser Relation als korrekt erweist, soll sich also der Tatsache verdanken, dass die möglichen Reinterpretationen der Sprache hier an einer objektiven vorsprachlichen Gegebenheit bemessen werden können. Oder mit den Worten Hilary Putnams: „[T]hat what is outside our minds somehow *interprets our language for us*."[22]

Mengen und Klassen

Um die Rolle dieser ‚vorsprachlichen Gegebenheit', hinsichtlich derer sich jede Deutung dieser Relation als richtige oder falsche verstehen lässt, noch genauer analysieren zu können, erscheint es auch an dieser Stelle wieder als geboten, sich besonders dem in dieser Konzeption zum Tragen kommenden *Objektbegriff* zu widmen. Dieser wird deutlich, wenn man die vorgestellte Mengenkonzeption mit dem von Frege so prominent gemachten *Klassen*begriff vergleicht. Obwohl letzterer im nächsten Teil noch eingehend gewürdigt wird, ist es an dieser Stelle doch hilfreich, auf einen zentralen Unterschied beider Konstruktionen hinzuweisen: Einen wichtigen Aspekt der Überlegungen Freges zum Begriff der Klasse bildet der Versuch, diese allein vermittels *prädikativer* Auszeichnungen zu individuieren. Klassen sind für ihn abhängig von Eigenschaften, und zwar jeweils bestimmt als Kollektion all der Objekte, welche die in einem bestimmten offenen Satz zum Ausdruck gebrachte Eigenschaft aufweisen. Gerade in ihrer Differenz zu dieser Konzeption kann man die dem iterativen Mengenkonzept zugrunde liegende Idee umso genauer fokussieren: Es geht darum, im Ausgang von einem einzigen Objekt mittels bestimmter Operationen zu immer größeren Zusammenfassungen von Objekten zu gelangen. Dass in der iterativen Konzeption von gegebenen Objekten und deren Zusammenfassungen anstelle von prädikativen Einteilungen gesprochen wird, bemerkt auch Charles Parsons: „Sets are not derived from predications while classes are."[23]

Das so zum Vorschein gebrachte Mengenverständnis ist es, das eines der zentralen Charakteristika der Idee erkennbar werden lässt, die der zweiten In-

[21] Vgl. z.B. Deiser (2002, S. 15).
[22] Putnam (1994, S. 358).
[23] Parsons (1983, S. 282).

terpretation der Mengenlehre zugrunde liegt. Hier wird eine intuitive Erfassung der Mengenhierarchie angenommen, wobei diese Intuition nicht dahingehend erläutert wird, dass jedem Prädikat ein ganz bestimmtes Objekt korrespondiert; vielmehr soll sie eine *direkte und unmittelbare Einsicht in eine Struktur von Objekten* ermöglichen, deren zentrale Charakteristika aus einer Reflexion auf das informelle Modell ableitbar sein sollen. Diesen wichtigen Punkt bemerkt Charles Parsons in einer Evaluation der Überlegungen eines der wichtigsten Vertreter der These einer intuitiven Fundiertheit des iterativen Mengenkonzepts, Hao Wangs: „(...) Wang clearly requires intuition *de re*, intuition of sets."[24] Das Gegenteil wäre eine Intuition *de dicto*. Eine solche würde man z.B. in der intuitiven Überzeugung kund tun, dass es einen größten Primzahlzwilling gibt, ohne aber *einem bestimmten* geordneten Paar natürlicher Zahlen die Eigenschaft zuzuschreiben, dieses Zwillingspaar darzustellen. Demgegenüber geht es den meisten Autoren, die über die intuitive Fundierung der Mengenlehre schreiben, nicht darum, die intuitive Wahrheit bestimmter sprachlicher Aussagen zu bestimmen, sondern auf eine solche Einsicht hinsichtlich einer bestimmten Konstellation von Objekten zu verweisen. An dieser Stelle also klärt sich auf, dass unser Zugang zum informellen Modell der Mengenlehre dafür Sorge tragen soll, den Zugriff auf die vorsprachlichen Objekte zu gewährleisten, der für die algebraische Bedeutungstheorie von so großer Relevanz ist, um die Bedeutungen unserer Ausdrücke unabhängig aller sprachlicher Restriktionen angeben zu können. Zudem ist sie in der Tat auch dazu in der Lage, weil sie nicht länger von den Problemen des bloß zufällig Existierenden heimgesucht wird, wie noch die Form des Zugriffs auf vorsprachliche Objekte, die im letzten Kapitel vorgestellt wurde. Denn die Maximalität des Mengenuniversums ermöglicht es uns, derartige Beschränkungen abzuschütteln. Insgesamt haben wir an dieser Stelle damit eine Interpretation umrissen, die nicht allein den Erfordernissen der algebraischen Bedeutungstheorie gerecht wird, sondern die darüber hinaus vielen ihrer bislang angeführten Thesen eine weitaus präzisere Form zu verleihen erlaubt.

§ III. Mengen, Modelle und der informelle Interpretationsbegriff

Nachdem somit die in der algebraischen Bedeutungstheorie favorisierte Interpretation der Mengenlehre konturiert wurde und ebenfalls auf die Abhängigkeit der Modelltheorie von der Mengenlehre hingewiesen wurde, bleibt noch zu klären, welches Licht die angegebene Interpretation der Mengenlehre auf unser Verständnis der Modelltheorie zu werfen in der Lage ist. Aus den folgenden Überlegungen zum Status der Modelltheorie wird sich zudem eine Antwort auf die dritte und letzte der zum Ende des letzten Kapitels angeführten offenen Fragen herausbilden: Welchen Status besitzt die Sprache, in der die Modelltheorie selbst formuliert ist?

---

[24] Ebd. S. 278.

Kreisel über Mengentheorie und intuitive logische Wahrheit

Um den Stellenwert der Modelltheorie im Rahmen der algebraischen Bedeutungstheorie zu erfassen, soll der Begriff in den Blick gerückt werden, der im Zentrum der Modelltheorie steht, der Begriff der *Interpretation*. Um zu klären, wie dieser Begriff im Rahmen der algebraischen Bedeutungstheorie verstanden wird, soll zu Beginn ein Argument rekonstruiert werden, in dem analog zur oben gegebenen Definition des Folgerungsbegriffs die Äquivalenz eines informellen und eines formal fassbaren Begriffs nachgewiesen werden soll, wobei es sich beim informellen um den der *intuitiven logischen Wahrheit* handelt. Das nun zu analysierende Argument Georg Kreisels[25] soll zumindest für erststufige Aussagen *beweisen*, dass sie *genau dann in jeder mengentheoretischen Struktur wahr sind, wenn sie intuitiv logisch wahr sind.*

Bis zum Ende dieses § sei α als Variable für Aussagen und ι als solche für deren logische Stufe verstanden. Folgende drei Prädikate werden untersucht: $Val(\alpha)$ stehe für die intuitive logische Wahrheit von α, $V(\alpha)$ für die Wahrheit von α in allen mengentheoretischen Strukturen und schließlich $D(\alpha)$ für die Ableitbarkeit von α in einem korrekten Kalkül. Das Argument Kreisels betrifft also den Zusammenhang zwischen $Val(\alpha)$ und $V(\alpha)$. Die erste These des Arguments besteht in folgender Implikation:

(1) $$\forall\iota\forall\alpha(D_F(\alpha^\iota) \rightarrow Val(\alpha^\iota))$$

D_F meint hier Ableitbarkeit in dem Kalkül, den Frege in der ‚Begriffsschrift'[26] entwickelte. Da für die Gültigkeit dieses Kalküls noch kein Korrektheitsbeweis im modernen Sinne möglich war, er aber trotzdem nicht ernsthaft in Zweifel gezogen wurde, geht Kreisel davon aus, dass jede Aussage, die mit den Mitteln dieses Kalküls bewiesen wurde, auch als intuitiv wahr bewertet wird, denn diese Intuitivität wäre bis zu diesem Zeitpunkt die einzig mögliche Rechtfertigung der Regeln (im Folgenden beziehen wir uns nur auf in relevanten Hinsichten zu diesem äquivalente und verzichten daher auf den Index). Da sich im Folgenden zeigen wird, dass für Kreisel auch die Umkehrungen der Implikationsbeziehungen in seinen Thesen eine Rolle spielen, sei bereits an dieser Stelle auf ein Problem der Umkehrung von (1) hingewiesen. Die gödelschen Unvollständigkeitssätze stellen eine solche Schwierigkeit dar: Wird wie üblich die Intuitivität der Gödelsätze einer Theorie akzeptiert, dann existieren für diese Theorie intuitiv wahre Sätze, die jedoch nicht beweisbar sind.

Die zweite These behauptet folgende Implikation:

(2) $$\forall\iota\forall\alpha(Val(\alpha^\iota) \rightarrow V(\alpha^\iota))$$

Wenn eine Formel intuitiv logisch wahr ist, dann ist sie auch wahr in jeder mengentheoretischen Struktur, denn die Mengenlehre ist sicherlich dahingehend entworfen, dass intuitiv plausible logische Aussagen ebenfalls in den von ihr zur

---

[25] Das im Folgenden rekonstruierte Argument findet sich in Kreisel (1969, S. 89-92).

[26] Frege (1964), vgl. auch unten S. 81ff.

Verfügung gestellten Strukturen als wahre Aussagen interpretiert werden. Mit den Worten Kreisels: „[O]ne does accept [(2)] the moment one takes for granted that logic *applies* to mathematical structures."[27] In der Umkehrung liegt hier allerdings ebenfalls ein Problem: Auf den ersten Blick würde ein Gegenargument so konstruierbar erscheinen, dass α als eine Formel aufgefasst wird, die in der *echten Klasse* wahr ist, die das Universum der mengentheoretischen Strukturen bildet, daher aber selbst keine Menge sein kann. Das Problem entsteht dadurch, dass das Mengenuniversum sich selbst nicht als Menge enthält, ‚von außen' aber als Struktur erkennbar ist und V daher schwächer scheint als *Val*. Kreisel zeigt dann zwar, dass dieses Gegenbeispiel über bestimmte Vorkehrungen in einer geeigneten Theorie echter Klassen zumindest partiell zu umgehen ist, hält diese Vorkehrungen aber im Gegenzug wiederum für derart komplex, dass er eine bestimmte Konklusion explizit ausschließt: „[This] certainly justifies reservations (...) against the assumption that we simply *mean* V (...) when speaking of logical validity."[28]

Kreisel behauptet aber, dass *für die Fixierung der Ordnungsvariablen* ι *auf die erste Stufe* auch die Umkehrungen beider Konditionale gelten, was damit zu den beiden folgenden Bikonditionalen führt:

(1*) $\forall\alpha^1(Val(\alpha) \leftrightarrow D(\alpha))$

(2*) $\forall\alpha^1(Val(\alpha) \leftrightarrow V(\alpha))$

Das zentrale Hilfsmittel im Beweis dieser beiden Sätze bildet der gödelsche Vollständigkeitssatz, den Kreisel in folgender Form wiedergibt: $\forall\alpha^1(V(\alpha) \leftrightarrow D(\alpha))$. Durch Kombination mit den beiden Thesen (1) und (2) kommt man somit zu den beiden Bikonditionalen, von denen (2*) von besonderer Relevanz ist, da es

---

[27] Kreisel (1969, S. 91).

[28] Ebd. S. 92. Das zu diesem Schluss führende Argument kann im übrigen auch als ein Einwand gegen die oben (S. 45f.) beschriebene ‚allumfassende Natur' des Mengenuniversums aufgefasst werden, denn es wird die Existenz einer Struktur behauptet, die prinzipiell in keinem Modell von *ZF* eine Entsprechung besitzen kann. Diesem Einwand wäre erst dann etwas entgegenzusetzen, wenn man die Erweiterung des Arguments, mit der Kreisel es ausgehend von einer *Klassen*theorie auch als anwendbar auf die Gesamtheit des Mengenuniversums erweisen will, ebenfalls mit einem Argument unterfüttert, dass nun die Gesamtheit des Klassenuniversums betrifft, usw. für die Gesamtheit der Hyperklassen etc.

Naheliegender als ein derartiges sukzessives Voranschreiten erscheint aber ohnehin zu akzeptieren, dass der Begriff ‚alle möglichen Strukturen' nicht vollständig formalisierbar ist und dass damit eine Argumentation für die These, dass jede mögliche Struktur im Rahmen der Mengentheorie repräsentierbar ist, notwendig an die Grenzen der *formalisierbaren* Mengentheorie stößt – was aber zumindest im Rahmen der hier vorzustellenden algebraischen Bedeutungstheorie kein allzu großes Problem darstellt, da sie ja ohnehin von einem Primat der informellen Mengenlehre ausgeht. Es bliebe demnach prinzipiell einem informellen ‚Argument' vorbehalten, den Nachweis zu erbringen, dass unser Strukturbegriff tatsächlich durch die Strukturprinzipien der Mengentheorie *vollständig* zur Darstellung gebracht werden kann (würde man diese Strategie genauer untersuchen wäre sicherlich die Frage nach der Konsistenz dieser ‚Theorie' eine, die besonders dringend zu beantworten wäre – man müsste zumindest einen Grund angeben, dass sich die bekannten Paradoxien an dieser Stelle nicht ableiten lassen).

die angekündigte Beziehung von *Val* und *V* erkennbar macht. Kreisels Konklusion lautet demnach wie folgt: „At least, *Val* is not too vague to permit a *proof* of its equivalence to *V* for fist-order α (...)."[29]

Die sehr kursorischen Ausführungen zum Ende des Arguments lassen allerdings ein Problem offen: Da von Kreisel wie erwähnt die Schwierigkeiten, die der Umkehrung von These (2) entgegenstehen, als Schwierigkeiten für folgende These gewertet werden:

(3) *Jede Bezugnahme auf Val ist immer bereits eine (implizite) Bezugnahme auf V,*

würde man im Folgenden eine Diskussion erwarten, ob durch den Vollständigkeitssatz bereits *alle* Schwierigkeiten für die These

(3*) *Jede Bezugnahme auf* $Val(\alpha^1)$ *ist immer bereits eine (implizite) Bezugnahme auf* $V(\alpha^1)$

beseitigt sind. Eine mögliche Schwierigkeit besteht in einer exakten Bestimmung des Verhältnisses der Prädikate *Val* und *V*: Um einer Aussage das erste zuzusprechen, ist zu zeigen, dass sie wahr bleibt unter allen intuitiv möglichen Reinterpretationen; zur Zuschreibung des zweiten genügt es, dies bezüglich aller mengentheoretischen Reinterpretationen nachzuweisen. Zur Verhältnisbestimmung der Prädikate muss sich also dem Verhältnis dieser beiden Interpretationsbegriffe gewidmet werden. Bleibt diese Betrachtung aus, kann das Argument nicht mehr als eine extensionale Äquivalenz unter Beweis stellen: Wie auch immer wir Sätze reinterpretieren, um deren logischen Status zu bestimmen, die Mengenlehre bietet eine extensional angemessene Explikation dieser Interpretationen. Will man jedoch mit dem Argument eine stärkere Konklusion erzielen wie etwa (3*), dann muss man die angeführte Identifikation stärker verstehen als nur im Sinne einer Explikation, und zwar auf eine Weise, die sehr genau in folgender Formulierung Mario Gòmez-Torrentes zum Vorschein kommt: „All intuitive interpretations are set-theoretic interpretations."[30] Es müsste dann nämlich gezeigt werden, dass die Interpretationen, die wir intuitiv zur Bestimmung der logischen Wahrheit einer Aussage in Betracht ziehen, bereits auf der konzeptionellen Basis beruhen, die auch die Grundlage der Mengentheorie bildet. Es geht also nicht länger um Repräsentierbarkeit intuitiver logischer Wahrheit mit den Mitteln der Mengenlehre, sondern darum, dass unsere Intuitionen bezüglich der logischen Wahrheit von Aussagen immer bereits mengentheoretischer Natur sind – erst diese starke These lässt den Schluss auf (3*) zu.

---

[29] Ebd. S. 91. Diese Konklusion lässt auch einen weiteren interessanten Aspekt des Textes von Kreisel erkennen, der hier allerdings nicht eingehend thematisiert werden soll: Kreisel spricht explizit von seinem Ergebnis als von einem *Beweis*, obwohl deutlich sein dürfte, dass dies kein Beweis in dem Sinn sein kann, dass er eine formale Entsprechung in einem Kalkül besitzt (denn *Val* ist sicherlich kein formal fassbarer Begriff). Der Begriff des Beweises wird hier (ähnlich wie in den Fällen, in denen Autoren davon sprechen, die ‚Churchsche-These' bewiesen zu haben) eher im Sinne eines ‚hinreichend überzeugenden Arguments' verwendet.

[30] Gòmez-Torrente (2001, S. 381).

Was das Argument Kreisels somit besonders nachdrücklich vor Augen führt, ist die Frage nach dem spezifischen Verhältnis von Interpretationsbegriff und dessen mengentheoretischem Äquivalent. Dass für die algebraische Bedeutungstheorie einiges davon abhängt, wie sie dieses Verhältnis deutet, soll jetzt gezeigt werden.

Der informelle Interpretationsbegriff

Die in der Aussage Gòmez-Torrentes zum Ausdruck kommende Verhältnisbestimmung von Interpretation und Mengentheorie ist es, anhand derer sehr genau der Status des Interpretationsbegriffs und damit auch der Modelltheorie insgesamt im Rahmen der algebraischen Bedeutungstheorie zur Darstellung gebracht werden kann. Diese Bedeutungstheorie nämlich kann sich nicht damit zufrieden geben, dass die mengentheoretische Reduktion den Interpretationsbegriff allein *expliziert*: Denn eine reine Explikation lässt die Möglichkeit offen, dass wir Reinterpretationen im Grunde mit *sprachlichen* Mitteln ausführen und damit auch an die Restriktionen der jeweils verwendeten Sprache gebunden bleiben. Denn dies ist unabhängig von der Tatsache möglich, dass sich diese Reinterpretationen *nachträglich* adäquat mit den Mitteln der Mengentheorie zur Darstellung bringen lassen.

Akzeptiert man jedoch die These Gòmez-Torrentes, dann kann man an dieser Stelle im Rahmen der algebraischen Bedeutungstheorie schließen, dass unsere Interpretationen sprachlicher Ausdrücke *auf keinerlei* sprachlichen Voraussetzungen beruhen, und zwar wie folgt: Erkennt man an, dass alle unsere Interpretationen von Grund auf mengentheoretisch sind, dann kann man an dieser Stelle noch die bereits eingehend thematisierte These heranziehen, dass die Mengentheorie auf einem intuitiven Fundament ruht, sprich keine wesentlich sprachliche Theorie darstellt. Wir haben dann eine Art ‚doppelte Reduktion', der sich am Ende entnehmen lässt, dass auch der Interpretationsbegriff allein auf den intuitiven Grundlagen beruht, die auch das Fundament der Mengentheorie bilden.

Dies bringt uns an einen Punkt, an dem wir den Status der Modelltheorie in der algebraischen Bedeutungstheorie insgesamt beurteilen können: In dieser Bedeutungstheorie wird die These benötigt, dass der konzeptionelle Kern der Modelltheorie letztlich sprachunabhängig ist, was dadurch begründet wird, dass unsere Reinterpretationen sprachlicher Ausdrücke nicht als selbst sprachliche Akte zu verstehen sind, sondern als Handlungen mittels der als Interpretationen dienenden (mengentheoretischen) Strukturen. Das Wesentliche der Modelltheorie zeigt sich daher der algebraischen Bedeutungstheorie zufolge prinzipiell nicht in einer bestimmten sprachlichen Theorie, stattdessen würde man die Modelltheorie ‚trivialisieren', wenn man sie als wesentlich an eine sprachliche Formulierung gebunden begreift. In Hintikkas Schriften werden derartige Bedenken in der oft erkennbaren Verbindung von Intuition und Modelltheorie deutlich, etwa dann, wenn er es als einen der größten Fehler der universalistischen Tradition beanstandet, „model-theoretic or 'intuitive' ways of thinking"[31] zu verbieten. Hintikka zielt darauf ab, modelltheoretische Überlegungen primär als informelle Überlegungen zu markieren, deren besondere Bindung an eine sprachliche Formulierung sie in ein falsches Licht rückt. Daher ist es letztlich irreführend, der Modelltheorie in diesem Zusammenhang überhaupt noch den Status einer Theorie im üblichen Sinn des Wortes zuerkennen zu wollen.

Genau dieser veränderte Status der Modelltheorie eröffnet letztlich auch einen Zugang zu dem am Ende des letzten Kapitels aufgeworfenen Problem die Sprache betreffend, in der die Modelltheorie formuliert ist. Bereits aus den Ausführungen des letzten § hätte hierzu geschlossen werden können, warum hier auch die den Rahmen der Modelltheorie abgebende mengentheoretische Sprache als eine reinterpretierbare Sprache verstanden werden kann: Weil nämlich ihre Reinterpretationen nicht im Rahmen einer stärkeren Metatheorie vonstatten gehen, sondern diese Reinterpretationen vor dem Hintergrund der intuitiven Konzeption des Mengenuniversums selbst erfolgen, und somit kein unhintergehbarer sprachlicher Rahmen vorausgesetzt wird. Was an dieser Stelle zusätzlich noch deutlich wird besteht darin, dass *auch der Vorgang der Interpretation selbst* nicht als sprachliches Handeln, sondern als Umgehen mit bestimmten Gegenständen verstanden wird.

Das in Bezug auf die Reinterpretierbarkeit der mengentheoretischen Sprache erkennbare Bild ist sehr ähnlich dem, das im letzten Kapitel zur Lösung des Problems der ‚logischen Konstanten' gezeichnet wurde. Denn in der Bezugnahme auf das informelle Modell als Grundlage der Bedeutungen mengentheoretischer Ausdrücke drückt sich bereits aus, dass diese Bedeutungen sehr wohl Einschränkungen unterliegen – allein diese Einschränkungen dürfen nicht einer sprachlichen Strukturiertheit unseres Zugriffs auf das Mengenuniversum entstammen, sondern vielmehr nur aus unserer intuitiven Kenntnis der spezifischen Gestalt dieses Universums. Es geht auch hier im Kern nicht darum, beliebige Interpretationen zu ermöglichen, sondern vielmehr um den Nachweis, dass der Raum zulässiger Interpretationen eine etwaige Struktur nicht aufgrund unserer sprachlicher Zugriffsformen besitzt.

Der Nachweis, wie im Rahmen der algebraischen Bedeutungstheorie auch der Begriff der Interpretation als einer bestimmt werden kann, der keinerlei sprachlichen Restriktionen unterliegt, hat also als Nebeneffekt auch noch den sehr schwer verständlichen Status erkennen lassen, der der Modelltheorie in dieser Theorie zugesprochen wird: Sofern man sie nicht ‚trivialisieren' will, ist die Praxis der Modelltheorie allein als intuitiver und unvermittelter Umgang mit abstrakten Gegenständen zu verstehen.

Zum Problem unabhängiger Aussagen

Zum Abschluss dieses Kapitels ist noch ein zu den Überlegungen des folgenden Kapitels überleitender Zweifel zu adressieren, den man als Leser vielleicht insge-

---

[31] Hintikka (1988, S. 1).

samt mit der im Zentrum der letzten beiden §§ stehenden Interpretation der Mengenlehre hatte, die Frage nämlich, ob es des ganzen Aufwandes, der hier zur Auszeichnung der Mengenlehre als nicht-algebraischer Theorie betrieben wurde, überhaupt bedurfte. Wenn wir nämlich auf die ursprüngliche Definition nicht-algebraischer Theorien zurückblicken – dass deren Modelle alle von einem einzigen Isomorphietyp sind – tut es dann nicht bereits eine theorie*interne* Auszeichnung in dem Sinn, dass die Theorien so lange (etwa durch die Hinzunahme zusätzlicher Axiome) weiter ausgebaut werden, bis sie in der Tat nur noch isomorphe Modelle besitzen? Ebenso naheliegend wie dieser Einwand sind jedoch die mit ihm verbundenen Probleme, die besonders im Hinblick auf die so genannte *Kontinuumshypothese*[32] deutlich werden. Diese Vermutung tritt sehr früh in den mengentheoretischen Schriften Cantors – des ‚Schöpfers' der modernen Mengenlehre – auf und scheint eine Konsequenz gewesen zu sein, die sich ihm aufgrund seiner mengentheoretischen Überlegungen geradezu aufdrängte. Besonders von den Kommentatoren, welche die *ZF*-Axiomatik als nachträgliche sprachliche Erfassung eines intuitiven Modells verstehen, muss es vor diesem Hintergrund als ein Problem angesehen werden, dass inzwischen nachgewiesen wurde, dass sich die Hypothese im Rahmen von *ZF* nicht entscheiden lässt; ein Problem deshalb, weil die cantorschen Schriften zeigen, wie eng diese Hypothese mit den Grundfragen der modernen Mengenlehre verwoben ist. Es ist demnach auch nicht weiter verwunderlich, dass die Unentscheidbarkeit der Kontinuumshypothese gerade von den Kommentatoren, die sich der zweiten oben vorgestellten Interpretation verpflichtet fühlen, als ein Ergebnis angesehen wird, das als letztes Wort nicht zu akzeptieren ist.[33] Prinzipiell können derartige unabhängige Aussagen allerdings allein im Hinblick auf nicht-algebraische Theorien überhaupt als Problem verstanden werden, denn hinsichtlich algebraischer Theorien liegt es in der Natur der Sache, dass es mittels der zulässigen sprachlichen Ausdrücke konstruierbare Aussagen gibt, die im Rahmen der Axiomatik nicht entscheidbar sind (so entscheiden die elementaren Gruppenaxiome nicht, ob eine sie erfüllende Struktur abelsch ist). Die Weigerung also, die Kontinuumshypothese als *absolut* unentscheidbare Hypothese anzusehen, hängt direkt mit der These zusammen, dass die Mengentheorie eine nicht-algebraische Theorie ist. Denn in der Tat ist man spätestens, wenn man die These akzeptiert, dass es *kein* in der Sprache $L_{\in}$ formulierbares Problem gibt, das absolut unentscheidbar ist,

---

[32] Diese hier zweitstufig formulierte Hypothese ‚$\forall X(X \subseteq 2^{\omega} \rightarrow (|X| \leq \omega \vee |X| = 2^{\omega})$' besagt, dass zwischen der Mächtigkeit der Menge der natürlichen Zahlen und der der reellen Zahlen keine weitere Kardinalzahl existiert.

[33] Vgl. z.B. Koellner (2006). Strategien derartiger Kommentare bestehen in der Bestimmung intuitiv plausibler Axiome, welche die Kontinuumshypothese entscheiden: Auf der einen Seite steht hier das gödelsche Konstruktibilitätsaxiom (‚$V=L$'), das die Wahrheit der Hypothese zwar impliziert, von fast allen Kommentatoren jedoch als zu restriktiv empfunden wird. Auf der anderen Seite stehen die so genannten ‚großen Kardinalzahlaxiome', von denen bislang allerdings noch keines die Hypothese entscheiden konnte (bislang entscheiden die bekannten Axiome allein analoge Probleme unterhalb von 2^{ω}, wie etwa Messbarkeitsprobleme bestimmter Teilmengen der reellen Zahlen).

gezwungen, das zu Beginn dieses Kapitels eingeführte notwendige Kriterium tatsächlich zu akzeptieren, sprich *ZF* als nicht-algebraische Theorie aufzufassen. Ebenso wie für Vertreter der zweiten Interpretation der Mengenlehre scheint es aber auch für solche der algebraischen Bedeutungstheorie wichtig, sich auf die Mengenlehre als nicht-algebraisch festzulegen, denn eine präzise weil *eindeutige* Struktur des Mengenuniversums bildet auch für sie eine wichtige Grundlage.

Erschwerend kommt an dieser Stelle noch der bereits erwähnte Sachverhalt hinzu, dass die Mengenlehre die Rolle als *Grundlage* der Mathematik solange nicht ausfüllen kann, wie sie als algebraische Theorie angesehen wird – zumindest solange man als eine solche Grundlage nur eine *eindeutig spezifizierte* Struktur anzuerkennen gewillt ist. Denn es gäbe, wäre die Mengenlehre eine algebraische Theorie, eine Vielzahl unterschiedlicher um diesen Platz konkurrierender Mengentheorien und im Rahmen der Mathematik keine Möglichkeit mehr, zwischen diesen Theorien ‚die richtige' auszuwählen. Auf dieses Dilemma weist Andrzej Mostowski mit folgenden Worten hin: „If there are a multitude of set-theories, then none of them can claim the central place in mathematics."[34] Zur Auszeichnung *einer* Mengentheorie als Grundlage der Mathematik erscheint somit der argumentative Rückgriff auf *ein bestimmtes* informelles Modell des Mengenuniversums als wesentlich. Dass dieser Rückgriff tatsächlich sogar unumgänglich ist, wird sich im kommenden Kapitel daran zeigen, dass sich sogar prinzipiell die Unmöglichkeit der zuletzt betrachteten internen Auszeichnung von Theorien als nicht-algebraisch nachweisen lässt.

1. Die Möglichkeiten der Modelltheorie sind abhängig von der expressiven Kapazität der Metatheorie, in der sie jeweils formuliert ist. Mehr noch: Bei genauerer Betrachtung erscheint die Modelltheorie letztlich allein als ein Teil dieser Theorie, im kanonischen Fall also als Teil der klassischen Mengenlehre.

2. In der Metatheorie werden die Axiome der Mengenlehre nicht als schematische Aussagen, sondern als selbständig wahrheitsfähig bestimmt. Dass gerade die Mengenlehre als kanonische Metatheorie zur Anwendung kommt, wird von vielen Kommentatoren nicht allein pragmatisch anhand der immensen Ausdrucksstärke dieser Theorie begründet, sondern mit dem Hinweis auf das in ihr zum Ausdruck kommende iterative und kumulative Mengenkonzept, das sie zu einer besonders sicheren und intuitiv plausiblen Theorie macht.

3. Das iterative Mengenkonzept wird in diesem Zusammenhang als der konkreten Formulierung der *ZF*-Axiomatik zugrunde liegend bestimmt. Es existiere eine vorsprachliche Einsicht in das informelle Modell dieser Mengenstruktur, die dann die nachträgliche Fixierung der Axiomatik leitet.

4. Gegeben sowohl die Abhängigkeit der Modelltheorie von der Mengenlehre als auch die intuitive Fundierung der Mengenlehre, dehnt sich diese Fundierung auch auf die Modelltheorie aus: Die Modelltheorie wird als Explikation des intuitiven Interpretationsbegriffs und als an keine besondere sprachliche Formulierung gebunden verstanden.

---

[34] Mostowski (1972, S. 92).

II.IV.

Skepsis und Intuition: Zum Problem der Unterbestimmtheit

Zum Ende des letzten Kapitels wurde einerseits deutlich, wie wichtig es für die algebraische Bedeutungstheorie ist, die Mengentheorie als nicht-algebraisch bestimmen zu können. Fast im gleichen Atemzug wurden jedoch andererseits Probleme für dieses Vorhaben erkennbar, und zwar aufgrund des Auftretens unentscheidbarer Aussagen. Diese Probleme jedoch scheinen auf den ersten Blick alles andere als unlösbar zu sein, vielmehr können sie fast im Sinne von Aufforderungen verstanden werden: Arbeite dich solange an deiner basalen Mengenintuition ab, bis du eine Menge von Axiomen gefunden hast, die erstens hinreichend durch diese Intuition gedeckt sind und die zweitens alle sich natürlich aus dieser Intuition ergebenden Probleme auch zu entscheiden vermögen.

Ein weitaus schwerwiegenderes Problem für die algebraische Bedeutungstheorie bestünde allerdings, sollte sich herausstellen, dass es *prinzipielle* Schwierigkeiten für den Versuch gibt, vermittels axiomatischer Theorien eindeutige Isomorphietypen zu individuieren. Solche Schwierigkeiten allerdings existieren in der Tat: Sie ergeben sich aus unverrückbaren Grenzen, die der Präzision gesetzt sind, mit der Axiomatiken ihre Modelle individuieren können, und zwar vollkommen unabhängig von jeder Erweiterung der Axiomenmenge. In diesem Kapitel sollen die sich hieraus ergebenden Schwierigkeiten für die algebraische Bedeutungstheorie erstens exakt bestimmt werden, um dann zweitens die äußerst aufschlussreichen Konsequenzen zu analysieren, die sich aus einer naheliegenden Lösungsstrategie für die Kontur der algebraischen Bedeutungstheorie ergeben.

In einem ersten § soll ein unüberwindliches Hindernis für die These, dass mathematische Theorien ihre Modelle eindeutig bestimmen können, anhand der Sätze von Löwenheim und Skolem präsentiert und die sich ergebenden Schwierigkeiten für die algebraische Bedeutungstheorie aufgezeigt werden. Anhand der Unterscheidung von Standard- und Nichtstandardmodellen wird sich in diesem Zusammenhang auch direkt eine Strategie zur Lösung der Probleme zu erkennen geben. In einem zweiten § soll dann der eher mathematischen Darstellung der Probleme im ersten § eine Formulierung zur Seite gestellt werden, in der die für die algebraische *Bedeutungs*theorie entstehenden Probleme weitaus deutlicher zur Darstellung kommen.

§I. Skolems Paradox und die Standard/Nichtstandard-Unterscheidung

Die Theoreme von Löwenheim und Skolem – die Paul Cohen als „undoubtedly the most basic result about general axiomatic systems"[1] bezeichnet – können mit Fug und Recht als die mathematischen Theoreme des letzten Jahrhunderts bezeichnet werden, die neben den Sätzen Gödels das größte philosophische Interesse auf sich gezogen haben. Diese Theoreme sind es, in denen die in der Einleitung dieses Kapitels erwähnten Schwierigkeiten für die algebraische Bedeutungstheorie greifbar werden.

Die Sätze von Löwenheim und Skolem

Da im Folgenden allein das Theorem, das als ‚Löwenheim-Skolem abwärts' bekannt wurde, von Interesse sein wird, begnügen wir uns mit dessen Formulierung:

> *LSA:* *Besitzt eine höchstens abzählbar unendliche Menge von Aussagen ein Modell, so besitzt sie ein Modell, dessen Träger höchstens abzählbar unendlich ist.*[2]

Die vielerorts zu findende Herleitung des Satzes soll hier nicht reproduziert werden.[3] Jedoch soll vor seiner inhaltlichen Analyse zumindest kurz eine wesentliche Konsequenz für die Diskussion der Mengenlehre im letzten Kapitel benannt werden. Bei Verwendung des *Auswahlaxioms*[4] ist es möglich, das gewonnene Modell als *Sub*modell des Ausgangsmodells zu spezifizieren. Das Besondere an dieser Modellkonstruktion ist nicht ausschließlich die Tatsache, dass der Trägerbereich des neuen Modells eine Teilmenge des Trägerbereichs des Ausgangsmodells darstellt, sondern mindestens ebenso aufschlussreich ist die Auswirkung, die diese Konstruktion auf die Interpretation der nicht-logischen Konstanten in beiden Modellen besitzt: Die Interpretationen der Funktions- sowie Relationssymbole in Bezug auf das abzählbare Modell geben sich im Rahmen dieser Konstruktion als Restriktionen der entsprechenden Interpretationen im Ausgangsmodell zu erkennen. Die Interpretationen sind somit identisch, nur eben im einen Fall eingeschränkt auf einen kleineren Trägerbereich. Dies ist von

[1] Cohen (2005, S. 2408).

[2] ‚Löwenheim-Skolem aufwärts' dagegen sagt aus, dass der Größe von Modellen auch nach oben hin keine Grenzen gesetzt sind: *Besitzt eine höchstens abzählbar unendliche Menge von Aussagen ein mindestens abzählbar unendliches Modell, so besitzt sie Modelle in jeder unendlichen Mächtigkeit.* Es ist an dieser Stelle noch der Hinweis nötig, dass diese Theoreme uneingeschränkt nur für *erststufige* Theorien gelten; vgl. zu dieser Einschränkung jedoch unten S. 63, Fußnote 8.

[3] Beweise finden sich in allen gängigen Einführungen in die mathematische Logik, vgl. z.B. Ebbinghaus et al. (1992, S. 104).

[4] Dieses kontrovers diskutierte Axiom besagt, dass zu jeder Menge, deren Elemente nichtleer sowie paarweise disjunkt sind, eine Menge existiert, die exakt ein Element mit jedem Element der Ausgangsmenge teilt; vgl. Moore (1982). Wohlgemerkt kann man *LSA* auch ohne Hilfe des Auswahlaxioms beweisen, allein die Submodelleigenschaft fällt dann weg.

besonderer Wichtigkeit in Bezug auf die Diskussion der ∈-Relation im vorangegangenen Kapitel: Sollte man das Auswahlaxiom in der Metatheorie akzeptieren zeigt *LSA*, dass selbst eine identische Interpretation dieser Relation nicht notwendig zu einer Isomorphie der Modelle führt, die jeweils als Interpretationen der Axiomatik gewählt werden können. Vielmehr ist unabhängig hiervon ebenfalls eine Übereinstimmung bezüglich der Interpretation der Quantoren nötig, also in Bezug auf den jeweiligen Träger.

Im Mittelpunkt einer Analyse des Theorems muss sicherlich eine Erklärung der Tatsache stehen, dass der Satz von vielen Kommentatoren nach wie vor als in hohem Maße kontraintuitiv verstanden wird, was sehr gut anhand der so genannten ‚Paradoxie von Skolem' verdeutlichen kann: In Bezug auf die *ZF*-Axiomatik sagt *LSA* aus, dass sie auch ein abzählbares Modell besitzen muss, zumindest insofern sie überhaupt ein Modell besitzt. Dies aber erscheint auf den ersten Blick als handfestes Paradox, denn das so genannte ‚Cantorsche Theorem' beweist in *ZF*, dass die Potenzmenge von ω *überabzählbar* ist und es kein surjektives *f*: $\omega \to \mathcal{P}(\omega)$ geben kann. Wenn es aber modulo Konsistenz nach *LSA* ein abzählbares Modell $\mathfrak{M}$ von *ZF* gibt, dann kann es in diesem Modell nicht überabzählbar viele reelle Zahlen geben und es muss eine Surjektion f': $\omega \to \mathcal{P}(\omega)$ in $\mathfrak{M}$ existieren.[5] Dass diese Situation nicht zu einem Widerspruch führt, hängt damit zusammen, dass die Ausführbarkeit des cantorschen Theorems in $\mathfrak{M}$ zeigt, dass f' keine der Mengen sein kann, die mit den in $\mathfrak{M}$ zur Verfügung stehenden Mitteln definiert werden können. Einen Widerspruch könnte man aber nur dann ableiten, könnte man die Existenz der Menge in $\mathfrak{M}$ beweisen. Dass *in einem Modell* das cantorsche Theorem beweisbar ist, heißt demnach nicht, dass die Menge, die in diesem Modell als $\mathcal{P}(\omega)$ ausgezeichnet wird, in einem *absoluten* Sinn überabzählbar sein muss, denn es ist sehr wohl möglich, dass sich unter den Mengen, auf die man in einem größeren Modell zugreifen kann, eine befindet, die das ‚Gewünschte' (oder – je nach Gusto – das ‚Befürchtete') leistet: eine Surjektion zwischen den Mengen, die im kleineren Modell als ω und $\mathcal{P}(\omega)$ ausgezeichnet worden sind. Ist $\mathcal{P}(\omega)$ aber in dem Modell abzählbar, heißt das, dass diese Surjektion nicht bereits im Ausgangsmodell *als Menge* auftauchen kann.

Diese Ausführungen zeigen, dass, sofern man überhaupt von so etwas wie dem ‚Paradox' von Skolem sprechen will, dieses Paradox gravierende Unterschiede zu anderen logischen Paradoxien aufweist: Im Gegensatz z.B. zu demje-

---

[5] In der gewählten Formulierung zeigt das Argument seine Konklusion genau genommen noch nicht, denn auch ein abzählbares Modell kann *Elemente* von überabzählbarer Kardinalität enthalten. Demnach kann auch in einem abzählbaren Modell $\mathcal{P}(\omega)$ überabzählbar sein. Dass dieser Einwand blockiert werden kann hängt damit zusammen, dass man mittels einer Identifikation der Endpunkte absteigender ∈-Ketten (dem so genannten ‚Mostowski-Kollaps') jedes Modell zu einem *transitiven* Modell transformieren kann, sprich zu einem Modell, das alle Elemente seiner Elemente auch selbst als Elemente enthält. Wenn man die daher prinzipiell zu erfüllende Forderung hinzu nimmt, ausschließlich mit transitiven Modellen zu arbeiten (und außerdem, dass ω *absolut*, sprich in jedem Modell von *ZF* abzählbar unendlich ist), folgt die Konklusion: In einem abzählbaren $\mathfrak{M} \models ZF$ muss es ein surjektives f': $\omega \to \mathcal{P}(\omega)$ geben.

nigen Russells tritt Skolems Paradox nicht in der Objektsprache auf, sondern hängt essentiell mit dem Verhältnis von Axiomatik und Modell zusammen: „[Skolem's paradox] involves a traversing of levels between object and metalanguage."[6] Seine wohl beste Formulierung besteht darin, dass die Objektsprache ein Theorem zu beweisen gestattet, dem zufolge es eine überabzählbare Menge gibt, gleichwohl aber in der Metatheorie ein Modellexistenztheorem beweisbar ist, dem zufolge die objektsprachliche Axiomatik die Möglichkeit eines Modells nicht ausschließen kann, in dem man die Menge abzählen kann. An dieser Formulierung dürfte bereits ersichtlich werden, dass es in der Tat der Übergang von der Objekt- zur Metaebene ist, der hier die Schwierigkeit verursacht.

Versucht man die mit dem Übergang verbundenen Irritationen genauer zu bestimmen, so erscheint folgende Analyse als hilfreich: Der Beweis von Cantors Theorem in *ZF* erweckt den Anschein, als würde uns die objektsprachliche Argumentation auf eine bestimmte Modellklasse beschränken, in der Metatheorie wird aber ersichtlich, dass man dieser Beschränkung nicht nachkommen muss. Man kann Modelle angeben, die allen *mit den Mitteln der Objektsprache formulierbaren* Anforderungen genügen, bezüglich derer aber in der Metatheorie erkennbar wird, dass sie den ‚scheinbaren' Beschränkungen, die durch die Theoreme der Objektsprache gegeben sind, dennoch nicht genügen müssen. Hier also liegt das Problem: Die in *LSA* zum Vorschein kommende sehr große Freiheit in der Möglichkeit, objektsprachliche Theorien mit metatheoretischen Objekten zu identifizieren, wirkt in der Tat kontraintuitiv, betrachtet man eine der Triebfedern hinter den Versuchen, mathematische Theorien in einer formalen Sprache zu axiomatisieren, nämlich diese auf ein möglichst präzises Fundament zu stellen. Das Problem besteht dann genau genommen darin, dass man wider Erwarten die Möglichkeiten korrekter Übergänge von der Objekt- zur Metaebene mit objektsprachlichen Mitteln nicht angemessen beschränken kann, oder in einer weitaus profaneren Formulierung: Jede Axiomatisierung eines unendlichen Modells ist zumindest in Bezug auf Kardinalitätsfragen unterbestimmt.[7]

Allerdings ist die Kardinalität von Mengen sicherlich eine ihrer wesentlichsten Eigenschaften und es ist daher richtig, dass wir die *Bedeutung* von Mengen bezeichnenden Ausdrücken erst dann vollständig spezifizieren können, wenn wir auch deren Kardinalität zweifelsfrei fixieren können. Im Hinblick auf ihre Auswirkungen auf eine Bedeutungstheorie können wir demnach die jetzt abgeschlossene Analyse von *LSA* derart zuspitzen, dass anhand dieses Satzes Probleme für jede Theorie der Bedeutung aufgezeigt werden können, die erstens Bedeutungen sprachlicher Ausdrücke als Bestandteile von Modellen bestimmt und

[6] McCarty; Tennant (1987, S. 166).

[7] Es gibt allein zwei Einschränkungen hinsichtlich der Kardinalität der Träger *A* ihrer Modelle, die mit den Mitteln einer erststufigen Axiomatik geleistet werden können: Erstens kann man festlegen, dass $|A| = n$ für $n \in \mathbb{N}$ und zweitens, dass $|A|$ mindestens abzählbar unendlich ist.

die zweitens jede Sprache für reinterpretierbar hält – denn keine (erststufige)[8] Beschreibung der fraglichen Modelle kann vor diesem Hintergrund abweichende Interpretationen ausschließen, was erforderlich wäre, um die benötigte eindeutige Bedeutungsfixierung leisten zu können.

Standard- und Nichtstandardmodelle

Dass die präsentierten Resultate in der Tat ein Problem für die algebraische Bedeutungstheorie darstellen, dürfte einleuchtend sein. Dass diese Theorie jedoch ebenfalls eine Lösung für das Problem zu bieten hat, ist vielleicht nicht ganz so offensichtlich. Besonders bemerkenswert an dieser Lösung ist die Tatsache, dass man um sie zu finden gar nicht explizit die Schriften von Vertretern der algebrai-

---

[8] Zumindest erwähnt werden soll hier der Vorschlag, eine *zweitstufige* Logik (also eine, die neben bindungsfähigen Variablen, die über Objekte des Trägers laufen, auch solche aufweist, die über Teilmengen des Trägers laufen) als Basistheorie zu verwenden. Denn es kann den Anschein erwecken, als würde diese Umstellung die just thematisierten Probleme der Unterbestimmtheit lösen. Im Rahmen einer solchen Sprache können nämlich die kanonischen Axiomensysteme der Peano-Arithmetik oder auch der klassischen Analysis als *kategorisch* bestimmt werden, sprich alle ihre Modelle als isomorph – und alle Modelle von *ZF* zumindest als isomorph unterhalb der ersten ‚unerreichbaren Kardinalzahl'. Dass hier gleichwohl nicht die Meinung vertreten wird, dass diese Umstellung die beschriebenen Probleme lösen kann, hängt damit zusammen, dass auch in einer solchen Theorie die in diesem Kapitel beschriebenen Interpretationsschwierigkeiten auftreten, weil auch hinsichtlich zweitstufiger Quantoren deren Interpretation durch die Axiomatik nicht zweifelsfrei gesichert ist. Auch für die Gestalt ihrer Träger ist eine Vielzahl verschiedener Interpretationen möglich und in jedem Fall reicht bereits eine Teilmenge von $\mathcal{P}(A)$ dergestalt aus, dass für die entstehende Interpretation *LSA* gilt.

Dass oben davon gesprochen wurde, dass die relevanten Axiomatiken als kategorisch betrachtet werden *können*, soll in diesem Zusammenhang zum Ausdruck bringen, dass *die formale Sprache selbst* keine dieser Interpretationen nahe legt (oder dass mit anderen Worten die modale Unterbestimmtheit der Konklusion im erst- und zweitstufigen Fall identisch ist: Die gewünschte Konklusion, dass eine Akzeptanz aller Axiome einen *notwendig* zum Standardmodell führt, wird in beiden Fällen nicht erreicht). Dass also verschiedene Sprecher einen zweitstufigen Quantor identisch interpretieren, müsste entweder in einer stärkeren Metatheorie gezeigt werden (was selbstverständlich das Problem nur verschiebt) oder aber es wird *vorausgesetzt*, dass alle Sprecher den Begriff ‚alle Teilmengen' gleich verstehen. Dass jedoch die Eindeutigkeit der Interpretation in diesem Fall sicherlich keine Leistung der Logik, sondern allein eine dieser Voraussetzung ist, wird in folgender Aussage Hilary Putnams deutlich: „[I]t becomes necessary to attribute to the mind special powers of 'grasping second-order notions.'" (Putnam (1983, S. 23)). Wenn man, wie eine solche Voraussetzung es nahe legt, aber ohnehin die Meinung vertritt, die Modellklasse bestimmter Theorien mittels metatheoretischer Verfahren angemessen beschränken zu können (sprich bestimmten Ausdrücken ihre intendierten Interpretationen zuweisen zu können), dann gelingt eine kategorische Axiomatisierung der Theorien bereits mit den Mitteln einer erststufigen Theorie (vgl. Azzouni (1994, S. 11-18)), denn es ist ja nicht etwa so, dass eine erststufige Version z.B. von *ZF kein* Standardmodell besitzt.

Zum Abschluss dieser ausufernden Fußnote sei auf folgende Aussage Solomon Fefermans zum Problemkreis der Logik zweiter Stufe verwiesen, welche die erwähnten Probleme sehr gut zusammenfasst und der ich voll und ganz beipflichte: „This now puts us in a bind: one can't capture the notion of arbitrary set axiomatically without already assuming the notion of arbitrary set to be understood." (Feferman (1998, S. 60)).

schen Bedeutungstheorie konsultieren muss. Vielmehr nimmt eine ganze Reihe von Kommentatoren, die unter Umständen der algebraischen Bedeutungstheorie ansonsten nicht einmal sonderlich freundlich gesonnen sind, just an den Stellen, an denen sie Lösungen für die vorgestellten Probleme vorschlagen, Bezug auf Thesen, die sich bei genauer Betrachtung als Basisannahmen der algebraischen Bedeutungstheorie verstehen lassen. Man kann dies z.B. an Michael Resniks Reformulierung der durch *LSA* aufgezeigten Schwierigkeit erkennen. Ihm zufolge besteht das Problem darin, Kriterien für eine „intersystemic identification of sets"[9] angeben zu können, also in der Entwicklung von Vergleichskriterien zwischen Mengen unterschiedlicher Modelle. Dass Resnik hier nicht von einem Übersetzungsproblem zwischen objekt- und metasprachlichen *Ausdrücken* ausgeht, sondern von der Frage nach transstrukturellen Identitätskriterien für *Mengen*, weist auf die eben angedeutete Interpretationsstrategie hin: Der Aufstieg zu immer stärkeren Metatheorien endet nicht bei einer stärksten Sprache, denn diese könnte ja selbst wieder bezüglich ihrer Interpretation befragt werden, sondern auf einer Stufe, auf der wir die Existenz bestimmter Strukturen letztlich als gegeben hinnehmen und anhand dieser Strukturen können dann Identitätsfragen hinsichtlich der Mengen, die in anderen Interpretationen auftreten, beantwortet werden. Und auch wenn dies sicherlich nicht Resniks Strategie wäre, so stellt diese Stufe den Punkt dar, an dem es als naheliegend erscheint, auf die der algebraischen Bedeutungstheorie zugrunde liegende intuitive Erfassung eines informellen Modells zurückzugreifen. Sie nämlich zeigt eine Strategie auf, um das Übersetzungsproblem ‚von oben' zu lösen: Mit dem auf der Metaebene identifizierbaren intendierten Modell besitzt man ein Instrument, um sämtliche Interpretationen der Objektsprache als intendierte bzw. nichtintendierte klassifizieren zu können. Diese Lösung des durch *LSA* gestellten Übersetzungsproblems ‚von oben' findet man in einer bestimmten Lesart der breit diskutierten Unterscheidung von *Standard- und Nichtstandardmodellen* wieder, in der auch besonders eindringlich das innige Verhältnis dieser Problemlösungsstrategie zu zentralen Annahmen der algebraischen Bedeutungstheorie zum Vorschein kommt.

Das Standardmodell einer Theorie kann im Rahmen der obigen Darstellung als das Modell verstanden werden, im Hinblick auf dessen Formalisierung die jeweilige Axiomatik aufgestellt wird (und bereits aus diesem Grund ist die Unterscheidung allein sinnvoll in Bezug auf nicht-algebraische Theorien). Nichtstandardmodelle sind allein pathologische Interpretationen, die sich aufgrund der erwähnten Schwierigkeiten die Unterbestimmtheit der Objektsprache betreffend (leider) nicht vermeiden lassen. Diese Unterscheidung verkörpert in besonders deutlichem Sinn die eng mit der algebraischen Bedeutungstheorie wie auch mit der intuitiven Fundierung der Mengenlehre zusammenhängende Lösung der Interpretationsprobleme ‚von oben': Das Standardmodell z.B. von *ZF* wäre in diesem Sinne das Modell, in dem der Trägerbereich all die Objekte umfasst, die auch dem intuitiven Verständnis des Mengenbegriffs zugrunde liegen

[9] Resnik (1966, S. 432).

und in dem außerdem der einzigen nicht-logischen Konstante $\in$ eine Deutung im Sinne der intuitiv bekannten ,Element von' Relation zugesprochen wird. Mit den Worten John Myhills: „Those models which accord with the preasigned interpretation are called standard."[10]

Um endgültig den engen Bezug zur algebraischen Bedeutungstheorie zu erkennen darf die Standard/Nichtstandard-Unterscheidung allerdings nicht derart missverstanden werden, dass sie innerhalb einer mathematischen Theorie getroffen werden könnte.[11] Die Unterscheidung zehrt stattdessen von der Voraussetzung, dass wir auf einer informellen metamathematischen Ebene Zugriff auf das Standardmodell einer Theorie haben und dass dieses Standardmodell uns dann im Weiteren als Richtschnur dienen kann, angemessene von unangemessenen Interpretationen zu unterscheiden – es dürfte augenfällig sein, dass der Begriff des Standardmodells große Ähnlichkeit zu dem im letzten Kapitel verwendeten Begriff des informellen Modells aufweist.

Deren Nähe wird darin besonders augenfällig, dass an dieser Stelle wiederum die gleiche Schwierigkeit auftaucht, die bereits im Rahmen von Hintikkas Konzeption der Modelltheorie zum Vorschein kam: Ebenso wie die Modelltheorie in Hintikkas spezieller Interpretation nahezu sämtlicher Charakteristika beraubt wird, die es gestatten, sie als *Theorie* im üblichen Wortsinn zu bezeichnen (eben weil Modelle als ,informelle Gegenstände' angesehen werden), wird hier der Modellbegriff auf eine Weise verwendet, der sich fundamental von dem Modellbegriff unterscheidet, der innerhalb der Mathematik Verwendung findet. Auf der einen Seite haben wir einen Modellbegriff, der einen präzisen Inhalt im Rahmen einer bestimmten mathematischen Theorie zugesprochen bekommt – und dieser Begriff ist mit den Mitteln der Theorie auch vollständig beschreibbar. Der streng von diesem zu unterscheidende Modellbegriff, der sowohl in der speziellen vorgestellten Bestimmung des Begriffs eines Standardmodells als auch in Hintikkas eigenwilliger Konzeption der Modelltheorie zum Tragen kommt, lässt sich anhand folgender Beschreibung des fraglichen Verständnisses des Standardmodells von Michael Dummett konturieren:

> „The account (...) we are considering, however, operates with the notion of a model as if it were something that could be given to us independently of any description: as a kind of intuitive conception which we can surview in it's entirety in our mind's eye, even though we can find no description which determines it uniquely."[12]

Die Äquivokation dieser beiden Modellbegriffe scheint eine weitere Motivation dafür zu bieten, dass *LSA* als derart problematisches Resultat verstanden werden kann: Wenn die letzte und leitende Interpretation einer mathematischen Theorie

---

[10] Myhill (1967, S. 49).

[11] Wohlgemerkt können wir natürlich sehr wohl das Standardmodell der Peano-Arithmetik im Rahmen der Mengenlehre angeben, aber dass dies tatsächlich das Standardmodell ist, hängt dann wiederum davon ab, dass wir seine Spezifikation im dann *informellen* Standardmodell der Mengenlehre durchgeführt haben.

[12] Dummett (1978, S. 191).

ebenfalls in einem ‚Modell' besteht, dann drängt sich die Frage geradezu auf, ob es Mittel und Wege geben kann, die Identität oder Nichtidentität dieses (informellen) Modells mit bestimmten Modellen innerhalb mathematischer Theorien zu überprüfen. Dass derartige Fragen nicht innerhalb der Mathematik beantwortet werden können, ergibt sich jedoch bereits daraus, dass die Rede vom Standardmodell aus dem Versuch entspringt, „to consider formal objects outside of the formalism in which they are imbedded."[13] Dass diese Fragen aber doch immer wieder den Anschein erwecken, zumindest prinzipiell beantwortbare Fragen zu sein, ist nicht zuletzt der Tatsache geschuldet, dass die Verwendung des Terminus ‚Modell' in beiden Fällen eine Ähnlichkeit vermuten lässt, die bei genauerer Analyse nicht aufrechtzuerhalten ist.

Die Differenzierung der beiden Modellbegriffe ist an dieser Stelle deswegen wichtig, weil allein unter Verwendung des informellen Standardmodells die umrissene Strategie zur Lösung der durch *LSA* verursachten Probleme umzusetzen ist. Eine alleinige Bezugnahme auf den formal präzisierbaren Modellbegriff innerhalb mathematischer Theorien kann dem entgegen nicht dafür Sorge tragen, dass die aufgewiesenen Bedeutungen nicht selbst wieder den Unwägbarkeiten sprachlicher Reinterpretierbarkeit unterworfen sind.

Da die Bezugnahme auf dieses informelle Standardmodell aber gerade als Merkmal der algebraischen Bedeutungstheorie hervorgehoben wurde, werden hier zwei Dinge erkennbar: Erstens, dass sie in der Tat eine Lösungsstrategie für die dargestellten Probleme zu bieten hat, aber zweitens diese Strategie auch nur so lange besitzt, wie sie die Bezugnahme auf das informelle Standardmodell als wesentliches Moment enthält.

Dieses Kapitel abschließend soll nun noch die bislang eher abstrakt-mathematische Formulierung der entstehenden Probleme durch eine weitere ergänzt werden, die ganz konkret die Probleme in Bezug auf eine zu erstellende *Bedeutungstheorie* interpretiert, um so letztlich die notwendigen Annahmen der algebraischen Bedeutungstheorie ins rechte Licht setzen zu können.

§ II. Die Grenzen der Sprache

Im Folgenden soll hinsichtlich einer abschließenden Analyse der zuletzt vorgestellten Ergebnisse von einer Unterscheidung Hilary Putnams ausgegangen werden, besonders weil anhand dieser Unterscheidung der Bezug auf die zur Diskussion stehende Bedeutungstheorie mehr als deutlich wird. In seinem Text ‚Models and Reality,'[14] in dem die Sätze von Löwenheim und Skolem im Rahmen einer sprachphilosophischen Untersuchung reinterpretiert werden, unterscheidet Putnam zwischen drei Bedeutungstheorien, von denen zwei hier genauer untersucht werden sollen. Die erste der von Putnam charakterisierten Positionen kann als Reformulierung dessen angesehen werden, was hier als algebraische Bedeu-

---

[13] Myhill (1967, S. 42).

[14] Vgl. Putnam (1983).

tungstheorie bezeichnet wird, soll im Folgenden aber allein anhand zweier für die folgende Argumentation zentraler Thesen ausgezeichnet werden:

(1) *Die Bedeutung mathematischer Aussagen lässt sich erschöpfend anhand ihrer Wahrheitsbedingungen in einer sprachexternen objektiven Struktur darstellen.*

(2) *Die Interpretation, die nötig ist, um einem bestimmten mathematischen Ausdruck eine Bedeutung (im Sinne von (1)) zuordnen zu können, gibt sich anhand einer Reflexion auf das der Theorie zugrunde liegende intuitive Verständnis der zu beschreibenden Struktur zu erkennen.*

Putnam führt eine abgeschwächte Form dieser Bedeutungstheorie ein, die bezüglich der ersten These mit der eben beschriebenen Position übereinstimmt: auch für sie ist eine Bedeutungstheorie der Mathematik eine solche, deren Aufgabe allein darin besteht, sprachliche Partikel mit bestimmten Bestandteilen von Modellen in Verbindung zu setzen. Die zweite These wird allerdings durch eine andere ersetzt, die sprachlichen Strukturen selbst die Funktion zuweist, die mit ihnen intendierten Interpretationen zweifelsfrei zu individuieren.

(2*) *Die Interpretation, die einem bestimmten sprachlichen Ausdruck zuzusprechen ist, wird durch die jeweils zugrunde gelegte Axiomatik eindeutig festgelegt.*

Die Ausführungen des letzten § dürften zwar Beleg genug für die These sein, dass für die durch (1) und (2*) ausgezeichnete Position *LSA* ein Problem darstellt. Ein weniger abstrakter Bezug zu Problemen der Bedeutungstheorie soll nun anhand eines Gedankenexperiments vorgestellt werden.

Ein Gedankenexperiment

Man stelle sich zwei Wissenschaftler vor, die in einem vorgegebenen axiomatischen Rahmen an Problemen etwa der Mengenlehre arbeiten. Beide haben Zugriff auf das gleiche Axiomensystem (z.B. *ZF*) und beweisen auf dessen Grundlage Theoreme, nehmen die Ergebnisse des jeweils anderen auf, verarbeiten diese weiter, usw. Einmal vorausgesetzt, dass beide Protagonisten in Bezug auf die Wahrheitswerte *sämtlicher* im vorgegebenen Rahmen formulierbarer Aussagen übereinstimmen – muss uns diese Konvergenz vor dem Hintergrund der zur Diskussion stehenden Bedeutungstheorie überzeugen, dass beide mit identischen sprachlichen Ausdrücken eine identische Bedeutung (bzw. Interpretation) verbinden? Vergegenwärtigt man sich noch einmal den innerhalb der algebraischen Bedeutungstheorie vorausgesetzten Bedeutungsbegriff, dem zufolge die Bedeutung eines mathematischen Ausdrucks allein anhand seiner Entsprechung in einem Modell zu bewerten ist und betrachtet diese These in Bezug auf die weitere Einschränkung, dass dieses Modell mit den Mitteln der zur Verfügung stehenden Theorie nicht eindeutig spezifiziert werden kann und daher informell bleiben muss, dann kann diese Frage durch folgende ersetzt werden: Zwingt allein die Übereinstimmung in Bezug auf die Wahrheitswerte sämtlicher in der angegebenen Sprache formulierbarer Sätze die beiden Wissenschaftler dazu, mit dem angegebenen Axiomensystem ein identisches informelles Modell zu assoziieren? *LSA* kann als Beleg dafür dienen, dass ein solcher Zwang nicht besteht.

Dass beide die Theorie auf unterschiedliche Weise interpretieren, ließe sich im Rahmen ihres Sprachspiels nicht bemerken, weil die von *LSA* gesicherten unterschiedlichen Modelle *elementar äquivalent* sind, was heißt dass jeder Satz der Theorie genau dann in dem einen Modell wahr ist, wenn er im anderen wahr ist. Es existieren also Übersetzungen von objektsprachlichen Theorien in unterschiedliche metasprachliche Modelle, deren Unterschiedlichkeit sich in keiner objektsprachlichen Handlung zu erkennen geben kann.

Die Erkenntnis, dass beide Protagonisten ihre Theorie auf unterschiedliche Weise interpretieren, ließe sich in Anbetracht des eben Festgestellten nur dann zuwege bringen, wenn man in eine stärkere Theorie übergeht: Man stelle sich vor, die beiden würden zu ihrer Axiomatik ein weiteres Axiom hinzunehmen, das die Existenz einer ‚unerreichbaren Kardinalzahl' sichert und dessen Hinzunahme zu der ursprünglichen Axiomatik es gestattet, die modelltheoretischen Methoden auch auf die Gesamtheit der ursprünglichen *ZF*-Axiome anzuwenden, ohne dabei in einen Widerspruch zu geraten. An dieser Stelle kann erkennbar werden, dass beide sich bis zu diesem Zeitpunkt systematisch missverstanden haben, und zwar indem sie beide auf unterschiedliche Modelle als Antwort auf die Frage verweisen, welches Modell ihre bisherige Interpretation der Axiomatik darstellt. Aber selbstverständlich bildet auch die Hinzunahme dieses Axioms keinen absoluten Endpunkt, denn auch hier hängt die Übereinstimmung der Interpretationen wiederum davon ab, dass beide die neue stärkere Axiomatik auf die gleiche Weise informell interpretieren.

Auswirkungen für die algebraische Bedeutungstheorie

Dass dieses Gedankenexperiment in der Tat als ein handfestes Problem für eine Position zu bewerten ist, welche sich Thesen (1) und (2*) zu eigen macht, zeigt sich darin, dass in Bezug auf das Analyseraster dieser Bedeutungstheorie der Sachverhalt auftreten kann, dass hinsichtlich des Gebrauchs sämtlicher sprachlicher Ausdrücke eine vollständige Übereinkunft herrscht, dass aber dadurch trotzdem nicht gesichert ist, dass beide Protagonisten in ihren Interpretationen übereinstimmen. Diese Interpretationen können also prinzipiell von keinem Faktor hinreichend terminiert werden, der im Ausgang von der sprachlichen Struktur gewonnen wurde, derer sich beide bedienen. Weil somit die jeweils gewählten Interpretationen nicht von gemeinschaftlich zugänglichen Praktiken abhängen, können sie letzten Endes allein in vollständig privaten (und nichtsprachlichen) Fähigkeiten des Einzelnen bestehen.[15] Und aufgrund dieser Abkopplung

---

[15] Obwohl eine angemessene Diskussion hier zu weit führen würde, so soll doch zumindest erwähnt werden, dass die Probleme der Philosophie des Geistes und der Erkenntnistheorie, die mit der Frage nach der Natur der genannten Fähigkeiten und damit nach Erkennbarkeit und kognitiver Funktion der vorsprachlichen Gegenstände aufgerufen werden, eine große Ähnlichkeit zu Fragen besitzen, die bei Sellars (1997) prominent behandelt werden: Hier wird bezweifelt, ob nicht-sprachliche Dinge überhaupt als *Gründe* unserer Meinungen dienen können. Zu weit würde eine Analyse der Entsprechungen hier führen, weil Sellars Analyse auf *kausal*relevante Dinge der Außenwelt abgestellt ist, die hier zur Debatte stehenden ‚Fakten' aber

der zu leistenden Interpretationen von sprachlichen Vollzügen ist letztlich jeder Versuch zum Scheitern verurteilt, der im Ausgang von einer Beobachtung sprachlichen Verhaltens nachzuweisen versucht, dass ein Sprecher das Standardmodell als das intendierte Modell auswählt. Man kann die erkennbare Sachlage präzise so formulieren, dass hier ein bedeutungs*skeptisches* Problem droht: Keine unserer sprachlichen Handlungen ist dazu in der Lage, für andere beobachtbar darzulegen, welche Bedeutungen wir bestimmten Ausdrücken genau beilegen.

Die an dieser Stelle erforderliche Absicherung, dass die Interpretation, die ein Sprecher wählt, als Übersetzung anhand des Standardmodells aufgefasst werden kann, ist somit im Rahmen einer *sprachlich formulierten* modelltheoretischen Semantik prinzipiell nicht zu erbringen, denn eine solche Theorie ist ja selbst auch der dargestellten Unterbestimmtheit der Interpretation unterworfen. Die einzige Möglichkeit, die erläuterten Schwierigkeiten zu umgehen, besteht darin, die Mengen, auf die in der Metatheorie zugegriffen wird, im oben angegebenen Sinn als vorsprachliche Objekte aufzufassen, deren allein ontologische Klassifikationen den sprachlichen Problemen abweichender Interpretationen nicht ausgesetzt sind. Der Zugriff auf das informelle Modell ist somit Garant dafür, dass verschiedene Sprecher eine identische Interpretation wählen, bzw. dafür, dass verschiedene Sprecher den gleichen Satz auf die gleiche Weise verstehen.

Als Resümee kann man an dieser Stelle zwar festhalten, dass die von *LSA* verursachten Probleme tatsächlich Probleme für die algebraische Bedeutungstheorie darstellen. Sie kann diese aber lösen, und zwar aufgrund der Annahme, dass wir Zugang zum informellen Standardmodell der zu axiomatisierenden Struktur haben und uns dieses Modell Identitätskriterien für die Bedeutungen der fraglichen Ausdrücke zur Verfügung stellt. Mit anderen Worten steht die bei allen Sprechern vorausgesetzte Einsicht in dieses Modell dafür ein, dass die skeptischen Probleme nicht akut werden. Denn die zu diesen Problemen führenden Argumente sind widerlegbar, weil aufgrund der Zugänglichkeit des intuitiven Modells eine basale Übereinstimmung der Akteure auch dort vorausgesetzt werden darf, wo sie mit sprachlichen Mitteln prinzipiell nicht nachzuweisen ist.

Mindestens ebenso wichtig ist jedoch das Ergebnis, dass eine bestimmte Form der Abschwächung der algebraischen Bedeutungstheorie prinzipiell ausgeschlossen ist, wenn sie den vorgestellten Problemen tatsächlich etwas entgegensetzen will – und zwar Abschwächung in dem Sinn, dass die Rolle, die dem Zugriff auf das informelle Modell zugewiesen wird, minimiert wird. Diese Rolle nämlich könnte immer marginaler werden, je genauer die gewählte Formulierung der Theorie die zu identifizierende Struktur beschreibt. Wäre etwa eine maximal genaue Axiomatisierung der intendierten Struktur möglich (sprich eine, deren Modelle alle isomorph sind), so müsste in der den Kern der Theorie bildenden Bedeutungsfixierung die Bezugnahme auf das Standardmodell gar keine Rolle spielen, sondern das Standardmodell hätte eine Rolle allein im Rahmen eines

selbstverständlich nicht kausal zugänglich sind. Dennoch dürfte auf der Hand liegen, dass zwischen den verhandelten Problemen eine ganze Reihe struktureller Analogien vorliegt.

Kommentars, wie die Theorie zu verstehen ist. Es träten nämlich keine Probleme derart auf, dass man z.B. etwaige Ambiguitäten in der Bedeutungserklärung bestimmter Ausdrücke nur durch einen Hinweis auf die Bedeutung im intendierten Modell ausräumen könnte. Je ‚ungenauer' allerdings im Gegensatz die Axiomatisierung, desto öfter muss die Absicherung, dass die Axiomenmenge tatsächlich im Hinblick auf das zu beschreibende intuitive Modell entworfen ist, unabhängig von der jeweils betrachteten formalen Theorie geleistet werden. Da in diesem Kapitel aber nachgewiesen wurde, dass das Ziel maximaler Genauigkeit prinzipiell nicht zu erreichen ist, kann als gesichert gelten, dass dem Rückgriff auf einen Zugang zum informellen Modell eine tatsächlich fundamentale Rolle in der algebraischen Bedeutungstheorie zukommt.

Blickt man abschließend aus einer noch etwas größeren Distanz auf das dargestellte Verhältnis der algebraischen Bedeutungstheorie zu den in diesem Kapitel erzielten Resultaten, so zeigt sich in diesen Resultaten der wahrscheinlich wesentlichste Grund für die abwertende Haltung der Sprache gegenüber, die in den vorangegangen Kapiteln immer wieder als basales Moment der algebraischen Bedeutungstheorie erschien. Denn diese Resultate sagen ja genau genommen nichts anderes als Folgendes: Sollte man allein die Basisannahmen der algebraischen Bedeutungstheorie teilen, der zufolge erstens Bedeutungen Bestandteile von Modellen und zweitens alle Sprachen reinterpretierbar sind, dann sind sprachliche Strukturen ohnehin außerstande, die benötigte eindeutige Identifikation der Bedeutungen aller Ausdrücke leisten zu können. Bereits vor dem Hintergrund dieser These also ist ein Bestandteil der Theorie unabdingbar, der alles das transzendiert, was im Ausgang von beobachtbaren sprachlichen Praktiken festgestellt werden kann. Vor diesem Hintergrund erscheint der diesen Bestandteil in der algebraischen Bedeutungstheorie bildende Rückgriff auf die intuitive Zugänglichkeit des informellen Modells dann nicht länger als eher abwegige Lösung der dargestellten Probleme, wie vielleicht noch zu Beginn dieses Kapitels. Man könnte mit anderen Worten also auch davon sprechen, dass erst die Schwierigkeiten, die in diesem Kapitel benannt wurden, vollständig die *Motivation* zu erkennen geben, vor deren Hintergrund die algebraische Bedeutungstheorie als plausible Bedeutungstheorie mathematischer und logischer Ausdrücke ausgezeichnet werden kann.

1. *LSA* zeigt, dass es mittels einer (erststufigen) Axiomatik prinzipiell unmöglich ist, ein unendliches Modell in Kardinalitätsfragen eindeutig zu bestimmen. Für eine Bedeutungstheorie, die jede Sprache als reinterpretierbar betrachtet und Bedeutungen mit Fragmenten von Modellen identifiziert heißt das, dass es mit den Mitteln einer sprachlichen Theorie niemals möglich ist, die Bedeutungen bestimmter Ausdrücke zweifelsfrei zu fixieren.

2. Die Annahme, dass wir vorsprachlich auf das informelle Standardmodell unserer Metatheorie zugreifen können, ist für die algebraische Bedeutungstheorie von zentraler Relevanz. Allein diese Annahme kann dafür Sorge tragen, dass die Theorie eine Lösungsstrategie für die von *LSA* verursachten Probleme aufbieten kann.

II.V.

Resümee: Diesseits der Sprache

Versuchen wir noch diesen Teil abschließend die wesentlichen Annahmen und Verpflichtungen der algebraischen Bedeutungstheorie in präzisen Formulierungen zusammenzustellen.

Bereits anhand der sehr speziellen Verwendung des Kalkülbegriffs wurde erkennbar, dass hier eine Theorie der Bedeutung entworfen werden soll, die ihre Aufgabe unabhängig von anderen theoretischen Annäherungen an die jeweils betrachtete Sprache zu erfüllen hat. Denn Sprachen werden hier schlicht als formale Gegenstände betrachtet, so dass Erörterungen der mit ihnen verbundenen Bedeutungen sich gänzlich abkoppeln müssen von solchen, in denen allein der Aufbau der Sprache und die möglichen Sprechhandlungen eine Rolle spielen.

> 1. Die Semantik ist eine vollkommen eigenständige Theorie, deren Begriffe syntaktischen oder pragmatischen Untersuchungen prinzipiell verschlossen sind.

Besonders weitreichend ist an dieser Stelle die Konsequenz, mit der hier Sprachen mit formalen Gegenständen identifiziert werden, denn hier wird diese Identifikation auf *jede* Sprache ausgedehnt. Der Grund für diese Annahme besteht darin, dass die Bedeutungstheorie keine sein soll, die nur die Bedeutungsstruktur einer Sprache vor dem Hintergrund einer anderen soll wiedergeben können, sondern letzten Endes soll jede Sprache im Rahmen dieser Theorie ob ihrer Bedeutungsstruktur befragt werden können.

> 2. Jede Sprache ist reinterpretierbar, keine ist mit einer unhintergehbaren Bedeutung ausgestattet, die in der Bedeutungstheorie vorausgesetzt werden muss.

Ein erster Schritt, um sich möglichst weit von jeder restriktiven sprachlichen Voranahme zu emanzipieren, kann in der Identifikation von Semantik und *Modelltheorie* gesehen werden. Letztere nämlich erlaubt es, sprachliche Elemente als reine Zeichenstrukturen zu betrachten und problematische Beschränkungen von Reinterpretationen, die aufgrund zufälliger sprachlicher Restriktionen erwachsen, zu vermeiden.

> 3. Die Bedeutungen mathematischer und logischer Ausdrücke sind Bestandteile der Strukturen, die in der Modelltheorie als Interpretationen zur Verwendung kommen.

Während einer Analyse zentraler modelltheoretischer Definitionen wurde dann aber außerdem deutlich, dass die Modelltheorie unsere semantischen Intuitionen nur dann repräsentieren kann, wenn sie auch die eng mit diesen verwobenen modalen Intuitionen angemessen einlösen kann, denn die direkt mit dessen Bedeutung zusammenhängenden inferentiellen Relationen eines Satzes zu anderen können nur dann angemessen bestimmt werden, wenn wir sicherstellen, tatsächlich ‚alle möglichen Bedeutungen' der in ihm auftauchenden Ausdrücke in unsere Betrachtungen einzubeziehen. Die Einlösung modaler Intuitionen wird möglich, wenn wir die *Mengenlehre* als metatheoretischen Rahmen unserer Semantik verwenden.

> 4. Die Ausdrucksstärke der klassischen Mengenlehre ist groß genug, um durch ihre Verwendung als Metatheorie sicherstellen zu können, auf alle für die Bedeutungstheorie gebrauchten Interpretationen auch zugreifen zu können.

Jedoch liefert nicht jede Interpretation der Mengenlehre das Resultat, dass sie als kanonische Metatheorie der algebraischen Bedeutungstheorie verwendet werden kann. Vielmehr muss die Mengenlehre so verstanden werden, dass mit ihrer Verwendung nicht doch wieder ein *sprachlicher* Rahmen eingeführt wird, der dann als prinzipiell fixiert angesehen werden muss, um die nötigen Interpretationen zur Verfügung stellen zu können.

> 5. Die axiomatische Mengentheorie ist eine nachträgliche sprachliche Fixierung einer Struktur, die uns prinzipiell auch unabhängig von ihrer sprachlichen Formulierung zugänglich ist.

Diese These ist wichtig, weil nur sie die Vereinbarkeit der Verwendung der Mengentheorie als Metatheorie mit These 2 zu begründen vermag.

> 6. Auch die Sprache der Mengentheorie ist prinzipiell reinterpretierbar, allein nicht im Ausgang von einer noch stärkeren Theorie, sondern vor dem Hintergrund des uns unabhängig zugänglichen informellen Standardmodells der iterativen und kumulativen Mengenhierarchie.

Dass in dieser These davon gesprochen wird, dass die Sprache der Mengentheorie *prinzipiell* reinterpretierbar ist, ist so zu verstehen, dass Grenzen zulässiger Reinterpretationen zu beachten sind. Die algebraische Bedeutungstheorie kann dies jedoch aus folgendem Grund mit ihren sonstigen Annahmen vereinbaren: Diese Grenzen der Reinterpretierbarkeit resultieren ihr zufolge nicht aus den Formen unseres sprachlichen Zugriffs auf diese Struktur, sondern allein aus den Strukturmomenten der Mengenhierarchie selbst.

Erst an dieser Stelle gelingt es der algebraischen Bedeutungstheorie, nicht nur die mit einer vorauszusetzenden Bedeutung der Objektsprache verbundenen Fesseln abzuwerfen, sondern auch die, die aus einer vorauszusetzenden Bedeutung der *Meta*sprache erwachsen würden. Aber nicht allein kann die mengentheoretische Metasprache jetzt als reinterpretierbar verstanden werden, vielmehr hat sich damit insbesondere auch der Status der Modelltheorie geändert. Denn da diese vollständig abhängig von der Metatheorie ist, in der sie formuliert ist, vererbt sich die Fundierung im informellen Modell auch auf sie.

> 7. Die Modelltheorie wird aufgrund ihrer Abhängigkeit von der Mengenlehre ebenfalls als im Kern informelle ‚Theorie' bestimmt, deren Bindung an eine spezifische Sprache ihre Rolle für die algebraische Bedeutungstheorie nicht angemessen wiedergeben kann.

Die Modelltheorie soll somit eine Einlösung unseres informellen Interpretationsbegriffs liefern, und zwar in dessen größtmöglicher Allgemeinheit, sprich ohne jede Einschränkung auf bestimmte Sprachen. Die Reinterpretationen werden stattdessen durch Kopplung von Elementen des informellen Modells mit Zeichen als bedeutungsneutralen Gegenständen zuwege gebracht.

Das Resümee zum Status der Mengenlehre abschließend ist noch darauf hinzuweisen, dass die Bezugnahme auf das informelle Standardmodell als Grundlage der Axiomatik ebenfalls zu der These verpflichtet, dass es *das* Standardmodell überhaupt gibt, sprich auf die Eindeutigkeit der zugrunde liegenden Struktur – oder in der Terminologie des dritten Kapitels:

8. Die Mengenlehre ist eine nicht-algebraische Theorie.

Die abschließenden Untersuchungen im vierten Kapitels machten dann noch eindringlich deutlich, dass die vielleicht fragwürdigste These 5 im Rahmen der algebraischen Bedeutungstheorie unvermeidbar ist, insbesondere nicht dadurch, dass wir den sprachlich formulierten Theorien selbst die Aufgabe zuweisen, mittels der Wahrheitswerte ihrer Sätze die Bedeutungen ihrer Ausdrücke zu bestimmen.

9. Der vorsprachliche Zugang zum informellen Standardmodell ist unumgänglich, um die Bedeutungen mathematischer und logischer Ausdrücke zweifelsfrei identifizieren zu können (gegeben die Thesen 2 und 3).

Vor dem Hintergrund dieser These erscheint die algebraische Bedeutungstheorie dann noch einmal in etwas anderem Licht, denn der Anschein mangelnder Plausibilität, den sie vielleicht durch die Verwendung der problematischen These 5 gewann, kann nun zurückgewiesen werden: Sollte man insbesondere die Thesen 2 und 3 akzeptieren, dann ist These 5 unumgänglich, genau dies zeigen die Ausführungen im vorangegangenen Kapitel. Denn die Überlegungen, die dort ausgehend von den Sätzen Löwenheims und Skolems vorgestellt wurden, stellen erstens ein ernst zu nehmendes Problem dar, weil sie die Möglichkeit eines Missverstehens aufzeigen, das durch keine Handlungen der sprachlichen Akteure ans Licht zu bringen ist, sie sind aber zweitens allein durch Annahmen der Art von These 5 zu umgehen (wieder modulo der Akzeptanz der übrigen Thesen).

Gerade die Ausführungen zu diesen Problemen machen noch einmal die immense Skepsis unserer sprachlich strukturierten Welterkenntnis gegenüber deutlich, die die grundlegende Triebfeder der vorgestellten Theorie darstellt. Wollte man vor diesem Hintergrund die Stoßrichtung der vorgestellten Theorie der Bedeutung noch einmal auf den Punkt bringen, so bietet sich die Formulierung an, dass hier nicht sprachliche Bedeutung mittels der Sprache begründet werden soll, sondern dass hier *die Sprache selbst* das darstellt, was zu begründen ist. Es wird versucht, der Sprache als dem Leitmedium der Bedeutungstheorie zu entkommen, um an einen Punkt zu gelangen, an dem man nicht länger allein relativ zu einem bestimmten sprachlichen Zugang, sondern in absolutem Sinne von einer Sprache sagen kann, dass sie ihr Gegenstandsgebiet *richtig* erfasst.

TEIL III:
FREGE ÜBER BEDEUTUNG, LOGIK UND MATHEMATIK

III.I.

Einführung: Freges Philosophie und die universalistische Tradition

Betrachtet man die von Vertretern der algebraischen Position zumeist eingenommene Haltung zu Gottlob Freges philosophischen und logischen Errungenschaften, so spürt man sehr deutlich eine große Diskrepanz zwischen der Anerkennung der immensen Innovationen einerseits, die mit Freges neuem Ansatz in der Logik verbunden waren, und andererseits dem stetigen Versuch, erkennbar werden zu lassen, dass Frege selbst noch keine stimmige philosophische Interpretation seines neuen Analyseinstrumentariums anbieten konnte. Obwohl ihm somit sicherlich die Ehre gebühren würde, die ‚technischen' Neuerungen konzipiert zu haben, mittels derer die späteren Vertreter der algebraischen Tradition ein adäquates Verständnis formaler Kalküle hervorbringen konnten, so war ein Erreichen dieses Verständnisses Frege selbst noch unmöglich.

Den Grund hierfür bestimmt Jaakko Hintikka allem voran in einer antiquierten philosophischen Weltanschauung, deren deutlichsten Ausdruck er in Freges Beharren entdeckt, den unumgänglichen Rahmen aller seiner Untersuchungen auch zu formalen Sprachen als unsere alltägliche Umgangssprache zu bestimmen: Freges Ansatz mache es erforderlich, dass die Bedeutungen undefinierbarer Ausdrücke einer formalen Sprache bereits mit den Mitteln dieser Umgangssprache identifiziert werden können. Obwohl diese These, die den Kern von Hintikkas Bestimmung Freges als eines Vertreters der universalistischen Tradition ausmacht, im Folgenden einen Angelpunkt der Darstellung bilden wird, so soll die fragliche philosophische Weltanschauung Freges selbstverständlich nicht im Ausgang von Hintikkas Fregeinterpretation, sondern vor dem Hintergrund von dessen Schriften selbst zur Darstellung gebracht werden.

In Freges Schriften findet sich wie bei wenigen anderen Philosophen eine einzige These, die im Zentrum seiner Arbeit steht und mit deren Verifikation fast alle seiner Überlegungen befasst sind. Dies allerdings ist nicht die von Hintikka primär in den Mittelpunkt des Interesses gerückte These des ‚logischen Universalismus', sondern die so genannte *logizistische* These, die in der speziellen Gestalt, die Frege ihr gab, die Rückführbarkeit der Arithmetik auf die Logik proklamiert (im Gegensatz zu Bertrand Russell, einem anderen Vertreter dieser These, behauptet Frege sie *allein* für die Arithmetik und widerspricht ihr etwa in Bezug auf die Geometrie). Seit der Veröffentlichung der ‚Begriffsschrift'[1] 1879 versuchte er diese These sukzessive zu etablieren und dieser Versuch sollte seinen Abschluss mit Freges in zwei Bänden in den Jahren 1893 und 1903 veröf-

[1] Im Folgenden soll *BS* für das Buch Freges (1964) stehen, *bs* für das in ihm vorgestellte logische System. Hin und wieder wird das Kürzel *bs* auch für das in den ‚Grundgesetzen der Arithmetik' präsentierte System stehen, der Kontext wird dies in jedem Fall zu erkennen geben.

fentlichtem *magnum opus*, den ‚Grundgesetzen der Arithmetik'[1] (im Folgenden abgekürzt als *GgA*) finden.

Im Mittelpunkt der folgenden Kapitel wird daher der Versuch stehen, den Ansatz Freges in Bezug auf die Klärung semantischer Fragen der Philosophie der Logik und Mathematik anhand einer Erörterung sowohl seiner Logikkonzeption als auch der eng mit dieser zusammenhängenden Logizismusthese von dem durch die algebraische Tradition geprägten Ansatz zu unterscheiden. Obwohl sich hier also auf eine eingehende Darstellung von Freges Logikkonzeption und dessen spezieller Durchführung des Logizismusprogramms beschränkt wird, so soll mit dieser Fokussierung doch der Anspruch verbunden sein, den Aspekt von Freges Schaffen zu untersuchen, der für ihn selbst dessen wichtigster war. Gleichzeitig aber erklärt sich aus dieser Herangehensweise, dass sich die hier anzustellenden Analysen wesentlich auf die Periode in Freges wissenschaftlicher Arbeit beschränken werden, die sich von der Veröffentlichung der *BS* bis zur Entdeckung der Inkonsistenz des in den *GgA* veröffentlichten Systems und der damit verbundenen Aufgabe des Logizismusprogramms erstreckt. Die wohl wesentlichste Folge dieser Fokussierung besteht darin, dass der Grund für die Widersprüchlichkeit des Systems sowie Möglichkeiten zu dessen Ausbesserung im Folgenden allein am Rande berücksichtigt werden – zumal eine allzu große Abstellung auf die Inkonsistenz es umso schwerer macht, unvoreingenommen nach den Motiven zu fragen, die Frege zur Aufstellung gerade dieses Systems bewegt haben. Nicht zuletzt sollen die Ausführungen dieses Teils zeigen, dass eine Herangehensweise, welche die Inkonsistenz weitestgehend unberührt lässt, das Verständnis der Lehren Freges gleichwohl substantiell befördern kann.[2]

---

[1] Vgl. Frege (1966)

[2] Da die Inkonsistenz nicht in den Mittelpunkt des Interesses gerückt werden soll, erscheint eine Fußnote als angemessener Platz, um möglichst knapp den Stand der Debatte um den Grund des Widerspruchs zu umreißen: Inzwischen kann es als weithin anerkannt gelten, dass Freges Verständnis *zweitstufiger* Quantifikation ausschlaggebend ist, denn das erststufige Fragment seines Systems ist konsistent (Parsons, 1987). Gibt er diesen Quantoren ihre Standard-Lesart (so dass sie über die *volle* Potenzmenge des Trägers laufen), wofür etwa Boolos (1998c) plädiert, ist das Problem offensichtlich: Freges unten (ab III.IV.) eingehend besprochenes Axiom *V* fordert, dass für jede Teilmenge des Trägers ein eigener Gegenstand vorhanden ist, der (bereits in der zweitstufigen Logik beweisbare) Satz von Cantor aber sagt dem entgegen, dass das nicht möglich ist. Wollte Frege aber nur über *abzählbar viele* Teilmengen quantifizieren, was Thiel (1975) annimmt, dann hängt der Widerspruch mit der Zulässigkeit bestimmter imprädikativer Begriffsbildungen in seinem System zusammen (vgl. Dummett (1991, S. 217ff.)), denn seit Ferreira; Wehmeier (2002) ist bekannt, dass auch das Fragment von Freges System, in dem das Aussonderungsschema auf Δ^1_1 – Formeln beschränkt wird, konsistent ist. Obwohl seine Schriften meines Erachtens keine eindeutige Lösung des Problems zulassen, neige ich doch wegen Freges Glaube an die eigenständige Existenz mathematischer Gegenstände eher zu der ersten Lesart, zumal die zweite Interpretation eine sehr starke Nichtstandard-Lesart erforderlich macht, denn Cantors Theorem ist in *jedem* zweitstufigen Fragment von Freges Theorie beweisbar. Frege eine solche Lesart zuzuschreiben allerdings erscheint als in hohem Maße fragwürdig, wenn nicht schlicht anachronistisch.

Im Einzelnen befassen sich die folgenden sechs Kapitel dieses Abschnitts mit folgenden Überlegungen: Das anschließende zweite Kapitel wird sich ausführlich dem Logikverständnis Freges widmen. Dessen logisches System soll etabliert und dann mit dem der algebraischen Tradition inne wohnenden Logikverständnis verglichen werden. Die Differenz beider Ansätze soll im Besonderen erstens anhand von Freges Ausführungen zum Wahrheitsbegriff und zweitens anhand der speziellen Art, auf die seiner Logikkonzeption gemäß mit Vollständigkeitsproblemen umzugehen ist, deutlich gemacht werden. Dieses Kapitel abschließen wird eine Evaluation der These, dass Freges Logikauffassung unbedingt auf eine als bedeutsam anzuerkennende natürliche Sprache angewiesen ist.

Im dritten Kapitel steht eine Analyse des Bedeutungsverständnisses in Freges Philosophie im Mittelpunkt: Es soll gezeigt werden, dass die Differenz seiner Logikauffassung zu der der algebraischen Tradition eine Entsprechung in den beiden Traditionen inhärenten Konzeptionen des *Bedeutungsbegriffs* findet.

Die weiteren Kapitel sind dann allesamt Aspekten des Logizismusprogramms gewidmet. Im vierten Kapitel wird Freges Philosophie der Arithmetik vorgestellt. Es soll gezeigt werden, dass die im zweiten Kapitel umrissene Logikkonzeption es für Frege erforderlich macht, die möglichen Anwendungen der von ihm definierten arithmetischen Ausdrücke direkt in deren Definitionen zu verankern. Um dies zu verdeutlichen, werden sowohl Freges Theorie der natürlichen als auch die der reellen Zahlen vorgestellt.

Im fünften Kapitel wird ersichtlich, dass Frege nach der Abfassung der ‚Grundlagen der Arithmetik'[3] (im Folgenden abgekürzt als *GlA*) bemerkte, ein fundamentales Problem zu leichtfertig abgetan zu haben: Er definierte nämlich die Zahlen als die Art von Gegenständen, die er selbst ‚Begriffsumfänge' nennt und behauptet, dass jedermann klar sein müsse, was der ‚Umfang eines Begriffs' sei. Nachdem er die zentrale Rolle der Begriffsumfänge und allgemeiner dessen, was er ‚logische Objekte' nennt, für sein Unterfangen aber erfasst hat, kann ihn dieser Hinweis nicht länger befriedigen. Frege nahm daher das Problem zu Beginn der *GgA* erneut auf. Die dort präsentierte Lösung wird im fünften Kapitel rekonstruiert.

Bevor im siebten Kapitel ein Resümee der Ausführungen gegeben werden soll, widmet sich das sechste noch einmal eingehend Freges ‚logischen Objekten'. Anhand ihrer Einführung wird sich die deutliche Differenz seiner Logik- und Mathematikbegründung zu der im letzten Teil vorgestellten zu erkennen geben. Freges spezielle Beschreibung dieser Objekte nämlich nimmt ganz andere Konturen an als die Einführung der Mengenobjekte in der algebraischen Bedeutungstheorie. In Freges diesbezüglicher Argumentation wird sich aber letztlich auch eine seine gesamte Philosophie durchziehende Spannung zu erkennen geben, die einen wichtigen Ausgangspunkt der Philosophie Wittgensteins bildet.

[3] Frege (1988).

III.II.

Die Philosophie der Logik

Gerade weil die logizistische These der Rückführbarkeit der Arithmetik auf *Logik* den Kulminationspunkt der Philosophie Freges bildet, muss eine Erläuterung seiner Logikkonzeption die Basis jeder vollständigen Evaluation seiner Philosophie ausmachen. Ihre Darstellung soll in diesem Kapitel geleistet werden. Allerdings nicht allein weil sie einen wesentlichen Bestandteil jeder angemessenen Interpretation von Freges Philosophie bilden muss, sondern zudem, weil sich gerade anhand dieser Logikkonzeption eines der übergeordneten Ziele dieser Arbeit einlösen lassen wird, und zwar der Nachweis, dass Frege einer ganz anderen Traditionslinie als der oben als algebraisch bezeichneten zuzurechnen ist.

In einem ersten § soll jetzt erst die *bs*, Freges frühes logisches System, eingeführt werden, um dann anhand seiner Deutung dieses Systems die wesentlichen Unterschiede zur derzeit kanonischen Deutung logischer Sprachen aufzeigen zu können. Wie fundamental die sich an dieser Stelle erst andeutenden Differenzen tatsächlich sind, soll dann in den beiden folgenden § eingehender dargestellt werden: Erstens soll gezeigt werden, dass Frege die für die zeitgenössische Logik so essentielle Möglichkeit der Bezugnahme auf Wahrheitsprädikate explizit ablehnt, sowie zweitens, dass die inzwischen als grundlegend bewertete Frage nach der Vollständigkeit eines logischen Kalküls im Rahmen seiner Logikkonzeption auf ganze eigene Weise zur Darstellung kommt. Da ein wesentliches Resultat der ersten drei §§ in der These bestehen wird, dass Frege keine substantielle Metalogik konzipiert hat, soll sich im letzten § anhand seines Begriffs der Erläuterung der Frage angenommen werden, welchen Stellenwert seine natürlichsprachlichen Kommentare zur logischen Formelsprache stattdessen besitzen und wie insgesamt in seiner Philosophie das Verhältnis von logischer und natürlicher Sprache konturiert wird.

§ I. Die Begriffsschrift als Sprache

Um eine Einführung in das logische System *bs* auf den Weg zu bringen, bietet sich eine Analyse des ersten Teils der *BS* an, in dem eine Einführung in die logische Notation gegeben wird.

Das System bs

Der Vorstellung der einzelnen Symbole kann noch der allgemeine Hinweis vorangeschickt werden, dass Freges Methode in jedem der jetzt im Einzelnen zu besprechenden Fälle die gleiche ist: Er benutzt die Umgangssprache, um den neu einzuführenden Zeichen(-kombinationen) einen Inhalt zuzuweisen.

Gleich zu Beginn führt Frege zwei Zeichen ein, denen ein besonderes Augenmerk gewidmet werden muss, denn sie sind die einzigen beiden undefinierten Zeichen, die *keine* Entsprechung in der zeitgenössischen logischen Notation besitzen. Allerdings sollte man an dieser Stelle auf der Hut sein, denn der erste § wird auf eine Weise eröffnet, die Glauben machen kann, dass es sich hierbei allein um *ein* Zeichen handelt: ‚⊢—'. Es wird wie folgt erläutert: Die Zeichenverbindung ‚⊢—*A*' soll für das *Urteil* des in *A* ausgedrückten Inhalts stehen, mithin für die Behauptung von dessen Wahrheit. Dass es sich bei diesem Zeichen aber tatsächlich um ein zusammengesetztes handelt, wird deutlich, wenn Frege daraufhin das einen Teil des Zeichens ‚⊢—' darstellende einfache Zeichen ‚—' gesondert behandelt und es als *Inhaltsstrich* bezeichnet. Es soll so verstanden werden, dass in einer Zeichenverbindung der Art ‚—*A*' eine „bloße Vorstellungsverbindung" zum Ausdruck kommt, „von welcher der Schreibende nicht ausdrückt, ob er ihr Wahrheit zuerkennt oder nicht."[1] Frege führt zur Erklärung des Inhaltsstrichs weiter aus, dass man das in ihm Ausgedrückte „umschreiben" kann „durch die Worte ‚der Umstand, dass' oder ‚der Satz, dass'."[2] Die Kopplung eines Symbols der Art ‚—*A*' mit einem senkrechten Strich, den Frege den *Urteilsstrich* nennt, fügt also der Erfassung einer ‚Vorstellungsverbindung' noch die Anerkennung von deren Wahrheit hinzu.

Im Gegensatz zur wichtigen Funktion des Urteilsstrichs, die im folgenden § noch eingehend gewürdigt werden soll, spielt der Inhaltsstrich in der *bs* lediglich die Rolle eines *notationalen Hilfszeichens*: Da dieses Zeichen Frege zufolge ohnehin nur mit Sätzen kombiniert werden darf, ist letztlich kein Unterschied zwischen dem ausfindig zu machen, das von Zeichen der Art ‚*A*' bezeichnet wird und dem von Zeichen der Art ‚—*A*' Bezeichneten.[3] Der Inhaltsstrich „verbindet" allein „die darauf folgenden Zeichen zu einem Ganzen (...)."[4] Man kann in ihm also ein Äquivalent zu den zeitgenössischen *Klammersymbolen* sehen.

Da eine Vertrautheit mit den weiteren basalen Grundbegriffen der *bs* aufgrund ihrer offensichtlichen Entsprechungen in modernen logischen Notationssystemen vorausgesetzt wird, sollen sie im Folgenden nur sehr knapp behandelt werden.

Der erste dieser bekannten Grundbegriffe stellt ein Verhältnis von Inhalten dar, das Frege als deren *Bedingtheit* bezeichnet: Seien *A* und *B* zwei beurteilbare Inhalte, dann will er durch die Zeichenverbindung

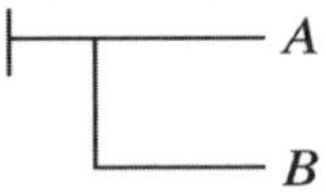

das Urteil zum Ausdruck bringen, *dass es nicht stattfindet, dass A verneint und B bejaht wird*, also das, was heutzutage als *materiales Konditional* ‚$B \rightarrow A$' be-

[1] Frege (1964, S. 2).
[2] Ebd.
[3] Vgl. Thiel (1965, S. 11).
[4] Frege (1964, S. 2). Vgl. hierzu auch Hoche (1976, S. 88).

zeichnet wird. Frege nennt den beide Inhalte verknüpfenden senkrechten Strich den *Bedingungsstrich*. Dass diese zugegeben gewöhnungsbedürftige Notation gleichwohl das derzeit als essentiellstes Charakteristikum formaler Sprachen betrachtete Kriterium der *Rekursivität* erfüllt, verdeutlicht Abbildung 2, die den genauen Aufbau der Zeichenkombination vor Augen führt.

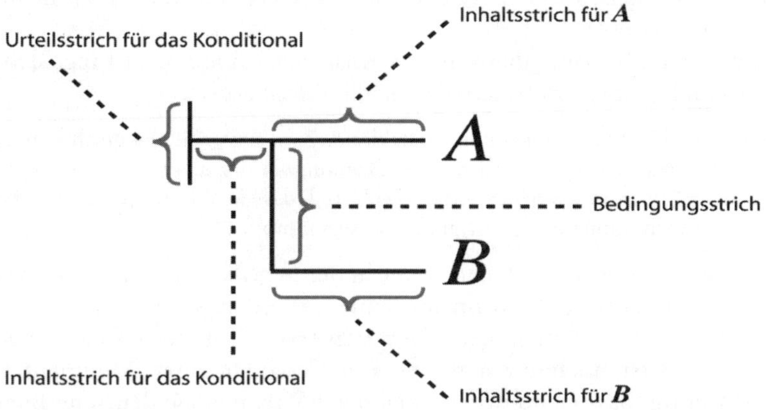

Abbildung 2: Die rekursive Notation der Begriffsschrift

Nach der Bedingtheit zweier Inhalte führt Frege die *Verneinung* eines Inhalts ein: ‚⊢┬A' soll das Urteil ausdrücken, *dass das durch A Ausgedrückte nicht stattfindet*. Den kleinen senkrechten Strich nennt er *Verneinungsstrich*. Die Rekursivität des Aufbaus von ‚⊢┬' wird daran erkennbar, dass das Zeichen so zu verstehen ist, dass sich links und rechts des Verneinungsstrichs jeweils ein Inhaltsstrich befindet.

Frege führt als letzte ursprüngliche Inhaltsverknüpfung die *Inhaltsgleichheit* ein: „Es bedeute nun ⊢—(*A*≡*B*): das Zeichen *A* und das Zeichen *B* haben denselben begrifflichen Inhalt, sodass man überall an die Stelle von *A B* setzen kann und umgekehrt."[5] Diese Formulierung legt zwar die zentrale Besonderheit der Interpretation von Identität und Äquivalenz in der *BS* zumindest nahe, dass diese nämlich als Relationen zwischen *Zeichen* bestimmt werden. Auf eine genauere Analyse von Freges als notorisch problematisch geltenden Ausführungen zu diesem Thema in der *BS* soll jedoch verzichtet werden, zumal sie gewinnbringend allein in Kombination mit seiner späteren Auffassung der Identität, die er im Rückgriff auf seine Unterscheidung von Sinn und Bedeutung gewinnt, diskutiert werden kann. Da diese Unterscheidung hier aber nicht eingehend analysiert werden soll,[6] kann auch die Identitätskonzeption der *BS* nicht angemessen dargestellt werden und es soll daher auf ihre Diskussion gänzlich verzichtet werden.

---

[5] Frege (1964, S. 15).

[6] Zu einer knappen Erläuterung dieser Unterscheidung vgl. unten die Einführung zu Kapitel III.VI.

Wenn Frege sich nach der Einführung dieser drei Verknüpfungsregeln von Inhalten einer Untersuchung des *inneren* Aufbaus einzelner beurteilbarer Inhalte annimmt, folgt die wohl gewichtigste Neuerung der gesamten *BS*: die Ersetzung der Subjekt/Prädikat-Analyse von Inhalten durch deren Zerlegung in *Funktion* und *Argument*, deren Bekanntheit hier aber aufgrund ihrer ubiquitären Verwendung in der zeitgenössischen Logik vorausgesetzt und die daher nicht eigens ausgeführt werden soll.

Nach der Etablierung dieser neuen Analysemethode führt Frege den letzten der einfachen logischen Bestandteile ein, die *Allgemeinheit*:

> Setzt man in einem Urteil an die Stelle des Arguments „einen deutschen Buchstaben, und gibt man dem Inhaltsstriche eine Höhlung, in der dieser selbe Buchstabe steht, wie in $\vdash\!\overset{\mathfrak{a}}{\smile}\!-\ \phi(\mathfrak{a})$, so bedeute dies das Urteil, dass jene Funktion eine Tatsache sei, was man auch immer als ihr Argument ansehen möge.“[7]

Die deutschen Buchstaben stellen somit in der *bs gebundene Variable* dar und die Höhlung des Inhaltsstrichs kann im Sinne des *Allquantors* verstanden werden. Obwohl Frege selbst in dem hier erläuterten ersten Teil der *BS* nicht eigens darauf eingeht, so ist doch für den weiteren Verlauf meiner Argumentation der Hinweis wichtig, dass er im dritten Teil der *BS* auch *große* deutsche Buchstaben als bindungsfähige *Funktions*variablen auftreten lässt und dass demnach die *bs* aus moderner Sicht eine *zweitstufige* Logik darstellt.

Bezüglich seiner Interpretation der Quantoren ist nun zwar der Hinweis von großer Wichtigkeit, dass Frege sie *nicht* im modernen Sinne als Zuordnungen von Mengen zu Wahrheitswerten versteht, um seine Interpretation jedoch erläutern zu können, müssen zumindest einige Aspekte von Freges erst in III.IV. zu thematisierendem Verständnis von ‚Begriffen' vorweg genommen werden: Für ihn besitzen sowohl Begriffe (die eng mit dem zusammenhängen, was wir als *Eigenschaften* bezeichnen, vgl. unten S. 129f.), als auch deren sprachliche Ausdrucksformen einen unbestimmten Bestandteil – er bezeichnet sie als ‚ungesättigt', Sätze und Gegenstandsnamen inklusive ihrer Referenzen dagegen als ‚gesättigt'[8] –, was daran erkennbar wird, dass das sprachliche Pendant zu einem Begriff Freges ein offener Satz wie ‚*x* ist ein Pferd' ist.[9] Die Quantoren versteht er als Eigenschaften, die derartigen Begriffen zugeschrieben werden, sprich in seiner Terminologie als ‚Begriffe zweiter Ordnung'. Auch sie bezeichnen Begriffe, weil

---

[7] Ebd. S. 19.

[8] Vgl. zu diesen Begriffen z.B. Frege (1967f).

[9] Ein zumindest zu erwähnender Aspekt dieser speziellen Deutung von Begriffen, der später für Wittgensteins Sprachphilosophie im ‚Tractatus logico-philosophicus' wichtig werden sollte, besteht darin, dass man nicht länger davon sprechen kann, dass Begriffe *Bestandteile* von Sätzen sind – denn wenn sein unbestimmter Bestandteil für einen Begriff wesentlich ist, dann kann man aufgrund der Ermangelung eines solchen Bestandteils in einem geschlossenen Satz in Bezug auf solche Sätze nicht von einem Auftreten des Begriffs sprechen. Eine Beantwortung der Frage, wie man das Verhältnis von Satz und Begriff dann zu bestimmen hat, soll jedoch erst im Zusammenhang der Interpretation von Wittgensteins früher Sprachphilosophie in Angriff genommen werden (vgl. unten S. 216f.).

sie und ihre Bedeutungen ebenfalls ungesättigt sind. Von den eben erwähnten erststufigen Begriffen unterscheiden sie sich jedoch dadurch, dass sie nicht durch Gegenstände bzw. deren Namen, sondern durch Begriffe erster Ordnung gesättigt (sprich mit einem Wahrheitswert ausgestattet) werden.

Da wir uns mit dieser Darstellung von Freges Verständnis der Quantoren ohnehin bereits im Grenzbereich zu einer *Interpretation* seiner logischen Sprache befinden und ebenfalls alle wesentlichen Bausteine dieser Sprache eingeführt wurden, soll an dieser Stelle mit dem Hinweis, dass Frege im ersten Teil der *BS* noch die einzige dem *Modus Ponens* entsprechende Inferenzregel einführt, die rudimentäre Einführung der logischen Grundbegriffe abgeschlossen werden und sich stattdessen der weitaus interessanteren Aufgabe einer Evaluation der *bs* gewidmet werden.

Eine Interpretation der bs

Zu evaluieren ist in diesem Zusammenhang sicherlich nicht allein die bislang einzig vorgestellte Symbolik, sondern das logische *System bs*. Dieses wird im zweiten Teil der *BS*, der mit der Überschrift „Darstellung und Ableitung einiger Urteile des reinen Denkens“ versehen ist, vervollständigt. Dieser Teil bietet einen axiomatischen Aufbau der Logik mit Hilfe von 9 Axiomen sowie der eben genannten Inferenzregel. Eine genauere Untersuchung dieses Teils jedoch soll hier unterbleiben, da anhand der spezifischen Axiome keine Besonderheiten von Freges Logikkonzeption erkennbar gemacht werden können.

Dass Freges Axiomatik keine Besonderheiten seiner Logikkonzeption offenbaren kann, ist daran ersichtlich, dass das entstehende logische System als kanonisch angesehen werden kann. ‚Kanonisch' ist hier so zu verstehen, dass eine direkte Patenschaft dieses Systems zu zeitgenössischen Logiksystemen aufgewiesen werden kann: Frege zeigt im ersten Teil der *BS* als erster, dass die polyadische Prädikation, das materiale Konditional, die Negation sowie der Allquantor als Grundbegriffe der Logik ausreichen. Wenn die im zweiten Teil der *BS* dargestellte logische Theorie unter Zuhilfenahme moderner metalogischer Methoden untersucht wird, gibt sich nämlich zu erkennen, dass deren aussagenlogisches Fragment eine *vollständige* Axiomatisierung dieses Kalküls darstellt. Zur Vollständigkeit des prädikatenlogischen Fragments der ersten Stufe ermangelt es allerdings noch einer Inferenzregel zur Variablensubstitution.

Durch den Nachweis dieser immensen Vielzahl von Ähnlichkeiten kann man sich leicht verleiten lassen, sich die Arbeit zu ersparen, eigens nach Freges *Interpretation* seines logischen Systems zu fragen. Denn man könnte diese Ähnlichkeiten ja als gewichtiges Indiz dafür anführen, dass Frege eine dem zeitgenössischen schematischen Logikverständnis zumindest hinreichend ähnliche Konzeption vertreten haben muss. Ein solches Vorgehen jedoch kann den ihm zugrunde liegenden Anachronismus nicht einmal im Ansatz verhehlen, denn die aufgewiesenen Überschneidungen besitzen samt und sonders einen primär ‚technischen' Charakter und können prinzipiell keine Rechenschaft darüber ablegen, ob die Übereinstimmung von Freges *Deutung* seines Symbolismus und modernen Interpretationen formaler Sprachen ähnlich groß ist wie die zwischen ihren jeweiligen formalen Konstruktionsmustern.

Dass in der Tat die Analogie zwischen Freges Verständnis seiner logischen Sprache und zeitgenössischen Interpretationen syntaktischer Kalküle (wohl ob der engen formalen Verwandtschaft der Systeme) oftmals über Gebühr betont wurde, verdeutlicht folgendes Zitat Hans Hermesens: „Die Wissenschaft verdankt Frege die erste *formalisierte* Sprache (...).“[10] Denn obwohl diese Aussage zweifellos zutreffend ist, wenn man aus einer modernen Perspektive auf die *bs* blickt, so ist sie doch ebenso zweifellos falsch, wenn man mit ihr die Intentionen zu treffen versucht, die Frege zur Formulierung seiner logischen Sprache trieben, denn er will seine Logik mit allem Nachdruck *gerade nicht* als einen reinen Formalismus im Sinne eines syntaktischen Kalküls verstanden wissen:

> „Ich wollte nicht eine abstrakte Logik in Formeln darstellen, sondern einen Inhalt durch geschriebene Zeichen in genauerer und übersichtlicherer Weise zum Ausdruck bringen, als es durch Worte möglich ist. Ich wollte in der Tat nicht einen blossen ‚*calculus ratiocinator*', sondern eine ‚*lingua characteristica*' im leibnizschen Sinne schaffen (...).“[11]

Frege bezieht sich also explizit auf die oben in I.I. als Vorbote der Differenz von ‚Logik als Kalkül' und ‚Logik als Sprache' bezeichnete Unterscheidung Leibnizens und lässt keinen Zweifel daran, dass es ihm gerade nicht auf einen allen Inhalt entbehrenden reinen Schematismus ankommt. Eine genaue Ausarbeitung seiner Auffassung des logischen Systems *als Sprache* soll den ersten Teil der folgenden Interpretation der *BS* bilden, bevor diesen § abschließend anhand der Konsequenzen, welche diese Auffassung für Freges Verständnis der Wissenschaft der Logik nach sich zieht, wesentliche Besonderheiten seiner Logikkonzeption markiert werden, die dann in den folgenden §§ eingehender analysiert werden sollen.

Eine Beantwortung der Frage, in welcher Weise die Logik Freges genau als Sprache bezeichnet werden kann, soll im Folgenden nicht anhand eines Vergleichs mit den Konzeptionen (von Autoren wie Boole und Schröder)[12] versucht werden, von denen sich Frege in dem zuletzt angeführten Zitat absetzen will, sondern als Kontrastfolie soll die oben vorgestellte schematische Logikauffassung dienen. Dass dieses Vorgehen nicht übermäßig anachronistisch ist, kann durch den Hinweis bekräftigt werden, dass die Ausgestaltung der Logik, die sich z.B. bei Boole und Schröder findet, zu einem Gutteil als Vorwegnahme zentraler Thesen der oben dargestellten Tradition zu verstehen ist.[13]

[10] Hermes (1969, S. IX).

[11] Frege (1964a, S. 97f.).

[12] Ernst Schröder war zu Lebzeiten Freges der in Deutschland namhafteste Vertreter von George Booles' algebraischem Ansatz in der Logik. Zu einer näheren Erläuterung dieses Ansatzes vgl. Kneale; Kneale (1978, S. 404ff.).

[13] Dies bemerkt etwa Goldfarb (1979, S. 354f.).

Um verstehen zu können, was Frege meint, wenn er von der Logik als Sprache ausgeht, bietet die Tatsache einen guten Ausgangspunkt, dass in der gesamten *bs keine nicht-logischen Konstanten* auftauchen. Betrachten wir der Einfachheit halber zur näheren Erklärung dieses Sachverhalts die syntaktische Klasse singulärer Terme, so legen Freges Formulierungen zwar nahe, dass er diese sämtlich als *Variablen* verstanden wissen will, aber im Hinblick auf die moderne Klassifikation von Variablen ist eine solche Charakterisierung allein unter folgender Einschränkung richtig: Wenn man Freges Erläuterungen zur Einführung des Allquantors genau betrachtet, fällt auf, dass er mit diesem *nicht* eine Allgemeinheit in eine Formel einführen (also eine vorher freie Variable binden), sondern *das Gebiet der Allgemeinheit vielmehr beschränken* will.[14] Für alle nicht explizit innerhalb der Formel gebundenen Variablen gilt also, dass mit ihnen eine Allgemeingültigkeit im Hinblick auf die gesamte Formel zum Ausdruck gebracht werden soll. Die Ausdrücke, die erst einmal wie freie Variable aussehen, müssen also als implizit allquantifizierte verstanden werden. *Es gibt demnach in der bs keine freien Gegenstandsvariablen*, weil alle Formeln, die scheinbar solche Ausdrücke enthalten, als ihre Allabschlüsse zu verstehen sind.

Wenn Frege in seiner Beschreibung der Funktion/Argument-Analyse zudem darauf aufmerksam macht, dass man in dem Zeichen ‚$\varphi(A)$' sowohl ‚φ' als auch ‚A' als die Stelle der Variablen markierend auffassen kann,[15] dann folgt, dass es außer einer den jeweiligen logischen Typ betreffenden Differenz keine Unterscheidung zwischen Objekt- und Funktionsausdrücken in der *bs* gibt und somit auch *sämtliche Funktions*ausdrücke als Variablen und Formeln, in denen sie auftauchen, als (zweitstufige) Allabschlüsse zu verstehen sind. Da Frege letztlich auch die lateinischen Buchstaben der *bs*, die für beurteilbare Inhalte stehen, als Variablen bestimmt,[16] kann man konstatieren, *dass sämtliche in der* bs *auftauchenden Ausdrücke mit Ausnahme der logischen Konstanten als gebundene Variablen zu betrachten sind.*

Obwohl dieses Ergebnis bereits einen wesentlichen Bestandteil bildet, um die *bs* gemessen an der modernen Konzeption als interpretierte Sprache zu verstehen, so reicht es dennoch nicht hin, um dieses Ziel auch tatsächlich zu erreichen. Denn die Notwendigkeit einer Interpretation bestimmter Sprachbestandteile wurde allein dadurch vermieden, dass die Formeln mit immer mehr Allquantoren versehen wurden. Die Bestimmung der Formeln als Allabschlüsse interpretiert diese aber solange nicht, bis nicht etwas dazu gesagt ist, *wie die Allquantoren zu verstehen sind, bzw. über welchen Träger hier gesprochen werden soll.*

Mit Sicherheit dürfen wir an dieser Stelle davon ausgehen, dass Frege die moderne Methode zur Interpretation des Quantors anhand variabler Diskursuniversen ablehnt, da sie den von ihm an die Logik gestellten Forderungen nicht gerecht wird: „Während sonst die Logik den Anspruch erheben darf, dass ihre Gesetze unumschränkte Gültigkeit besitzen, wird uns hier zugemutet, eine

---

[14] Vgl. Frege (1967c, S. 233).
[15] Vgl. Frege (1964, S. 18f.).
[16] Vgl. ebd. S. 56.

Mannigfaltigkeit sorgsam prüfend vorher abzugrenzen, innerhalb derer wir uns dann nur bewegen dürfen."[17] Wenn Frege zur Abgrenzung gegen diese Interpretation davon spricht, dass die Sätze der Logik eine ,unumschränkte Gültigkeit' besitzen, dann werden derartige Aussagen zumeist so interpretiert, dass für ihn *das gesamte Universum* den Gegenstandsbereich der Logik bildet. Jean van Heijenoort war wohl der erste, der auf diesen Punkt hinwies: „Frege's universe consists of all there is, and it is fixed."[18]

Bevor diese These van Heijenoorts bewertet und genau auf die in der *BS* zu findende Interpretation des Quantors eingegangen werden soll, ist es hilfreich, auf den Grund hinzuweisen, von dem veranlasst van Heijenoort und andere Kommentatoren sie überhaupt erst formulierten. Sie muss als Erklärungsversuch dafür gewertet werden, dass Freges Einführung des Quantors in der *BS* in keiner Weise den Anschein erweckt, als sei hinsichtlich seiner eine Relativierung auf unterschiedliche Gegenstandsbereiche erforderlich. Stattdessen machen Freges Ausführungen unmissverständlich klar, *dass er den Quantor analog zu sämtlichen anderen Ausdrücken seines logischen Symbolismus als vollkommen interpretierten Sprachbestanteil versteht.* Diese Einführung ohne Rekurs auf jeweils nötige Reinterpretationen ist für Freges Logikverständnis folgenschwer: Indem er den Quantoren jeweils eine vollständig fixierte Bedeutung zuspricht, ist an dieser Stelle nämlich tatsächlich alles geleistet, um die *bs als vollständig interpretierte Sprache* und nicht als uninterpretierten Kalkül zu verstehen.

Nimmt man Freges jetzt verständliche These der Logik als Sprache ernst, ist davon auszugehen, dass die Logik sich ihm zufolge nicht wie in der algebraischen Traditionslinie dadurch auszeichnen lässt, dass sie allein über Schemata spricht, die als nicht vollwertige Aussagen weder wahr noch falsch sind. Stattdessen hat die Logik es Frege zufolge in exakt derselben Weise wie jede andere Wissenschaft, deren Ausdrücke eine fixierte Bedeutung besitzen, mit *wahren oder falschen Sätzen* zu tun. Die Logik sucht ebenso wie diese Wissenschaften im Ausgang von bestimmten als wahr anerkannten Sätzen nach weiteren wahren Sätzen.

Durch die letzten Formulierungen wird bereits erkennbar, dass Freges Konzeption der Logik als Sprache direkte Konsequenzen für das Verhältnis der Logik zu den übrigen Wissenschaften besitzt. Dieses Verhältnis soll nun diesen § abschließend noch thematisiert werden, da an ihm wesentliche Besonderheiten von Freges Logikkonzeption sehr genau behandelt werden können.

Die Logik und die spezialisierten Wissenschaften

Freges Bestimmung des Verhältnisses der Logik zu den übrigen Wissenschaften ist deswegen von so großem Interesse, weil an ihr eine Spannung besonders deutlich zum Vorschein kommt, die wie wir später sehen werden große Teile seiner Philosophie bestimmt. Der erste Pol dieser Spannung ist sehr genau beschreibbar vor dem Hintergrund der Einsicht, dass unsere letzten Ausführungen

[17] Frege (1967b, S. 198).

[18] Van Heijenoort (1967, S. 325).

es in der Tat nahe legen, van Heijenoorts These von dem einen vollständig fixierten Gegenstandsbereich der Logik zu akzeptieren. Denn insofern die logischen Sätze als wahre oder falsche Sätze zu bestimmen sind, drängt sich die Frage auf, *in Bezug worauf* diese Wahrheit oder Falschheit bestehen soll. Durch Aussagen wie die folgende wird die These nahe gelegt, dass für Frege die Logik die wahren Sätze hinsichtlich des Gebiets *des Denkbaren überhaupt* sucht: Die Logik ist derart ausgezeichnet, dass sie nicht „auf das Besondere jedes Wissensgebietes und deren Gegenstände eingehe; sondern nur das Allgemeine, was für alle Gebiete des Denkens Geltung hat, anzugeben, weisen wir der Logik als Aufgabe zu.“[19] Wenn Warren Goldfarb die auf van Heijenoort zurückgehende Interpretation dieses fregeschen Ansatzes durch die Aussage charakterisiert: „On Frege's view (...) it is precisely reality that obeys the laws of logic”[20], dann ist der Begriff der ‚Realität' hier also nicht als Hinweis auf unser *physikalisches* Universum zu verstehen, sondern im Sinne ‚alles überhaupt Denkbaren' und auch auf dieses Gebiet ist es gemünzt, wenn Goldfarb Freges Logikkonzeption als *deskriptiv*[21] bezeichnet. Obwohl dieser Term deren gerade dargestellten Zug und damit den ersten Pol der herauszustellenden Spannung treffend beschreibt – nämlich auf eine gewisse Verbundenheit der Wissenschaft der Logik mit den empirischen Wissenschaften hinweisen soll –, so scheint er doch ebenfalls zu suggerieren, dass die logischen Gesetze nachträgliche Beschreibungen eines *unabhängig von ihnen* gegebenen Gegenstandsgebiets sind. Um verstehen zu können, dass es gleichwohl als zumindest fraglich gelten muss, ob eine derartige Auszeichnung der logischen Gesetze Freges Logikkonzeption in letzter Instanz gerecht wird, ist eine genauere Betrachtung seiner Ausführungen zur speziellen Form der Allgemeingültigkeit logischer Sätze unumgänglich.

Widmen wir uns hierzu dem anderen Pol der erwähnten Spannung, den wir sehr genau im Ausgang von Freges Schluss erkennen können, dem zufolge aus der Tatsache, dass die logischen Sätze neben den logischen Konstanten (in denen allein vollkommen topik-neutrale Züge unseres Schlussfolgerns niedergelegt sind) nur Variablen enthalten, folgt, dass in ihnen eine *maximale Allgemeingültigkeit* zum Ausdruck kommt. Man kann dies anhand der im letzten Zitat angebotenen Terminologie auch derart beschreiben, dass sie Wahrheiten ausdrücken, denen alles, was überhaupt zum Objekt eines Gedankens werden kann, gehorchen muss. Diese Charakterisierung der logischen Sätze ist es auch, die folgende Aussage Freges über die (von ihm als logische Sätze verstandenen) Grundgesetze der Arithmetik verständlich macht: „Stürzt nicht alles in Verwirrung, wenn man einen von diesen leugnen wollte? Ist dann noch Denken möglich?“[22] Eine derartige Auszeichnung der logischen Gesetze gibt aber Aspekte der Logikkonzeption Freges zu erkennen, welche eine Charakterisierung ihrer als *deskriptiv* zumindest als problematisch erscheinen lassen: Als Konsequenz des eben Ausge-

---

[19] Frege (1967, S. 139).
[20] Goldfarb (2001, S. 29).
[21] Ebd. S. 28.
[22] Frege (1988, S. 29).

führten kann für ihn ein den logischen Gesetzen nicht gehorchendes Universum ebenso wenig denkbar sein wie die Negationen der logischen Gesetze rationale Verständniskriterien besitzen können – man kann daher davon sprechen, dass für Frege die logischen Sätze Grenzen des Denkbaren markieren. Denn die logischen Gesetze sind die Gesetze, „die überall da vorschreiben, wie gedacht werden soll, wo überhaupt gedacht wird."[23] Nicht allein das macht diese Aussage bemerkenswert, dass man an ihr erkennen kann, dass Frege die logischen Gesetze auch *normativ*[24] verstanden wissen will, sondern dass darüber hinaus deutlich wird, dass es ihm sogar um eine besonders starke Form der Normativität geht: Er geht nicht davon aus, dass man die logischen Gesetze wahlweise befolgen könnte, oder aber nicht, sondern er scheint ihnen vielmehr die Rolle konstitutiver Bedingungen für all unser Denken zuerkennen zu wollen und dies lässt es als angemessen erscheinen, von einer Bestimmung logischer Sätze als *transzendental* auszugehen.

An dieser Stelle dürfte die erwähnte Spannung augenfällig sein: Einerseits wird in Freges Schriften immer deutlich, dass er keinen *prinzipiellen* Unterschied zwischen der Logik und den übrigen Wissenschaften anerkennen will – in beiden Fällen hätten wir es mit einem mittels vollständig interpretierter Sprachen vollzogenen Vorhaben zu tun, im Ausgang von als wahr anerkannten Sätzen weitere wahre Sätze aufzufinden. Die Wahrheit der logischen Sätze wiederum wird dadurch erklärt, dass sie als korrekte Beschreibungen der umfassendsten Sphäre überhaupt verstanden werden. Jedoch beraubt Frege sich mit dieser Auszeichnung der Möglichkeit, die von ihm gleichwohl zugestandene Sonderrolle logischer Sätze angemessen erklären zu können, was besonders klar wird unter Zuhilfenahme seines erst im kommenden § eingehend zu untersuchenden Urteilsbegriffs: Frege bestimmt die mit einem wissenschaftlichen Satz einhergehende Beurteilung als Übergang von einem Gedanken zu einem Wahrheitswert – *wobei der Gedanke selbst als noch unentschieden hinsichtlich seines Wahrheitswertes verstanden werden muss*. Die an dieser Stelle erforderliche Möglichkeit, einen Satz verstehen zu können, auch ohne bereits damit seine Wahrheit anzuerkennen, ist jedoch für logische Sätze scheinbar kategorisch ausgeschlossen. Denn diese wurden gerade deswegen als transzendental ausgezeichnet, weil wir uns Frege zufolge kein Bild von einer Situation machen können, in der sie falsch sind. Ihre Negationen erscheinen uns nicht nur als falsch, sondern sogar als *sinnlos* und es kann mithin kein denkbares Gegenstandsgebiet geben, in dem sie ihre Gültigkeit verlieren. Dementsprechend ist es ausgeschlossen, dass man ihre ‚Richtigkeit' anhand von etwas unabhängig von ihnen Gegebenem überprüfen könnte – und durch diesen Hinweis greift man ihren Unterschied zu Beschreibungen wahrscheinlich am besten. Freges Versuch also, auch die Sätze der Logik in ein Kontinuum derer der Wissenschaften zu integrieren, erweist sich als schwer vereinbar mit ihrer Rolle als *absoluter* Grundlage allen Denkens – denn diese Auszeich-

[23] Frege (1966, Bd. I, S. XV).
[24] Dies räumt Frege (1969c, S. 139) sogar explizit ein.

nung scheint gerade eine Differenzierung ihrer gegenüber den Sätzen der übrigen Wissenschaften erforderlich zu machen.

Obwohl man genau genommen keine Lösung dieser Spannung in Freges Aussagen findet, so kann man seine Strategie doch so beschreiben, dass er zwar die Sonderstellung der Logik zugesteht, aber im gleichen Atemzug davon ausgeht, dass keine Begründung dieser Sonderstellung mehr möglich ist, zumindest nicht in dem Sinne, in dem man die Besonderheiten speziellerer Wissenschaften bestimmen würde. Diese Strategie wird besonders deutlich darin, dass Freges bevorzugte Terminologie in seiner Beschreibung der Allgemeingültigkeit der logischen Sätze *keine ontologische, sondern eine epistemologische* ist. Die in Freges Augen für unser gesamtes Denken konstitutive Rolle der Logik lässt es nämlich letztlich nicht zu, überhaupt von einem *Gegenstandsgebiet* der Logik zu sprechen. Dass Frege in den relevanten Passagen selbst nirgends von einem derartigen Gegenstandsbereich spricht und sich seine Aussagen auf nicht viel mehr belaufen als auf die Angabe, dass es jeweils um eine ‚maximale Allgemeingültigkeit' geht, stellt meines Erachtens nach keine vermeidbare Ungenauigkeit dar, sondern sollte als Hinweis darauf verstanden werden, dass für Frege die Frage nach dem, über das die Logik spricht, *anders verstanden werden muss als bezüglich jeder anderen Wissenschaft*. Wir haben ihm zufolge kein Distinktionskriterium in dem Sinn, dass wir erst ‚alle' Gegenstandsbereiche überblicken könnten und dann die ‚denkbaren' von den ‚undenkbaren' unterscheiden, um die ersteren der Logik zuzuordnen, obwohl wir ein analoges Verfahren bezüglich spezieller Wissenschaften sehr wohl anwenden können. Der Grund für diesen Unterschied liegt darin, dass es Frege zufolge unmöglich ist, Objekte als gegeben betrachten zu können und erst *im Nachhinein* zu fragen, ob sie den logischen Gesetzen gehorchen; denn die logischen Gesetze sind bereits erforderlich, damit uns *überhaupt ein* Gegenstandsgebiet kognitiv zugänglich ist. Es scheint für Frege tatsächlich eine Differenz zwischen der Wissenschaft der Logik und spezielleren Wissenschaften dahingehend zu geben, dass man die Bestimmung dessen, über das in der Logik gesprochen wird, nicht gleichsam von einem abstrakteren Standpunkt bestimmen kann, *ohne die Gesetze dieser Wissenschaft selbst voraussetzen zu müssen*. Diese Differenz scheint mir dann am deutlichsten zu werden, wenn man Freges Aussagen über die absolute Allgemeingültigkeit logischer Sätze so interpretiert, dass *er den Gegenstandsbereich der Logik nicht maximal ausdehnt, sondern den Begriff eines ‚Gegenstandsgebiets' der Logik insgesamt zurück weist*: Das ‚Alles', um das es in der Logik geht, ist derart umfassend, dass es kategorisch anders zu bestimmen ist als die Gegenstandsbereiche aller anderen Wissenschaften, und zwar weil wir das ‚Alles' der Logik nicht quasi ‚von Außen' durch Aussonderung aus einem umfassenderen Bereich bestimmen können.[25]

---

[25] An dieser Stelle sollte die Zweifelhaftigkeit der Interpretation erkennbar werden, dass wir es in Freges Bestimmung des Gegenstandsgebiets der Logik im Sinne ‚alles Denkbaren' mit einer *modalen* Bestimmung zu tun haben. Zwar kann eine solche Interpretation aus folgendem Grund als nahe liegend erscheinen: Wenn Frege die Logik als deskriptiv nicht allein in Bezug auf das physikalische Universum, sondern im Sinne eines umfassenderen Bereichs bestimmt,

Da die somit erkennbar gewordene Spannung uns aber bereits am Ende dieses Kapitels erneut beschäftigen wird, soll sie an dieser Stelle nicht noch eingehender dargestellt werden. Versuchen wir stattdessen die bisherigen Ergebnisse zusammenzufassen, um im Folgenden Freges Logikkonzeption mit der der algebraischen Traditionslinie vergleichen zu können, dann bleibt als sicherlich wichtigstes Ergebnis dieses § festzuhalten, dass Frege die *bs* als vollständig interpretierte Sprache versteht. Es wurde zudem erkennbar, dass diese Bestimmung nicht zuletzt aus dem Versuch entspringt, die Logik mit den übrigen Wissenschaften auf eine Stufe zu stellen. Aber gerade in diesem Versuch stellen sich Frege immense Probleme in den Weg, die allesamt mit der Forderung zusammenhängen, dass der Logik, obwohl sie die allgemeinste aller Wissenschaften ist, dennoch keine besonderen Auszeichnungen zuzusprechen sind. Denn ihre Stellung am äußersten Ende der Reihe der Wissenschaften führt ihn fast zwangsläufig zu der These, dass sie basal ist für all unser wissenschaftliches Begründen – aber wie könnten ihre eigenen Grundlagen dann noch im Rahmen der Wissenschaft auf ihre Angemessenheit befragt werden, was ja bezüglich speziellerer Wissenschaften sehr wohl möglich ist?

Betrachten wir diese Ausführungen zum Verhältnis von Logik und anderen Wissenschaften abschließend eine letzte Konsequenz der zuletzt aufgewiesenen Schwierigkeiten, an der sich erstens die bestehenden Probleme noch einmal besonders eindringlich zu erkennen geben und die zweitens eine gute Überleitung bietet, um im Folgenden die Differenzen zwischen Freges Logikkonzeption und der algebraischen in den Blick zu nehmen: Aus der maximalen Allgemeingültigkeit der logischen Wahrheiten folgt im Besonderen, dass ihnen auch die Gegenstandsbereiche jeder speziellen Wissenschaft gehorchen müssen. Die logischen Sätze können somit als die fundamentalsten unter den wissenschaftlichen Gesetzen betrachtet werden, weil ihnen das Schlussfolgern in *jeder* wissenschaftlichen Disziplin verpflichtet sein muss. In analoger Weise muss dann aber auch der *bs* ein für sämtliche Wissenschaften grundlegender Status zugesprochen werden: Freges Formulierung seiner symbolischen Logik ist als Versuch zu verstehen, einen sprachlichen Rahmen bereitzustellen, in dem (unter Zuhilfenahme eines hinreichend speziellen Vokabulars) *sämtliche wissenschaftlichen Wahrheiten* darstellbar sind. Dies bemerkt auch Thomas Ricketts: „There is no realm of truths not subject to logic, not expressible in the framework of begriffsschrift.“[26]

Wenn aber somit *jede wissenschaftliche Wahrheit in der bs* darstellbar sein soll, würde dies eine deutliche Differenz zwischen der ihr von Frege zugesprochenen Interpretation und der modernen Betrachtung logischer Sprachen als

---

dann erscheint es *prima facie* als plausibel, diesen Bereich als alle *möglichen* Entitäten umfassend zu betrachten. Durch die letzten Aussagen allerdings wird auch klar, dass man sich Frege zufolge dem, über das die Logik spricht, allein *ex negativo* nähern kann: Es gibt für ihn *keine* positive Charakterisierung dieses Bereichs, sondern allein eine Feststellung der Illegitimität, irgendetwas aus ihm auszuschließen. Aus diesem Grund kann hier auch keine Bezugnahme auf modales Vokabular Abhilfe schaffen.

[26] Ricketts (1996, S. 126).

Kalküle zu erkennen geben: Allein mit den Mitteln der *bs* ist es unmöglich, die in der modernen Logik so zentralen *meta*logischen Untersuchungen über die *bs* durchzuführen, denn vor dem dargestellten Hintergrund müsste auch jede wissenschaftliche Wahrheit über die *bs* in ihr selbst formulierbar sein und jede solche Wahrheit würde daher die in der *bs* niedergelegten logischen Gesetze bereits voraussetzen.

Tatsächlich passen diese hier erst einmal nur angedeuteten Überlegungen exakt zu dem einen Pol der oben aufgewiesenen Spannung, dass es nämlich unmöglich wäre, die Logik von einem noch abstrakteren Standpunkt überblicken und untersuchen zu wollen. Die sich direkt aus der speziellen Form der Allgemeingültigkeit logischer Sätze ergebende Frage nach der Möglichkeit eines solchen ‚metalogischen Standpunkts' in Freges Logikkonzeption soll jetzt vertieft werden, und zwar zuerst im Hinblick auf Aussagen Freges zu den zentralen Hilfsmitteln der modernen Metalogik, den *Wahrheitsprädikaten*.

§ II. Freges Wahrheitskonzept

Sehr oft findet man in Bezug auf Freges Wahrheitsverständnis eine Betonung von dessen *objektivistischen* Zügen, was aufgrund von Aussagen wie der folgenden auch nicht verwundert:

> „Wenn es wahr ist, dass ich dies am 13. Juli 1893 in meiner Stube schreibe, während draussen der Wind heult, so bleibt es wahr, auch wenn alle Menschen es später für falsch halten sollten. Wenn so das Wahrsein unabhängig davon ist, dass es von irgendeinem anerkannt wird, so sind auch die Gesetze des Wahrseins nicht psychologische Gesetze, sondern Grenzsteine in einem ewigen Grunde befestigt, von unserem Denken überflutbar zwar, doch nicht verrückbar."[27]

Die Wahrheit bzw. Falschheit eines Satzes hängt für Frege allein mit objektiven Zügen dessen zusammen, über das jeweils in dem Satz gesprochen wird, andere Faktoren wie etwa das Bestehen der Möglichkeit, seine Wahrheit auch tatsächlich nachzuweisen, spielen keine Rolle.

Allein ob der schieren Fülle von Aussagen Freges, die dieser Haltung zum Wahrheitskonzept Nachdruck verleihen, kann der Anschein entstehen, als wäre an dieser Stelle bereits alles Wesentliche über seine Wahrheitskonzeption gesagt. Jedoch findet sich in seinen Schriften ebenfalls eine Analyse des Wahrheitsbegriffs, die seinen hohen objektivistischen Anspruch in einem ganz besonderen Licht erscheinen lässt und darüber hinaus weitreichende Implikationen für seine Logikkonzeption besitzt. Diese Analyse wird vor allem in den Passagen offenkundig, in denen Frege über die Möglichkeit einer *Definition* des Wahrheitsbegriffs meditiert.

Das bekannteste Argument Freges in diesem Zusammenhang, das auch den Kern der folgenden Untersuchung bilden wird, findet sich im 1918 veröffentlichten Text ‚Der Gedanke'.[28] Dem genauen Wortlaut zufolge wird in dem Ar-

[27] Frege (1966, Bd.I, S. XVI).

[28] Frege (1967, S. 343f.).

gument eine Kritik an einer psychologistisch konnotierten *Korrespondenztheorie der Wahrheit* geäußert. Die Definition der Wahrheit, gegen die das Argument gerichtet ist, kann man wie folgt wiedergeben:

Eine Vorstellung *V* ist wahr: gdw. *V* mit etwas Wirklichem übereinstimmt.

Man muss dieser Definition zufolge also zur Feststellung, ob ein V_i wahr ist, immer zuerst überprüfen, ob es tatsächlich mit etwas Wirklichem übereinstimmt. Wenn wir zur weiteren Analyse dieser Voraussetzung auf das Vokabular der *bs* zurück greifen, müsste man sie derart formulieren, dass die fällige Überprüfung nicht allein darin bestehen kann, eine bestimmte ‚Vorstellungsverbindung' zu erfassen, sondern die nötige Bestimmung ist allein im Rahmen einer *Beurteilung* möglich, dass V_i mit etwas Wirklichem übereinstimmt, denn wir wollen ja nicht allein wissen, ob deren Übereinstimmung denkbar ist, sondern ob sie tatsächlich Bestand hat. Wenn wir uns weiterhin des Vokabulars der *bs* bedienen, muss also folgende These verifiziert werden:

(1) |— V_i stimmt mit etwas Wirklichem überein.

Frege versucht nun zu zeigen, dass in (1) bereits implizit der Wahrheitsbegriff vorausgesetzt wird und die unter Umständen etwas gekünstelt anmutende Wahl der *bs*-Notation soll ganz deutlich darauf hinweisen, wo Frege das Problem an dieser Stelle vermutet: Indem wir das in (1) dargestellte *Urteil vollziehen*, setzen wir ihm zufolge bereits den Wahrheitsbegriff voraus. Die Klärung dieses neuralgischen Punkts des Arguments scheint dann am ehesten möglich, wenn jetzt eine oben noch aufgeschobene Analyse nachgeholt wird, die sich bereits in der hier gewählten Darstellung des Arguments angedeutet hat: Gemeint ist eine Analyse des *Urteilsstrichs*. Denn obwohl Frege in dem genannten Argument den Urteilsbegriff nicht eigens erwähnt, lässt sich doch zeigen, dass sich seine Schlussfolgerung der Undefinierbarkeit des Wahrheitsbegriffs als direkte Konsequenz seines Urteilskonzepts begreifen lässt.

Der Urteilsstrich

Es wurde bereits ausgeführt, dass für Frege in der *BS* das Versehen einer Formel mit dem Urteilsstrich mit der Anerkennung von deren Wahrheit zusammenfällt. In seinem 1891 erschienenen Aufsatz *Funktion und Begriff* (im Folgenden *FuB*) erklärt er dieses Verhältnis (anders als in der *BS*)[29] indem er betont, dass man diesen Vorgang nicht so verstehen darf, dass hier einem Subjekt (dem beurteilbaren Inhalt) eine Eigenschaft (die der Wahrheit) zugesprochen wird. Im Gegensatz zum Inhaltsstrich (der von Frege seit *FuB* als Funktionssymbol verstanden wird)[30] könnte das durch den Urteilsstrich zum Ausdruck Gebrachte nicht im

---

[29] In der *BS* stellt es sich noch so dar, dass Frege ⌜|—⌝ als universelles *Prädikat* aller Aussagen verstanden wissen will. Vgl. Frege (1964, S. 4).

[30] Seit *FuB* stellt Frege den Inhaltsstrich vollkommen anders dar und nennt ihn nur noch den ‚Waagerechten': Dieser bezeichnet nun eine Funktion, die Gegenstände auf Wahrheitswerte abbildet. Frege führt aus, dass er sich zu dieser Änderung aufgrund seiner Unterscheidung

Sinne einer Funktion verstanden werden: „Der Urteilsstrich kann nicht zur Bildung eines Funktionsausdrucks gebraucht werden, weil er nicht mit anderen Zeichen zusammen zur Bezeichnung eines Gegenstands dient. ‚|—*2+3=5*' bezeichnet nichts, sondern behauptet etwas.“[31]

Frege bindet den Urteilsstrich und somit den Punkt, an dem Wahrheit in der *bs* relevant wird, an die Behauptung eines Inhalts. In dem unveröffentlichten Aufsatz ‚Meine grundlegenden logischen Einsichten' von 1915 wird nun darüber hinaus deutlich, dass für ihn auf die Behauptung eines Inhalts nicht angemessen durch das Wort ‚wahr' hingewiesen werden kann, sondern dass das Urteilen viel eher mit dem *Vollzug* der Behauptung zusammenhängt: „Die Behauptung liegt nicht in dem Worte ‚wahr', sondern in der behauptenden Kraft, mit der der Satz ausgesprochen wird.“[32]

Tyler Burge hat sehr genau diese besondere Rolle des Urteilsstrichs untersucht, der ihm zufolge in der *bs* nicht für einen wiederzugebenden Inhalt steht, sondern für den *Akt* der Beurteilung eines Satzes.[33] Der Urteilsstrich *bezeichnet nichts*, weil das, was für die Logik am Wahrheitsbegriff relevant ist, für Frege nicht als ein begriffsschriftlich fassbarer *Inhalt* bestimmt werden kann, sondern allein darin zum Tragen kommt, dass der Wahrheitsbegriff in einer internen Relation zur Beurteilung begriffsschriftlicher Sätze steht. Deren enge Verbindung wird dann deutlich, wenn Frege ausführt, dass das Urteilen letztlich nichts anderes ist, als das „Fortschreiten von einem Gedanken zu seinem Wahrheitswert (...).“[34] Ein Urteil muss in Freges Konzeption also so bestimmt werden, dass sich in ihm auf die Wahrheit eines bestimmten Gedankens verpflichtet wird, aber ebenso muss Wahrheit als das Ziel des Urteilens bestimmt werden – im Besonderen ist also kein Urteilsvollzug möglich ohne bereits im Voraus über den Wahrheitsbegriff zu verfügen.

Die Undefinierbarkeit des Wahrheitsbegriffs

Diese Ausführungen zur Untrennbarkeit von Wahrheits- und Urteilsbegriff bei Frege erscheinen mir unumgänglich, um ein angemessenes Verständnis des untersuchten Arguments zu erreichen: Um einer Vorstellung das Prädikat der Wahrheit zuschreiben zu dürfen, muss beurteilt werden, ob dieser Vorstellung eine bestimmte Eigenschaft zukommt – jedwede Beurteilung aber setzt für Frege den Wahrheitsbegriff wiederum voraus. Diese letzte Formulierung legt bereits nahe, dass das Argument Freges nicht nur dann greifen soll, wenn die thematisierte Eigenschaft als ‚Übereinstimmung mit etwas Wirklichem' bestimmt wird, sondern dass Frege hier *prinzipielle* Zweifel anmeldet, ob man den Wahrheitsbegriff angemessen definieren kann. Gerade wenn man die starke Konklusion

---

von Sinn und Bedeutung veranlasst fühlte, die er zu Zeiten der *BS* noch nicht getroffen hatte. Vgl. Frege (1966, Bd. I, S. 9) sowie unten die Einführung zu Kap. III.VI.

[31] Frege (1967, S. 137).

[32] Frege (1969, S. 271).

[33] Vgl. Burge (2005, S. 113).

[34] Frege (1967d, S. 150).

betrachtet, mit der Frege das dargestellte Argument beschließt, erscheint dessen hier vorgeschlagene Deutung als plausibel: „So scheitert aber auch jeder andere Versuch, das Wahrsein zu definieren. (...) Hiernach ist es wahrscheinlich, dass der Inhalt des Wortes ‚wahr' ganz einzigartig und undefinierbar ist."[35] Die so ausführlich analysierte zentrale Prämisse des Arguments, die Freges Urteilstheorie zum Ausdruck bringt, sorgt also sogar dafür, dass das Argument nicht allein als gegen eine *korrespondenz*theoretische[36] Definition der Wahrheit gerichtet zu verstehen ist, sondern dagegen, dass man den Wahrheitsbegriff *überhaupt* definieren kann. Freges Ausführungen erscheinen somit letztlich als Kritik an Versuchen, das Verhältnis eines beurteilbaren Inhalts zu seiner Wahrheit bzw. Falschheit selbst zum Gegenstand einer Theorie werden zu lassen.

Dass Freges Ausführungen zur Undefinierbarkeit des Wahrheitsbegriffs jedoch tatsächlich einen grundlegenden Unterschied zwischen seiner und der schematischen Logikkonzeption zu erkennen geben, wird vollständig offensichtlich erst in seinem Hinweis, dass ein Übersehen der aufgewiesenen internen Relation zwischen Wahrheits- und Urteilsbegriff im Besonderen zu einer bestimmten fehlerhaften Analyse des Wahrheitsbegriffs verleiten kann. Dieses Missverständnis würde sich primär einer verfehlten Sprachanalyse verdanken und darin bestehen, Sätze der Form ‚Der Satz ⌜Frege starb 1925⌝ ist wahr' derart zu analysieren, dass in ihnen einem Subjekt eine *Eigenschaft* zugesprochen wird:

> „Wenn wir sagen ‚der Gedanke ist wahr', scheinen wir die Wahrheit als Eigenschaft dem Gedanken beizulegen. Wir hätten dann den Fall der Subsumtion. Der Gedanke würde als Gegenstand dem Begriffe des Wahren subsumiert. Hier täuscht uns aber die Sprache. Wir haben nicht das Verhältnis des Gegenstandes zur Eigenschaft, sondern das des Sinnes eines Zeichens zu seiner Bedeutung. Im Grunde besagt ja auch der Satz ‚Es ist wahr, dass 2 eine Primzahl ist' nicht mehr als der Satz ‚2 ist eine Primzahl'."[37]

Auch die hier von Frege vertretene und später von Wittgenstein so prominent gemachte *Redundanzthese* – der zufolge das Wahrheitsprädikat dem Sinn eines Satzes nichts hinzufügt – passt sich sehr gut ein, wenn man als Kern der Ausführungen Freges zum Verhältnis von Wahrheit und Urteil die These bestimmt, dass, sollte man den Wahrheitsbegriff vom Akt des Urteilens zu trennen versuchen, der Wahrheitsbegriff als ein vollkommen „inhaltsleerer"[38] Begriff zurückbleibt – inhaltsleer in dem Sinn, dass er keinerlei bestimmende Funktion hinsichtlich beurteilbarer Inhalte mehr leisten kann: Die Bestimmung des Wahrheitswerts eines Inhalts wird voll und ganz im unentbehrlichen weil grundlegen-

---

[35] Frege (1967, S. 344).

[36] Es ist dennoch wichtig, zu sehen, dass Frege sich insbesondere gegen eine Korrespondenztheorie wendet, denn wie oben gesehen ist die algebraische Bedeutungstheorie eng mit einer korrespondenztheoretischen verwandt.

[37] Frege (1967, S. 211). Im vorletzten Satz bezieht Frege sich darauf, dass wir es hier anstatt mit einer Prädikation mit dem Bezug eines Gedankens (der der Sinn eines Satzes ist) zu einem Wahrheitswert (der dessen Bedeutung ist) zu tun haben.

[38] Frege (1969, S. 272).

den Akt des Urteilens geleistet. Es kann demnach keine Konzeption des Wahrheitsbegriffs geben, die von dessen Verbindung zum Urteilsbegriff abstrahiert. Als eine solche Konzeption aber bestimmt Frege diejenige, die Wahrheit als Eigenschaft versteht.

Wenn Frege aber somit seine Ausführungen zum Wahrheitsbegriff ganz explizit als Absage an ein Wahrheits*prädikat* verstanden wissen will, dann ist diese Absage also als an genau den Begriff gerichtet zu verstehen, der im Mittelpunkt der oben dargestellten und für die algebraische Tradition zentralen *metatheoretischen* Untersuchungen steht. Denn diese beschäftigen sich zu einem Gutteil damit, anhand einer Analyse verschiedener Wahrheitsprädikate das Verhältnis von Sätzen und jeweils Bezeichnetem zu untersuchen – was in der Terminologie Freges nichts anderes heißt, als dass in einer derartigen Analyse das Verhältnis eines beurteilbaren Inhalts zu seiner Wahrheit bzw. Falschheit selbst zum Gegenstand einer Theorie werden muss. Wenn aber Frege zufolge Wahrheit nicht im Sinn einer Eigenschaft verstanden werden kann, muss als Ergebnis der Untersuchungen zu seinem Wahrheitsbegriff herausgestellt werden, *dass es für ihn überhaupt keine ‚metatheoretische Perspektive' im Sinn der algebraischen Bedeutungstheorie geben kann*, denn ein Wahrheitsprädikat stellt eine zentrale Anforderung in der Genese einer derartigen Perspektive dar.

Neben der Eigenschaft, ein Alleinstellungsmerkmal von Freges Logikkonzeption darzustellen, besitzen seine Ausführungen zur Undefinierbarkeit des Wahrheitsbegriffs aber noch eine weitere Besonderheit, auf die oben bereits hingewiesen wurde. Sie lassen nämlich den Objektivismus seines Wahrheitsverständnisses in einem besonderen Licht erscheinen: Frege zufolge können wir uns keine Rechenschaft darüber ablegen, ob unser Wahrheitsbegriff *korrekt* ist, denn hierzu müsste man ein Maß der Angemessenheit spezifizieren können, das selbst unabhängig vom Wahrheitsbegriff gegeben ist. Dieses Maß soll im Rahmen der algebraischen Theorie wie oben dargestellt eine intuitiv zugängliche und vorsprachliche Ontologie bereitstellen. Dass auch eine solche Ontologie in Freges Theorie keinen Platz hat, soll im nächsten Kapitel herausgearbeitet werden, an dieser Stelle aber kann bereits festgestellt werden, dass eine Rechtfertigung unseres Wahrheitsbegriffs für Frege ohnehin nicht möglich gewesen wäre, denn auch sie müsste für ihn die Form eines *Urteils* besitzen und damit den Wahrheitsbegriff voraussetzen. Die Objektivität seiner Wahrheitskonzeption ist somit allein relativ zur logischen Basis unserer rationalen urteilenden Praktiken zu verstehen, eine Begründung dieser an einem objektiven Maßstab ist Frege zufolge ausgeschlossen. Dass wir Frege zufolge außerstande sind, unseren Wahrheitsbegriff auf seine Angemessenheit hin zu befragen, wird am deutlichsten vielleicht in der folgenden Aussage: „Wahrheit ist kein Bestandtheil des Gedankens."[39]

Für Frege hängen somit zwar der Wahrheitsbegriff und die Logik darin elementar zusammen, dass die Logik in den allgemeingültigsten Sätze verfasst ist und er sie somit als auf der Suche nach den grundlegenden Gesetzen der Wahr-

[39] Brief Freges an Russell vom 13.11.1904, in Frege (1976, S. 245).

heit beschreiben kann, er hält aber gleichzeitig jede metatheoretische Klärung, ob ein bestimmter Wahrheitsbegriff der für unsere Belange angemessene ist, für ausgeschlossen.

Welche dramatischen Auswirkungen allerdings die Ermangelung eines Wahrheitsprädikats für Freges Logikkonzeption besitzt, kann sehr genau erkennbar gemacht werden, wenn man zu verstehen sucht, welche Antworten in seiner Logikkonzeption auf die Art von Fragen angelegt sind, deren Beantwortung der zeitgenössischen Logikkonzeption zufolge wesentlich mit der Bezugnahme auf ein Wahrheitsprädikat verbunden ist. Eine solche Frage und das, was von ihr in der Logikkonzeption Freges übrig bleibt, soll im folgenden § anhand des Vollständigkeitsproblems vor Augen geführt werden.

§ III. Logik ohne Metalogik

Sowohl der Inhalt der Frage nach der Vollständigkeit eines logischen Systems als auch deren Wichtigkeit für viele moderne Logikkonzeptionen kann folgender Aussage Kurt Gödels entnommen werden:

> „Whitehead und Russell haben bekanntlich die Logik und Mathematik so aufgebaut, dass sie gewisse evidente Sätze als Axiome an die Spitze stellten und aus diesen nach einigen genau formulierten Schlussprinzipien auf rein formalem Weg (...) die Sätze der Logik und Mathematik deduzierten. Bei einem solchen Vorgehen erhebt sich natürlich sofort die Frage, ob das an die Spitze gestellte System von Axiomen und Schlussprinzipien vollständig ist, d.h. wirklich dazu ausreicht, *jeden* logisch-mathematischen Satz zu deduzieren.“[40]

Wenn man beachtet, dass die derzeit gängige Antwort auf Fragen die Vollständigkeit bestimmter Kalküle betreffend wesentlich auf *meta*logische Verfahren angewiesen ist und dagegen den Ausschluss einer solchen Metaperspektive in der Philosophie Freges ernst nimmt, erscheint es als durchaus plausibel, dass der Begriff der Vollständigkeit einen guten Ansatzpunkt bietet, um die Differenz beider Herangehensweisen zu erhellen.

Obwohl eine solche Herangehensweise nicht ganz zu unrecht den Anschein eines Anachronismus erwecken mag, so soll im Folgenden doch gezeigt werden, dass anhand ihrer Licht auf die Logikkonzeption Freges geworfen werden kann, zumindest solange man die Probleme, die sich aus der historischen Verzerrung ergeben, beständig mit im Blick behält.

Würde man den Gödelschen Vollständigkeitsbeweis in einer formalisierten (Meta-)Theorie durchführen, hätte er folgende Gestalt: Das semantische Schlussfolgern, in dem die metatheoretische Bestimmung der logischen Konstanten zum Ausdruck kommen soll, führt zur mengentheoretischen Definition eines Modells, in dem der deduktive Abschluss der Menge der logischen Axiome unter den angenommenen Schlussregeln (durch Identifizierung von wahren Sätzen mit Elementen der Menge) verankert wird und der Vollständigkeitssatz

---

[40] Gödel (1930, S. 349).

zeigt, dass die definierte Menge rekursiv aufzählbar ist, was wiederum heißt, dass man effektiv (einen Kalkül angeben kann, mit dessen Mitteln man) zu jeder semantischen Folgerung einen Beweis finden kann.

Es ist nicht nötig, den Beweis an dieser Stelle detaillierter zu analysieren, denn bereits auf der Grundlage des bislang Ausgeführten können die Probleme für seine Ausführbarkeit innerhalb von Freges Logikkonzeption aufgezeigt werden. Der Beweis zeigt wie gesagt formal betrachtet nichts anderes, als dass eine bestimmte Menge rekursiv aufzählbar ist. Dieser Aspekt des Beweises würde sicherlich auch in Freges Konzeption keine Probleme verursachen, aber das erst im Rahmen der Metatheorie erreichbare Verstehen, dass in der definierten Menge ein intuitiver (bzw. semantischer) Wahrheitsbegriff zum Ausdruck kommt, ist ohne Zuhilfenahme eines Wahrheitsprädikats ausgeschlossen und ein solches Prädikat wurde von Frege explizit abgelehnt. Die Ermangelung eines Wahrheitsprädikats ist hier aber allein ein Indiz für eine weiter reichende Schwierigkeit, denn das Problematische an dem Übergang in die Metatheorie hinsichtlich Freges Logikkonzeption hängt nicht allein von der Möglichkeit eines Wahrheitsprädikats ab, sondern besteht zudem darin, dass wir die Kopplung von mengentheoretischem Objekt und Wahrheitskonzept auf eine Weise sollen bestimmen können, in der diese Kopplung *Gegenstand einer formalisierbaren Argumentation werden kann*, die aber gleichwohl (um keinen Zirkelschluss zu begehen) die logischen Regeln des untersuchten Kalküls nicht voraussetzen darf. Für Frege aber hängen die in der *bs* niedergelegten logischen Regeln, weil sie für *jedes* Schlussfolgern zentrale Momente zum Ausdruck bringen, direkt mit den Kriterien zusammen, aufgrund derer wir überhaupt etwas als Beweis anerkennen. Man könnte die auftretende Schwierigkeit auch so formulieren, dass es innerhalb von Freges Konzeption unmöglich ist, zu einer Position zu gelangen, in der man die Gültigkeit der logischen Gesetze der *bs* nicht voraussetzen muss, aber gleichwohl den Anspruch erheben darf, *logisch* zu argumentieren.

Dass somit der Vollständigkeitsbeweis in dem vorgestellten Rahmen in seiner kanonischen Deutung streng genommen undurchführbar ist, hat Jean van Heijenoort zu folgender Interpretation der logischen Sprache Freges geführt: Weil für Frege jeder Beweis einer Entsprechung der logischen Regeln der *bs* hinsichtlich unabhängig gegebener logischer Grundsätze ausgeschlossen ist, spricht er davon, dass die Zeichenregeln der *bs keinerlei intuitive Logik*[41] aufweisen. Dieser Kommentar ist jedoch zumindest darin irreführend, dass doch wohl auch ein *Nachweis*, dass die Regeln der *bs* keine intuitive Logik aufweisen, allein mit metalogischen Mitteln möglich wäre. Eine hinsichtlich des bisher über Freges Logikkonzeption Ausgeführten weitaus weniger missverständliche Schlussfolgerung besteht in der Auskunft, dass wir über ein solches Verhältnis *gar nichts* sagen können: weder, dass es besteht, noch, dass es nicht besteht.

Wenn der Vollständigkeitssatz vor dem dargestellten Hintergrund nicht in der gängigen Weise verstanden werden kann, dann hängt dies vor allem damit

[41] Vgl. Van Heijenoort (1967, S. 326).

zusammen, wie die in Gödels Zitat als ‚natürlich' bezeichnete Frage, ob die logischen Regeln, die uns zur Verfügung stehen, auch tatsächlich alle benötigten logischen Regeln darstellen, im Beweis beantwortet wird: nämlich hinsichtlich eines nicht an die jeweils zu untersuchende logische Sprache gebundenen, aber gleichwohl als *logisch* bewerteten Kriteriums. Die in der von Gödel gegebenen Antwort zum Tragen kommende Methode, die paradigmatisch für die Beantwortung der Frage nach der Vollständigkeit spezifischer Kalküle geworden ist, kann also unseren Ausführungen zufolge im Rahmen der Theorie Freges nicht in der Lage sein, der Frage einen Sinn zu geben, ob wir im Besitz aller logischen Regeln sind, um sämtliche der von uns intuitiv (bzw. semantisch) als gültig anerkannten Schlüsse mit ihnen zum Ausdruck zu bringen. Dies hat zur Folge, dass wir uns niemals Rechenschaft darüber ablegen können, ob unsere Logik (mithin nicht nur deren Axiome, sondern sogar ihr Vokabular) auf ihrem jetzigen Stand in einem starken Sinn ausreichend ist, dass wir also in der Tat *alle* Gesetze, welche die spezifische Form logischer Gesetze besitzen, auch gefunden haben. Stattdessen kann für Frege eine Absicherung, dass wir tatsächlich alle logischen Regeln gefunden haben, ausschließlich in einer *heuristischen* Verfahrensweise bestehen: Indem wir immer mehr Sätze mit Hilfe unserer logischen Sprache beweisen. Die zentrale Schlussfolgerung dieser Überlegungen in Bezug auf Freges Logikkonzeption kann man dann derart bestimmen, dass ihm zufolge das einzig mögliche Gütekriterium der Logik logik*intern* ist, es besteht darin, dass sich deren Sätze innerhalb von immer mehr inferentiellen Abläufen stetig aufs neue bewähren. [42]

Diese sehr spezielle und in der Ermangelung einer Metaperspektive begründete Sichtweise auf Vollständigkeitsprobleme lässt im Besonderen zwei wichtige Punkte der bisherigen Ausführungen in einem neuen Licht erscheinen: Erstens stellt sich die oben beschriebene Undenkbarkeit der Negationen logischer Regeln auf eine besondere Weise dar, denn wir können uns dem eben Ausgeführten zufolge dieser Undenkbarkeit niemals *prinzipiell* sicher sein, sondern allein sagen, dass die Negationen logischer Sätze für uns *bislang* keinerlei Sinnkriterien besitzen. Zweitens erscheint auch die ‚Universalität' der *bs* vor dem ausgeführten Hintergrund unter anderen Vorzeichen: Wir können sehr wohl neue logische Gesetze auffinden oder bezüglich tradierter erkennen, dass sie fälschlich als logisch bezeichnet wurden; was wir Frege zufolge nicht können, besteht aufgrund seiner dargestellten Logikauffassung einzig darin, in solchen spezifischen Ausgestaltungen der *bs* verschiedene Kalküle zu sehen, die *gleichzeitig* den Anspruch erheben können, *logische* Kalküle zu sein.

---

[42] An dieser Stelle erscheint eine Einschränkung erforderlich, um die Ausführungen vor dem Vorwurf eines Anachronismus in Schutz nehmen zu können: Diese Überlegungen können nur zeigen, *wie* sich das Vollständigkeitsproblem in einem universalistischen Rahmen darstellen würde, nicht aber, *dass* Frege es überhaupt als zu lösendes Problem aufgefasst hat. Denn die Ausführungen dieses § können und sollen auch so verstanden werden, dass in einem universalistischen Rahmen das Vollständigkeitsproblem niemals die zentrale Rolle spielen könnte, die es zweifelsohne bezüglich zeitgenössischer Logikkonzeptionen inne hat.

Dieses Kapitel abschließend soll jetzt noch ein Zweifel behoben werden, der Kennern der Schriften Freges unter Umständen in ihrer Lektüre der bisherigen Ausführungen unter den Nägeln brannte: Ist es nicht bereits dadurch schlicht und einfach klar, dass Frege eine metatheoretische Perspektive bezüglich der *bs* einnimmt, dass er beständig im Rahmen der natürlichen Sprache über seine Symbolsprache spricht, um deren Konstruktionen zu erläutern? Anhand seiner Konzeption des Verhältnisses formaler und natürlicher Sprachen soll jetzt die Vorstellung von Freges Logikverständnis zum Abschluss gebracht werden.

§ IV. Erläuterung und natürliche Sprache

Selbstverständlich wäre es aberwitzig leugnen zu wollen, dass Frege zumindest in dem minimalen Sinn Bezug auf eine Metatheorie nimmt, dass er beständig im Medium der natürlichen über seine logische Sprache Aussagen macht. Das demnach stärkere Verständnis von ‚Metatheorie', bezüglich dessen hier die These vertreten wird, dass Frege *keine* Metatheorie seiner Logik besitzt, ist wie folgt zu verstehen: Frege formuliert keine Metatheorie im Sinne einer zwar meist informell gehandhabten aber *prinzipiell formalisierbaren* Theorie, in der die Angemessenheit der *bs* gegenüber unabhängig von ihr gegebenen logischen Prinzipien *bewiesen* werden könnte.

Die Konzeption der bs ohne substantielle Metatheorie

Da bereits die Ausführungen der letzten beiden §§ rückblickend als Argumentationen für die fragliche These gewertet werden müssen, soll hier allein ein weiterer Beleg für sie aufgezeigt werden, und zwar die zu Beginn des zweiten Teils der *BS* zu findende Aussage, dass die Grundsätze des Denkens, aufgrund derer im ersten Teil die Grundbausteine des logischen Symbolismus eingeführt wurden, mit den Mitteln der *bs* prinzipiell nicht ausdrückbar sind:

> „Einige Grundsätze des Denkens sind schon im ersten Abschnitte herangezogen worden, um in Regeln für die Anwendung unserer Zeichen verwandelt zu werden. Diese Regeln und die Gesetze, deren Abbilder sie sind, können in der Begriffsschrift deshalb nicht ausgedrückt werden, weil sie ihr zugrunde liegen."[43]

Da die *bs* aber wie bemerkt einen universellen Rahmen bereitstellen soll, in dem jede wissenschaftliche Wahrheit darstellbar ist, folgt aus diesem Zitat, dass die erwähnten Grundsätze des Denkens einer wissenschaftlichen Behandlung *überhaupt nicht* zugängig sind und auch, dass ein *Beweis* der Angemessenheit der symbolischen Regeln hinsichtlich dieser Grundsätze als ausgeschlossen gelten muss. Dass für die These, der zufolge Frege keine substantielle Metatheorie besitzt, an dieser Stelle nicht noch eingehender argumentiert werden soll, hängt mit der Tatsache zusammen, dass selbst bei Anerkennung ihrer Wahrheit für das in diesem § zur Debatte stehende Problem allein eine negative Schlussfolgerung gezogen werden könnte: Wir wissen dann zwar, was Frege mit seinen natürlich-

---

[43] Frege (1964, S. 25).

sprachlichen Kommentaren *nicht* erreichen will, besitzen aber nach wie vor keine konkrete Vorstellung von deren intendierter Funktion.

Dass jedoch deren Funktion im Rahmen der fregeschen Logikkonzeption tatsächlich ein Problem darstellt und daher genau zu untersuchen ist, wird deutlich anhand des Metatheorems, das die Umkehrung des oben thematisierten Vollständigkeitssatzes darstellt. Dieser so genannte *Korrektheitssatz* besagt, dass jedem Beweis auch eine intuitiv-semantische Folgerung entspricht. Aber mit dem Korrektheitsbeweis hängt der gängigen Interpretation zufolge auch die *Erklärung* der undefinierten Begriffe direkt zusammen. Die These über die Ermangelung einer substantiellen Metatheorie aber impliziert, dass die natürlichsprachlichen Erläuterungen, die Frege den undefinierbaren logischen Grundbausteinen seines Systems widmet, nicht im Sinne eines metatheoretischen Beweises ihrer Korrektheit gemeint sein können. Beraubt sich Frege dann nicht aber mit seinem Verzicht auf eine substantielle Metatheorie der Möglichkeit, diese Grundbausteine überhaupt *erklären* zu können?

Betrachten wir also einmal einen der Teile der *BS*, an denen man Korrektheitsbeweise erwarten könnte: Freges Einführung des Modus Ponens im § 6. An dieser Stelle fällt sofort die Tatsache ins Auge, dass sich *überhaupt keine* explizite Einführung der zulässigen Schlussregel (und nicht einmal eine Erwähnung ihres wahrheitserhaltenden Charakters) findet. Stattdessen weist Frege zu Beginn des § 6 allein darauf hin, dass die Gültigkeit der Regel aus der im vorherigen § gegebenen Erklärung der *Bedingtheit* folgt. Die so von Frege hergestellte Verbindung weist darauf hin, dass er die Erkenntnis der Gültigkeit der Regel eng mit einem korrekten Verstehen der intendierten Interpretation der einfachen Bestandteile des Symbolismus verbindet. Den natürlichsprachlichen Erklärungen aber, die er den undefinierten Bestandteilen der *bs* widmet, misst er spätestens seit seiner Kontroverse mit Hilbert eine besondere Bewandtnis bei. Diese von ihm selbst sehr genau thematisierten Passagen bezeichnet er als *Erläuterungen*, die immer dort einspringen müssen, wo eine Definition mit den Mitteln der logischen Sprache selbst nicht mehr möglich ist, man also auf logisch nicht Auflösbares stößt.

Freges Begriff der Erläuterung

Eine Analyse von Freges Erläuterungsbegriff soll die erste Aufgabe dieses § bilden, und zwar anhand der drei wesentlichen Charakteristika, die er Erläuterungen zuspricht: Erstens soll der *Zweck* von Erläuterungen dargestellt werden, daraufhin zweitens die *Voraussetzungen*, die zu deren Glücken erfüllt sein müssen, sowie drittens die spezifische *Form* der Erläuterungen. Die ersten beiden Merkmale können anhand des folgenden Zitats verdeutlicht werden:

> „Wir müssen logische Urelemente anerkennen, die nicht definierbar sind. (...) Da bei den Urelementen [Definitionen] nicht möglich sind, muss hier etwas anderes eintreten; ich nenne es Erläuterung. Diese dient also den Zwecken der Verständigung der Forscher untereinander. Man kann sie einer Propädeutik zuweisen. Im System der Wissenschaft hat sie keine Stelle. (...) Der Zweck der Erläuterungen ist ein praktischer, und wenn dieser erreicht ist, muss man mit ihm zufrieden sein.

> Dabei muss auf etwas guten Willen, auf entgegenkommendes Verständnis, auf Erraten gerechnet werden; (...). Da ohne gegenseitiges Verständnis der Forscher ein Zusammenarbeiten an der Wissenschaft nicht möglich ist, muss man das Vertrauen haben, dass ein solches Verständnis durch Erläuterungen erreicht werden kann, obwohl theoretisch das Gegenteil nicht ausgeschlossen ist."[44]

Widmen wir uns zu Beginn dem *Zweck*, der mittels der Erläuterungen erreicht werden kann. Frege kennzeichnet diesen Zweck als praktischen. Meiner Meinung nach passen diese Ausführungen sehr gut auch auf sein Vorgehen zur Einführung der Schlussregel. Der Zweck von deren Erläuterung besteht darin, dass verschiedene Sprecher die gleichen Inferenzen als valide Schlüsse anerkennen. Das ist zwar sicher auch das Ziel eines metatheoretischen Korrektheitsbeweises, aber eine wichtige Differenz dürfte dennoch auf der Hand liegen: Im Gegensatz zum Ziel des Beweises ist das der Erläuterung für Frege gerade kein *theoretisches*, es besteht nicht in einem Urteil, z.B. dem der Korrektheit der Regeln. Vielmehr erschöpft sich ihre Rolle in Koordination und Abstimmung von Sprachhandlungen verschiedener Personen.

Um die Differenz zu den oben beschriebenen Thesen der algebraischen Tradition zu betonen, mag der Hinweis hilfreich sein, dass hier die maximal erreichbare Übereinstimmung keineswegs als *sprachtranszendente* Übereinstimmung dahingehend bestimmt wird, dass hinsichtlich der ,tatsächlich' innerhalb eines Gegenstandsgebiets bestehenden Sachverhalte unabhängig von deren spezieller sprachlicher Formulierung eine Übereinstimmung in Bezug auf gültige Schlüsse erzielt wird. Wenn stattdessen das praktische Ziel erreicht ist, dass verschiedene Sprecher abgeleitete Schlüsse als gültig anerkennen, dann stellt es sich anhand der Aussagen Freges so dar, als wäre dieses Resultat nicht mehr ausbaufähig. Die weitere Frage also, *warum* sie diese abgeleiteten Schlüsse als gültig anerkennen, scheint sich für Frege nicht zu stellen. Warum sich diese Frage nicht stellt, wird deutlich, wenn Frege weiter ausführt, dass das Gegenteil einer Übereinstimmung, also das Nichtverstehen verschiedener Sprecher, *theoretisch* niemals auszuschließen ist. Um dies theoretisch, also in Form eines Urteils, ausschließen zu können, müsste nachgewiesen werden, dass verschiedene Sprecher bestimmte Aussagen mit den gleichen Bedeutungen versehen. Eine solche Beurteilung ist aber für die logischen Konstanten nicht möglich, weil deren intendierte Bedeutungen sich Frege zufolge jeder wissenschaftlichen Behandlung entziehen. Die Übereinstimmung verschiedener Sprecher kann also nie selbst zum Mittelpunkt eines Urteils werden (und ein solches Urteil scheint Frege zufolge erforderlich, um zu begründen, warum abgeleitete Schlüsse auch als gültig anerkannt werden).

Auch hinsichtlich der zweitens zu bestimmenden *Gelingensbedingungen* von Erläuterungen ist es wichtig zu bemerken, dass in dem angegebenen Zitat nirgends auf eine *vorsprachliche* logische Intuition rekurriert wird, an der ihr Gelingen bemessen werden könnte. Wenn Frege stattdessen davon spricht, dass unter

---

[44] Frege (1967, S. 288).

anderem auf ‚entgegenkommendes Verständnis' verschiedener Forscher gebaut werden muss, scheint dies eher nahezulegen, dass für ihn an dieser Stelle das Medium einer von ihnen geteilten natürlichen Sprache eine elementare Voraussetzung dafür bildet, dass verschiedene Sprecher durch Erläuterungen eine Übereinstimmung hinsichtlich ihres Verständnisses der logischen Grundbausteine einer symbolischen Sprache erreichen können. Dies wird in folgender Aussage ganz deutlich: „Wenn wir die Wissenschaft beginnen, können wir nicht vermeiden, die Wörter unserer Sprache zu benutzen."[45] Tatsächlich ist also ein geteilter begrifflicher Fundus eine wesentliche Voraussetzung dafür, dass verschiedene Sprecher vermittels Erläuterungen zu einer Übereinstimmung hinsichtlich der Bedeutung logischer Grundbegriffe kommen können. Diese Überzeugung kommt auch in folgender Aussage Thomas Ricketts zum Ausdruck: „So, Frege adopts as his starting point our common understanding of language."[46] Folgende Formulierung aus Freges Auseinandersetzung mit Benno Kerry in dem Aufsatz ‚Begriff und Gegenstand' kann als weiterer Beleg für diese Einschätzung dienen:

> „Kerry meint nun zwar, dass man auf sprachliche Unterscheidungen keine logischen Festsetzungen gründen könne; aber in der Weise, wie ich es tue, kann es überhaupt niemand vermeiden, der solche Festsetzungen macht, weil wir uns ohne die Sprache nicht verständigen können und daher doch zuletzt immer auf das Vertrauen angewiesen sind, der andere verstehe die Worte, die Formen und die Satzbildungen im wesentlichen so wie wir selbst. Wie schon gesagt: ich wollte nicht definieren, sondern nur Winke geben, indem ich mich dabei auf das allgemeine deutsche Sprachgefühl verließ."[47]

In dem zitierten Aufsatz, in dem Frege sich besonders intensiv mit der Funktion der Erläuterungen auseinandersetzt, wird nun auch die letzte der drei zu bestimmenden Eigenschaften von Freges Erläuterungsverständnis offenkundig, deren spezielle *Form*.

Wie im Fall der Schlussregeln geht es ihm auch in diesem Text um die Möglichkeit einer Einführung von *logisch Undefinierbarem*, in diesem Fall um die Kategorien ‚Gegenstand' und ‚Begriff'. Beide besitzen auf der einen Seite kein begriffliches Äquivalent innerhalb der *bs*, ihr Verständnis ist aber dennoch essentiell, um deren Funktionsweise adäquat nachvollziehen zu können. Frege weist jedoch darauf hin, dass natürlichsprachliche Erläuterungen dieser Begriffe *nicht ohne weiteres* als ihre Erklärungen verstanden werden können. Besonders deutlich wird das von Frege avisierte Problem an einem Satz wie ‚*x* ist ein Begriff'. Denn ihm zufolge ist diese Aussage für alle Substitutionen, für die sie überhaupt eine wohlgeformte Aussage darstellt, trivial falsch, denn die logisch-syntaktische Struktur des Satzes verlangt einen *Gegenstands*namen als Ersatz für die Variable. Frege selbst allerdings verfährt in vielen seiner Erläuterungen so, dass er dennoch Begriffe mittels singulärer Terme bezeichnet. Diese Erläuterungen erwei-

[45] Frege (1967e, S. 224).
[46] Ricketts (1986, S. 173).
[47] Frege (1967a, S. 169f.).

sen sich damit aber als streng genommen unhaltbar: „Ich will nicht sagen, es sei falsch, das von einem Gegenstande auszusagen, was hier von einem Begriff ausgesagt wird; sondern ich will sagen, es sei unmöglich, es sei sinnlos."[48] Frege folgert demnach, dass Erläuterungen oftmals die von der Logik geforderten Bedingungen an einen sinnvollen Satz nicht erfüllen können, aber im gleichen Atemzug betont er ihre Notwendigkeit, denn sie scheinen ihm der einzige Weg zu sein, um Zugang zum Verstehen der *bs* finden zu können. Trotz ihrer Sinnlosigkeit sollen sie also in der Lage sein, dem Leser eine Einsicht zu vermitteln, aber allein dann, wenn er sie nicht *wörtlich* zu verstehen versucht, sondern als Wink zu betrachten gewillt ist, das mittels ihrer Intendierte trotz einer „unvermeidlichen sprachlichen Härte"[49] zu verstehen: „Ich bin mir völlig bewusst, in solchen Fällen auf ein wohlwollendes Entgegenkommen des Lesers angewiesen zu sein, welcher mit einem Körnchen Salz nicht spart."[50]

Fassen wir die drei hier als wesentlich herausgestellten Merkmale von Erläuterungen noch einmal zusammen, so ergibt sich, dass sie für Frege erstens im Medium der natürlichen Sprache abgefasst sind und daher die Kenntnis der verwendeten Ausdrücke bei allen teilnehmenden Sprechern voraussetzen. Sie lösen ihr Ziel zweitens bereits dann vollständig ein, wenn die sprachlichen Akteure identische inferentielle Handlungen als korrekt akzeptieren. Zudem kann eine sprachliche Äußerung den Zweck einer Erläuterung drittens herbeiführen, auch wenn sie nicht den gestrengen Anforderungen der Logik an sinnvolle Äußerungen genügt.

Zum Verhältnis von Umgangs- und formaler Sprache

Dieses Kapitel abschließend sollen noch zwei zentrale Konsequenzen für das Verhältnis von *bs* und natürlicher Sprache herausgestellt werden, die sich direkt aus den Überlegungen zum Erläuterungsbegriff ergeben. Zum ersten ist auf das bestehende Abhängigkeitsverhältnis zwischen beiden hinzuweisen: Frege zufolge lernen wir eine logische Sprache immer vor dem Hintergrund und im Ausgang von einer natürlichen. Es wäre daher falsch, davon auszugehen, dass die *bs* für Frege eine ganz eigene und unabhängige Sprache darstellt, vielmehr ist sie eingebettet in die Praktiken unserer alltäglichen sprachlichen Umgangsformen. Man kann dies auch so verstehen, dass sie eine Erweiterung und Verfeinerung der Umgangssprache darstellt, in der allein bestimmte unserer sprachlichen Ziele in den Mittelpunkt gerückt werden und die mit ihnen zusammenhängenden Vorgänge daher weitaus genauer zur Darstellung kommen können. Frege selbst stellt dieses Verhältnis mit einer an Leibniz gemahnenden Metapher wie folgt dar: „Das Verhältnis meiner Begriffsschrift zur Sprache des Lebens glaube ich am deutlichsten machen zu können, wenn ich es mit dem des Mikroskops zum Auge vergleiche."[51] Die *bs* entsteht aus dem Verlangen, unseren inferentiellen Prakti-

---

[48] Ebd. S. 174.
[49] Ebd. S. 170.
[50] Ebd. S. 177.
[51] Frege (1964, S. XI).

ken ein Medium zu geben, in dem sie möglichst unabhängig von anderen sprachlichen Elementen zur Ausführung gebracht werden können.

Die *bs* ist somit keine Erfindung *ex nihilo*, sondern sie wird erlernbar und bekommt einen Zweck allein vor dem Hintergrund unserer natürlichen Sprache. Sie wird nicht erfunden, um etwas bisher nicht Aussprechbares in Worte fassen zu können, sondern Frege zufolge hilft sie uns allein, das deutlicher auszudrücken, was wir immer schon gedacht haben:

> „Der natürliche Weg, auf dem man zu einer Symbolik gelangt, scheint mir der zu sein, dass man bei einer in Worten geführten Untersuchung das Breite und Unübersichtliche und Ungenaue der Wortsprache als hinderlich empfindet und, um dem abzuhelfen, eine Zeichensprache schafft, in der die Untersuchung übersichtlicher und genauer geführt werden kann. Also: erst das Bedürfnis, dann die Befriedigung. Dagegen erst eine Symbolik zu schaffen und dann Anwendungen für sie zu suchen, möchte weniger förderlich sein. Vielleicht ist die Boole-Schröder-Peanosche Symbolik diesen Weg gegangen."[52]

Ein wichtiges Element der zweiten herauszustellenden Konsequenz besteht darin, dass sie ein folgenschweres Missverständnis der ersten Konsequenz verhindern kann. Trotz des dargestellten engen Bezugs von Freges symbolischer Logik zur natürlichen Sprache ist es nämlich für ein adäquates Verständnis der Logikkonzeption Freges zentral, dass der natürlichen Sprache eine bestimmte Funktion *gerade nicht* zukommt: Sie bildet für Frege in keiner Weise einen Maßstab, mittels dessen wir die Angemessenheit einer symbolischen Logik rechtfertigen können. Die Vielzahl von Aussagen Freges, in denen er die undeutliche und oft missverständliche Form bemerkt, in der die logischen Relationen in den Alltagssprachen angelegt wären, legt beredtes Zeugnis davon ab, dass die logischen Züge der natürlichen Sprachen kein Ideal zur Evaluation eines logischen Systems an die Hand geben können, das auch nur im Entferntesten wissenschaftlichen Anforderungen genügt. Die bereits angeführte Tatsache, dass sich Frege zufolge mittels der *bs jede* wissenschaftliche Wahrheit ausdrücken lassen soll, weist in diesem Zusammenhang darauf hin, dass nicht nur die natürlichsprachliche ‚Logik' kein solches Kriterium an die Hand zu geben vermag, sondern dass für Frege tatsächlich überhaupt kein von der *bs* unabhängiger *wissenschaftlicher* Maßstab formulierbar ist, an dem die Korrektheit ihrer Regeln überprüfbar ist. Wie aber mit Fragen umzugehen sei, für die kein solcher Maßstab existiert, macht Frege in einem Brief an Edmund Husserl unmissverständlich deutlich: „Ich finde aber, dass eine Frage, für deren Beantwortung es kein objektives Kriterium gibt, überhaupt in der Wissenschaft keine Stelle hat."[53] Wenn Frege mit dieser Charakterisierung eine Grenze des mit wissenschaftlichen Methoden Überprüfbaren markiert, dann ist diese Grenze *nicht* so zu verstehen, dass hier nur die Möglichkeit der Beantwortung der Frage nach der Angemessenheit der *bs* an einen objektiven Maßstab ausgeschlossen wird, *sondern bereits die Frage wird aus*

---

[52] Brief Freges an Hilbert vom 01.10.1895, in Frege (1976, S. 59).

[53] Brief Freges an Husserl vom 30.10-01.11.1906, in ebd. S. 105.

dem Gebiet der Wissenschaft ausgeschlossen. Dieser Ausschluss aber muss ernst genommen werden, um ein angemessenes Verständnis von Freges Deutung der *bs* zu erreichen.

Dieser Ausschluss liegt darin begründet, dass wir Frege zufolge nicht in der Lage sind, der Frage nach der Angemessenheit überhaupt angemessene Sinnkriterien zu verleihen, ohne just die Voraussetzungen zu machen, die wir ebenfalls der symbolischen Logik zugrunde gelegt haben. Eine Konsequenz dieser Interpretation besteht darin, dass diese Ausführungen über die Grenzen der *bs* nicht als *negatives* Resultat in dem Sinn aufgefasst werden sollten, dass wir in diesem Fall überhaupt nach Beweisen suchen könnten, die wir aber prinzipiell nicht finden können, sondern es besteht in Freges Logikkonzeption kein Platz, der von derartigen Beweisen ausgefüllt werden könnte – dies zeigt sich auch daran, dass es vor dem dargestellten Hintergrund nicht allein unmöglich ist, die Angemessenheit der Symbolik zu beweisen, sondern auch, ihre Unangemessenheit zu beweisen. Die Tatsache, dass sich die Grundlagen der logischen Gesetze der *bs* für Frege einer wissenschaftlichen Behandlung entziehen, ist gerade *nicht* als Mangel an einem bislang noch fehlenden Beweis zu verstehen.

Freges Vorgehen legt zudem an keiner Stelle die Interpretation nahe, dass diese Grundlagen trotz ihrer wissenschaftlichen Unerreichbarkeit eine gewichtige Rolle hinsichtlich der Übereinstimmung verschiedener Sprecher der logischen Sprache spielen. Der Hinweis darauf, dass sich diese Grundlagen jeder wissenschaftlichen Bezugnahme entziehen, führt uns dann endlich zu einer deutlichen Formulierung der angekündigten zweiten Konsequenz unserer Ausführungen zum Erläuterungsbegriff: Dieser Hinweis nämlich ist als Versuch zu verstehen, der *bs* eine gewisse *Selbständigkeit* oder *Unabhängigkeit* zuzusprechen, und zwar in dem Sinn, dass die *bs* trotz der Notwendigkeit, zu ihrer Einführung auf die Umgangssprache zurückgreifen zu müssen, an keiner ihr externen Grundlage zu bemessen ist. Wenn verschiedene Sprecher der *bs* hinsichtlich der Gültigkeit bestimmter Schlüsse übereinstimmen, dann stimmen sie Frege zufolge nicht darin überein, dass diese Schlüsse ihre logischen Intuitionen korrekt wiedergeben (und können diese Übereinstimmung allein nicht angemessen artikulieren), sondern sie stimmen eben schlicht hinsichtlich bestimmter Aussagen der *bs* überein. Die Ungreifbarkeit der Grundlagen der logischen Regeln der *bs* ist als vollständige in dem Sinn zu verstehen, dass Frege in keinem Zusammenhang an sie appelliert, um bei seinen Lesern eine Anerkennung der logischen Struktur der *bs* zu erreichen. Das alleinige Ziel der Erläuterungen Freges stellt somit das *Erlernen* der *bs* dar, sie dürfen nicht als *Rechtfertigungen* der logischen Regeln verstanden werden. Der Begriff der Rechtfertigung ist für Frege so wesentlich mit der Wissenschaft der Logik verbunden, dass wir ohne die logischen Gesetze bereits voraussetzen zu müssen überhaupt keinen hinreichend klaren Begriff von ‚Rechtfertigung' gewinnen können und es somit unmöglich ist, die Logik ohne Zirkelschluss zu begründen.

An den letzten Ausführungen sollte auch zu erkennen sein, warum sich die beiden aufgewiesenen Konsequenzen nicht widersprechen, obwohl doch im einen Fall eine Kontinuität zwischen natürlicher und logischer Sprache und im anderen eine Selbständigkeit des logischen Symbolismus angemahnt wird. Zum besseren Verständnis des Verhältnisses beider Thesen dürfte der Hinweis hilfreich sein, dass jeweils ganz unterschiedliche Aspekte der logischen Sprache im Mittelpunkt stehen: Die Kontinuität mit der natürlichen Sprache gilt es allem voran zu betonen, wenn Möglichkeiten des *Erlernens* der logischen Sprache fokussiert werden, wenn es also um die Einübung eines spezifischen Symbolgebrauchs geht. Die Selbständigkeit der Sprache dagegen gilt es in Bezug auf ihre *Rechtfertigung* herauszuheben, die Korrektheit der in der logischen Sprache zulässigen Folgerungsbeziehungen kann nicht anhand eines unabhängig gegebenen Maßstabs überprüft werden. Das heißt natürlich wiederum nicht, dass wir nicht eine logische Sprache einführen, um mit ihr bestimmte Ziele zu erreichen, nämlich bestimmte Sätze zu beweisen, aber dass wir in der Lage sind, unsere Ziele mit einer solchen Sprache zu erreichen, können wir Frege zufolge nicht prinzipiell sicherstellen, indem wir punktweise die Bedeutungsübereinstimmung bestimmter Ausdrücke der Sprache und derjenigen beweisen, die wesentlich in den Sätzen auftauchen, über deren Ableitbarkeit wir entscheiden wollen, sondern allein durch ein langfristiges Arbeiten mit der Sprache, in dem wir nach und nach Aufschluss über die inferentiellen Möglichkeiten der logischen Sprache erhalten.

An dieser Stelle wird eine der wichtigsten Folgerungen aus den Überlegungen dieses Kapitels noch einmal besonders deutlich: Der einzige in der Philosophie Freges angelegte Maßstab der Angemessenheit der *bs* ist ein *interner* (bzw. ein *praktischer* im oben ausgeführten Sinn): dass verschiedene Benutzer die bewiesenen Schlüsse als gültig anerkennen und dass die logische Sprache sich in immer mehr inferentiellen Routinen bewährt. Die Aufgabe der Logik ist *allein* das Arbeiten in inferentiellen Strukturen, in der Logik werden für Frege einzig bestimmte Sätze aus logisch grundlegenderen bewiesen: „Die Frage nun, warum und mit welchem Recht wir ein logisches Gesetz als wahr anerkennen, kann die Logik nur dadurch beantworten, dass sie es auf andere logische Gesetze zurückführt. Wo das nicht möglich ist, muss sie die Antwort schuldig bleiben.“[54]

Die jetzt so weit wie beabsichtigt vorgestellte Logikkonzeption Freges soll im Folgenden durch den Begriff des *Internalismus* ausgezeichnet werden. Dieser Begriff suggeriert im Gegensatz zu dem des Universalismus nicht die im Kontext der Logikkonzeption Freges unangemessene Idee, dass ein vollständiger Überblick über alles möglich ist, was unseren logischen Gesetzen gehorcht und außerdem wird mit ihm auf die für diese Konzeption als zentral herausgestellte Ermangelung einer substantiellen Metatheorie hingewiesen.

Eine ebenfalls wichtige Schlussfolgerung dieses Kapitels besteht darin, dass die Bedeutungen zumindest einiger Ausdrücke der natürlichen Sprache unbedingt vorausgesetzt werden müssen, um überhaupt die Bedeutungen der logisch undefinierten Ausdrücke einführen zu können. Im folgenden Kapitel soll nun

---

[54] Frege (1966, Bd. I, S. XVII).

gefragt werden, wie Frege den Begriff sprachlicher *Bedeutung* überhaupt verstanden wissen will.

1. Frege versteht logische Sätze als substantiell, weil all ihre Bestandteile vollständig interpretiert sind. Dies hat seinen Grund nicht zuletzt darin, dass er die Logik nicht kategorisch von den beschreibenden Wissenschaften abgrenzen will. Durch die maximale Allgemeinheit, die er den Variablen zuspricht, wird logischen Sätzen aber dennoch zumindest *de facto* ein transzendentaler Status zugesprochen.

2. Die universelle Gültigkeit der logischen Gesetze impliziert, dass es in der Logik Freges keine Metaperspektive geben kann. Dies zeigt sich paradigmatisch daran, dass für Frege der Wahrheitsbegriff undefinierbar ist.

3. Aufgrund der Ermangelung einer Metaperspektive kann die Frage der Angemessenheit der Logik an umgangssprachliche Praktiken des Schlussfolgerns allein *logikintern*, also über eine langfristige Bewährung der logischen Sprache in immer mehr inferentiellen Abläufen, beantwortet werden. Eine Rechtfertigung der logischen Sprache anhand eines externen Maßstabs ist demgegenüber nicht vorgesehen.

4. Die logische Sprache Freges ist unbedingt auf eine natürliche Sprache angewiesen, in der ihre Grundbegriffe erläutert werden können. Sie ist zudem nicht als vollkommen eigenständige Sprache, sondern eher als Erweiterung dieser natürlichen Sprache zu verstehen.

III.III.

Internalismus und Bedeutungsbegriff

Für die im ersten Abschnitt dieser Arbeit dargestellte algebraische Tradition ist die Bestimmung der Bedeutung eines Ausdrucks wesentlich an die Metatheorie gebunden: Die Bedeutungen der Ausdrücke einer Sprache werden dieser dadurch zugeordnet, dass im Rahmen einer stärkeren Sprache bestimmte Entitäten (Objekte, Funktionen, usw.) spezifiziert werden, die dann mit syntaktischen Elementen der Objektsprache korreliert werden.

Sollte stattdessen in Freges Philosophie keine Bezugnahme auf metatheoretische Argumentationen angelegt sein, müsste in ihr dementsprechend ein vollständig andersartiges Verständnis des Bedeutungsbegriffs zum Tragen kommen. Dass dies in der Tat der Fall ist, soll in diesem Kapitel gezeigt werden. Im Besonderen soll herausgestellt werden, dass es derart gewichtige Ähnlichkeiten zwischen Freges Logik- und Bedeutungskonzeption gibt, dass auch letztere als *internalistisch* im oben angegebenen Sinn des Wortes verstanden werden muss.

Im Mittelpunkt der Ausführungen dieses Kapitels wird eine Aussage Freges stehen, deren Wichtigkeit für seine Analyse des Bedeutungsbegriffs von einer ganzen Reihe von Kommentatoren festgestellt wurde.[1] Gemeint ist das so genannte *Kontextprinzip*:

> *KP*: „Nach der Bedeutung der Wörter muss im Satzzusammenhang, nicht in ihrer Vereinzelung gefragt werden."[2]

Frege führt diesen Satz als zweiten von drei zu Beginn der *GlA* hervorgehobenen Grundsätzen ein und macht mehrfach deutlich, dass er ihn zu diesem Zeitpunkt für einen der wesentlichen Grundpfeiler seines Denkens hielt.[3]

Im ersten § dieses Kapitels soll eine Interpretation von *KP* abgewiesen werden, die es als unvereinbar mit bestimmten basalen sprachlichen Fakten erscheinen lässt. Im zweiten § sollen dann wesentliche Auswirkungen von *KP* für den *Gegenstandsbegriff* Freges aufgezeigt werden. In einem abschließenden dritten § bleibt noch anhand einer Abgrenzung seiner Thesen zu denen der algebraischen Tradition zu begründen, warum seine Ausführungen zum Bedeutungsbegriff diesen als einen internalistischen zu erkennen geben.

---

[1] Vgl. z.B. Resnik (1993) sowie Resnik (1993a).

[2] Frege (1988, S. 10).

[3] Vgl. ebd. S. 105.

§ I. Satz und Wort

In diesem § sollen vorab einige Anforderungen an die Interpretation von *KP* aufgestellt werden, deren Erfüllung überhaupt erst verständlich macht, dass das Prinzip nicht bereits mit ganz basalen sprachlichen Fakten im Widerspruch steht. Diese Überlegungen werden hier den weiteren Ausführungen vorangestellt und auch so knapp wie irgendmöglich gehalten, weil uns ihre genauere Analyse aufgrund ihres genuin sprachphilosophischen Charakters allzu weit von den eigentlichen Fragestellungen dieser Arbeit entfernen würde.

Auf den ersten Blick kann es durchaus als naheliegend erscheinen, *KP* zufolge davon auszugehen, dass für Frege einzelne Worte *gar keine* eigenständige Bedeutung besitzen, da ja zumindest nach der Bedeutung eines Wortes in Vereinzelung nicht gefragt werden kann. Dieser Lesart gemäß wäre es dann auch nur konsequent darauf zu schließen, dass auch jede Verbindung von Worten, solange sie noch keinen vollständigen Satz ausmacht, dem Prinzip zufolge ebenfalls als vollkommen bedeutungslose Aneinanderreihung von Zeichen bestimmt werden muss. Diese Überlegung würde in der These münden, dass wir ganze Sätze prinzipiell nicht als aus bereits bedeutsamen Partikeln aufgebaut, sondern primär als *unstrukturierte Einheiten* verstehen, denn jede Anerkennung einer wie auch immer sukzessiven und daher strukturierten Erfassung von Sätzen würde implizieren, dass die erfassten Bestandteile bereits bevor wir den *ganzen* Satz erfasst haben, eine Funktion hinsichtlich dieser Erfassung besitzen.

Diese Konzeption wirft aber derart schwerwiegende Probleme auf, dass sie sich als unhaltbar erweist. Die These, dass wir ganze Sätze prinzipiell nur *en bloc* auffassen, scheint schwer vereinbar zu sein mit derjenigen, dass wir Sätze verstehen können, die wir vorher noch nie gehört haben, besonders weil die Erklärung für letzteren Sachverhalt offenkundig diejenige zu sein scheint, dass es zum Verstehen eines Satzes ausreicht, die Bedeutung der in dem Satz vorkommenden Worte und die Strukturprinzipien zu kennen, aufgrund derer er konstruiert ist. Will man also einen Wahrheitsanspruch für *KP* geltend machen, muss man wohl oder übel die Interpretation des Prinzips zumindest insoweit qualifizieren, dass sie mit der Binsenweisheit in Übereinstimmung zu bringen ist, dass wir aus den gerade genannten Gründen Sätze verstehen können, die wir zum ersten Mal hören. Frege leistete die erforderliche Qualifikation durch den Hinweis, dass die Gesamtheit des Satzes immer bereits als *in sich artikulierte* zu begreifen ist:

> „Statt also das Urteil aus einem Einzeldinge als Subjekt mit einem schon vorher gebildeten Begriff als Prädikat zusammen zu fügen, lassen wir umgekehrt den beurteilbaren Inhalt zerfallen und gewinnen so den Begriff. Allerdings muss der Ausdruck des beurteilbaren Inhalts, um so zerfallen zu können, schon in sich gegliedert sein.“[1]

Aber steht diese Aussage nicht in direktem Widerspruch zu der mit *KP* verbundenen Forderung eines Vorrangs des Satzganzen? Denn diese Forderung besteht

---

[1] Frege (1969, S. 19).

doch darin, dass man die Bedeutung einzelner Worte allein als ihren Beitrag zu ganzen Sätzen verstehen kann und bestimmt den Satzbegriff als primär in dem Sinn, dass man erst ganze Sätze verstehen muss, um daraufhin die Bedeutung in ihnen auftretender Worte explizieren zu können. Andererseits legt das letzte Zitat nahe, dass Sätze als intern strukturiert aufgefasst werden müssen (worin Frege die Möglichkeit unseres Verstehens bislang unbekannter Sätze sieht) und dies scheint eine Priorität des einzelnen Wortes nahezulegen, denn die Struktur eines Satzes ist nur dessen funktionaler Aufbau aus einzelnen Worten.

Freges Lösung dieses Dilemmas besteht in der These, dass das Verstehen der funktionalen Struktur ganzer Sätze und der Erwerb der Fähigkeit, die Bedeutungen ihrer Ausdrücke zu verstehen, für eine bestimmte Basisklasse von Sätzen als *ein und derselbe Prozess* beschrieben werden muss. Man sollte ihn so verstehen, dass wir die basalsten atomaren Aussagen wie etwa ‚Einwortsätze' der Art ‚rot' (elliptisch für ‚Das da ist rot') dergestalt lernen, dass wir *gleichzeitig* die Bedeutung in ihnen auftretender Ausdrücke (hier die Extension des Prädikats ‚rot') und die Struktur des Satzes (hier dessen prädikative Form) erkennen. Wir erwerben also in derartigen Fällen das Handwerkszeug, um sprachlich handeln zu können (unser Wissen um die Funktion ganzer Sätze) *gemeinsam* mit der Kenntnis der Bedeutung der Satzelemente. Nur für diese Sätze soll also mit anderen Worten die These Geltung haben, dass wir sie *en bloc* verstehen, und für sie ist die These ja auch nicht unplausibel (denn wie sollten wir sonst lernen, dass ein Satz mehr ist als eine Menge von Worten?).

Vor dem genannten Hintergrund kann unser Verstehen bislang unbekannter Sätze wie folgt mit *KP* vereinbart werden: Für die genannte basale Satzklasse lernen wir die Bedeutungen ihrer Ausdrücke und ihre Funktion im Satzganzen gleichzeitig, weswegen *KP* hier erfüllt ist. Ausgehend von dem in diesem Zusammenhang erworbenen Wissen um die Strukturprinzipien vollständiger Sätze können wir später dann aber auch mit diesen Prinzipien konforme Konstrukte als Sätze ausmachen ohne dazu die je spezifischen Worte schon in exakt dieser Kombination gehört haben zu müssen. Auf dieser abstrakteren Ebene können wir dann zwar auch die Bedeutungen einzelner Worte erklären – sofern man aber einräumt, dass diese Erklärungen Relevanz besitzen nur als Anweisungen, wie mit dem Ausdruck gebildete *Sätze* auf ihren Wahrheitswert befragt werden können, dann kann man auch dieses Zugeständnis mit *KP* vereinbaren.

Trotz dieser einschränkenden Qualifikationen aber bleibt als wesentliches Moment der zugegeben sehr rudimentären Überlegungen dieses § festzuhalten, dass es *KP* zufolge Sätze geben muss, bezüglich derer es zur Kenntnis ihrer Wahrheitsbedingungen nicht erforderlich ist, bereits im Voraus alle in ihnen vorkommenden Ausdrücke verstanden zu haben. Da dieses Ergebnis im weiteren Verlauf noch oft gebraucht wird, fassen wir es in folgender These zusammen:

B: Es gibt Sätze, deren Wahrheitsbedingungen wir als solche erkennen können, ohne bereits im Voraus die Bedeutungen der in ihnen vorkommenden Worte zu kennen.[2]

§ II. Das Kontextprinzip und der Objektbegriff

KP besitzt eine ganz bestimmte Funktion in den *GlA*: Es spielt eine Rolle allem voran in Freges Antwort auf die Frage, warum wir Zahlausdrücken eine Bedeutung zuschreiben dürfen. Da allerdings auf Freges spezifische Analyse des Anzahlbegriffs erst im nächsten Kapitel eingegangen werden soll und er außerdem explizit davon ausgeht, dass Zahlen *Gegenstände* sind, soll *KP* hier erst einmal in einem etwas allgemeineren Rahmen untersucht werden, nämlich hinsichtlich der Frage, wann wir Frege zufolge rechtmäßig von einem *singulären Term* behaupten dürfen, er bezeichne einen Gegenstand.

Singuläre Terme und Gegenstände

Betrachten wir also um Zirkularitäten zu vermeiden Sätze aus der Menge, die in *B* bestimmt wird und fragen uns zu Beginn, was wir ausgehend von *KP* darüber aussagen können, wann die Bedeutung eines in einem solchen Satz auftretenden singulären Terms vollständig bestimmt ist. *KP* sagt uns, dass für die Bedeutung eines Ausdrucks nur die Faktoren relevant sein können, die dessen Verwendung in ganzen Sätzen beeinflussen – mit anderen Worten haben wir dessen Bedeutung dann vollständig bestimmt, wenn wir seinen Beitrag zu ganzen Sätzen vollständig bestimmt haben. Dies aber haben wir geleistet, wenn wir die Wahrheitsbedingungen dieser Sätze fixiert haben. Sollte also für einen singulären Term hinsichtlich einer bestimmten Menge von Sätzen, in denen er auftritt, fixiert sein, welche Wahrheitsbedingungen diese Sätze besitzen, dann besitzt dieser Term eine Bedeutung.

So weit, so gut. Frege aber spricht beständig davon, dass singuläre Terme *Gegenstände* bezeichnen. Obwohl auch die schwächere These, dass nämlich singuläre Terme unter den beschriebenen Bedingungen eine Bedeutung besitzen, an dieser Stelle noch nicht zureichend begründet ist, so bereitet doch die stärkere, der zufolge diese Bedeutungen Gegenstände sind, das weitaus größere Kopfzerbrechen. Daher soll diese stärkere These im Folgenden ins Zentrum der Aufmerksamkeit gerückt werden, gleichwohl wird aber im weiteren Verlauf des Kapitels auch Freges Begründung der schwächeren These ausgeführt.

---

[2] Obwohl eine schwache Formulierung der These gewählt wurde, ist es doch wichtig darauf hinzuweisen, dass, weil Frege zufolge *jedes* Wort allein anhand seiner Rolle in Sätzen erlernt wird, es nicht hinreichend sein kann, die Sätze, die wir verstehen können, ohne die Bedeutungen aller in ihnen vorkommender Ausdrücke zu kennen, auf triviale Fälle wie Definitionen oder Aussagen der Form ‚$A \wedge \neg A \wedge B$' einzuschränken. Wir präzisieren gleichwohl an dieser Stelle nicht weiter, ob es Kriterien zur Bestimmung der in Frage kommenden Sätze gibt, da im Laufe der nächsten Kapitel mit $N^{=}$ und *V* zwei derartige Sätze noch untersucht werden. Zumindest paradigmatisch werden sich die Charakteristika der fraglichen Satzklasse an diesen Aussagen zeigen (vgl. unten S. 131ff. sowie 165ff.).

Dass hier tatsächlich ein Problem besteht, wird daran ersichtlich, dass Frege die naheliegende These nicht zur Verfügung steht, der zufolge singuläre Terme gerade über die semantische Funktion definiert sind, einzelne Gegenstände zu bezeichnen. Eine solche Bezugnahme wäre mit den Ergebnissen des letzten § nicht in Einklang zu bringen, weil wir dann auch bezüglich der basalen Sätze bereits im Voraus wissen müssten, dass ihre singulären Terme Gegenstände bezeichnen, um ihre Wahrheitsbedingungen erkennen zu können. Frege bleibt also einzig die Möglichkeit, über das, was wir auf der basalen Ebene über die Verwendung von Satzbestandteilen lernen, zu erklären, warum bestimmte dieser Bestandteile Gegenstände bezeichnen.

Das erste Problem dieses Vorgehens besteht offensichtlich darin, überhaupt einen Grund dafür anzugeben, dass sich die Menge der *singulären Terme* beschreiben lässt, ohne auf das genannte semantische Kriterium zurückzugreifen. Es gibt in der Tat eine ganze Reihe von Versuchen, derartige rein syntaktische Kriterien zu etablieren, denen allesamt zu eigen ist, dass sie die fraglichen Ausdrücke dadurch abzugrenzen suchen, dass für Sätze, in denen sie auftreten, bestimmte *Inferenzen* (z.B. existentielle Generalisierungen) zulässig sein müssen. Da aber jede auch nur halbwegs genaue Untersuchung dieser Kriterien ob deren Kontroversität und Komplexität eine sehr langwierige Untersuchung mit sich bringen würde, soll hier allein auf die einschlägigen Arbeiten verwiesen werden[3] und ansonsten weiter dem Gang der Untersuchungen Freges gefolgt werden, der sich mit diesem Thema nicht eigens aufhielt und wohl die Meinung vertrat, dass es offensichtlich wäre, dass derartige Kriterien angegeben werden können.

Bemerkenswert ist jedoch in jedem Fall, dass selbst bei einem Zugeständnis der geforderten Kriterien immer noch erhebliche Zweifel bleiben, ob sie die Folgerung zulassen, die in Freges Sinn aufgefassten Bedeutungen singulärer Terme wären Gegenstände. Denn zwar schließen die bekannten Kriterien die offensichtlich falschen Fälle wie ‚nichts' oder ‚alles' von der Kategorie der singulären Terme aus, schließen aber dennoch zumindest problematische Fälle wie ‚die Müdigkeit der Leser' in diese Kategorie ein. Dem Kontextprinzip zufolge müsste diese Müdigkeit also als ein Gegenstand behandelt werden, obwohl es doch intuitiv zumindest äußerst fraglich ist, ob wir tatsächlich von ihr als von einem solchen sprechen würden.

Identitätskriterien

Freges wesentlicher Schachzug, um derartige Probleme aus dem Weg räumen zu können, besteht in folgender Forderung: „Wenn uns das Zeichen *a* einen Gegenstand bezeichnen soll, so müssen wir ein Kennzeichen haben, welches überall entscheidet, ob *b* dasselbe sei wie *a*, wenn es auch nicht immer in unserer Macht steht, dies Kennzeichen anzuwenden."[4] Frege weist somit auf die zentrale Rolle von *Identitätskriterien* für eine Entscheidung hin, ob ein Ausdruck einen Gegens-

[3] Der erste Versuch, derartige Kriterien aufzustellen, findet sich bei Dummett (1973, Kap. 4), die wohl bislang erfolgversprechendste Kriteriensammlung bei Hale (2001, S. 68).

[4] Frege (1988, S. 71).

tand bezeichnet. So ist z.B. die Möglichkeit, mittels unterschiedlicher Ausdrücke auf *ein und denselben* Gegenstand Bezug zu nehmen, nur dann gegeben, wenn wir Identitätskriterien mit ihm verbinden: Dass wir mittels der Ausdrücke ‚Sendemast des Langwellensenders Konstantynow' und ‚der höchste jemals von Menschen errichtete Sendemast' einen einzigen Gegenstand bezeichnen können, hängt davon ab, dass wir die Bedeutung beider Terme anhand des Identitätskriteriums ‚ist das gleiche Bauwerk wie' zueinander ins Verhältnis setzen können.

An dieser Stelle nimmt Frege dann Bezug auf ein Kriterium, das ihm zufolge erklären kann, dass die Bedeutungen singulärer Terme Gegenstände *im umgangssprachlichen Sinn* sind. Denn ihm zufolge ist es das zentrale Merkmal unserer alltäglichen Auszeichnung von Gegenständen, dass wir ein Wissen darüber besitzen, wie wir sie in anderen Zusammenhängen *wieder erkennen* können. Vor diesem Hintergrund ist Freges Vorgehen zu deuten, die prinzipielle Entscheidbarkeit von Identitätsaussagen, die bestimmte singuläre Terme enthalten, als basales Entscheidungskriterium zu betrachten, ob sie Gegenstände bezeichnen.

Zumindest die schwächere der eingangs erwähnten Thesen, dass nämlich singuläre Terme eine vollständig bestimmte Bedeutung besitzen, wird ihm zufolge durch dieses Kriterium endgültig eingelöst, und zwar aus folgendem Grund: Frege verbindet die Bedeutung eines Ausdrucks seit der *BS* allein mit den Aspekten dieses Ausdrucks, die relevant hinsichtlich der Verwendung des Ausdrucks im Rahmen von *inferentiellen Strukturen* sind, „weil im Urtheile hier nur das in Betracht kommt, was auf die *möglichen Folgerungen* Einfluss hat."[5] Wir müssen also Frege zufolge solange nicht zwischen den Bedeutungen zweier Ausdrücke unterscheiden, solange diese Ausdrücke in allen inferentiellen Strukturen *salva veritate* ersetzbar sind. Das aber heißt, dass etwaige Bedeutungsunterschiede sich *vollständig* anhand einer Analyse der den Ausdrücken zugeordneten Identitätskriterien erkennen lassen, denn Bedeutungsunterschiede müssen anhand einer Unterscheidung zulässiger und unzulässiger Folgerungen zum Ausdruck kommen, diese Unterscheidung aber kann bezüglich eines jeden singulären Terms vollständig im Ausgang von seinen Identitätskriterien getroffen werden (zumindest solange man nicht explizit weitere Annahmen hinzuzieht).

Bevor die kompliziertere Frage beantwortet werden soll, ob das Kriterium einer fixierten Identitätsrelation auch die stärkere der beiden Thesen aufrechtzuerhalten gestattet, dass singuläre Terme Gegenstände bezeichnen, soll erst einmal der Status dieses Kriteriums für Frege geklärt werden, und zwar weil folgende Frage wie ein Damoklesschwert über den bisherigen Ausführungen zu dem Kriterium kreiste: Halst Frege sich nicht mit dem Rückgriff auf Identitätskriterien ähnliche Probleme auf wie er es mit der Bezugnahme auf das oben beschriebene semantische Kriterium zur Auszeichnung singulärer Terme getan hätte? Dass die Forderung derartiger Kriterien Probleme verursachen kann, wäre sie eine *semantische*, kann wie folgt verdeutlicht werden: In diesem Falle müssten wir über die Identitätskriterien eines Objekts immer bereits informiert sein, bevor

[5] Frege (1964, S. 3).

wir auf es mittels eines singulären Terms Bezug nehmen können, und daher würde eine Bezugnahme auf derartige Kriterien wiederum als unvereinbar mit *KP* erscheinen.

Frege jedoch versteht diese Forderung als eine der *Logik*. Und in Bezug auf seine logische Sprache ist diese These in der Tat auch plausibel: In der *bs* nämlich steht es prinzipiell außer Frage, dass ein jedes Objekt über angemessene Identitätskriterien verfügt, wenn es auch möglich ist, dass wir diese nicht erkennen. Im Rahmen dieser quantifizierenden Sprache ist bereits durch unsere Verwendung von Prädikaten (und Freges Forderung, dass sie auf jedes Objekt zutreffen oder nicht) festgelegt, dass die Objekte, über die wir im Rahmen dieser Sprache sprechen können, Identitätskriterien besitzen; indem wir nämlich fordern, dass wir anhand der Bedeutungsfixierung unserer Prädikate die Welt aufteilen in feinsäuberlich individuierte Mengen. Eine Forderung der Logik besteht also darin, dass jedes Objekt über Identitätskriterien verfügt. Welche das jedoch im Einzelnen sind, hängt an den speziellen Eigenschaften, die es besitzt. Da somit aber Frege zufolge insgesamt allein logische Kriterien über das entscheiden, was als Gegenstand durchgeht, kann man die bisherigen Ergebnisse auch so zusammenfassen, dass für Frege die Kategorie ‚Gegenstand' eine *logische* Kategorie ist.

Bleibt wie gesagt noch zu klären, ob allein die Bezugnahme auf Identitätskriterien dafür Sorge tragen kann, dass Frege auch seine stärkere These plausibilisieren kann, ob also mit anderen Worten in diesem Fall ein Zugeständnis der Kriterien die Skepsis hinsichtlich von Freges Identifikation der Bedeutungen singulärer Termini mit Gegenständen gänzlich ausräumen kann. *Prima facie* scheint das nicht unbedingt der Fall zu sein: Zwar würde ein Rekurs auf Identitätskriterien sehr wahrscheinlich helfen, den oben erwähnten Problemfall zu lösen – denn es ist fraglich, ob wir ein Kriterium besitzen, das entscheidet, ob ‚die Müdigkeit der Leser' *die gleiche ist* wie ‚die Müdigkeit des Autors' –, gleichwohl ist es sehr wohl möglich, Gegenbeispiele anzuführen, in denen wir zwar Identitätskriterien angeben könnten, aber dennoch Skrupel hätten, das von dem Term bezeichnete tatsächlich umgangssprachlich als Gegenstand anzuerkennen – ein solches wäre etwa ‚die Dichte von Eisen'. Eine erste Analyse des Kriteriums lässt es somit zwar als notwendig, aber noch nicht als hinreichend erscheinen.

Meiner Meinung nach ist es für Freges Vorgehen an dieser Stelle wesentlich, dass er diese letzten Zweifel nicht mehr ausräumt. Er bewahrt dem entgegen explizit eine gewisse Neutralität gegenüber einer ganzen Reihe von Intuitionen, die an dieser Stelle zur näheren Bestimmung des Gegenstandsbegriffs herangezogen werden könnten, und er tut dies mit Bedacht: Um nämlich zu zeigen, dass diese Intuitionen zumindest in unseren sprachlichen Praktiken keine Grundlage besitzen. Dass beispielsweise Gegenstände raum-zeitlich individuierte Entitäten sein sollen, ist ihm zufolge nicht aus unseren Verwendungsweisen singulärer Terme zu schließen. Um durchweg über ein handfestes Kriterium zu verfügen konturiert er den Gegenstandsbegriff dann nur so weit, wie er tatsächlich von einer Untersuchung unserer Sprachpraxis gedeckt wird.

Ein wesentlicher Grund für die Restriktion der an den Gegenstandsbegriff gestellten Anforderungen besteht darin, dass die mit ihr einhergehende Beschränkung auf sprachliche Fakten viele philosophische Debatten über die wesentlichen Auszeichnungen von Gegenständen deswegen zu umgehen erlaubt, weil man bei Zugrundelegung dieses minimalen Gegenstandsbegriffs die diesen Debatten zugehörigen problematischen Thesen nicht entscheiden muss. Frege drückt sich allerdings mitnichten um derartige Fragen, sondern sein Gegenstandsbegriff ist als Antwort dahingehend zu verstehen, in welchem Ausmaß er eine Entscheidung derartiger Kontroversen überhaupt für möglich hält. Dass der Gegenstandsbegriff nicht genauer konturiert ist, heißt schlicht, dass er keine weiteren Kriterien ausfindig machen kann, die eine Basis in unseren alltäglichen kommunikativen Praktiken besitzen.

Dies jedoch sollte nicht als negatives Resultat bewertet werden, vielmehr als Hinweis darauf, dass es bei genauerer Betrachtung vielleicht doch immer attraktiver wird, Freges Kriteriums als notwendig *und hinreichend* zu veranschlagen. Freges Vorschlag besitzt eine präzise Fundierung in unseren sprachlichen Praktiken und seine Ausführungen können als Hinweise verstanden werden, dass wir keine Entscheidungsbasis besitzen, um zwischen weitergehenden widerstreitenden Intuitionen den Gegenstandsbegriff betreffend jeweils eine als korrekt und die andere als unbegründetes Vorurteil qualifizieren zu können.

Wie viel Potential zur Vereinfachung komplexer Fragestellungen Freges Vorschlag enthält, wird an folgender Zusammenfassung der bisherigen Ausführungen deutlich. Frege zufolge besteht eine Untersuchung, ob ein Ausdruck einen Gegenstand bezeichnet, allein aus zwei Teilen: Den ersten Teil hatten wir oben durch die formal-syntaktische Untersuchung nach Kriterien singulärer Terme spezifiziert. Der zweite Teil besteht in einer zweifelsfreien Fixierung der Identitätskriterien des Gegenstands.

Wir haben am Fallbeispiel singulärer Terme erkennen können, dass Frege zufolge deren Bedeutungsbestimmung keine metatheoretische Komponente umfasst. Wie sich die bedeutungstheoretischen Implikationen seiner Philosophie unabhängig von diesem konkreten Fall darstellen und wie ihr Verhältnis zur algebraischen Bedeutungstheorie zu verstehen ist, muss noch gezeigt werden.

§ III. Bedeutung und Referenz

Im Folgenden soll erstens die Differenz zwischen Freges Bedeutungskonzeption und der algebraischen Bedeutungstheorie aufgezeigt werden, an der sich zweitens auch sehr genau zeigen lässt, in welchem Sinn hier Freges Bedeutungsbegriff als ein internalistischer bestimmt wird.

Um diese größeren Zusammenhänge in den Blick rücken zu können ist sicherlich erst einmal eine Verallgemeinerung hilfreich, die es gestattet, nicht länger allein über die Bedeutung singulärer Terme zu sprechen. Eine solche Verallgemeinerung bietet der von Ernst Tugendhat geprägte Begriff des „Wahrheitswertpotentials“[6], mit dem er meint Freges spezifischer Verwendung des Bedeutungsbegriffs gerecht zu werden.[7] Die Wahl dieses Terms scheint dann am besten verständlich zu werden, wenn man sie so versteht, dass sich für Frege die Bedeutung eines Ausdrucks in dem Beitrag *erschöpft*, den er zur Wahrheitswertfindung ganzer Sätze leistet. Sollte die syntaktische Form eines Ausdruck bestimmt sein und sollten für eine bestimmte Basisklasse ihn enthaltender Sätze[8] Wahrheitsbedingungen aufgestellt worden sein, so muss man Freges Aussagen so verstehen, dass an diesem Punkt *jede* weitere Frage, ob der Ausdruck *tatsächlich* eine Bedeutung besitzt, ihren Ausgang von einem Kategorienfehler nimmt.

Freges Bedeutungskonzeption und die der algebraischen Tradition

Eine Erklärung, welche Kategorien hier verwechselt werden, bietet eine hervorragende Grundlage, um die erste Aufgabe dieses § anzugehen, nämlich eine Bestimmung der Differenzen zwischen Freges Ansatz und dem der algebraischen Tradition. Besonders hilfreich ist an dieser Stelle eine Kritik Michael Dummetts an den Thesen Tugendhats (und damit im Wesentlichen auch an den hier vertretenen). Er versucht in dieser Kritik zu zeigen, dass es für eine *volle semantische Theorie*, als die er Freges Ausführungen versteht, unumgänglich ist, etwas über das Name/Träger-Verhältnis auszusagen:

> „If Frege had, at the outset, explained the notion of reference quite generally as semantic value, he would have to *argue* that the reference of a proper name is its bearer; as it was, he took it for granted, because this was for him part of the very notion of reference.“[9]

Dummett zufolge will Frege eine Bedeutungstheorie für die Gesamtheit unserer sprachlichen Praktiken formulieren. Eine solche Theorie aber müsse notwendig auch eine angemessene Erklärung der Tatsache anbieten können, dass wir die Bedeutungen singulärer Terme zumeist mit Gegenständen in einem starken Sinn identifizieren, wobei ‚in einem starken Sinn' nur bedeuten soll, dass zu dieser Identifikation die bislang niedergelegten Kriterien noch nicht ausreichen: Der geforderte Bestandteil einer semantischen Theorie ermöglicht Fragen derart, ob die

---

[6] Tugendhat (1976, S.55).

[7] Trotz dieser Verallgemeinerung wird im weiteren Verlauf des § zumeist weiter über die Bedeutung singulärer Terme gesprochen, und zwar weil für sie die vorgestellte Bedeutungskonzeption intuitiv die größten Probleme aufwirft: Wenn sie auch nicht als kanonisch gelten darf, so erscheint eine Konzeption der Bedeutung etwa von Prädikaten, die nicht auf bestimmte (abstrakte) Entitäten als deren Referenzen zurück greift, doch mit weitaus weniger Problemen behaftet als eine analoge für singuläre Terme.

[8] Eine genauere Untersuchung, wie die erforderliche Satzklasse für verschiedene syntaktische Klassen aussehen müsste, würde den Rahmen dieser Arbeit sprengen und ob ihres sprachphilosophischen Charakters nicht direkt zielführend sein. Zumindest der Hinweis sei aber gegeben, dass die Identitätsaussagen singulärer Terme das Paradigma der jeweils zu klärenden Satzmenge darstellen. Für Prädikate etwa wären die zu fixierenden Sätze solche über Koextensionalität.

[9] Dummett (1984, S. 206).

von uns oben aufgewiesenen sprachlichen Kriterien es im Einzelfall jeweils *tatsächlich* gewährleisten, dass wir mittels des singulären Terms ein bestimmtes Objekt fixieren, und zwar weil dieses Objekt prinzipiell immer auch unabhängig von diesen Kriterien individuiert werden kann.

Sicher ist, dass die Argumentation, von der Dummett spricht, in der im ersten Teil dieser Arbeit vorgestellten semantischen Theorie tatsächlich erforderlich ist. An dieser Theorie ist sehr genau erkennbar, worin das Ziel der von Dummett geforderten Argumentation besteht und auch die Mittel bekommen wir von ihr vor Augen geführt, die zum Erreichen dieses Ziels notwendig sind: In dieser semantischen Theorie wird der Nachweis des Trägers eines singulären Terms im Rahmen einer Interpretationsfunktion (I1-I3 oben auf S. 27f.) zuwege gebracht, welche den zur Debatte stehenden Term direkt mit einem bestimmten Objekt koppelt. Wenn auch etwas informell, so kann man diese Vorgehensweise doch für den zur Debatte stehenden Kontext präzise genug derart beschreiben, dass in ihr durch einen metasprachlichen Satz Objekt und Ausdruck verbunden werden: ‚Der Ausdruck ⌜*u*⌝ bezeichnet *a*', wobei *a* im Rahmen der algebraischen Theorie als ein auf der Metaebene *unmittelbar* gegebenes Objekt zu verstehen ist.

Nachdem so also deutlich erkennbar ist, dass die Erfüllung der im letzten § formulierten Kriterien der algebraischen Bedeutungstheorie zufolge nicht ausreicht, um sicherzustellen, dass ein singulärer Term tatsächlich ein Objekt bezeichnet, ist es zur weiteren Konturierung der Position Freges hilfreich zu erkennen, dass Frege in den *GlA* gegen eine Konzeption argumentiert, die in zentralen Annahmen mit denen der algebraischen Bedeutungstheorie übereinstimmt, und man also seine Position zumindest mit einigem Recht als Kritik auch an zentralen Annahmen dieser Traditionslinie verstehen kann. Wie stark die von ihm kritisierten Theorien tatsächlich mit der algebraischen Bedeutungstheorie übereinstimmen wird deutlich, wenn man zu verstehen sucht, von welcher Bedeutungskonzeption er sich mit *KP* absetzen will:

> „Wir stellten nun den Grundsatz auf, dass die Bedeutung eines Wortes nicht vereinzelt, sondern im Zusammenhang eines Satzes zu erklären sei, durch dessen Befolgung allein, wie ich glaube, die physikalische Auffassung der Zahl vermieden werden kann, ohne in die psychologistische zu verfallen."[10]

In zeitgenössische Terminologie überführt will Frege durch das Prinzip zwei für ihn fehlerhafte Annahmen vermeiden, wie die Bedeutungen von Zahlausdrücken zu bestimmen sind: Erstens eine *empiristische*, anhand derer die Bedeutungen der Zahlausdrücke als kausalrelevante Objekte der Außenwelt zu fassen sind; und zweitens eine *mentalistische*, welche diese Bedeutungen als geistige Entitäten zu bestimmen sucht. Frege geht es darum, eine bestimmte implizite Präsupposition beider Ansätze zu entlarven, die seiner Meinung nach von unseren Verwendungsweisen singulärer Termini gerade nicht eingelöst wird, dass man nämlich die Bedeutung eines solchen Terms allein dadurch angemessen spezifizieren kann, dass man mit dessen Träger *unmittelbar konfrontiert* wird. Diese Konfron-

---

[10] Frege (1988, S. 105).

tation besteht hinsichtlich der beiden kritisierten Positionen im einen Fall in einem kausalen Verhältnis zu dem Objekt und im anderen in dessen unvermittelter mentaler Präsentation. Es ist nicht schwer zu erkennen, dass die algebraische Bedeutungstheorie somit zumindest in Bezug auf die Form dieser Bedeutungsspezifikation mit den beiden von Frege kritisierten Ansätzen übereinstimmt: Auch ihr zufolge muss der Nachweis der Bedeutung eines singulären Terms ein Element enthalten, das in einer unmittelbaren Erfassung des Objekts besteht und daher notwendig unsere sprachlichen Fähigkeiten transzendiert. Dieser Träger eines Namens muss in allen drei genannten Bedeutungskonzeptionen als Objekt in einem weitaus stärkeren Sinne als dem angegebenen Verständnis Freges begriffen werden, nämlich als Entität, die immer auch im Rahmen einer von den im letzten § formulierten Kriterien unabhängigen Untersuchung fixierbar ist. Da Frege also eine Konzeption anbietet, die in diesem Punkt die beiden genannten Positionen angreift, ist damit auch sichergestellt, dass er einer anderen Bedeutungskonzeption als der der algebraischen Tradition verpflichtet ist.

Eine ,Theorie' der Bedeutung?

Die aufgewiesene Übereinstimmung der drei Ansätze kann dann auch als Beleg dafür dienen, dass sie alle mit den Prinzipien der *GlA* unvereinbar sind, denn in jedem Falle muss nach der Bedeutung eines Wortes in Vereinzelung und nicht im Zusammenhang eines Satzes gefragt werden. Die Differenz zur algebraischen Bedeutungstheorie wird vielleicht am deutlichsten, wenn man sie anhand der Unterscheidung zwischen Objekt- und Metasprache formuliert: *KP* impliziert vor diesem Hintergrund, *dass für Frege die Bedeutung eines objektsprachlichen Ausdrucks vollständig mit objektsprachlichen Methoden erklärt werden kann.* Wir haben allein die syntaktischen Kriterien zu überprüfen und die Wahrheitsbedingungen einer spezifizierten Menge von Sätzen anzugeben, dann haben wir *alles* geklärt, was es Frege zufolge über die Bedeutung dieses Ausdrucks zu sagen gibt. Das aber impliziert, dass es exakt die nur in der Metatheorie beantwortbaren semantischen Fragen sind, die durch *KP* als überflüssig markiert werden – aber wohlgemerkt sind dies vor dem Hintergrund der algebraischen Bedeutungstheorie sämtliche semantischen Fragen. *Tatsächlich ist also innerhalb des Theorierahmens der GlA kein Platz für eine philosophische Semantik im Sinne der algebraischen Bedeutungstheorie* und dies wird vielleicht am deutlichsten durch den Hinweis, dass alles, was in diesem Theorierahmen von dem metatheoretischen Satz, der Ausdruck und Bedeutung koppelt, formulierbar ist, erschöpfend mit Hilfe des folgenden rein objektsprachlichen wiedergegeben werden kann: ‚u existiert' bzw. ‚$\exists x(x=u)$'.

Diese Ausführungen müssen in der gebotenen Konsequenz so verstanden werden, dass es für Frege keine eigenständige philosophische Theorie der Bedeutung gibt. Plausibilität erlangt diese starke These dadurch, dass unsere bisherigen Ausführungen so gelesen werden können, dass nach und nach einer ganzen Reihe von scheinbar bestimmten den Bedeutungsbegriff betreffenden Fragen der Boden unter den Füßen entzogen wurde: Fragen wie die nach der *tatsächlichen*

Existenz bestimmter Objekte und insgesamt ontologische Fragen – alle derartigen Fragen verlieren Frege zufolge genau dann ihren Sinn, wenn sie als unabhängig sowohl von syntaktischen Untersuchungen verstanden werden als auch von solchen, in denen die Wahrheitsbedingungen einer Reihe zentraler Sätze bestimmt werden. Wie Crispin Wright zurecht bemerkt, ist in Freges Philosophie jede ontologische Auszeichnung vollständig auf eine rein linguistische Klassifikation zurückzuführen: „For Frege it is the syntactic category which is primary, the ontological one derivative."[11]

Obwohl wie gerade ausgeführt bereits die Annahme, dass Frege es überhaupt auf eine semantische Theorie angelegt hätte, ein Missverständnis darstellt, so mag es doch für ein angemessenes Verständnis seiner Position förderlich sein, zu erklären, was im Rahmen einer Theorie, die das ‚Äquivalent' einer modernen Semantik gemäß den Vorgaben der *GlA* wäre, geleistet werden könnte: Wir können hier die Objekte allein mit den Mitteln dieser Sprache (also mathematisch gesprochen höchstens bis auf Isomorphie) bestimmen – die weitere und allein metatheoretisch zu klärende Frage, welche Objekte wir *genau* meinen (also beispielsweise über welche aus einer Klasse isomorpher Strukturen wir mit unserer Sprache sprechen wollen), stellt sich ausgehend von den bedeutungstheoretischen Implikationen der *GlA* überhaupt nicht, denn Frege zufolge sind neben den in der Objektsprache niedergelegten *keine* weiteren Kriterien zu erfüllen, um die Bedeutung eines Ausdrucks vollständig zu spezifizieren.

An diesen Ausführungen müsste augenfällig werden, dass Dummetts Kritik, der zufolge die tugendhatsche Identifikation von Bedeutung mit Wahrheitswertpotential unzureichend ist, allein vor dem Hintergrund einer stärkeren semantischen Theorie verständlich werden kann. Frege hätte demnach in einem genuin anderen theoretischen Rahmen arbeiten müssen, um in den Bestandteilen einer ‚vollen semantischen Theorie' überhaupt Anforderungen an eine Explikation des Bedeutungsbegriffs erkennen zu können. Es wäre demnach ein massiver Fehler, an dieser Stelle die Aussage, dass Frege den Begriff der Bedeutung nur unzureichend analysiert, daraus zu folgern, dass er den Anforderungen einer ‚vollen semantischen Theorie' nicht gerecht wird. Freges Theorie degradiert sich durch die Akzeptierung von *KP* nicht zu einer ‚bloßen Teiltheorie' einer vollen Semantik, sondern sie zeigt, dass ausgehend von einer bestimmten Bedeutungskonzeption überhaupt keine eigene Semantik benötigt wird.

Wenn aber Frege keine Bedeutungstheorie besitzt, was war dann der Gegenstand der Untersuchungen dieses Kapitels? Wie der Leser vielleicht bemerkte, wurde sich oftmals um Formulierungen wie ‚Freges Theorie der Bedeutung' gedrückt und auf eher verklausulierte Formulierungen wie ‚die Implikationen für den Bedeutungsbegriff aus Freges Philosophie' ausgewichen. An dieser Stelle sollte erkennbar sein, dass der Grund für diese Kunstgriffe in dem Versuch liegt, die Ausführungen dieses Kapitels in Einklang mit der These zu bringen, der zufolge Frege keine Bedeutungstheorie konzipiert. Alles was es ihm zufolge über

[11] Wright (1983, S. 13).

Bedeutung zu sagen gibt, kann auf der Grundlage einer angemessenen syntaktischen Analyse vollauf in den Diskursen geleistet werden, in denen der Ausdruck gebraucht wird. Um aber überhaupt erkennen zu können, dass es somit Frege zufolge kein genuin philosophisches Problem sprachlicher Bedeutung gibt, muss man sich eben auf die Suche nach den bedeutungstheoretischen Implikationen seiner Philosophie begeben.

Auf dem Weg zu einem Resümee der Ausführungen dieses Kapitels bildet sicherlich die von *KP* implizierte Perspektive auf sprachliche Bedeutung eine der zentralen Wegmarken. Die basale These, die aus *KP* in diesem Zusammenhang folgt, ist diese: *Sollten sämtliche der in unserer sprachlichen Praxis niedergelegten Kriterien, ob ein Ausdruck eine Bedeutung besitzt, erfüllt sein, dann ist damit die Bedeutung dieses Ausdrucks erschöpfend bestimmt.* Frege will also nicht dafür argumentieren, dass die Bedeutungen unserer Ausdrücke andere sind als die, die wir umgangssprachlich dafür halten, vielmehr will er darauf hinweisen, dass wir das Ziel, über diese Dinge zu sprechen, dadurch erreichen, dass wir die Syntax unserer Sprache angemessen verstehen und die Wahrheitsbedingungen einer Reihe von Sätzen unserer Sprache spezifizieren und gerade nicht, indem wir aus dieser Sprache heraustreten, um Worte und Dinge explizit miteinander zu identifizieren. Und dass in Freges Philosophie *prima facie* kontraintuitive Ergebnisse nicht zu vermeiden sind wie etwa das oben erwähnte, dass ‚die Dichte von Eisen' als Objekt betrachtet werden muss, kann man dann als Hinweis verstehen, dass ihm zufolge keine wie auch immer geartete Untersuchung eine Antwort auf die Frage geben wird, ob dieser Ausdruck einen Gegenstand bezeichnet. Wenn ein solcher Ausdruck sich sprachlich exakt so verhält, wie wir es von den Ausdrücken verlangen, von denen wir sagen, dass sie Gegenstände bezeichnen, dann besteht die einzige Möglichkeit, diesem Ausdruck dennoch nicht diesen Status zuzusprechen, in einer schlichten Stipulation. Zumindest kann Frege keine hieb- und stichfeste Grundlage für die nötige Entscheidung ausmachen, die einer kritischen Befragung standhielte.

Die dargestellten Thesen zu Freges Bedeutungskonzeption zeigen also ganz deutlich, dass alles, was über die Bedeutung eines Ausdrucks einer bestimmten Sprache zu sagen ist, bereits vollständig mit den Mitteln *dieser Sprache* gesagt werden kann. In dieser Formulierung dürfte dann auch endgültig zu erkennen sein, welche Lösung hier für die zweite in diesem § anstehende Aufgabe vorgeschlagen wird, der Frage nämlich, in welchem Sinne Freges Bedeutungskonzeption als eine *internalistische* zu bestimmen ist: Für die Bedeutungsbestimmung sprachlicher Ausdrücke ist keine Metaperspektive vorgesehen, von der aus die tatsächlichen Referenten der objektsprachlichen Ausdrücke bestimmt werden müssten. Dass es gerade *KP* ist, das diesen Zug des Bedeutungsverständnisses Freges ganz besonders plastisch zum Vorschein bringt, wird in folgender Aussage Michael Dummetts deutlich, die zudem noch einmal viele der in diesem Kapitel zusammengetragenen Gedankengänge vereinigt:

> „The context principle, as it figures in Grundlagen, expresses a strongly internalist outlook. It implies that no question about the content of the linguistic expression

> can be posed or answered save from within the language. We cannot stand in thought outside language and from there view the relation of linguistic expressions to their correlates in reality, because our apprehension of the components of reality is always mediated by our thoughts as expressed in language; (...).“[12]

Wenn man diese Aussage so reformuliert, dass wir Frege zufolge gerade nicht einer bereits *an sich* strukturierten Wirklichkeit gegenüber stehen, deren Struktur wir dann nachträglich erfassen, sondern dass von einer Struktur der Welt überhaupt nur im Verhältnis zu unseren Zugriffsformen zu sprechen ist, dann wird deutlich, dass wir diese Position hier auch *idealistisch* hätten nennen können. Da Frege diese Zugriffsformen zudem ganz deutlich mit der logischen Struktur der Sprache in Verbindung bringt, ist auch die Zusatzqualifikation gerechtfertigt, dass wir es hier mit einem ‚linguistischen' Idealismus zu tun haben. Eine genauere Untersuchung der Implikationen und Probleme dieser Position jedoch soll erst im Zusammenhang mit Wittgensteins Aussagen zu diesem Themenkreis unten in IV.III. erfolgen.

Durch die Bezeichnung von Freges Bedeutungsverständnis als *internalistisch* soll hier primär auf die deutliche Parallele zu dem hingewiesen werden, was oben über sein Logikverständnis ausgeführt wurde: In beiden Fällen bedarf es keiner Position außerhalb unserer sprachlichen und wissenschaftlichen Praktiken, denn Fragen die Bedeutung von Ausdrücken betreffend sind Frege zufolge ebenso wenig wie solche die Angemessenheit logischer Kalküle betreffend als metatheoretische Fragestellungen zu verstehen. Genauso wie für Frege der Wahrheitsbegriff wesentlich mit der Praxis des Urteilens verbunden ist, ist das, was für ihn von den klassischen ontologischen Kategorien übrig bleibt, wesentlich mit einer sprachlichen Praxis verbunden, weil die Kenntnis dieser Kategorien eine Vertrautheit mit bestimmten sprachlichen Kategorien – und allem voran der vollständiger Sätze – bereits voraussetzt.

Um die vorgestellte Konzeption abschließend noch einmal zu illustrieren mag ein Beispiel helfen, das es zudem zulässt, die zu Beginn dieses Kapitels begonnenen Erläuterungen zu *B* wieder aufzugreifen und im Lichte der neuen Ergebnisse zu vertiefen: Dass die Möglichkeit besteht, die Wahrheitsbedingungen von Sätzen zu erkennen, ohne die Bedeutungen aller ihrer Bestandteile spezifizieren zu können, würde folgendes Szenario als Möglichkeit erscheinen lassen: Ein Kind im Grundschulalter, konfrontiert sowohl mit einem Tisch, auf dem 5 Äpfel liegen als auch mit der Frage, ob es wahr sei, dass 5 Äpfel auf dem Tisch

---

[12] Dummett (1995, S. 10f.). Es könnte missverständlich wirken, dass Dummett einerseits in diesem Zitat auf die zentrale Rolle des Kontextprinzips hinweist und hier andererseits als vehementer Befürworter der These behandelt wird, dass Frege seinen Bedeutungsbegriff anhand des Name/Träger-Paradigmas entwickelt. Tatsächlich räumt Dummett ein, dass diese beiden Stränge in Freges Überlegungen zum Bedeutungsbegriff zu einer sehr schwerwiegenden Inkohärenz führen (vgl. Dummett (1973, S. 499)). Es scheint allerdings so, als wäre in seinen Schriften ab Mitte der 1990er Jahre zu erkennen, dass er selbst nicht länger von einer grundlegenden Rolle des Name/Träger-Paradigmas in Freges Bedeutungskonzeption ausgeht. Vgl. z.B. Dummett (2004, S. 3f.).

liegen, kann diese Frage bejahen, aber gleichwohl auf die weitere Frage, *warum* der Satz wahr ist, keine zufrieden stellende Antwort mehr zu geben in der Lage sein, weil es das notwendige begriffliche Instrumentarium, um den Zusammenhang von Satz und Wahrheitsbedingungen genauer zu beschreiben, noch nicht besitzt. Die Ausführungen zu Freges Bedeutungsbegriff lassen allerdings eine bestimmte stärkere Interpretation dieses Szenarios als mit seinen Analysen übereinstimmend erscheinen: Dieses Beispiel müsste dann nicht so verstanden werden, dass das Kind die Wahrheit allein deswegen zugeben kann, weil es *implizit* bereits ein Wissen über die semantische Entsprechung von Satz und Sachverhalt besitzt, aber noch kein sprachliches Instrumentarium zur Hand hat, um dieses auch angemessen zum Ausdruck zu bringen. Stattdessen scheint eine im Lichte des fregeschen Bedeutungsverständnisses näherliegende Interpretation des Beispiels darin zu bestehen, dass das Kind zur Anerkennung der Wahrheit nicht über bereits vorhandenes Wissen über die semantischen Grundlagen dieser Wahrheit verfügen muss, sondern dieses auch gleichzeitig mit seiner Anerkennung der Wahrheit des Satzes erwerben kann. Denn die für dieses Wissen zweifellos nötige Kenntnis bestimmter ontologischer Klassifikationen ist eben für Frege keine, die wir bereits vor unserem Spracherwerb ‚intuitiv' besitzen würden und die wir dann in unseren sprachlichen Praktiken allein wieder finden und endlich auch angemessen artikulieren könnten, sondern diese Kategorien sind solche, die wir mit dem Erlernen einer Sprache *überhaupt erst* kennen lernen.

Dass also ontologische Auszeichnungen Frege zufolge immer erst vor dem Hintergrund einer Sprache möglich werden, gibt letztlich einen weiteren Grund zu erkennen, warum eine metatheoretische Semantik zumindest in der Form, wie diese von der algebraischen Tradition verstanden wird, innerhalb der dargestellten Theorie Freges nicht möglich ist: Eine wie oben gesehen für Hintikkas Ansatz wesentliche Bezugnahme auf *vorsprachliche* ontologische Klassifikationen kann es im Rahmen der Konzeption Freges nicht geben.

Im nächsten Kapitel sollen vor dem Hintergrund des dargestellten Objektbegriffs Freges Überlegungen zu den in seiner Philosophie wohl meist thematisierten Gegenständen nachgezeichnet werden, den *Zahlen*.

1. Die Bedeutung eines sprachlichen Ausdrucks ist vollständig hinsichtlich seines Beitrags zur Wahrheitswertbestimmung ihn enthaltender Sätze zu bestimmen und nicht durch den unabhängigen Nachweis eines nichtsprachlichen Objekts.

2. Zur Bestimmung, ob ein Ausdruck ein Objekt bezeichnet, sind allein syntaktisch-formale Untersuchungen, ob dieser Ausdruck tatsächlich ein singulärer Term ist, sowie ein Nachweis seiner Identitätskriterien vonnöten.

3. Alles, was zur Fixierung der Bedeutung der Ausdrücke einer Sprache nötig ist, kann bereits mit den Mitteln dieser Sprache vollständig geleistet werden.

III.IV.

Von der Logik zur Arithmetik

In den verbleibenden Kapiteln soll Freges Logizismusprogramm zur Darstellung gebracht werden, in dessen Zentrum wie bereits erwähnt die Ableitbarkeit der Grundgesetze der Arithmetik aus logischen Wahrheiten steht. Warum Frege aber diese Ableitbarkeit *allein* noch nicht als hinreichend zur Etablierung seiner logizistischen These betrachtet, wird vor der im letzten Kapitel geleisteten Analyse seines Bedeutungsbegriffs verständlich.

Denn vor dem Hintergrund der Tatsache, dass wir die Zahlausdrücke bereits im Alltag verwenden, muss Frege sich genötigt sehen, ebenfalls zu begründen, warum die in seiner Theorie gegebenen Definitionen der arithmetischen Ausdrücke *angemessene* Definitionen sind, dass also mit anderen Worten eine *Bedeutungsidentität* zwischen den Zahlausdrücken der klassischen Arithmetik und denjenigen vorliegt, durch die die Zahlen in Freges logischer Theorie definiert werden. Nun besteht jedoch seiner Theorie zufolge die einzige Möglichkeit, die fragliche Identität unter Beweis zu stellen, im Nachweis der Äquivalenz dieser Ausdrücke hinsichtlich der Wahrheitswertbestimmung vollständiger Sätze. Ein Beweis, dass sich mittels der gewählten Definitionen in Freges Theorie die Axiome der klassischen Arithmetik beweisen lassen, sichert dann zwar, dass der Beitrag zur Wahrheitswertbestimmung, den das Zeichen ⌜1⌝ der klassischen Arithmetik leistet, identisch mit dem desjenigen Ausdrucks ist, mittels dessen ⌜1⌝ in Freges Theorie definiert wird – aber die nachgewiesene Äquivalenz beschränkt sich allein auf Sätze, in denen *ausschließlich* arithmetisches Vokabular bzw. die zu deren Definition in Freges Theorie verwendeten Ausdrücke auftreten.

An dieser Stelle wird plausibel, warum das Augenmerk Freges in der Spezifikation seiner Definitionen auch darauf gerichtet ist, dass sie die *Anwendbarkeit* der definierenden Ausdrücke außerhalb der Arithmetik erklären. Um nämlich die Bedeutungsgleichheit der von ihm definierten mit den tradierten arithmetischen Ausdrücken nachweisen zu können, muss deren Ersetzbarkeit auch bezüglich von Sätzen, *die sowohl arithmetisches als auch nicht-arithmetisches Vokabular* beinhalten, expliziert werden.

Gerade Freges Bedeutungsverständnis macht es also erforderlich, ein besonderes Augenmerk auf die Anwendbarkeit der definierten Ausdrücke auch außerhalb der Arithmetik zu legen. Ihre Entsprechung findet dieses Erfordernis in Freges Aussage, dass es nicht rechtens ist, einer Theorie überhaupt den Namen ‚Arithmetik' zuzusprechen, die deren Anwendungen nicht selbst erklären kann, denn der Anwendungsbezug ist für ihn ein *wesentlicher* Bestandteil der Arithmetik: „Nun ist es die Anwendbarkeit allein, was die Arithmetik über das Spiel empor zum Range einer Wissenschaft erhebt. Die Anwendung gehört also notwendig dazu."[1]

Der Anwendungsbegriff bildet in diesem Sinn nicht nur eine Art Klammer der folgenden zwei §§ dieses Kapitels, in denen erstens Freges Analyse der endlichen Kardinal- und zweitens die der reellen Zahlen präsentiert werden, vielmehr wird sich im Laufe dieses Kapitels immer deutlicher zeigen, dass der Anwendungsbezug die Grundidee von Freges gesamter Rekonstruktion der Arithmetik bildet.

§ I. Der Begriff der Anzahl

Bereits Freges Einführung der von ihm ‚Anzahlen' genannten endlichen Kardinalzahlen in den *GlA* macht unmissverständlich deutlich, wie wichtig ihm eine Verankerung möglicher Anwendungen in seiner Theorie der Arithmetik ist: Er weist mehrfach auf deren besondere Rolle hin, dass sie nämlich „auf die Frage ‚wie viele?' antworten."[2] In dem Zitat findet sich allerdings genau genommen noch gar keine vollständige Frage und Frege unterschlägt an dieser Stelle sogar etwas ungemein Wichtiges, denn zu einer Frage wird die angegebene Phrase erst durch die konkrete Angabe des jeweils zu Zählenden: ‚Wie viele *Bäume*?', ‚wie viele *Häuser*?', ‚wie viele *Lösungen*?'. Bevor wir also nach der spezifischen Form einer Antwort fragen können, müssen diese Fragen erst einmal ausreichend verstanden werden, sprich es muss geklärt werden, was Frege zufolge überhaupt gezählt werden kann, oder mit anderen Worten: auf was genau die Anzahlen anwendbar sein sollen.

Zur logischen Form von Aussagen, die Zahlausdrücke enthalten

Frege macht in den *GlA* sehr deutlich, dass Zahlen nicht als Eigenschaften *physikalischer* Objekte oder Sammlungen solcher zu bestimmen sind: Es wäre ein Fehler, z.B. der Menge auf dieser Seite gedruckter Sätze als physikalischem Aggregat eine Anzahl zusprechen zu wollen. Da nämlich das gleiche Aggregat ebenfalls eine bestimmte Menge von Worten darstellt, kann man nicht widerspruchsfrei von *der* Anzahl eines solchen Aggregats sprechen. Stattdessen geht Frege davon aus, dass dem, was er *Begriffe* nennt, im eigentlichen Sinne Zahlen zugeschrieben werden.

> „Um Licht in die Sache zu bringen, wird es gut sein, die Zahl im Zusammenhang eines Urteils zu betrachten, wo ihre ursprüngliche Anwendungsweise hervortritt. Wenn ich in Ansehung derselben äußeren Erscheinung mit derselben Wahrheit sagen kann: „dies ist eine Baumgruppe" und „dies sind fünf Bäume" oder „hier sind vier Compagnien" und „hier sind 500 Mann", so ändert sich dabei weder das einzelne noch das Ganze, das Aggregat, sondern meine Benennung. Das ist aber nur

---

[1] Frege (1966, Bd. II, S. 100).

[2] Frege (1988, S. 16).

> das Zeichen der Ersetzung eines Begriffes durch einen anderen. Damit wird uns (...) nahe gelegt, dass die Zahlangabe eine Aussage von einem Begriffe enthalte."[3]

Um Freges Argument verstehen zu können, müssen wir erst einmal klären, was für ihn ein *Begriff* ist. In unserem derzeitigen Vokabular kommt der Begriff der *Eigenschaft* dem fregeschen ‚Begriff' am nächsten, obwohl es gleichwohl einige Differenzen zu betonen gilt: Für Frege ist allein eine *objektive* Eigenschaft eines ‚Begriffs' der Grund dafür, dass ihm eine bestimmte Anzahl zukommt. Dass Frege diese Eigenschaft als objektiv beschreiben kann, hängt mit den speziellen Anforderungen zusammen, die er an Begriffe stellt: Für Frege können nur solche Begriffe im Rahmen der Logik betrachtet werden, für die bezüglich eines jeden Objekts geklärt ist, ob es die jeweilige Eigenschaft besitzt[4] (bzw. ob es mit den Worten Freges ‚unter den Begriff fällt') – zudem müssen Begriffe als mit einem Zeitindex versehen angesehen werden, so dass letztlich jedem in der Logik überhaupt zulässigen Begriff *genau eine vollständig bestimmte* Anzahl zukommt. Solange man jedoch diese Unterschiede im Auge behält, kann man mit einigem Recht davon sprechen, dass Anzahlen Frege zufolge auf Eigenschaften anwendbar sind, was sich darin zeigt, dass sie auf Fragen der Form ‚wie viele X?' antworten, in denen nach der Anzahl der Gegenstände gefragt wird, welche die Eigenschaft X besitzen. Wir wissen somit, welchen Zweck wir mit Zahlangaben verfolgen, wissen allerdings noch nicht, wie ihre spezifische Form es uns ermöglicht, mit ihnen die Anzahlen von Begriffen zu bestimmen.

Frege argumentiert dafür, dass *alle* Zahlaussagen ein und dieselbe Form aufweisen,[5] und zwar eine, in der Zahlworte ausschließlich als singuläre Terme auftreten. Er muss somit eine Analyse anbieten, die erklärt, dass sämtliche anders gearteten Zahlaussagen bei genauerer Betrachtung doch diese Form besitzen. Nun kommen Zahlworte außer als Substantive ebenfalls noch als Adjektive zur Verwendung, wie in folgendem Satz: ‚Es gibt zwei Lösungen'. Frege zufolge besitzt diese Aussage folgende logische Form: ‚Die Anzahl der Lösungen ist 2'. Er versteht diese Aussage als Identitätsaussage, deren eines Argument die Zahl 2 ist. Die andere Seite des Gleichheitszeichens muss aber selbstverständlich ebenfalls von einem singulären Term ausgefüllt werden. Freges weitere Analyse ist so zu

---

[3] Frege (1988, S. 60).

[4] In Freges zweitstufiger Logik ist diese Forderung nach ‚scharfer Begrenzung der Begriffe' wegen der in III.II. ausgeführten maximalen Allgemeingültigkeit aller Variablen eine schlichte Folgerung aus folgendem logischen Gesetz: $\forall F \forall x(F(x) \vee \neg F(x))$.

[5] Freges Argumentation an dieser Stelle ist nicht schlüssig und soll nicht eigens wiedergegeben werden. Er versucht die Unmöglichkeit einer ‚adjektivischen' Rekonstruktion von Zahlangaben nachzuweisen, also einer, in der Zahlaussagen als Zuschreibungen höherstufiger Begriffe zu basaleren verstanden werden. Sein Fehlschluss an dieser Stelle besteht darin, von der Unmöglichkeit *einer bestimmten* derartigen Rekonstruktion auf die Unmöglichkeit *einer jeden* zu schließen. Der Nachweis der Durchführbarkeit eines solchen ‚adjektivischen Programms' wird dagegen in Dummett (1991, S. 103ff.) geführt. Obwohl diese Argumentation also zu erkennen gibt, dass Freges These der ‚substantivischen Form' aller Zahlaussagen nicht haltbar ist, so erscheint mir eine genauere Analyse dieser Argumentation als nicht erforderlich, um den weiteren Ablauf von Freges Überlegungen verstehen zu können.

verstehen, dass er einen Operator (im Folgenden: N_x) einführt, der einer Eigenschaft (hier: ‚*x* ist eine Lösung') ein Objekt zuordnet, die *Anzahl* dieser Eigenschaft. Die logische Form einer *jeden* Zahlaussage wäre dann die folgende: ‚$N_xF(x)=a$' (‚Die Anzahl der unter den Begriff *F* fallenden Gegenstände ist identisch mit *a*').

Wir wissen an dieser Stelle also auch, warum ihre Form Zahlaussagen dazu befähigt, mit ihnen Aussagen über Begriffe zu machen, allein eine Beantwortung der sofort anschließenden fundamentalen Frage, woran wir denn erkennen können, ob eine solche Aussage *korrekt* ist, soll kurzfristig aufgeschoben werden, und zwar um zu zeigen, warum für Frege die These, dass alle Zahlaussagen *eine* Form besitzen, von zentraler Wichtigkeit ist. Erst seine *uniforme* Analyse aller Anzahlaussagen nämlich bietet eine angemessene Grundlage, um die Anwendbarkeit arithmetischer Aussagen erklären zu können. Betrachten wir hierzu folgenden simplen Schluss:

(1) Es befinden sich 7 Bücher auf dem Tisch.

(2) Es befinden sich 8 Stifte auf dem Tisch.

(3) Kein Buch auf dem Tisch ist ebenfalls ein Stift.

(4) 8+7=15.

∴ Insgesamt befinden sich 15 Bücher und Stifte auf dem Tisch.

Ein Schlussmuster ist zumindest nicht direkt erkennbar, denn in (4) tauchen die Zahlausdrücke als singuläre Terme auf, in (1) und (2) hingegen in Form von Adjektiven. Zur Validierung des Schlusses muss also eine Analyse angeboten werden, die einen identischen Kern in diesen auf den ersten Blick unterschiedlichen Gebrauchsweisen der Zahlausdrücke zu erkennen gibt. Freges Theorie erlaubt solch eine Analyse, weil sie jedes Auftreten eines Zahlbegriffs so zu beschreiben gestattet, dass er als singulärer Term erscheint. Hat man aber diese uniforme Analyse aller Zahlaussagen in der Form ‚$N_xF(x)=a$' akzeptiert, liegt der Schlüssel, um die Gültigkeit des Schlusses zu beweisen, nur noch in Freges jetzt verständlicher Bestimmung der Addition im § 33 des II. Bandes der *GgA*:

$$\forall F,G((N_xF(x)=a \wedge N_xG(x)=b \wedge \neg\exists x(F(x)\wedge G(x))) \rightarrow N_x(F(x)\vee G(x))=a+b)$$

Die ‚Numerische Äquivalenz'

Dass wir mit unserer Analyse an dieser Stelle noch lange nicht fertig sind, wird aber bereits an dem betrachteten Schluss deutlich, denn bezüglich von Prämisse (4) stellt sich die eben noch aufgeschobene Frage erneut: Wie können wir Frege zufolge Wahrheitsbedingungen für Identitätsaussagen zwischen Anzahlen bestimmen? Hierzu muss etwas etabliert werden, das Frege zufolge ohnehin unumgänglich ist, um davon sprechen zu dürfen, dass Zahlzeichen Gegenstände bezeichnen, ein *Identitätskriterium für Anzahlen*. Freges Angebot hierzu ist folgende Aussage, die im Weiteren als ‚*Numerische Äquivalenz*' bezeichnet wird:

$$N^{=}: \ \forall F,G(N_x F(x) = N_x G(x) \leftrightarrow \exists R_{1-1}(F,G))$$

Dass diese Aussage nicht derart zirkulär ist, dass der Zahlbegriff auf der rechten Seite bereits vorausgesetzt werden muss, folgt daraus, dass die rechte Seite sich rein logisch (allerdings zweitstufig) wie folgt definieren lässt:

$$D_{R_{1-1}}:$$

$$\exists R_{1-1}(F,G) :\leftrightarrow \exists R[\forall x(F(x) \rightarrow \exists! y(R(x,y) \wedge G(y))) \wedge \forall x(G(x) \rightarrow \exists! y(R(y,x) \wedge F(y)))]$$

Die Identität zweier Anzahlen soll $N^{=}$ zufolge also damit zusammenhängen, dass eine bestimmte Relation zwischen den Begriffen besteht, deren Anzahlen jeweils bestimmt werden: Genau dann, wenn die *Äquivalenzrelation* zwischen zwei Begriffen besteht, welche eine wechselseitig eindeutige Zuordnung der die Begriffe erfüllenden Gegenstände behauptet (und die Frege die Relation der ‚Gleichzahligkeit' nennt), besteht eine *Identität* zwischen zwei Gegenständen. Erst aufgrund der Entsprechung beider Seiten des Bikonditionals erscheint es als gerechtfertigt, die Gegenstände, von denen ihre Identität ausgesagt wird, als *Anzahlen* zu bezeichnen – denn ihr Identitätskriterium soll eine hinreichende Ähnlichkeit zu unserer alltäglichen Identifikation von Anzahlen aufweisen.

$N^{=}$ spielt also eine besonders wichtige Rolle in Freges Theorie der Arithmetik, weil es die Wahrheitsbedingungen von Anzahlaussagen zu erkennen gestattet. Untersucht man die Rolle dieses Prinzips erst einmal etwas anachronistisch mittels eines modernen metamathematischen Instrumentariums, so wird diese herausgehobene Stellung sehr deutlich, denn in der Tat kann $N^{=}$ in einem bestimmten Sinn als *die* Grundlage der Arithmetik betrachtet werden: Im Rahmen der Logik zweiter Stufe lassen sich unter Zuhilfenahme von $N^{=}$ als einzigem weiteren Axiom sämtliche der 5 (zweitstufigen) Peano-Axiome beweisen[6] und dass dieses Resultat keine Trivialität darstellt wird daran ersichtlich, dass die Theorie, die durch Hinzufügung von $N^{=}$ zu einer kanonischen Form der Logik zweiter Stufe entsteht, äqui-konsistent zur Arithmetik zweiter Stufe ist.[7]

Dass auch Frege selbst erkannt haben muss, dass ihm dieses Prinzip für seine Begründung der Arithmetik ausreicht, wird daran ersichtlich, dass er in den zum Ende der *GlA* gegebenen Beweisskizzen zentraler Lehrsätze der Arithmetik außer auf $N^{=}$ auf keinen Satz zurückgreift, der nicht bereits in der *BS* als logisch hätte bestimmt werden können. Frege wusste also, dass die logische Theorie *bs*, substantiell erweitert allein durch $N^{=}$, ausreicht, um den ‚technischen' Teil seines Vorhabens ins Ziel zu bringen. Wenn also $N^{=}$ in ganz offensichtlicher Weise (logisch)[8] wahr wäre und Frege dies auch gewusst hätte, könnten wir die Ausfüh-

---

[6] Für diese Beweise vgl. Heck (1993).

[7] Dass die Konsistenz von Freges Theorie die der Arithmetik zweiter Stufe impliziert, folgt bereits aus der Beweisbarkeit der fünf Peano-Axiome. Die andere notwendige Implikationsbehauptung kann man durch die Konstruktion eines Modells von Freges Theorie in einem der Arithmetik zweiter Stufe beweisen, wie sie z.B. in Boolos (1998b, S. 187f.) ausgeführt wird.

[8] Warum sogar die *logische* Wahrheit von $N^{=}$ erforderlich ist, soll erst unten in III.VI. eingehend dargestellt werden.

rungen zu seiner Theorie der Arithmetik an dieser Stelle beschließen. Stattdessen aber ist $N^=$ höchst problematisch und Frege wusste dies. Die Probleme einer Arithmetikbegründung mittels $N^=$ sowie Freges Sicht der relevanten Zusammenhänge sollen im Rest dieses § aufgezeigt werden.

Ein erster Hinweis dahingehend, dass die Frage nach der Wahrheit von $N^=$ nicht leicht zu beantworten ist, ergibt sich wie folgt: Analysiert man das Prinzip etwas eingehender, wird sofort augenfällig, dass es (vor dem Hintergrund der kanonischen Logik zweiter Stufe) ausschließlich in *unendlichen Gegenstandsbereichen* erfüllbar ist – in endlichen Gegenstandsbereichen verfügen wir nie über genügend Gegenstände, um jeder Äquivalenzklasse der nach ‚Gleichzahligkeit' faktorisierten Potenzmenge des Trägers einen eigenen Gegenstand zuordnen zu können. Diese Einschränkung jedoch sollten wir als höchst problematisch verstehen, denn können wir von einem Prinzip zur Grundlegung der natürlichen Zahlen nicht erwarten, dass es uns erklärt, *warum* es unendlich viele Zahlen gibt, und zwar ohne Rückgriff auf die selbst fragwürdige These, dass es unendlich viele Gegenstände gibt? Bei Frege jedoch weitet sich dieses Problem zu einer offenkundigen Zirkularität aus, denn ihm zufolge ist der Übergang von der rechten Seite von $N^=$ – dass wir also eine Äquivalenzrelation zwischen Begriffen nachweisen – zur linken Seite, auf der wir eine Identität zwischen Zahlen aussagen, *nicht* als in einem ontologischen Sinn zu verstehende Erschaffung dieser Zahlen zu verstehen. Dies wird anhand seines Beweises, dass jede natürliche Zahl einen Nachfolger besitzt, besonders deutlich. In diesem Beweis fasst Frege die natürlichen Zahlen beginnend mit der 1 als Anzahlen der Begriffe, unter die jeweils allein die vorhergehenden natürlichen Zahlen fallen (und die 0 bereits im Sinne ihrer auch heute noch kanonischen mengentheoretischen Deutung):

$$0 := N_x(x \neq x)$$

$$1 := N_x(x = 0)$$

$$2 := N_x(x = 0 \vee x = 1)$$

$$\vdots$$

Diese Beweisstrategie involviert aber bereits die These, dass Zahlen Objekte sind, und das wiederum heißt für $N^=$ nichts anderes, als dass die natürlichen Zahlen bereits zum Trägerbereich der erststufigen Variablen von $N^=$ gehören müssen.[9] Weil Frege mittels der Zugehörigkeit der natürlichen Zahlen zu dem Träger, über den diese Quantoren laufen, beweist, dass jede endliche Kardinalzahl einen Nachfolger besitzt, kann man also nicht davon sprechen, dass die Zahlen erst durch dieses Prinzip eingeführt werden, sondern sie werden in ihm bereits

[9] Sein Vorgehen zeigt genau genommen, dass Frege, obwohl er sehr wohl eine Hierarchie von Begriffen und Funktionen anerkennt (er klassifiziert diese stufenweise anhand der zulässigen Argumente und nahm so zumindest partiell eine Typentheorie für Funktionen und Begriffe vorweg), in Bezug auf Objekte davon ausgeht, dass für sie keine analoge Stufung vorliegt, sondern alle dem gleichen Gebiet angehören. Denn nur vor diesem Hintergrund ist der eben angedeutete Beweis ausführbar.

vorausgesetzt. Oder kürzer: Frege versteht die Bedeutungsfixierung der Anzahlausdrücke in $N^=$ *imprädikativ*.[10] Wenn es also für ihn in $N^=$ nicht darum gehen kann, die Zahlen in einem ontologischen Sinn einzuführen, wie ist dieses Bikonditional dann zu verstehen?

Man kann Freges Ausführungen zu $N^=$ sehr gut dadurch charakterisieren, dass für ihn zwar der Übergang von der rechten zur linken Seite keine ontologische Erschaffung der Anzahlen darstellt, aber sehr wohl erst einen kognitiven Zugriff auf die Zahlen gestatten soll. $N^=$ scheint für ihn als Erklärung zu fungieren, wie wir etwas über Zahlen *erkennen* können. Die eben erwähnte und in dem Beweis, dass jede endliche Kardinalzahl einen Nachfolger besitzt, besonders deutlich hervortretende Überzeugung Freges, dass Zahlen zu den Objekten gehören, gestaltet aber ebenfalls ein adäquates Verständnis der epistemologischen Rolle, die er $N^=$ zuweist, als schwierig. Diese Schwierigkeit hängt eng mit der Imprädikativität von $N^=$ zusammen: Wenn man $N^=$ als Erklärung versteht, wie wir eine Kenntnis vom Funktionieren des Anzahloperators N_x erlangen können, dann besteht das Problem darin, dass der Bereich von Objekten, über die in der Erklärung des Operators quantifiziert wird, bereits die Objekte enthält, die in $N^=$ erst mit Hilfe des Operators eingeführt werden sollen. Der Erkenntnisgang, den $N^=$ beschreiben soll, kann für Frege also nicht die naheliegende Form annehmen, dass wir bereits ein *vollständiges* Verständnis der auf der rechten Seite quantifizierten Gesamtheit besitzen würden und dann aus diesem Verständnis heraus mittels $N^=$ ein Verständnis des Operators entwickeln können. Stattdessen gibt es Objekte im Bereich der erststufigen Quantoren, auf die wir *allein* mit Hilfe des Operators überhaupt erst Bezug nehmen können. Die ontologische Imprädikativität von $N^=$ besitzt somit auch deutlich spürbare Auswirkungen hinsichtlich einer epistemologischen Rekonstruktion dieser Äquivalenz.

Dass die sowohl auf der ontologischen als auch auf der epistemologischen Seite erkennbare Zirkularität für Frege tatsächlich prinzipiell unvermeidbar ist, wird erkennbar daran, dass ihm die Möglichkeit, die Bereiche der Quantoren auf der rechten Seite von $N^=$ von vornherein derart zu spezifizieren, dass die fraglichen Objekte aus dem Träger entfernt werden, nicht offen steht. Dass Freges spezieller Beweis der Unendlichkeit der Anzahlenreihe eine solche Spezifikation nicht zulässt wurde bereits erwähnt, aber ein wichtigerer Grund für die Unmöglichkeit einer solchen Modifikation entstammt bereits seiner Logikkonzeption, dass *wir nämlich den Wertebereich der Variablen prinzipiell nicht einschränken dürfen*. An dieser Stelle bekommen wir eine der für Frege gewichtigsten Motivationen dieser These vor Augen geführt: Würden wir eine solche Einschränkung des Trägerbereichs durchführen und z.B. die Zahlen aus ihm entfernen, dann würde es auf der Grundlage unserer Theorie nicht mehr möglich sein, zu erklären, dass man „auch die Zahlen selbst (...) zählen“[11] kann. Für Frege aber ist ei-

[10] Eine Bestimmung wird als *imprädikativ* bezeichnet, wenn in ihr Bezug auf eine Gesamtheit genommen wird, der das jeweils zu Bestimmende angehört.

[11] Frege (1967g, S. 103).

ner der zentralen Beweggründe für die These, dass die Arithmetik ein Teil der Logik ist, gerade die, dass die Zahlen *universell* anwendbar sind.

Die einzige Freges Aussagen gerecht werdende Interpretation dieser problematischen Situation besteht meiner Meinung nach darin, diese Zirkularität als wesentlichen und bewusst hingenommenen Bestandteil seiner Philosophie zu akzeptieren: Man sollte Frege an dieser Stelle so verstehen, dass es für ihn nicht mit seiner Auffassung der maximalen Allgemeinheit der logischen Variablen in Übereinstimmung zu bringen ist, dass man Quantoren prinzipiell erst dann einführen darf, wenn man alle Objekte, über die quantifiziert werden soll, präzise spezifizieren kann. Freges Theorie scheint sich demgegenüber eher so darzustellen, dass man zwar kein denkbares Objekt explizit aus dem Träger ausschließen darf, die Rechtmäßigkeit dieses Ausgangspunktes aber nicht davon abhängt, jedes von diesen Objekten bereits eindeutig identifizieren zu können. Wir erkennen eher nachträglich, und zwar über unsere Bestimmung angemessener Identitätskriterien, dass bestimmte Gegenstände immer schon existierten. Wir kommen so nach und nach – über sprachliche Hilfsmittel wie $N^=$ – zu einem besseren Verständnis der Gesamtheit dieser Gegenstände, indem wir für immer mehr Objekte Identitätskriterien zu formulieren lernen. Diese Vorgehensweise im übrigen wird durch die internalistische Bedeutungskonzeption der *GlA* ohnehin nahe gelegt: Ihr zufolge lernen wir das, über das wir jeweils sprechen, erst dadurch überhaupt zu erkennen, dass wir in der Sprache bestimmte syntaktische Klassifikationen auszuführen lernen und darüber hinaus erfahren, wie die Wahrheit bestimmter Sätze zu überprüfen ist.

An dieser Stelle dürfte klar sein, dass Frege $N^=$ als einen der Sätze betrachtet, die oben (S. 114) in These *B* ausgezeichnet wurden: Indem wir den Satz zu verstehen lernen, erkennen wir erst die Bedeutungen einiger in ihm auftretender Worte und damit erst seine Wahrheitsbedingungen. Jedoch erkennen wir auch durch die somit erweiterte Kenntnis der Gegenstände die Bedeutung der Quantoren nicht vollständig, denn das würde ausschließen, dass wir in der Zukunft über ähnliche Aussagen wiederum Aufschluss über Gegenstände erhalten könnten. Dies deutet bereits darauf hin, dass es ob seiner internen Komplexität alles andere als einfach sein dürfte, plausibel dafür zu argumentieren, dass Sätze wie $N^=$ tatsächlich zu den Sätzen zu rechnen sind, von denen in *B* gesprochen wird, und zwar weil als fraglich gelten muss, ob $N^=$ tatsächlich alles das selbst erklärt, was zur Kenntnis seiner Wahrheitsbedingungen erforderlich ist. Im Verlauf der nächsten Kapitel werden wir noch auf dieses für Freges Vorhaben zentrale Problem zurückkommen müssen (vgl. unten S. 165ff.).

Versuchen wir abschließend unsere bisherigen Ausführungen über den Status von $N^=$ in Freges Theorie zusammenzufassen, so darf man davon sprechen, dass wir mit diesem Prinzip eine *Erklärung* bekommen sollen, wie wir auf bereits vorhandene Objekte angemessen referieren können. Oder noch etwas allgemeiner scheint $N^=$ eine Art *hermeneutisches Prinzip* darzustellen, das es uns ermöglichen soll, aus einem nicht vollständig artikulierten Vorwissen über den Inhalt der rechten Seite die Gewissheit zu extrahieren, dass unter den Gegenständen auch Zahlen zu finden sind. Crispin Wrights Charakterisierung von $N^=$ als „explanatory axiom“[12] würde dies alles präzise auf den Punkt bringen, aber allein dann, wenn Frege selbst $N^=$ als Axiom verwenden würde. *Er tut dies aber nicht.* Da oben allerdings bereits gezeigt wurde, dass es keinerlei Beweggründe die Ableitbarkeit arithmetischer Sätze betreffend gibt, die Frege zu diesem Entschluss zwingen könnten, müssen diese also anderer als rein ‚technischer' Natur sein. Und die letzte Aufgabe dieses § soll nun noch im Nachweis der Gründe liegen, die Frege dazu führen, $N^=$ nicht als Axiom anzuerkennen, sowie in einer umrisshaften Darstellung seiner stattdessen gewählten Strategie.

Das ‚Julius-Cäsar-Problem'

Betrachten wir $N^=$ einmal so, als ob es eine *Definition* des Operators N_x abgeben soll: $N^=$ kann nicht als *explizite* Definition verstanden werden, sondern allein als *kontextuelle*. Es ist nämlich allein mit Hilfe dieser Äquivalenz unmöglich, *jeden* Kontext, in dem der Operator auftaucht, durch einen solchen zu ersetzen, in dem allein etwas über eine bestimmte Äquivalenzrelation zwischen Begriffen ausgesagt wird. Es ist für die Elimination des Operators stattdessen wesentlich, dass *beide Seiten* der Identitätsaussage eine Form aufweisen, in der einem Begriff eine Anzahl zugesprochen wird. Sollte auf einer der beiden Seiten ein Ausdruck einer anderen Form auftauchen, so ist die in $N^=$ niedergelegte Äquivalenz nicht länger anwendbar. $N^=$ erlaubt somit allein *vollständige Phrasen* der Form ‚$N_xF(x) = N_xG(x)$' zu ersetzen und für Frege stellt es ein großes Problem dar, dass bestimmte andere Kontexte durch $N^=$ nicht auflösbar sind: „(…) [W]ir können – um ein krasses Beispiel zu geben – durch unsere Definitionen nie entscheiden, ob einem Begriffe die Anzahl Julius Cäsar zukomme, ob dieser bekannte Eroberer Galliens eine Zahl ist oder nicht.“[13] Diese in der Literatur als *Julius-Cäsar-Problem* bekannt gewordene Schwierigkeit ist für Frege der zentrale Grund, $N^=$ nicht als Axiom aufzunehmen.

Wenn man zu erklären versucht, warum für Frege dieses Problem besonders schwerwiegend ist, dann erkennt man noch einmal mit aller Deutlichkeit die zentrale Rolle des *Anwendungsbezugs* in seiner Theorie der Arithmetik: Wie bereits erwähnt müssen für Frege die Zahlen (weil sie dem Gebiet der Logik angehören) universell anwendbar sein, was heißt, dass *alles* gezählt werden kann. Wenn wir jedoch mit Hilfe unserer Theorie nicht ausschließen können, dass Julius Cäsar die Zahl 3 ist, dann könnten wir diese beiden Gegenstände *nicht* zählen, weil wir nicht wüssten, ob wir nicht zweimal den gleichen Gegenstand zählen. Die Ermangelung einer Lösung des Julius-Cäsar-Problems würde es also letztlich unmöglich machen, grundlegende Anwendungen der Arithmetik zu erklären und dieser Sachverhalt erscheint als Grund dafür, dass Frege dem Problem eine so große Aufmerksamkeit widmet.

---

[12] Wright (1983, S. 184).

[13] Frege (1988, S. 67).

Der einzige mir bekannte Autor, der bisher diesen wichtigen Zusammenhang von Julius-Cäsar-Problem und Anwendungsbezug erkannt hat, ist Michael Potter. In seiner Explikation von deren Bezug wird zudem deutlich, warum Frege eine sich aus einer modernen Perspektive geradezu aufdrängende Lösung des Problems nicht verwenden konnte: „[A] formal language in which Julius Caesar cannot be spoken of is one in which he cannot be counted, and in such a language the applicability of arithmetic remains unexplained."[14] Frege kann seine Theorie nicht so gestalten, dass ihr Gegenstandsbereich Julius Cäsar nicht enthält, denn wie oben gezeigt unterminiert diese Strategie die universelle Anwendbarkeit der Arithmetik.

Frege gibt also letztlich aufgrund des Julius-Cäsar-Problems $N^{=}$ als mögliches Axiom auf. Stattdessen sucht er sein Heil in folgender expliziter Definition des Anzahlbegriffs:

> *A:* „Die Anzahl, welche dem Begriffe *F* zukommt, ist der Umfang des Begriffs ‚gleichzahlig dem Begriffe *F*'."[15]

Frege führt an dieser Stelle die später für die Theorie der *GgA* so problematischen *Begriffsumfänge* ein und wenn man einer seiner späteren Ausführungen folgt und diese mit *Klassen* identifiziert,[16] definiert er an dieser Stelle Anzahlen als Äquivalenzklassen von Begriffen unter der Relation der ‚Gleichzahligkeit', sprich der in $D_{R_{1-1}}$ beschriebenen Relation.

Aber selbst die Erklärung von Begriffsumfängen durch den Begriff der Klasse liegt zumindest solange nicht auf der Hand, soweit man allein die *GlA* zu Rate zieht, denn die eben genannte explizite Definition des Anzahlbegriffs stellt die *einzige* Stelle des Buches dar, an der Frege überhaupt den Begriff des ‚Begriffsumfangs' erwähnt und zudem fügt er in der eben angegebenen Definition dem Ausdruck ‚Umfang des Begriffs' eine Fußnote hinzu, in der er betont, dass er voraussetzt, „dass man wisse, was der Umfang eines Begriffs sei."[17] Dass Frege selbst die Unzulänglichkeit dieser erratischen Passage erkannt haben muss, wird daran deutlich, dass er in späteren Texten die Kenntnis dessen, was ein Begriffsumfang sei, nicht länger als selbstverständlich voraussetzt. Dieses Problem wird in den *GgA* zu lösen versucht, indem ein Prinzip eingeführt wird, das als Erklärung verstanden werden kann, wie uns Begriffsumfänge (bzw. insgesamt das, was Frege *Werteverläufe*[18] nennt, die eine echte Obermenge der Begriffsumfänge bilden) zugänglich sind. Dieses Prinzip, das in das logische System der

---

[14] Potter (2000, S. 108).

[15] Frege (1988, S. 76).

[16] Vgl. hierzu z.B. Frege (1967b, S. 208).

[17] Frege (1988, S. 76).

[18] Da Frege seit *FuB* die beiden Wahrheitswerte als Objekte betrachtet, braucht er nicht länger zwischen Begriffen und Funktionen zu unterscheiden, denn beide können von nun an als Abbildungen von *n*-Tupeln von Objekten auf einzelne Objekte betrachtet werden. Die den Funktionen zugeordneten ‚Klassen' bezeichnet Frege als Werteverläufe und weil nun die Begriffe eine echte Teilmenge der Funktionen bilden, bilden die Begriffsumfänge ebenfalls eine echte Teilmenge der Werteverläufe.

GgA als das notorisch problematische Axiom *V* inkorporiert wird, weist sehr starke Ähnlichkeiten zu $N^{=}$ auf, was auch einer der Hauptgründe ist, warum es bereits hier angeführt werden soll, obwohl eine allgemeine Analyse der Rolle so genannter *Abstraktionsprinzipien* (zu denen sowohl $N^{=}$ als auch *V* gehören) in Freges Philosophie erst in III.VI. vorgestellt werden soll.

$N^{=}$ sollte einen Zugriff auf Anzahlen ermöglichen, indem es ein Identitätskriterium für Anzahlen auf der Grundlage einer bestimmten Relation zwischen Eigenschaften angibt. Auf eine ganz ähnliche Weise soll uns *V* einen Zugriff auf Werteverläufe durch die Angabe eines Identitätskriteriums erlauben und dieses Kriterium bietet auch in diesem Fall eine Äquivalenzrelation zwischen Eigenschaften, aber hier stehen die Eigenschaften nicht im Verhältnis einer wechselseitig eindeutigen Zuordnung der sie besitzenden Gegenstände, sondern in dem der *Koextensionalität*, also einem, dem zufolge jedes Objekt die eine Eigenschaft genau dann besitzt, wenn es ebenfalls die andere besitzt:

$$V: \qquad \forall F,G\left[\dot{\varepsilon}(F(\varepsilon)) = \dot{\alpha}(G(\alpha)) \leftrightarrow \forall x(F(x) \leftrightarrow G(x))\right]$$

Die Ausdrücke, für die auf der linken Seite des Bikonditionals ihre Identität behauptet wird, sind Freges Ausdrücke für die Werteverläufe, die den Funktionen *F* und *G* mittels des durch die griechischen Buchstaben und den spiritus lenis gebildeten Abstraktionsoperators zugeordnet werden. Eine genauere Analyse von *V* sowie dessen Ähnlichkeiten zu $N^{=}$ soll aber bis zu dem Zeitpunkt aufgeschoben werden, an dem sich der so wichtigen Frage, wie uns Frege zufolge ‚logische Objekte' gegeben sein sollen, zugewendet werden soll.

Die Überlegungen dieses § münden somit in einer Lösung des Julius-Cäsar-Problems durch die Einführung von *V*, weil Frege mittels *V* die angestrebte Definition des Anzahlbegriffs formulieren sowie $N^{=}$ beweisen kann.

Soweit die versprochene umrisshafte Darstellung von Freges letztlich gewählter Strategie. Bevor diese Strategie und allem voran das Ungenügende der vorgestellten Lösung im kommenden Kapitel noch thematisiert werden sollen, gilt es jetzt die bisherigen Ausführungen zu Freges Theorie der Anzahlen erst einmal seiner in den *GgA* präsentierten Theorie der reellen Zahlen gegenüber zu stellen, da eine Erkenntnis der immensen Ähnlichkeit beider Theorien in hervorragender Weise dazu befähigt, die allgemeinen Charakterzüge von Freges Zahlentheorie insgesamt deutlich vor Augen zu führen.

§ II. Die reellen Zahlen

Ein Grund, warum Freges Theorie der reellen im Gegensatz zu der der natürlichen Zahlen mit derart wenigen Kommentaren bedacht wurde,[19] besteht sicherlich in der äußerst rudimentären Form ihrer Überlieferung (ihre Vollendung sollte erst im nicht mehr verfassten dritten Teil der *GgA* geleistet werden). Ein mindestens ebenso triftiger Grund muss jedoch in ihrer vollkommen eigenen

---

[19] Die mir bekannten Ausnahmen bilden Von Kutschera (1976), Dummett (1991) und Simons (1995).

Vorgehensweise und Begriffsbildung veranschlagt werden. Nicht, dass Freges Theorie der natürlichen Zahlen zur Zeit ihrer Entstehung keine vollkommen eigene und neuartige Theorie gewesen wäre. Aber die Theorien der reellen Zahlen z.B. Dedekinds und Cantors lagen zu der Zeit, als Frege seine Theorie erarbeitete, bereits vor und wurden von ihm rezipiert. Dass er diese nach wie vor akzeptierten Theorien allerdings in Bausch und Bogen ablehnte, muss wohl vielen Rezipienten als deutliches Indiz dafür erschienen sein, dass seine Theorie der reellen nicht in gleichem Maße von Wert sein könnte wie die der natürlichen Zahlen.

Da jedoch eine formal exakte Darstellung von Freges Theorie der reellen Zahlen einige recht elaborierte Begriffsbildungen voraussetzen würde, soll der formale Aufbau der Theorie nicht eigens erarbeitet werden, zumal sämtliche der für die hier zu klärende Fragestellung relevanten Aspekte der Theorie Freges anhand des informellen Abrisses bestimmt werden können, den er dem begriffsschriftlichen Aufbau seiner Theorie der reellen Zahlen vorausschickt. In diesem werden nämlich nicht allein die zentralen technischen Begriffe vorbereitet, sondern es wird vor allem die *Motivation* erkennbar, die ihn zur Genese seiner eigenen Theorie trieb – und bereits an dieser werden sich die für unsere Fragestellung wesentlichen Punkte bestimmen lassen.

Eine der augenfälligsten Eigenheiten der Theorie Freges besteht darin, dass er nicht den Weg einschlägt, sukzessive über eine Erweiterung der natürlichen über die ganzen und rationalen zu den reellen Zahlen zu gelangen. Es ist nämlich Frege zufolge nicht möglich „das Gebiet der Anzahlen zu dem der reellen Zahlen zu erweitern“, denn „es sind eben ganz getrennte Gebiete.“[20] Die somit wesentliche Differenz beider Zahlarten bringt er wie folgt auf den Punkt: „Die Anzahlen antworten auf die Frage: ‚wie viele Gegenstände einer gewissen Art gibt es?‘ während die reellen Zahlen als Maasszahlen betrachtet werden können, die angeben, wie gross eine Grösse verglichen mit einer Einheitsgrösse ist.“[21] Die reellen Zahlen sind also Frege zufolge als Antworten auf Fragen der Form ‚Wie groß?‘ zu verstehen – und es ist die in den zwei unterschiedlichen Fragen zum Ausdruck gebrachte Differenz hinsichtlich der *Anwendung* der Zahlarten, die Frege zu der These führt, dass wir für beide Gattungen jeweils eigene Theorien zu konzipieren hätten. Dass der Verweis auf deren spezifische Anwendungen für ihn darüber hinaus sogar das *primäre* Kriterium zur Individuation von Zahlarten darstellt, wird daran deutlich, dass er in den *GgA* keinen Versuch unternimmt, überhaupt ganze oder rationale Zahlen zu definieren: Da Frege allein zwei Formen der Anwendung von Zahlen in den veröffentlichten Teilen der *GgA* vorsieht, definiert er in der gebotenen Konsequenz auch nur zwei Arten von Zahlen.

Vor diesem Hintergrund ist verständlich, dass Frege die von ihm kritisierten Theorien allem voran durch den Vorwurf angreift, dass sie die Anwendbarkeit der reellen Zahlen nicht hinreichend erklären können. Man könnte allerdings meinen, dass Frege die kritisierten Theorien überhaupt nicht substantiell trifft,

---

[20] Frege (1966, Bd. II, S. 155).
[21] Ebd.

weil man problemlos eine Theorie angeben kann, die erklärt, wie das Messen von Größen mittels einer jeden Struktur, die die kanonischen Axiome der reellen Zahlen erfüllt, modelliert werden kann. Frege will sich aber mit einer solchen Lösung nicht zufrieden geben, weil sie allein eine *nachträgliche Ergänzung* wäre, die Anwendungen einer Theorie aber bereits in den von ihr verwendeten Begriffen zum Vorschein kommen müssten:

> „Aber wir vermeiden zugleich den bei [den kritisierten Theorien der reellen Zahlen] hervortretenden Mangel, dass das Messen entweder gar nicht vorkommt, oder ohne innern, im Wesen der Zahl selbst begründeten Zusammenhang rein äusserlich angeflickt wird, woraus dann folgt, dass eigentlich für jede Grössenart besonders angegeben werden müsste, wie sie zu messen wäre, und wie man dadurch eine Zahl erhielte."[22]

Frege will also eine Theorie, durch deren Rezeption man bereits in eine Position gelangt, sie zum Messen quantitativer Verhältnisse auch tatsächlich verwenden zu können. Peter Simons weist auf den Mangel der kritisierten Theorien hin, wenn er Freges Theorie mit modernen mengentheoretischen Konstruktionen der reellen Zahlen vergleicht: „If we did not allready knew that the real numbers are used in measurement of magnitudes, we should never divine this however long we stared at their set-theoretic counterparts or replacements."[23] Um einem solchen Schicksal zu entgehen, muss Frege seine eigene Theorie also derart gestalten, dass der für die Anwendungen reeller Zahlen zentrale Begriff der *Größe* eine Rolle *in dieser Theorie selbst* spielt, und zwar analog derjenigen, die der Begriff des ‚Begriffs' in seiner Theorie der Anzahlen spielt.

Wie zu erwarten, widmet sich Frege erst einmal der Frage, was etwas als eine Größe auszeichnet. Unter Hinweis auf die schier unüberblickbare Menge von Größen – Längen, Maße, Temperaturen,... – aber geht er im weiteren davon aus, dass man die Frage, wann etwas als Größe auszuzeichnen wäre, durch eine andere ersetzen sollte: „Statt zu fragen: welche Eigenschaften muss ein Gegenstand haben, um eine Grösse zu sein? muss man fragen: wie beschaffen muss ein Begriff sein, damit sein Umfang ein Grössengebiet sei?"[24] Frege will darauf hinaus, dass etwas als eine Größe allein im Verhältnis zu anderen Größen ausgezeichnet werden kann, mit anderen Worten gehört eine Größe immer zu einem *Größensystem*, was für Frege wiederum nur heißen kann, dass alle Größen dieses Systems unter einen gemeinsamen Begriff fallen.

Im Folgenden stehen also die wesentlichen Struktureigenschaften von Größengebieten zur Debatte: Frege möchte eine möglichst umfassende Darstellung von Größensystemen und geht deswegen nur von solchen aus, die keinen absoluten Nullpunkt besitzen. Denn solche mit absolutem Minimum, wie etwa ‚elektrische Spannung', könnten allein eine Grundlage bieten, um die *positiven* reellen Zahlen einzuführen. Die Möglichkeit, positive und negative reelle Zahlen

---

[22] Ebd. S. 157.
[23] Simons (1995, S. 367).
[24] Frege (1966, Bd. II, S. 158).

zu bestimmen, verbindet Frege dann zweifellos korrekt mit der Idee einer *inversen Relation* (der Wechsel des Vorzeichens ist die Entsprechung der Inversenbildung). Weil sie seine Anforderungen also erfüllen geht Frege im Folgenden davon aus, dass Größengebiete aus zweistelligen Relationen (bzw. genau genommen deren Extensionen) bestehen und abgeschlossen sind unter Inversenbildung: ‚*x* ist 2 cm größer als *y*' ist eine solche Größe, und ihr Größengebiet enthält ebenfalls die Relation ‚*y* ist 2 cm kleiner als *x*'. Im Ausgang von einer Passage Gaussens bestimmt Frege dann noch weitere notwendige Abschlusseigenschaften angemessener Größensysteme, die uns hier aber nicht beschäftigen sollen.

Die reellen Zahlen selbst sind Verhältnisse der gerade beschriebenen Relationen. Bestimmen wir die erste der angeführten Relationen als die positive Größe 2 cm, dann ist jedes ihrer Verhältnisse zu anderen Größen dieses Systems durch eine reelle Zahl bestimmbar. Die reellen Zahlen sind also binäre Äquivalenzrelationen über einem passenden Größengebiet und die zugrunde liegende Äquivalenzrelation ist die des gleichen Verhältnisses beider Größen zueinander.

Dies sind bereits die wesentlichen Ergebnisse von Freges informeller Vorrede seiner Theorie der reellen Zahlen (außer dem hier nicht berücksichtigen Nachweis der Existenz eines angemessenen Größengebiets). Aber das Gezeigte genügt auch bereits vollauf, um die Motivation dieser Theorie erkennen zu können, mit deren Erläuterung wir uns hier wie gesagt begnügen wollen: Diese Motivation besteht primär in dem Versuch, ihre spezifische Anwendung in der Definition der reellen Zahlen erkennbar zu machen und ist damit dieselbe, die auch in Freges Theorie der endlichen Kardinalzahlen nachgewiesen wurde und gerade in ihrer direkten Gegenüberstellung wird der diese Motivation bildende Versuch, ihre Anwendungen möglichst direkt in den einzelnen Definitionen zu verankern, überaus deutlich.

Wenn man nämlich an dieser Stelle rückblickend und im Sinne eines Resümees aus einer konsequent anwendungsbezogenen Perspektive auf die einzelnen gegebenen Definitionen und Analysen blickt, stellen sich die Definitionen Freges fast natürlich ein. Da die primäre Anwendung der Anzahlen für Frege in der Bestimmung liegt, wie viele Objekte unter einen *Begriff* fallen und Frege Anzahlen als Äquivalenzklassen ‚gleichzahliger' Begriffe definiert, liegt die Anwendbarkeit der einzelnen Zahlen sofort auf der Hand: *n* ist anwendbar auf den Begriff *X* gdw. *X* zu der Äquivalenzklasse gehört, die als *n* bestimmt wurde.

Die Anwendung reeller Zahlen ist das Messen einer Größe und zwei Größenverhältnisse $\langle a,b \rangle$ und $\langle c,d \rangle$ bestimmen die gleiche reelle Zahl gdw.

$$\frac{a}{b} = \frac{c}{d}.$$

Fasst man reelle Zahlen als Klassen von Relationen zwischen Größenverhältnissen, wird auch ihre Anwendung klar: Eine reelle Zahl *r* ist anwendbar auf ein Größenverhältnis $\langle a,b \rangle$ gdw. $\langle a,b \rangle$ unter die Relation fällt, als deren Klasse *r* bestimmt wurde.

Es zeigt sich somit eine sehr große Kontinuität zwischen Freges Theorie der Anzahlen und der der reellen Zahlen, die dann besonders zum Tragen kommt, wenn man erkennt, dass ein Großteil ihrer Motivation gerade darin besteht, ihre Anwendungen zu erklären. Die hier gegebene Darstellung kann somit als Stützung folgender These Michael Dummetts verstanden werden: „Far from insisting on the purity of mathematics, and treating its applications as philosophically irrelevant, [Frege] is, among all the philosophers of mathematics, that one who assigned to applicability its most central place.“[25] Dass aber Frege den Anwendungen einen so großen Platz in seiner Rekonstruktion der Arithmetik einräumt, hängt wie in der Einleitung dieses Kapitels bereits erwähnt zweifelsohne mit seinem *Internalismus* zusammen: Eine eindeutige Erklärung ihrer Anwendbarkeit stellt nämlich in einem internalistischen Rahmen die einzig vorstellbare Erklärung dar, dass die entstehende Theorie den Zwecken auch tatsächlich angemessen ist, die wir mit ihr zu erreichen suchen und bildet insofern einen internalistischen ‚Ersatz' für den unmöglichen Nachweis der Angemessenheit der definierten Objekte in Bezug auf intuitiv gegebene.

Im folgenden Kapitel soll Freges hier nur umrissene spätere Strategie genauer unter die Lupe genommen, die von Axiom *V* und der expliziten Definition *A* ihren Ausgang nimmt und insbesondere soll seine spätere Explikation der in den *GlA* noch als bekannt vorausgesetzten ‚Begriffsumfänge' erläutert werden.

1. Die Bedeutungsgleichheit zwischen in Freges Symbolismus definierten Ausdrücken und solchen der tradierten Arithmetik kann im Ausgang von Freges Bedeutungstheorie allein über die Äquivalenz der Ausdrücke in Bezug auf die Wahrheitswertbestimmung sie enthaltender vollständiger Sätze bestimmt werden. Diese Äquivalenz ist nicht allein in Bezug auf arithmetische Sätze, sondern hinsichtlich jeder in Inferenzen verwendbaren Aussage aufzuweisen.

2. Um zu zeigen, dass die von ihm definierten Ausdrücke bedeutungsgleich zu solchen der tradierten Arithmetik sind, verankert Frege bereits in ihren Definitionen die Möglichkeit ihrer Anwendung.

3. Frege definiert die endlichen Kardinalzahlen hinsichtlich ihrer Anwendung auf Begriffe (bzw. Eigenschaften) und die reellen Zahlen in Bezug auf ihre Anwendung auf Größenverhältnisse.

---

[25] Dummett (1991, S. 61).

III.V.

Werteverläufe und Kontextprinzip in den *Grundgesetzen der Arithmetik*

Das alleinige Ziel dieses Kapitels besteht in einer Analyse der einführenden §§ von Freges *GgA*. Die Gründe, noch einmal genauer auf diese einzugehen, dürften besonders nach den Ausführungen zum Anzahlbegriff im letzten Kapitel auf der Hand liegen: Die für ein adäquates Verständnis der logischen Grundlagen der Arithmetik so wichtigen ‚Werteverläufe' werden in den *GlA* auf eine völlig unzureichende Weise behandelt. Erst wenn man deren Fundierungsversuch in den *GgA* und das eng mit ihm zusammenhängende Axiom *V* in die Betrachtung mit einbezieht, kann man mit Fug und Recht behaupten, Freges Programm in seiner intendierten Vollendung und nicht allein einen bloßen Aspekt behandelt zu haben. Denn bevor ihn der Brief Russells erreichte, schien für Frege das in den *GgA* vorgestellte System endlich das gesuchte *vollständig abgeschlossene Theoriegebäude* darzustellen, das durch die spezifische Einführung der Werteverläufe und der Hinzunahme von *V* seine ultimative Grundlage bekommen hatte.

Neben diesen offensichtlichen Gründen, die für eine Behandlung der *GgA* sprechen, stellt sich aber zudem das Problem, dass viele Kommentatoren die einführenden Passagen dieses Werks auf eine Weise interpretiert haben, die nicht mit den oben aufgestellten Thesen über Freges Bedeutungskonzeption vereinbar zu sein scheint. In diesem Kapitel, das aus nur einem einzigen § besteht, wird sich auch dieser Schwierigkeit angenommen.

§ I. Zur Bedeutungsfixierung der Werteverlaufsnamen in den *GgA*

Wie im letzten Kapitel gezeigt fühlt Frege sich in den *GlA* letztlich zu einer expliziten Definition des Anzahlbegriffs im Rückgriff auf so genannte ‚Begriffsumfänge' gezwungen und setzt zu allem Überfluss auch noch voraus, dass ein jeder wissen muss, was der Umfang eines Begriffs ist. Retrospektiv muss sich dieses Ergebnis jedoch als hochgradig unbefriedigend dargestellt haben, denn er erklärte Zahlen anhand ihrer Identität mit Objekten, bezüglich derer er aber letztlich als einzigen Kommentar den anzubieten hatte, dass sie als bekannt vorauszusetzen wären.

Zur Gegebenheitsweise der Werteverläufe

Es ist also nicht weiter verwunderlich, dass Frege das Problem der spezifischen Gegebenheitsweise der ‚Werteverläufe' (zu denen wie bereits erwähnt auch die Begriffsumfänge gehören) in den *GgA* erneut aufgreift. Dass seine Bewertung der Ergebnisse der *GlA* in dieser speziellen Hinsicht ziemlich vernichtend ausgefallen sein muss, bemerkt man daran, dass er nun ganz besonders deutlich macht, dass wir die Bekanntheit mit Werteverläufen nicht von Beginn an voraussetzen dürfen. In Freges Erklärung, wie wir zu einem angemessenen Verständnis ihrer vordringen können, spielt Axiom *V* die maßgebliche Rolle, oder genauer gesagt erst einmal sogar die einzige, denn eine informelle Formulierung von *V* ist in der ersten Einführung der Werteverläufe im § 3 der *GgA* alles, was wir von Frege zur Aufklärung ihres Status angeboten bekommen.

Im jetzt ausführlich zu erläuternden § 10 widmet sich Frege dann erneut den Werteverläufen und fragt, ob das auf der rechten Seite von *V* gegebene Identitätskriterium ausreichend ist, ob es also sicherstellen kann, dass wir einen Werteverlauf immer auch als solchen zu erkennen in der Lage sind. Dass dies nicht der Fall ist, erläutert Frege wie folgt: Angenommen unsere Sprache würde dazu ausreichen, eine *wechselseitig eindeutige* Funktion X zu formulieren, also eine, die neben der funktionalen Eigenschaft $x=y \rightarrow X(x)=X(y)$ ebenfalls folgende besitzt:

$$X(x)=X(y) \rightarrow x=y.$$

Wenn wir für eine solche Funktion Werteverläufe als Argumente zulassen, gilt für diese Werte folgendes Identitätskriterium:

$$(1) \qquad \dot{\varepsilon}(F(\varepsilon)) = \dot{\alpha}(G(\alpha)) \leftrightarrow X(\dot{\varepsilon}(F(\varepsilon))) = X(\dot{\alpha}(G(\alpha)))$$

Unter Zuhilfenahme von *V* erhalten wir somit aber:

$$(2) \qquad [\forall x(F(x) \leftrightarrow G(x))] \leftrightarrow \dot{\varepsilon}(F(\varepsilon)) = \dot{\alpha}(G(\alpha)) \leftrightarrow X(\dot{\varepsilon}(F(\varepsilon))) = X(\dot{\alpha}(G(\alpha)))$$

Dieses Ergebnis muss so verstanden werden, dass für die Werte der Funktion X für Werteverläufe als Argumente *exakt die gleichen* Identitätskriterien vorliegen wie für die Argumente selbst. Sollten aber die Werte von X selbst keine Werteverläufe seien, dann hätten wir demnach kein Kriterium, um sie von diesen unterscheiden zu können. Nach dieser Einsicht muss Frege sich also fragen, welche Komplikationen diese Unterbestimmtheit seinem System bereiten kann.

Erst einmal versucht er das Problem so weit wie möglich einzugrenzen: Bezüglich der drei in den bisherigen §§ eingeführten *Funktionen* (die Negation, den Waagerechten sowie die Identität) weist er daher darauf hin, dass sich sämtliche entstehenden Probleme auf allein die Identitätsfunktion betreffende Probleme zurückführen lassen.[1] Bezüglich der Frage aber, für welche *Gegenstände* die Identitätsfunktion Probleme bereiten kann, weist Frege darauf hin, dass dies allein Werteverläufe und die beiden Wahrheitswerte seien könnten, denn andere wären bislang nicht eingeführt. Da er letztere aber zudem als bekannt voraussetzt, besteht für die Identitätsfunktion keine Schwierigkeit, wenn beide Argumente Wahrheitswerte sind. Sollten dem entgegen beide Argumente Werteverläufe sein, besteht ebenfalls kein Problem, weil für diesen Fall eine Wahrheitswertzu-

[1] Vgl. Frege (1966, Bd.I., S. 16f.). Die Rückführbarkeit ist naheliegend und wird hier nicht eigens behandelt.

schreibung anhand der in *V* niedergelegten Umsetzungsregel *Frege zufolge*[2] immer möglich ist. Bleibt also der Fall der Identitätsfunktion zu klären, in dem ein Argument ein Wahrheitswert und der andere ein Werteverlauf ist.

Ob der anspruchsvollen Argumentation der bisher analysierten Teile des § 10 mag es erfreuen, dass mit dem so formulierten Problem ein alter Bekannter erneut die Bühne betreten hat, und zwar der aus dem letzten Kapitel hinlänglich bekannte römische Imperator. Denn wie in dem im letzten Kapitel vorgestellten Julius-Cäsar-Problem geht es auch hier um Wahrheitsbedingungen ‚transkategorialer Identitätsaussagen'. Eine erste augenfällige Besonderheit der Fassung dieses Problems in den *GgA* besteht allerdings darin, dass es diesmal allein um *zwei* Kategorien und damit auch lediglich um zwei Arten von Identitätskriterien geht, die auf mögliche Unbestimmtheiten untersucht werden müssen – und nicht wie in den *GlA* um eine schier unübersehbare Vielzahl unterschiedlicher Identitätskriterien, die aufeinander hätten abgestimmt werden müssen, was das analoge Problem dort ja zu einer schier unlösbaren Aufgabe machte. Mit dieser Neuerung der Problemstellung hängt es dann auch zusammen, dass Frege weitaus vorbereiteter ist und uns nicht mit einer *ad hoc* Lösung abspeist wie noch in den *GlA*. Frege sagt uns also nicht, dass wir aufgrund dieses Problems *V* aufzugeben und eine explizite Definition des Werteverlaufsbegriffs anhand eines noch grundlegenderen logischen Axioms zu suchen hätten, sondern er ist der Überzeugung, das Problem diesmal auf eine Weise lösen zu können, die den fundamentalen Status von *V* unangetastet lässt.

Freges Problem besteht also darin, dass keine Handhabe gegeben ist, um zu entscheiden, ob die Wahrheitswerte unter Umständen Werteverläufe sind. Seine Lösung ist die im Folgenden als *Identifizierbarkeitsthese* bezeichnete:

> *IT*: Es ist „immer möglich zu bestimmen, dass ein beliebiger Werteverlauf das Wahre und ein beliebiger das Falsche sein solle."[3]

Freges Begründungsversuch dieser These ist inzwischen als *Permutationsargument* bekannt. Man kann die Strategie dieses Arguments vielleicht am besten so verstehen, dass Frege den Grund des Übels zu dessen Heilung zu verwenden sucht: Er benutzt nun nämlich die Unbestimmtheit mancher Identitätssaugen durch *V* und die Tatsache, dass oben in Bezug auf die Familie wechselseitig eindeutiger Funktionen auf folgendes hingewiesen wurde: Ohne die Festsetzungen von *V* zu verletzten, kann man hinsichtlich je zweier distinkter Gegenstände ebenfalls bezüglich der Werte, welche ihnen durch wechselseitig eindeutige Funktionen F_w zugeordnet werden, von deren Distinktheit ausgehen. Man kann dann folgende *generelle* Aussage darüber treffen, auf welche Weise die Identitätskriterien durch *V* noch unterbestimmt bleiben:

(3) $$[\forall x(F(x) \leftrightarrow G(x))] \leftrightarrow \dot{\varepsilon}(F(\varepsilon)) = \dot{\alpha}(G(\alpha)) \leftrightarrow \dot{\varepsilon} \circ F_w(F(\varepsilon)) = \dot{\alpha} \circ F_w(G(\alpha))$$ [4]

---

[2] Diese Aussage ist nicht haltbar, da sich aufgrund der Imprädikativität von Freges System Zirkel herstellen lassen und somit *V* nicht jeden derartigen Kontext entscheiden kann.

[3] Frege (1966, Bd. I, S. 17).

Im Besonderen beruft sich Frege dann zur Begründung von *IT* auf die Permutationsfunktion *X*, die für zwei beliebige unterschiedene Objekte *a* und *b* wie folgt definiert ist:

$$X(x) = \begin{cases} \text{Das Wahre für } x = a \\ \text{Das Falsche für } x = b \\ a \text{ für } x = \text{ Das Wahre} \\ b \text{ für } x = \text{ Das Falsche} \\ x \text{ sonst} \end{cases}$$

Diese Funktion bietet nun in der Tat die geforderte Möglichkeit, die beiden Wahrheitswerte mit *beliebigen* Werteverläufen zu identifizieren. Wenn man somit die beiden Wahrheitswerte mit Werteverläufen identifizieren darf und damit *der gesamte Objektbereich allein Werteverläufe umfasst*, ist letztlich die Identitätsrelation aufgrund von *V* (modulo des in Fußnote 2 Gesagten) vollständig bestimmt. Dies ist Freges Permutationsargument, mit dem er *IT* begründet: Ohne die Festsetzungen von *V* zu verletzten, können wir annehmen, dass die beiden Wahrheitswerte Werteverläufe sind.

Diese sehr komplexe Argumentation Freges wäre hier nicht so eingehend dargestellt worden, wenn man sie nicht als schwerwiegendes Problem für die bisher angebotene Interpretation speziell des Bedeutungsbegriffs Freges verstehen könnte. Ob diese Schwierigkeiten tatsächlich bestehen, soll jetzt im zweiten Teil dieses § analysiert werden, bevor abschließend noch einige Besonderheiten der Bedeutungskonzeption der *GgA* gegenüber der der *GlA* aufgezeigt werden sollen.

Das Kontextprinzip in den GgA

Die genannten Schwierigkeiten werden besonders deutlich, wenn man das Permutationsargument als *modelltheoretisches* Argument rekonstruiert: Das Argument zeigt dann erstens, dass sofern es überhaupt ein Modell gibt, das *V* erfüllt, es dann mehr als nur eins gibt und zweitens, dass mindestens eines von diesen die fraglichen Identitätsaussagen entscheidbar macht. Die intuitive Verständlich-

---

[4] Es mag als fraglich erscheinen, warum die wechselseitig eindeutige Funktion hier anders bestimmt wird als oben in (2). Aber es lässt sich sich zeigen, dass sich diese Differenz vollständig auf der Linie von Freges eigener Argumentation befindet: Zu Beginn von § 10 spricht er von einem Standpunkt aus, an dem das logische System und insbesondere die Werteverläufe bereits als gegeben betrachtet werden, weswegen (2) eine adäquate Rekonstruktion des an dieser Stelle angegebenen Arguments ist. Aber später geht es um die Bestimmung einer Permutation, die *induktiv* über alle Ausdrücke der Sprache definiert wird. Eine solche Induktion muss zuerst auf die basalen sprachlichen Einheiten angewendet werden, und dies sind in den *GgA nicht Werteverläufe, sondern Funktionen*. Vgl. zu diesem komplexen und hier nicht in jedem Detail ergründbaren Zusammenhang Schroeder-Heister (1987) sowie Moore; Rein (1987).

keit, die das in Freges eigener Formulierung doch recht sperrige Argument dergestalt erhält, wird der Grund dafür sein, dass es inzwischen sehr oft als modelltheoretisches Argument rekonstruiert wird. In einer solchen Rekonstruktion wird es als Unterbestimmtheitsresultat in dem Sinn dargestellt, dass man allein mit den Mitteln einer objektsprachlichen Theorie die die Theorie erfüllenden Modelle allein höchstens bis auf Isomorphie beschränken kann, zwischen solchen isomorphen Modellen selbst aber nicht mehr unterscheiden kann. Die möglichen Permutationen X bzw. F_w generieren dann solche unterschiedlichen Modelle, und dass man zwischen ihnen mit den zur Verfügung stehenden sprachlichen Mitteln nicht mehr unterscheiden kann, zeigt sich darin, dass sie alle V erfüllen (auf die allgemeinste Weise also in (3)).

Freges explizite Identifikation der Wahrheitswerte mit bestimmten Werteverläufen kann vor diesem Hintergrund so gedeutet werden, dass er in der Metatheorie eines der auf der Objektebene nicht unterscheidbaren Modelle herausgreift und diesem den Status des intendierten Standardmodells zuweist. Dieses Vorgehen würde aber die Bedeutung der sprachlichen Ausdrücke auf eine Weise festlegen, die keine Entsprechung mehr in den objektsprachlichen Wahrheitswertzuweisungen besitzt – denn in der modelltheoretischen Rekonstruktion wird zwischen Permutationen differenziert, *die sämtliche Wahrheitswerte der objektsprachlichen Sätze erhalten*. Es ist somit ausgeschlossen, dass die auf diese Weise stipulierte Referenzrelation vollständig mit objektsprachlichen Mitteln zustande gebracht werden kann. Und an dieser Stelle dürfte die Unvereinbarkeit der modelltheoretischen Rekonstruktion des Permutationsargument mit der oben vertretenen starken Interpretation von *KP* augenfällig werden, denn in der jetzigen Darstellung scheint Frege davon auszugehen, dass die Bedeutungsfestlegung von Ausdrücken Bestandteile aufweisen kann, die sich prinzipiell nicht in der linguistischen Praxis der Objektsprache widerspiegeln können. Michael Dummett weist deutlich auf diese vermeintliche Inkohärenz hin:

> „The permutation argument thus entails that the references of the terms may change even though no single sentence of the formal language undergoes any alteration in truth-value. This consequence is in flat contradiction with the context principle. (...) [The permutation argument] presupposes a connection between proper names and their referents that transcends what is required for a determination of the truth-values of the sentences containing those proper names (...)."[5]

Dass Dummett aber trotz der auf den ersten Blick treffend scheinenden Tendenz seines Kommentars das Argument missversteht, wird daran deutlich, dass er in Freges Theorie ohne weiteren Kommentar eine *vollständige* Theorie vermutet: Er versteht Frege so, als ob dieser die Meinung vertritt, dass *von vornherein* jeder wohlgeformte Satz dieser Theorie einen bestimmten Wahrheitswert besitzt. Vor diesem Hintergrund hätten die Permutationen tatsächlich keinerlei objektsprachliche Relevanz, denn diese müssen ja jeden einem Satz einmal zugewiesenen Wahrheitswert erhalten. Mir stellt sich jedoch Freges Argumentation so

[5] Dummett (1991, S. 422f.).

dar, dass er zu Beginn des § 10 davon ausgeht, dass Identitätsaussagen zwischen Wahrheitswerten und Werteverläufen *tatsächlich noch unbestimmt* sind. Wenn diese Unvollständigkeit der Theorie Freges zugestanden wird, dann besitzt das Permutationsargument sehr wohl objektsprachliche *Konsequenzen*, denn es bleiben zwar sämtliche bereits fixierten Wahrheitswerte der objektsprachlichen Sätze erhalten, aber bestimmte Sätze, die bislang unbestimmt waren, erhalten erst jetzt einen Wahrheitswert. Man kann also an dieser Stelle mit Fug und Recht davon sprechen, dass Frege mit dem Permutationsargument ein Problem zu lösen versucht, *das auch vor dem Hintergrund einer internalistischen Bedeutungskonzeption ein handfestes Problem darstellt.* Um tatsächlich eine Vereinbarkeit des Permutationsarguments mit der internalistischen Konzeption begründen zu können ist allerdings nicht allein zu zeigen, dass das Ziel des Arguments ein auch im Rahmen der internalistischen Konzeption verständliches Ziel ist, sondern darüber hinaus ist selbstverständlich auch zu zeigen, dass die *Methoden*, die in dem Argument zur Verwendung kommen, mit unserer internalistischen Interpretation in Einklang zu bringen sind. Dieser Frage wollen wir uns jetzt zuwenden.

Mit welchen Hilfsmitteln argumentiert Frege für *IT*? Seine Argumentation für die These leistet zumindest nicht das, was man von einem metatheoretisch-semantischen Argument verlangen würde, nämlich einen Konsistenzbeweis, in dem eine Struktur spezifiziert wird, die allein aus Werteverläufen besteht und *V* erfüllt. Die zentrale Rolle in dieser Argumentation spielen vielmehr die oben als (1), (2) und (3) bezeichneten Äquivalenzen und die Wahrheit von *IT* soll dem Leser deswegen als plausibel erscheinen, weil er an diesen Äquivalenzen erkennt, dass aus der Möglichkeit, einen Widerspruch aus einem ihrer rechten Glieder abzuleiten, sofort die Möglichkeit folgen würde, ebenfalls einen Widerspruch aus *V* selbst zu beweisen. Per Kontraposition können wir somit aus der Wahrheit von *V* auf die der anderen Sätze schließen und damit auf die Korrektheit von *IT*. Frege appelliert hier also nicht an die Konstruktion eines den Sätzen genügenden Gegenstandsbereichs, sondern versucht einzig auf bestimmte *Beweisbarkeits*verhältnisse hinzuweisen. Das Permutationsargument besitzt also objektsprachliche Konsequenzen und verläuft anhand von Hinweisen auf identische Beweisbarkeitsbedingungen ebenfalls objektsprachlicher Sätze. Auch die Methodik des Arguments also ist damit in Übereinstimmung zu bringen, dass auch in den *GgA* eine internalistische Bedeutungskonzeption zum Ausdruck kommt.

Das Verhältnis des Bedeutungsbegriff der GgA zu dem der GlA

Versuchen wir jetzt die Bedeutungskonzeption der *GgA* etwas abstrakter zu artikulieren, indem wir uns in die Position von jemandem begeben, der anhand von Freges Ausführungen nach und nach die Bedeutungen der eingeführten Ausdrücke zu verstehen sucht. Als Sprecher der vorgestellten Sprache lernen wir als ursprüngliche Objekte allein Wahrheitswerte und Werteverläufe kennen, müssen aber im § 10 erkennen, dass wir über Identitäten zwischen diesen Objekten bisher nichts sagen können. Das Permutationsargument zeigt, dass eine Reihe von Erweiterungen der bis zu diesem § eingeführten Identitätskriterien mit ihnen verträglich sind. Freges Identifikation der Wahrheitswerte mit bestimmten Werteverläufen ist vor diesem Hintergrund als Wahl einer bestimmten Erweiterung zu interpretieren. Wenn wir die Rede von Identitätskriterien mit den obigen Ausführungen zur Bedeutungstheorie Freges in Verbindung setzen, müssen wir ihn so verstehen, dass es nicht etwa der Fall ist, *dass bereits fixierte Bedeutungen der Ausdrücke im § 10 noch einmal verändert würden, sondern die Ausdrücke erhalten eine vollständige Bedeutung überhaupt erst darüber, dass sie in diesem § mit hinreichenden Identitätskriterien ausgestattet werden*. Es geht im Permutationsargument nicht um die metatheoretische Spezifikation der Referenzen bestimmter Ausdrücke, sondern erstens um die Erkenntnis einer Unterbestimmtheit der logischen Sprache und zweitens um deren Beseitigung anhand der Erweiterung der Identitätskriterien *in der Sprache*. Die Leser der *GgA* werden also im § 10 letztlich zu der Erkenntnis geführt, dass sie bislang mit Ausdrücken umgegangen sind, die noch keine vollständig fixierte Bedeutung besaßen.[6]

Versuchen wir jetzt dieses Kapitel abschließend noch das Verhältnis von *GlA* und *GgA* zu bestimmen: Da bereits die bisherigen Ausführungen, dass man das Permutationsargument sehr wohl mit der Bedeutungskonzeption der *GlA* in Einklang bringen kann, als Argument für eine Übereinstimmung der jeweiligen Bedeutungskonzeptionen zu werten sind, soll hier allein ein weiteres Indiz für die These, dass Frege an dem in den *GlA* zum Ausdruck gebrachten Bedeutungsbegriff auch zu Zeiten der *GgA* festhielt, angeführt werden. Da die anzuführende Argumentation der §§ 29-31 – in der Frege zeigen will, dass jeder Name seines Systems eine Bedeutung besitzt – aber ähnlich komplex ist wie das eben dargestellte Permutationsargument, sollen nur einige wenige offensichtliche Unvereinbarkeiten zwischen dieser Argumentation und der These vorgestellt werden, der zufolge Frege in den *GgA* sein kontextuelles Bedeutungsverständnis verworfen hat.

Es erscheint als plausibel, dass Frege die Probleme im § 10 dazu veranlasst haben, ein Argument dafür anzugeben, dass nicht nur die in diesem § aufgedeckten Unbestimmtheiten durch die Identifikation von Wahrheitswerten mit Werteverläufen aufgehoben werden, sondern dass auch sonst keine derartigen Unbestimmtheiten mehr bestehen. Wenn Frege zeigen kann, dass jeder wohlgeformte

[6] Vor dem Hintergrund eines internalistischen Bedeutungsverständnisses kann diese Argumentation zudem als weitere Plausibilisierung der oben in Fußnote 4 begründeten Position der Permutationsfunktion F_w in (3) angesehen werden: Es scheint mit Freges Vorgehen nicht vereinbar, dass man bereits über eine vollständig bestimmte Gegenstandsmenge verfügen würde, die man dann im Nachhinein permutiert. Ein solches Vorgehen würde nämlich in der Tat nicht erkennen lassen, welche *objektsprachlichen* Konsequenzen Frege sich vom Permutationsargument hätte erhoffen können. Stattdessen scheint er durch die dargestellten Überlegungen zu Beweisbarkeitsrelationen darauf hinweisen zu wollen, dass der bereits für die Bildung von Gegenstandsnamen wesentliche Abstraktionsoperator durch die bisherigen Bestimmungen noch nicht auf *eine bestimmte* Funktion festgelegt ist. Er zeigt dann, dass wir ihn ohne mit unseren bisherigen Annahmen in Konflikt zu geraten stets so interpretieren können, dass er neben der Zuordnung der Funktionen zu ihren Werteverläufen ebenfalls sicherstellt, dass wir ausschließlich von Werteverläufen als Gegenständen ausgehen dürfen.

Ausdruck der Theorie eine Bedeutung besitzt, würde dies ebenfalls erkennen lassen, dass der Beitrag eines jeden solchen Ausdrucks zu vollständigen Sätzen vollständig bestimmt ist und damit jedwede Unbestimmtheit ausgeschlossen ist.

Wenn man aber das Permutationsargument als Absage an eine kontextuelle Bedeutungstheorie versteht und damit in den *GgA* eine moderne metatheoretische Semantik vermutet, dann müsste sich das diesbezügliche Vorgehen im Vergleich zu dem in den *GlA* angewandten umgekehrt haben: Es müssten zuerst explizit bestimmte Entitäten als Bedeutungen der einfachen Ausdrücke eingeführt werden, um dann auf dieser Grundlage mittels eines Korrektheitsbeweises zu schließen, dass jeder aus diesen Ausdrücken aufgebaute Satz ebenfalls bedeutungsdefinit ist. Aus einer konsequent metatheoretischen Lesart des Permutationsarguments würde zudem sogar folgen, dass man letztlich auf diese Weise verfahren *muss*, um sicherzustellen, dass man den Ausdrücken die gewünschten Bedeutungen zuweist: Denn das Permutationsargument zeigt in dieser Lesart ja gerade, dass wir allein mit objektsprachlichen Mitteln nie allein eine einzige Struktur von Objekten als Bedeutungen der Ausdrücke identifizieren können, weil wir zwischen Permutationen dieses Bereichs nicht unterscheiden können.

Vor diesem Hintergrund dürfte es den Leser der *GgA* verwundern, dass Freges Argument in den §§ 29-31 einen anderen Verlauf nimmt. Denn mit Ausnahme der beiden Wahrheitswerte verfährt Frege in jedem weiteren Fall so, dass „der Kreis der als bedeutungsvoll anzuerkennenden Namen" erweitert wird, „indem wir nachweisen, dass die aufzunehmenden mit den schon aufgenommenen bedeutungsvolle Namen bilden, indem die einen an passende Argumentstellen der anderen treten."[7] Ohne uns eingehend mit diesem Argument Freges zu beschäftigen, müsste doch augenfällig sein, dass dieses Bedeutungskriterium dem Kontextprinzip weitaus näher steht als den Ansprüchen einer metatheoretischen Semantik: Was hier gefordert wird, damit ein Ausdruck eine Bedeutung besitzt, ist allein, dass sein Beitrag zu den sprachlichen Kontexten, in denen er auftreten kann, vollständig bestimmt ist.

Auch wenn aus dieser Darstellung ersichtlich geworden sein sollte, dass die in den *GgA* zu findende Bedeutungskonzeption sehr große Ähnlichkeiten zu der in den *GlA* formulierten aufweist, so muss doch ebenfalls festgestellt werden, dass auch Differenzen erkennbar werden. Diese hängen allem voran mit den spezifischen Lösungen des Julius-Cäsar-Problems in beiden Schriften zusammen. In den *GlA* wird dieses Problem von Frege vor dem gewählten Hintergrund für unlösbar befunden, weil eine Lösung vorausgesetzt hätte, die Identitätskriterien aller nur erdenklichen singulären Terme aufeinander abgestimmt zu haben. Diese Forderung aber wurde oben als eine bestimmt, die Frege nicht leichtfertig aufgeben kann, denn mit ihr ist elementar die universelle Anwendbarkeit der Arithmetik verbunden: Man kann Objekte allein dann zählen, wenn man sie von *allen* anderen Objekten unterscheiden kann. Die Lösung des Problems in den *GgA* macht aber auf den ersten Blick nicht den Anschein, als könnte sie diese univer-

---

[7] Frege (1966, Bd. I, S. 48).

selle Anwendbarkeit sichern, denn diese Lösung besteht darin, dass er allein zwei Arten von Objekten einführt und daher auch lediglich deren Identitätskriterien aufeinander abzustimmen hat.

Dass Frege sich zu Zeiten der *GgA* der These, dass wir alles zählen können, nur noch in einem schwächeren Sinn verpflichtet fühlt und somit eine Differenz zum Logizismusprogramm der *GlA* erkennbar wird, kann wie folgt gezeigt werden: Jemand, der die Sprache der *GgA* erlernen will, benötigt Frege zufolge zu Beginn allein eine Kenntnis von zwei Objekten, dem Wahren und dem Falschen. Im Ausgang von diesem Wissen führt Frege dann die basalen Funktionen der logischen Sprache ein, indem er seinen Symbolismus erläutert. Im Laufe dieser Erläuterung wird dann ebenfalls der Abstraktionsoperator eingeführt und mit diesem eine weitere Art von Objekten, die aus den Funktionen gewonnenen Werteverläufe. Ein zentraler Aspekt seines weiteren Vorgehens nun scheint mir das eben beschriebene Permutationsargument darzustellen. In ihm wird gezeigt, dass die Identitätskriterien, die für die bisher etablierten Objekte formuliert wurden, allein noch nicht ausreichen, um bestimmte Identitätsaussagen zu entscheiden, deren eines Argument ein bereits eingeführter singulärer Term und deren anderes einer der neu hinzugekommenen ist. Diese Schwierigkeit ist wie erwähnt ein Reflex des Julius-Cäsar-Problems der *GlA*. Frege aber scheint das Problem jetzt als nurmehr *lokales* Problem anzusehen. Diese Neubewertung kommt in seiner Lösungsstrategie zum Tragen, denn er versucht nicht alle Identitätskriterien auf einen Schlag aufeinander abzustimmen, sondern ihm scheint eine *schrittweise* Erweiterung der Theorie vorzuschweben, in der man jeweils die mit einem bestimmten Identitätskriterium verbundenen singulären Terme in die Theorie einführt und für jede dieser Arten einzeln überprüft, ob Unbestimmtheiten auftreten, die man dann gegebenenfalls zu beseitigen hat.[8] Will man also daran festhalten, dass Frege sich auch zu Zeiten der *GgA* der These verpflichtet fühlt, dass man ‚alles' zählen kann, dann erscheint dies nur dann möglich, wenn man ebenfalls anerkennt, dass Frege den Begriff ‚alles' spätestens seit den *GgA* als einen sich stetig erweiternden Begriff veranschlagt, über dessen Bedeutung wir uns nach und nach sukzessive mehr, aber niemals vollständig Klarheit verschaffen können. Wir bekommen hier also die späte Lösung eines tief schürfenden Problems vor Augen geführt, mit dem Frege seit den Tagen der *BS* gerungen hatte: Wie man nämlich in angemessener Weise das Gegenstandsgebiet der Logik spezifizieren könne.

Zusammenfassend muss man also folgende Differenz im Detail zwischen *GlA* und *GgA* sehr wohl herausstellen: In den *GlA* geht es Frege um so etwas wie einen *synchronen Logizismus*, der es erforderlich macht, dass für alle Gegenstände gleichzeitig geklärt wird, dass wir sie zählen können. Von dieser starken

---

[8] Dass Frege in der Tat eine derartige sukzessive Erweiterung seiner Theorie durch immer weitere Objekte favorisiert hat und diese Erweiterung mit einem Abgleich der jeweiligen Identitätskriterien verbindet, wird z.B. deutlich in einem Brief an Russell vom 03.08.1902: „Sobald man einen neuen Gegenstand nicht als Werteverlauf in die Betrachtung einführt, muss man zugleich die Frage beantworten, ob er ein Werteverlauf sei (...)." In Frege (1976, S. 225).

Position verabschiedet er sich in den *GgA* und fordert nurmehr einen *expansiven Logizismus*, der damit vereinbar ist, dass wir nach und nach Identitätskriterien verschiedener Gegenstandstypen einführen und aufeinander abstimmen und erst nach diesem Prozess mit Sicherheit davon ausgehen dürfen, dass wir die Elemente des spezifizierten Gegenstandstyps auch tatsächlich zählen können.

Nachdem in diesem Kapitel deren Wichtigkeit erkennbar wurde, sollen im Folgenden Freges Ausführungen über Werteverläufe im Besonderen und über *logische Objekte* im Allgemeinen nachgezeichnet werden.

1. Die Bedeutungsfixierung der Werteverlaufsnamen zu Beginn der *GgA* macht deutlich, dass Freges Bedeutungsbegriff zu Zeiten der *GgA* nicht wesentlich von dem in den *GlA* formulierten abweicht.

2. Die logische Theorie der *GgA* soll das Julius-Cäsar-Problem dadurch lösen, dass die Theorie erst nach und nach durch weitere Klassen singulärer Terme erweitert wird – hierzu sind in jedem neuen Fall Unbestimmtheiten in den formulierbaren Identitätsaussagen auszuschließen.

III.VI.

Logische Axiome und logische Objekte

Die letzten beiden Kapitel waren vornehmlich einer Darstellung von Freges Rekonstruktion der Arithmetik im Rahmen seines Logiksystems gewidmet. Die möglichst genaue Darstellung der systemimmanenten Konstruktionen ging allerdings zu Lasten einer eingehenden Hinterfragung der grundlegenden Annahmen, vor deren Hintergrund Frege allererst dieses System entwickelte. In diesem Kapitel soll dies nun nachgeholt werden.

Eine gerade vor dem Hintergrund des modernen Logikverständnisses besonders bemerkenswerte Annahme Freges besteht darin, dass sein Vorgehen impliziert, dass rein logische Sätze uns der Existenz sogar *bestimmter* Objekte versichern können. Der Wichtigkeit dieser als ‚logische Objekte' bezeichneten Werteverläufe für Freges Vorhaben steht nämlich die nahezu allen modernen Logikkonzeptionen immanente These entgegen, dass die Logik allein außerstande ist, die Existenz irgendwelcher Objekte zu verbürgen.

Um diese herausragende Besonderheit von Freges logischem System verstehen zu können, ist vor allem das Verhältnis des kognitiven Vermögens, das Frege als die ‚logische Erkenntnisquelle' bezeichnet, zu den Abstraktionsprinzipien wie $N^{=}$ oder V genau zu betrachten. Denn dieses logische Vermögen trägt Frege zufolge dafür Sorge, dass mittels dieser Prinzipien die logischen Objekte auf eine bestimmte Weise kognitiv zugänglich werden und ebenfalls dafür, dass wir uns letztlich von deren *notwendiger Existenz* überzeugen können. Freges Begründung dieses Status hängt damit zusammen, dass er die Sätze, die uns der Existenz dieser Objekte versichern würden, als *logische Wahrheiten* einstuft.

Wenn im Verlauf dieses Kapitels ausgeführt wird, wie wir Frege zufolge einen Satz wie V als logische Wahrheit erkennen können, dann wird auch der Rückgriff auf eine Unterscheidung unumgänglich werden, die als die wohl philosophisch folgenreichste Unterscheidung Freges gelten kann, die zwischen *Sinn und Bedeutung*. Da aber diese Unterscheidung hier nicht um ihrer selbst Willen, sondern nur soweit diskutiert werden soll, wie sie für Freges Versuch der Begründung seiner Axiome als logisch wahre Sätze relevant ist und daher im Laufe der späteren Untersuchungen als Fremdkörper erscheinen würde, soll sie bereits jetzt sehr knapp eingeführt werden, um zu einem späteren Zeitpunkt kommentarlos auf Freges Verständnis dieser Begriffe zurückgreifen zu können.[1]

[1] Dass hier die Unterscheidung allein im Hinblick auf Freges Begründung seiner Axiome behandelt wird, impliziert allerdings bereits eine bestimmte Interpretation der Unterscheidung, auf die zwar kurz hingewiesen, aber für die nicht eigens argumentiert werden soll: Wenn im Laufe dieses Kapitels davon ausgegangen wird, dass Frege diese Unterscheidung heranzog, um zu begründen, wie wir uns von der logischen Wahrheit seiner Axiome überzeugen können, dann heißt das, dass auch diese Unterscheidung im Hinblick auf die Verifikation eines Teils der

Frege eröffnet seine Erörterung der Unterscheidung zwischen Sinn und Bedeutung mit einem mit der Identität verbundenen Problem:[2] Wenn in einer Identitätsaussage allein ein Verhältnis der jeweiligen *Bedeutungen* der singulären Terme zum Ausdruck gebracht werden würde, könnte kein Unterschied hinsichtlich des Erkenntniswerts von Aussagen der Form ‚*a*=*b*' und solchen der Form ‚*a*=*a*' festgestellt werden, denn zumindest wenn der erste Satz wahr ist, würde in beiden nichts anderes kund getan, als dass ein bestimmtes Objekt zu sich selbst in der Relation der Identität steht. Dass manche dieser Aussagen unsere Erkenntnis aber sehr wohl erweitern können, lässt sich ebenfalls nicht verstehen, wenn man derartige Aussagen als allein ein Verhältnis zwischen *Zeichen* beschreibend versteht: In diesem Fall würden Identitätsaussagen als allein die Syntax betreffende Verwendungsregeln spezifischer Zeichen zu verstehen sein und könnten uns ob ihres nun rein konventionellen Charakters kein Wissen über ‚die Welt' vermitteln. Um einen solchen Erkenntnisgewinn erklären zu können, müssen wir Frege zufolge etwas Drittes zwischen dem Zeichen und seiner Bedeutung annehmen, das er den *Sinn* nennt und durch den Hinweis darauf, dass ein Sinn eine spezifische ‚Gegebenheitsweise' einer Bedeutung darstellen würde, näher zu erläutern versucht. Um Freges tausendfach wiederholtes Beispiel heranzuziehen, können wir also durch den Satz ‚der Morgenstern = der Abendstern' tatsächlich eine Erkenntnis gewinnen, und zwar indem wir bemerken, dass der Versuch, die Bedeutungen der Ausdrücke zu erfassen, in beiden Fällen bei der gleichen Bedeutung endet. Man kann den Sinn eines Wortes also als die Art beschreiben, wie man von einem Zeichen zu seiner Bedeutung gelangt. In der Kategorie des Sinns kreuzen sich demnach sprachlich-semantische Auszeichnungen mit epistemologischen, denn mit dieser Kategorie wird die Frage zu lösen versucht, wie unser kognitiver Zugang zu den Bedeutungen sprachlicher Ausdrücke angemessen zu beschreiben ist.

Wichtig ist noch der Hinweis, dass Frege die Unterscheidung über die Klasse singulärer Terme ausdehnt erstens hinsichtlich von Prädikaten. Deren Bedeutungen sind ‚Begriffe' und deren Sinne Gegebenheitsweisen dieser Begriffe: So wären etwa ‚ist um 3 größer als *x*' und ‚ist um 2+1 größer als *x*' zwei Gegebenheitsweisen des gleichen Begriffs. Am wenigsten naheliegend ist dann sicherlich die dritte und letzte Erweiterung der Unterscheidung in Bezug auf *vollständige*

logizistischen These eingeführt wird. Freges Text ‚Über Sinn und Bedeutung' (Frege (1967d)) sollte also vor dem Hintergrund des logizistischen Programms bewertet werden und nicht, wie etwa Michael Dummett ((1973, Kap. 5) sowie (1981, Kap. 3)) vorschlägt, als Versuch der Etablierung einer philosophischen Semantik als *vollkommen eigenständiger* Theorie. Die Ausführungen oben in III.III. sollten verdeutlicht haben, dass es der hier gegebenen Interpretation zufolge in Freges Philosophiekonzeption keinen Platz für eine solche Theorie gibt. Vgl. für Interpretationen, die ebenfalls davon ausgehen, dass Frege mit diesem Text keine eigene Semantik einführen will, Sluga (1980, S. 149ff.) und Weiner (1997).

[2] Freges Ausführungen zu den im Folgenden dargestellten Punkten finden sich hauptsächlich in Frege (1967d).

Sätze: Die Bedeutung eines Satzes wird bestimmt als dessen Wahrheitswert und sein Sinn als der von dem Satz ausgedrückte Gedanke.

Um also im zweiten § auch mittels dieser nun zumindest rudimentär eingeführten Unterscheidung erklären zu können, wie wir Frege zufolge bestimmte logische Wahrheiten als solche erkennen und ebenfalls Zugang zu den logischen Objekten erreichen können, soll im ersten § die eng mit den Ausführungen im ersten Kapitel dieses Teils zusammenhängende Frage geklärt werden, wie Frege zufolge überhaupt Aussagen beschaffen sein müssen, damit sie als logische Wahrheiten ausgezeichnet werden können.

§ I. Zur Evidenz logischer Axiome

In vielen seiner Aussagen zum Logizismusprogramm hebt Frege die universelle Anwendbarkeit der Arithmetik hervor, um dieses Programm zu motivieren; so z.B. wenn er auf die „bei weitem grössere Anwendbarkeit der Zahlen“[3] gegenüber sinnlich gegebenen Objekten hinweist, um ihren genuin logischen Status zu plausibilisieren. Gemäß diesen Aussagen wurde in den letzten Kapiteln der Nachweis zu erbringen versucht, dass Freges Theorie der Arithmetik diese primär im Hinblick auf ihre Anwendungen zu rekonstruieren versucht. Der Zusammenhang zwischen dieser Strategie und der logizistischen These wurde dabei aber allerdings höchstens partiell erklärt, denn es wurde zwar ausgeführt, dass Frege seine konkreten Definitionen der Zahlbegriffe so zu formulieren versucht, dass sie im Rahmen seines logischen Systems deren Anwendbarkeit erklären. Jedoch wurde noch nicht geklärt, ob es neben der Ausführbarkeit der Definitionen *noch weitere* Anforderungen an das System gibt, die Frege zufolge ebenfalls erfüllt sein müssen, um durch den Hinweis auf die Definitionen dieses Systems die These begründen zu können, dass wir alles zählen können.

Die Sätze der Arithmetik als logische Wahrheiten

Im Folgenden soll versucht werden, die Anforderungen an Freges System anhand der Strategie zu bestimmen, mittels derer er für die universelle Anwendbarkeit der Arithmetik argumentiert. Um seine Strategie präzise bestimmen zu können, wird sich der Begriff der *Konservativität* als ausgesprochen hilfreich erweisen: Eine Theorie T_1 verhält sich konservativ zu einer anderen T_2 gdw. aus der Vereinigung beider Theorien kein Satz allein mit Hilfe des Vokabulars von T_2 gefolgert werden kann, der nicht bereits aus T_2 *allein* gefolgert werden kann. Diese als Verstärkung der Konsistenz von T_1 zu verstehende Eigenschaft stellt also mit anderen Worten sicher, dass die Konsequenzenmenge von T_2, relativiert auf das Vokabular dieser Theorie, identisch ist mit der von $T_1 \cup T_2$.

Frege nun will die Konservativität der Arithmetik hinsichtlich *jeder* Theorie beweisen: Wir können demnach Zahlen in Bezug auf jedes beliebige Gegenstandsgebiet verwenden und insofern in der Tat alles zählen. Den erforderlichen Konservativitätsnachweis kann man allerdings auf unterschiedliche Weise antre-

[3] Frege (1988, S. 36).

ten. Eine mögliche Einlösung besteht in einer *induktiven* Vorgehensweise: Man betrachtet der Reihe nach immer mehr Theorien und zeigt, dass die zur Debatte stehende diese sämtlich konservativ erweitert.[4] Freges Strategie allerdings ist eine vollkommen andere, und in ihr kommt dann auch sein *Logizismus* zum Ausdruck: Er versucht die Ableitbarkeit der Sätze der Arithmetik aus denen der Logik zu beweisen. Da aber bereits seiner Logikauffassung gemäß jede Theorie die Logik beinhaltet, beinhaltet also auch die Konsequenzenmenge jeder Theorie die Konsequenzenmenge der Logik. Mit anderen Worten versucht Frege also die *universelle Konservativität* der Arithmetik durch einen Beweis der Topik-Neutralität der arithmetischen Sätze zu zeigen, sprich durch den Nachweis ihrer als *logisch wahr*. Neben der Möglichkeit adäquater Definitionen macht Freges Ansatz es also noch erforderlich, dass die Sätze der Arithmetik allesamt logisch wahr sind. Die Frage, wie wir Frege zufolge sicherstellen können, dass auch dieses zweite Kriterium erfüllt ist, soll in diesem § beantwortet werden.

Die logische Wahrheit der *Theoreme* von Logik und Arithmetik wird darin offensichtlich, dass sie im Ausgang von wiederum logisch wahren Sätzen bewiesen werden können. Der Status der *Axiome* allerdings ist nicht auf diese Weise zu erklären. Die spezielle Formulierung, die Frege seiner Forderung nach *universeller* Anwendbarkeit der Arithmetik gibt – die Konservativität der Arithmetik für alle Theorien *auf einmal* beweisen zu wollen –, führt also zu der Frage, wie er die von ihm gewählten Axiome als logische Wahrheiten nachzuweisen versucht.

Wenn man nur einen eher flüchtigen Blick in die Texte Freges wirft, kann man es sich mit der Beantwortung der Frage, wie Frege zufolge die Axiome selbst zu rechtfertigen sind, durch den Hinweis, dass er diese schlicht als *selbstevidente* Sätze bezeichnet, sehr leicht machen. So bemerkt Frege z.B. in den *GgA*, dass „jede nicht ganz selbstverständliche Behauptung wirklich bewiesen werden“[5] müsse. Ein starkes Indiz für die Korrektheit dieser Zuschreibung kann man auch darin sehen, dass sich tatsächlich keine Stellen im Textkorpus Freges finden, an denen er explizit die Frage nach der logischen Wahrheit der Axiome *argumentativ* behandelt. Dieser Mangel erklärt sich sehr leicht aus der für unser gesamtes Denken basalen Funktion, die Frege den logischen Gesetzen zuspricht: Wenn ein Satz tatsächlich ein solches logisches Gesetz darstellt, dann impliziert dies für Frege, dass er in jeder Artikulation, die Anspruch auf rationale Verstehbarkeit erheben kann, bereits vorauszusetzen ist.

---

[4] Kenner der Philosophie der Mathematik werden sich in dieser Formulierung an das nominalistische Programm Hartry Fields (vgl. Field (1980)) erinnert fühlen. Trotz der im Text angedeuteten Ähnlichkeit unterscheiden sich beide Ansätze aber fundamental, und zwar vor allem darin, dass für Frege die Sätze der Arithmetik *logisch wahr* sind, wohingegen für Field sämtliche mathematische Aussagen, die mit dem Allquantor beginnen, trivial wahr und alle anderen falsch sind. Dieses auf den ersten Blick sonderbare Ergebnis rührt daher, dass Field zwar von einer klassischen Tarski-Semantik für mathematische Sätze ausgeht, aufgrund seiner nominalistischen Position aber ebenfalls davon, dass die Referenzobjekte, über die in mathematischen Aussagen quantifiziert wird, nicht existieren.

[5] Frege (1966, Bd. II, S. 73).

Die pragmatische Rechtfertigung der Axiome

Andererseits erklärt eine alleinige Zuschreibung einer solchen Position das Vorgehen Freges nur sehr partiell. Gerade seine Äußerungen den Status von *V* betreffend belegen nämlich eindringlich, dass Frege die logische Wahrheit dieses Satzes nicht als unbefragbar gegeben hingenommen hat: „Ich habe mir nie verhehlt, dass es nicht so einleuchtend ist, wie die andern, und wie es eigentlich von einem logischen Gesetz verlangt werden muss."[6] In meinen Augen stellen sich die von Frege seit seiner ersten Veröffentlichung von *V* in *FuB* immer wieder markierten Zweifel am Status dieses Axioms derart dar, dass in seinen Augen unsere Charakterisierung eines Satzes als selbstevident gerade nicht unfehlbar ist. Eine solche Einsicht aber lässt seine Position logischen Axiomen gegenüber in einem neuen Licht erscheinen, denn zwar lässt sich Frege zufolge einerseits nicht rational das Für und Wider eines Axioms diskutieren, aber andererseits wäre es vermessen, die intuitive Haltung gegenüber dem Status eines Satzes als das letzte Wort in dieser Hinsicht verstehen zu wollen. In Freges Schriften gewinnt man den Eindruck, dass er dieses Dilemma so aufzulösen versucht, dass erst ein *vollständiges Verständnis*[7] der relevanten Aussage eine adäquate Einsicht in dessen Selbstevidenz ermöglicht und dass die Frage nach der Selbstevidenz eines Satzes gerade nicht anhand einer ersten intuitiven Evaluation beantwortet werden kann.

Die Frage nun, wann ein derartiges vollständiges Verstehen Frege zufolge erreicht ist und welche Stadien ihm vorangehen, soll hier ausgehend von drei Beispielen behandelt werden, in denen seine spezifische Antwort auf diese Frage erkennbar wird. Das wohl wichtigste erste Beispiel bilden wie zu erwarten seine Ausführungen zu *V*. Er geht davon aus, dass erst die genaue Auseinandersetzung mit seinen Schriften nach und nach zu einem solchen vollständigen Verständnis dieses Satzes führen würde. Der Weg, der bis zum Erreichen dieses Zustands zurückzulegen wäre, bietet Frege aber einen gewissen Spielraum, in dem er seine eigene Unsicherheit hinsichtlich des Status von *V* artikulieren kann und in dem dann auch sein spezifischer Vorschlag zur Behebung der Probleme ersichtlich wird: Gerade die Genese des Systems in den *GgA* zeigt deutlich, dass Frege nicht der Meinung war, dass man überhaupt ein adäquates Verständnis von *V* erlangen kann, *ohne die inferentiellen Verknüpfungen zu erkennen, welche zwischen diesem Satz und anderen des Systems bestehen*. Er tituliert gar den ganzen zweiten Abschnitt der *GgA*, in dem die Beweise der Grundgesetze der Arithmetik zu finden sind, als „eine Probe auf meine logischen Überzeugungen."[8] Diese Überzeugungen stellen für Frege also gerade keine vollkommen unbefragbaren und selbstän-

---

[6] Ebd. S. 253.

[7] Es ist mir zwar keine Stelle bekannt, an der Frege selbst diesen Ausdruck verwendet, wenn er jedoch davon spricht, dass z.B. bestimmte seiner Axiome „zunächst wenig einleuchtend" (Frege (1988, S. 76)) sind, oder andererseits von Sätzen, die „früher für selbstverständlich" (Ebd. S. 13) gehalten wurden, so erklärt sich meines Erachtens diese Redeweise am besten dadurch, dass sich der logische Status dieser Sätze dadurch ändern kann, dass wir sie besser zu verstehen lernen.

[8] Frege (1966, Bd. I, S. XXVI).

digen Gewissheiten dar, sondern der Nachweis, dass zwischen ihnen und anderen Sätzen bestimmte inferentielle Relationen bestehen, kann wiederum als diese Überzeugungen stützende Tatsache herangezogen werden.

Das zweite Beispiel bildet eine weitere der in den *GgA* prominenten logischen Überzeugen, der zufolge die beiden Wahrheitswerte als Objekte zu behandeln sind. Auch bezüglich dieser Überzeugung findet eine ähnliche Form der Plausibilisierung statt: „Wie viel einfacher und schärfer (...) alles wird, kann nur eine eingehende Beschäftigung mit diesem Buche lehren.“[9]

Ganz besonders deutlich jedoch wird Freges Überzeugung, dass wir die Wahrheiten einer Theorie in ihrem Zusammenhang studieren müssen, im dritten Beispiel, in dem Definitionen solcher Ausdrücke im Mittelpunkt stehen, deren Bedeutungen bereits in der natürlichen Sprache derart scharf sind, dass sie eine Verwendung auch in einer strengen Wissenschaft zulassen und deren erneute Definitionen daher streng genommen überflüssig sind. Wir sollten Frege zufolge aber trotzdem nicht auf deren Definitionen verzichten, und zwar aus folgendem Grund:

> „Die eigentliche Bedeutsamkeit der Definition liegt in dem logischen Aufbau aus den Urelementen. Und deshalb würde man auf sie auch in einem solchen Fall nicht verzichten. Die Einsicht in den logischen Bau, die sie gewährt, ist nicht nur an sich wertvoll, sondern auch Bedingung für die Einsicht in die logische Verkettung der Wahrheiten. Die Definition ist ein Bestandteil des Systems der Wissenschaft.“[10]

Die wohl genaueste Beschreibung der sich in allen drei Beispielen zeigenden Strategie bietet Tyler Burges Beschreibung von Freges Vorgehen bei der Plausibilisierung logischer Axiome:

> „One might recognize the truth of the axioms independently of other truths only in so far as one fully understands the axioms. But understanding them depends not only on understanding Frege's elucidatory remarks about the interpretation of his symbols, but also on understanding their logical structure – their power to entail other truths, and their reason-giving priority. This latter understanding is not independent of reasoning that connects them to other truths. All full understanding involves discursive elements, even if recognition of the truth of axioms is, given sufficient understanding, 'immediate'".[11]

Ein letzter wesentlicher Aspekt von Freges Ausführungen zum Status seiner Axiome kann daran verdeutlicht werden, dass Burge diese Strategie an einer späteren Stelle dieses Textes als ‚pragmatisch'[12] bezeichnet. In der Tat ist diese Charakterisierung naheliegend, da Frege zufolge unser Verstehen der Axiome dadurch entsteht, dass wir nach und nach ihre Verwendungsweisen und allgemeiner ihre Kapazitäten innerhalb inferentieller Zusammenhänge erlernen: Wir erlangen ein vollständiges Verstehen zum Großteil dadurch, dass wir erkennen, welche

---

[9] Ebd. S. X.
[10] Frege (1967e, S. 289).
[11] Burge (2005a, S. 355).
[12] Vgl. ebd. S. 341.

Ziele wir mit der Aussage in dem System erreichen können, und welche nicht. Was allerdings im Besonderen an dieser Beschreibung Burges deutlich wird ist die Nähe von Freges Äußerungen zur Plausibilisierung der Axiome zu den in III.II. beschriebenen *Erläuterungen*, mit denen die undefinierten Ausdrücke des logischen Systems erklärt werden. Anhand dieser Ähnlichkeiten kann man das Spezifische an Freges Versuchen, den logischen Status von Sätzen erkennbar zu machen, noch einmal besonders deutlich machen.

Die Ähnlichkeit beider Vorgehensweisen ist besonders gut erkennbar daran, dass auch die Erläuterungen der undefinierten Ausdrücke oben anhand ihrer *praktischen* Ziele ausgezeichnet wurden. In beiden Fällen kommt deutlich zum Vorschein, dass Frege keine Rechtfertigung an einem außerhalb seines logischen Systems befindlichen Ideal versucht, sondern aufzeigen will, dass die in seinen Augen einzig mögliche Plausibilisierung wesentlich damit verbunden ist, die Funktion bestimmter Bestandteile seines logischen Systems angemessen zu verstehen. Der internalistisch-pragmatische Charakter dieser Erläuterungen wird in Bezug auf die Axiome dahingehend besonders deutlich, dass Frege sie nicht mittels einer Übersetzung in natürlichsprachliche Aussagen einführt, *deren logischer Status auch nur einen Deut klarer wäre als der der begriffsschriftlichen Formulierung selbst*. So bietet Frege zwar im § 3 der *GgA* eine umgangssprachliche Formulierung von *V* an, sagt aber an keiner Stelle, dass diese Übersetzung damit zusammenhängen würde, den logischen Status dieses Axioms zu erklären. Freges Vorgehen ist somit nicht derart zu begreifen, dass er verständlich zu machen versucht, dass *V* eine angemessene Wiedergabe einer Grundlage des rationalen Denkens ist, sondern als Versuch, *V* soweit zu erläutern, dass man sich anhand seiner inferentiellen Rolle in Freges System selbst Aufschluss über dessen Status verschaffen kann. Dies wird daran ersichtlich, dass die Plausibilisierung nirgends anhand eines Übergangs zu einer systemexternen Grundlage, von der die Wahrheit des begriffsschriftlichen Satzes abhängt, geleistet wird, sondern dass das Medium der Rechtfertigung für Frege einzig die *bs* selbst ist. Die einzig mögliche Rechtfertigung des logischen Status eines Satzes besteht Frege zufolge an dieser Stelle darin, seine inferentiellen Implikationen in der *bs* zu erkennen und den Satz damit besser verstehen zu lernen.

Die Ähnlichkeit zwischen beiden Strategien wird ebenfalls erkennbar daran, dass auch im Fall seiner Einführung der Axiome die Spannung erkennbar wird, von der oben in III.II. gezeigt wurde, dass sie für den Erläuterungsbegriff kennzeichnend ist. Einerseits hält Frege seine Axiome für derart konstitutiv für unseren Begriff der Begründung, dass ihre eigene Begründung als ausgeschlossen erscheint. Sein Versuch ihrer nachträglichen Plausibilisierung wirkt aber dennoch so, als ob man mit ihnen einen ‚Inhalt' verbinden könnte, ohne sie damit direkt als wahre Sätze anerkennen zu müssen. Frege führt an keiner Stelle etwas über das Zwischenstadium eines bloß ‚partiellen Verstehens' aus, dessen Existenz aber notwendig ist, um die fraglichen Sätze als zwar gehaltvoll, aber noch nicht als logisch wahr verstehen zu können. Der Grund, warum ein derartiger Zustand von Frege nicht explizit ausgeschlossen wird, obwohl er doch mit dem vorausgesetzten speziellen Status der logischen Axiome äußerst schwer zu vereinbaren ist, hängt sicherlich damit zusammen, dass er die Sätze der Logik nicht *kategorisch* von denen der übrigen Wissenschaften unterscheiden will. Obwohl auch an dieser Stelle keine Auflösung der Spannung versucht werden soll, ist es dennoch wichtig, erneut auf sie hinzuweisen, denn im folgenden Teil wird sich zeigen, wie wichtig sie als Ausgangspunkt für Wittgensteins Logik- und Philosophiekonzeption gewesen ist.

Versuchen wir nun, die wesentlichen Aspekte von Freges Vorgehen zusammenzufassen: Erstens bleibt die Einsicht, von der wir unseren Ausgang nahmen, dass sich nämlich, sobald man ein Axiom einmal vollständig verstanden hat, der Konzeption Freges zufolge keine Möglichkeit des Zweifels mehr bietet, unangetastet. Zweitens aber wird diese Aussage so kommentiert, dass ein Urteil ob des logischen Status eines Axioms allein vor dem Hintergrund eines vollständigen Verstehens des Axioms möglich ist, das nicht mit der spontanen Haltung bei der ersten Konfrontation mit der Aussage zu verwechseln ist. Drittens wird als ein wesentliches Hilfsmittel zur Erlangung eines solchen vollständigen Verstehens das Erkennen der inferentiellen Relationen bestimmt, in denen der jeweilige Satz zu anderen Sätzen des Systems steht. Die informellen Erläuterungen, die einem Axiom zur Seite gestellt sind, dürfen nicht als Rechtfertigungsversuche verstanden werden, sondern sollen allein dazu verhelfen, sich selbst Aufschluss über die Stellung des Satzes im Rahmen von Freges System zu verschaffen.

Da somit deutlich geworden ist, was Frege zufolge erforderlich ist, um einem Satz den Status einer logischen Wahrheit zuschreiben zu können, können wir zu der Frage übergehen, welche spezifischen *Inhalte* Frege zufolge in logisch wahren Sätzen mitgeteilt werden können. Vorrangig wird es hierbei wie zu erwarten um die Frage gehen, warum uns diese Sätze die Existenz logischer Gegenstände verbürgen können.

Axiom *V* gebührt in diesem Zusammenhang eine herausragende Rolle, denn Freges Fundierungsstrategie der Arithmetik hängt *wesentlich* mit diesem Axiom zusammen, dessen Rolle gerade darin besteht, uns der Existenz der benötigten logischen Objekte zu versichern. Wegen dessen wichtiger Rolle für die folgenden Ausführungen ist es zum Ende dieses § noch wichtig darauf hinzuweisen, dass Frege *V* keine Sonderbehandlung in dem Sinne zukommen lässt, dass bezüglich dieses Satzes eine andere Rechtfertigung als bzgl. der übrigen Axiome möglich (oder nötig) wäre. Demnach sind die Überlegungen dieses § voll und ganz auch auf Freges Einführung von *V* anwendbar: Ein angemessenes Verstehen des logischen Status von *V* ist eng damit verknüpft, die Funktion dieses Satzes in Freges logischem System zu verstehen. Die Ausführungen dieses § legen dann aber die Schlussfolgerung nahe, dass auch die in *V* zum Ausdruck gebrachte Zugriffsweise auf logische Gegenstände eng mit einem angemessenen Verständnis der inferentiellen Einbindung von *V* in dieses System verbunden ist. Wir werden uns im folgenden § also auch fragen müssen, ob die in diesem § beschriebene Art, wie wir uns Aufschluss über den logischen Status eines Satzes geben können, einen direkten Einfluss auf die Inhalte hat, die in logisch wahren Sätzen zum Ausdruck kommen können.

§ II. Logische Erkenntnis und logische Gegenstände

Wie problematisch die These, dass logische Sätze die Existenz bestimmter Gegenstände sicherstellen können, für das derzeitige Logikverständnis ist, kann wie folgt verdeutlicht werden: Wie auf der Hand liegen dürfte, kann man über die genannte These allererst dann streiten, wenn man die scheinbar weit weniger problematische These bereits akzeptiert, *dass uns die Logik überhaupt genuin neues Wissen zugänglich machen kann*. Jedoch ist bereits diese schwächere These unter zeitgenössischen Logikern höchst umstritten. Bevor wir uns also Freges Begründung der stärkeren These nähern können, ist erst einmal zu untersuchen, ob er wenigstens die Wahrheit der schwächeren plausibel machen kann.

Erkenntniserweiterung durch deduktives Schließen

Mit seiner Argumentation für die schwächere These will Frege sich allem voran von der Logikkonzeption Kants absetzen, was sich wie folgt erklärt: Wie allgemein bekannt, ist Kant zufolge ein analytisches Urteil ein solches, in dem eine wesentliche Eigenschaft eines Subjekts bestimmt wird. Genuin neues Wissen ist für ihn mit solchen Urteilen nicht zu erlangen, weil wir in ihnen allein bereits Bekanntes weiter zerlegen würden. Zudem kann rein begriffliches Schlussfolgern Kant zufolge allein in analytischen Urteilen münden. Da sich aber für ihn die Logik, die er als auf der grammatischen Unterscheidung von Subjekt und Prädikat beruhende und eng mit der aristotelischen Syllogistik verwandte Termlogik begreift, einzig mit dem rein begrifflichen Schließen auseinandersetzen würde, ist sie für ihn eine Wissenschaft, die zwar Bekanntes genauer bestimmen, aber den Bestand unseres Wissens nicht substantiell erweitern kann.

Die offensichtlichste Differenz zur Logikkonzeption Freges besteht darin, dass Freges logisches System Inferenzen erlaubt, die nicht länger anhand der Subjekt/Prädikat-Struktur beschreibbar und daher auch nicht allein auf der Grundlage der tradierten Syllogistik zu begründen sind. Frege verbindet mit dieser Erweiterung der formalen Struktur die Forderung, dass die Logik, obwohl sie sich tatsächlich ausschließlich mit rein begrifflichen Verhältnissen beschäftigt, gleichwohl *neue* Erkenntnisse liefern kann.

Frege bedient sich zur Kritik an Kant in den *GlA* dem Bild von Begrenzungslinien, die Begriffe trennen. Analytische Urteile im Sinne Kants verwenden diesem Bild zufolge allein die bereits gezogenen Linien zur Abgrenzung eines neuen Begriffs. Fast sämtliche der für Mathematik und Logik wichtigen Begriffsbildungen allerdings sind Frege zufolge anhand dieses Bildes nicht erklärbar:

> „Die fruchtbaren Begriffsbestimmungen ziehen Grenzlinien, die noch gar nicht gegeben waren. Was sich aus ihnen schliessen lasse, ist nicht von vornherein zu übersehen; man holt dabei nicht einfach aus dem Kasten wieder heraus, was man hineingelegt hatte: Diese Folgerungen erweitern unsere Kenntnisse, und man sollte sie daher Kant zufolge für synthetische halten; dennoch können sie rein logisch bewiesen

werden und sind also analytisch. Sie sind in der That in den Definitionen enthalten, aber wie die Pflanze im Samen, nicht wie der Balken im Hause."[13]

Wie ist es aber Frege zufolge zu verstehen, dass wir mittels deduktiven Schließens etwas genuin Neues über die Verhältnisse bestimmter Begriffe erfahren können, das gleichwohl (weil es sich um *deduktives* Schließen handelt) in einer bestimmten Form in den Definitionen der Begriffe bereits angelegt sein muss?

Ein wesentlicher Bestandteil von Freges Erklärung der erkenntniserweiternden Funktion deduktiven Schließens besteht darin, dass wir ihm zufolge ein besonderes Vermögen besitzen, *identische Strukturmuster* in unterschiedlichen Sätzen zu erkennen. Unsere Erkenntnisse dieser formalen Übereinstimmungen sollen uns in die Lage versetzen, inferentielle Relationen zwischen diesen Sätzen zu erkennen. Dass das auf diese Weise gewonnene Wissen aber in der Tat *neues* Wissen ist, erklärt sich wie folgt: Damit zwei Sätze hinsichtlich eines Strukturmusters übereinstimmen, ist es Frege zufolge nicht erforderlich, dass sie auf die gleiche Weise aus subsententiellen Partikeln aufgebaut wurden. Dies kann an folgendem Beispiel verdeutlicht werden: Wenn zwei Sätze ein identisches zusammengesetztes Prädikat[14] enthalten, z.B. ‚*x* ist größer als 4 und kleiner als 7', dann ist es für diese Übereinstimung nicht erforderlich, dass in dem Aufbau beider Sätze dieses Prädikat bereits verwendet worden ist. Es besteht z.B. die Möglichkeit, dass einer der beiden Sätze aus einer Konjunktion zweier Sätze mit jeweils einfacheren Prädikaten bestand (‚5 ist größer als 4' und ‚5 ist kleiner als 7'). Wenn diese Aussagen zum Gegenstand einer Quantifikation gemacht werden sollen, so ist es in einem ersten Schritt notwendig, ein oder mehr Argumente

---

[13] Frege (1988, S. 93).

[14] Auf die Wichtigkeit der Unterscheidung von *einfachen und zusammengesetzten Prädikaten* im Hinblick auf Freges Erklärung der Erkenntniserweiterung durch deduktives Schließen weist Michael Dummett ((1973, S. 27-33) und (1981, Kap. 16)) hin. Allerdings wird von vielen Kritikern angemerkt, dass sie in Freges Texten keine Grundlage besitzt. Dass Frege sie gleichwohl vor Augen gehabt haben muss, lässt sich wie folgt zeigen: Die im Mittelpunkt der Ausführungen über die Fruchtbarkeit deduktiven Schließens stehende These, der zufolge die Auszeichnung eines Satzbestandteils als zusammengesetztes Prädikat eine genuine Erkenntnisleistung unsererseits ist, scheint Frege in der *BS* für *alle* Unterscheidungen zwischen Funktionen und Argumenten zu behaupten, denn diese hätten „nichts mit dem begrifflichen Inhalt zu thun", „sondern sind allein eine Sache der Auffassung." (Frege (1964, S. 15)). Frege schränkt diese These aber in der als Kommentar zur *BS* zu verstehenden Schrift ‚Booles rechnende Logik und die Begriffsschrift' derart ein, dass zumindest die „nicht weiter zerlegbaren Eigenschaften und Beziehungen" so zu betrachten sind, dass sie „eigene und einfache Bezeichnungen haben müssen." (Frege (1969, S. 15)).

Dass Frege die These, die sich in der *BS* findet, überhaupt aufgibt, hängt damit zusammen, dass es mit seiner These, der zufolge wir einen Satz funktional anhand bestimmter Bestandteile verstehen, nicht in Übereinstimmung zu bringen ist, dass wir Funktion und Argument eines Satzes *immer* erst unterscheiden können, wenn wir den Satz bereits verstanden haben. Dass Frege tatsächlich zwischen einfachen und zusammengesetzten Prädikaten unterscheidet, zeigt sich dann daran, dass er die These nicht zur Gänze verwirft, sondern sie weiterhin als angemessene Beschreibung der Art, in der wir *zusammengesetzte* Prädikate erfassen und damit auch als Erklärung der Erkenntniserweiterung mittels deduktiven Schließens vorschlägt.

durch Variablen zu ersetzen. Wenn in beiden Konjunktionsgliedern jeweils die 5 durch eine Variable ersetzt wird und dann über beide Argumentstellen quantifiziert wird, kann man in der entstandenen Aussage das zusammengesetzte Prädikat erkennen, *obwohl der Satz nicht mittels dieses Prädikats konstruiert wurde*.

Wenn man aber die These, dass in einem Satz erkennbare zusammengesetzte Prädikate nicht bereits in seinem Aufbau verwendet worden sein müssen, vor dem Hintergrund der oben vorgestellten These Freges betrachtet, dass wir Sätze anhand einer sukzessiven Erfassung ihrer Bestandteile verstehen, dann muss hieraus gefolgert werden, dass das zusammengesetzte Prädikat im Verstehen dieses Satzes nicht als dessen Bestandteil erkannt worden sein muss – und die Erkenntnis über inferentielle Relationen zwischen diesem Satz und anderen, die mittels der Erfassung des Satzes auf eine Weise möglich wird, in der das zusammengesetzte Prädikat als sein Teil aufgefasst wird, muss daher als *substantiell neues* Wissen gewertet werden. Über eine solche Erfassung bislang unbekannter Strukturelemente von Sätzen versucht Frege zu begründen, dass Kant den Begriff des Analytischen zu eng gefasst hat.

Wir können die bisherigen Ausführungen zusammenfassend davon sprechen, dass für Frege die Funktion/Argument-Analyse von Sätzen und die Einführung der Quantoren erkenntlich machen, dass unsere Begriffe eine ‚feinere Struktur' aufweisen, als dies in einer anhand grammatischer Kategorien verfahrenden Analyse offenkundig wird und dass gerade unsere Fähigkeit, diese feinere Struktur erkennen zu können, uns in die Lage versetzt, mittels rein deduktiven Vorgehens gleichwohl genuin neues Wissen zu erlangen. Aber welche unserer *Fähigkeiten* versetzt uns Frege zufolge in die Lage, diese Feinstruktur der Begriffe erkennen zu können? Dieser Frage wollen wir uns jetzt zuwenden.

Die logische Erkenntnisquelle

In seinen früheren Schriften bringt Frege das jetzt zur Debatte stehende Vermögen, die genaue Struktur der Begriffe allein anhand struktureller Reflexionen zutage fördern zu können, noch etwas allgemeiner mit der menschlichen *Vernunft* in Verbindung, in seinen späteren Schriften aber scheint er diese analytische Wissenserweiterung als derart wichtige Leistung bewertet zu haben, dass er zu ihrer Erklärung eine vollkommen eigenständige kognitive Fähigkeit bemüht, die er als „logische Erkenntnisquelle"[15] bezeichnet. Dieses spezielle Vermögen soll es ermöglichen, anhand rein begrifflicher Analysen dort inferentielle Verknüpfungen zu erkennen, wo eine grammatische Analyse diese nicht zu erkennen gibt – und dadurch auch die Unangemessenheit von Kants Verknüpfung des Begriffs des Analytischen mit den traditionellen Kriterien der Grammatik.

Freges Ausführungen zu diesem speziellen Vermögen sind jedoch leider spärlich. Im Folgenden soll daher versucht werden, dessen Charakteristika rückwirkend anhand der Aufgabe zu gewinnen, zu deren Lösung die logische Erkenntnisquelle allem voran herangezogen wird: Einer Erklärung, warum wir

[15] Frege (1969a, S. 286).

uns anhand logisch wahrer Sätze Aufschluss über die notwendige Existenz bestimmter *logischer Gegenstände* verschaffen könnten. Mit dieser Frage wenden wir uns endlich der Hauptaufgabe dieses § zu, der Frage nach der Gegebenheitsweise dieser Gegenstände. Auf den ersten Blick aber scheint die logische Erkenntnisquelle hier nicht weiterhelfen zu können, denn sie wurde bislang nur so bestimmt, dass sie die Menge analytisch als gültig erkennbarer Inferenzen erweitern kann – aber dass sie uns ebenfalls die Erkenntnis bestimmter Gegenstände ermöglicht scheint damit zumindest nicht direkt zusammenzuhängen.

Dass wir uns aber gleichwohl auf der richtigen Fährte befinden, wenn wir Freges Erklärung unseres Zugangs zu logischen Gegenständen im Rahmen seiner Ausführungen zu dieser speziellen Erkenntnisquelle suchen, belegt folgende Aussage: „Die logischen Gegenstände" können „durch unsere logischen Fähigkeiten erfasst werden."[16] Wenn man außerdem zur Kenntnis nimmt, dass Frege zu Zeiten der *GlA* das, was er später als logische Erkenntnisquelle bezeichnen sollte, noch unter das allgemeinere Vermögen der Vernunft subsumiert, wird der enge Bezug zwischen dem kognitiven Zugang, den wir Frege zufolge zu diesen Objekten besitzen sollen und diesem Vermögen ebenfalls daran ersichtlich, dass Frege bemerkt, dass wir uns „in der Arithmetik mit Gegenständen" beschäftigen, die „unmittelbar der Vernunft gegeben sind."[17] Ein weiteres Indiz dafür, dass für Frege eine interne Relation zwischen den logischen Objekten und dem besteht, was er zu Zeiten der *GlA* noch als Bestandteil der Vernunft bezeichnet, findet sich in folgender Aussage, die auch bereits zu erkennen gibt, wie Frege zufolge unser Zugang zu logischen Objekten zumindest *nicht* zu verstehen ist:

> „So verstehe ich unter Objectivität eine Unabhängigkeit von unserm Empfinden, Anschauen und Vorstellen, von dem Entwerfen innerer Bilder aus den Erinnerungen früherer Vorstellungen, aber nicht eine Unabhängigkeit von der Vernunft; denn die Frage beantworten, was die Dinge unabhängig von der Vernunft sind, hiesse urtheilen, ohne zu urtheilen, den Pelz zu waschen, ohne ihn nass zu machen."[18]

Die unmittelbare Verbindung dieser Aussage mit dem hier zur Debatte stehenden Problem wird erst dann erkennbar, wenn man bemerkt, dass Freges Rede von objektiven Dingen einige Jahre später übergehen sollte in die von ‚logischen Objekten': In beiden Fällen geht es ihm darum, dass ihre Existenz notwendig ist.

Wenn Frege in diesem Zitat eine Abgrenzung vornimmt, um einen Zugang zu objektiven Gegenständen mittels bestimmter unserer Vermögen gerade auszuschließen, dann stellt die vorgestellte Reihe dieser Vermögen ein offensichtliches Problem für folgende Interpretation Michael Resniks dar, mit der er zu erklären versucht, wie wir Frege zufolge logische Objekte erkennen könnten: „Frege was also an epistemological Platonist because he held that we know mathematical objects through a type of perception that is analogous to but distinct

[16] Frege (1966, Bd. II, S. 86).
[17] Frege (1988, S. 104).
[18] Ebd. S. 41.

from ordinary perception of physical objects."[19] Aussagen Freges wie die folgende lassen demgegenüber vermuten, dass ihm ein derartiger Ansatz fremd gewesen ist:

> „Ich muss auch der Allgemeinheit der Behauptung Kants widersprechen: ohne Sinnlichkeit würde uns kein Gegenstand gegeben werden. Die Null, die Eins sind Gegenstände, die uns nicht sinnlich gegeben werden können. (...) Vielleicht hat Kant das Wort ‚Gegenstand' in etwas anderm Sinne gebraucht; aber dann fallen die Null, die Eins, unser ∞_1 ganz aus seiner Betrachtung heraus."[20]

Aus diesen Überlegungen schließt Frege, dass wir „keine Vorstellung oder Anschauung"[21] von den Zahlen besitzen. Freges Absage an diese spezielle Begründungsstrategie wurde hier deswegen so genau ausgeführt, weil diese Strategie diejenige ist, die von der im letzten Teil vorgestellten algebraischen Bedeutungstheorie favorisiert wird. Dass Frege unseren Zugang zu logischen Gegenständen anders erklärt als über Intuitionen *de re* und somit nicht einmal auf eine der Sinneswahrnehmung *ähnliche* Erkenntnisquelle Bezug nimmt, soll jetzt diesen § abschließend noch herausgearbeitet werden.

Die Gegebenheitsweise logischer Gegenstände

Wenn man den bisherigen Hinweisen folgt und eine enge Verbindung zwischen dem von Frege angenommenen Zugang zu logischen Objekten und der logischen Erkenntnisquelle annimmt, dann würde aufgrund der Auszeichnung, dass uns die logische Erkenntnisquelle allein inferentielle Relationen zwischen Sätzen erkennen lässt, die Möglichkeit als naheliegend erscheinen, dass wir ob der Existenz dieser Objekte ebenfalls mittels des inferentiellen Verhältnisses Aufschluss erlangen können, in dem bestimmte Sätze zueinander stehen. Und in der Tat wird erst vor dem Hintergrund dieser Perspektive die Form der einzigen beiden Axiome $N^=$ und V, die Frege jemals in Betracht zog, um unseren Zugang zu den logischen Objekten zu erklären, verständlich. Diese beiden Sätze exemplifizieren das, was inzwischen unter dem Titel *Abstraktionsprinzipien* verhandelt wird. Solche Prinzipien besitzen alle folgende Form:

$$\forall x, y((\#x = \#y) \leftrightarrow (x \approx y))$$

wobei # syntaktisch als Termbildungsoperator zu verstehen ist, der durch Funktionen zu interpretieren ist, in deren Wertebereich Objekte liegen; und die Variablen als schematisch in dem Sinn, dass es Abstraktionsprinzipien für alle logischen Stufen gibt. Dass Frege *ausschließlich* Axiome dieser Form in Betracht zieht, um unseren Zugang zu logischen Objekten zu erklären, hängt damit zusammen, dass sie für ihn gerade keine schlichten Postulate der benötigten Entitäten sind. Vielmehr stellen Abstraktionsprinzipien Beziehungen zwischen Sätzen her, was sie Frege zufolge in die Lage versetzt, unseren Zugang zu logischen Ob-

---

[19] Resnik (1980, S. 16).

[20] Frege (1988, S. 93).

[21] Ebd. S. 71.

jekten *begrifflich* zu fundieren. Über die inferentiellen Relationen der Teilaussagen wird deutlich, wie wir auf diese Objekte zugreifen können. Die Form der Axiome als Abstraktionsprinzipien scheint also damit zusammenzuhängen, dass an ihnen deutlich wird, dass auf die logischen Objekte tatsächlich über eine Verhältnisbestimmung verschiedener Aussagen Bezug genommen werden muss und kein vorsprachlicher Zugang zu ihnen vorausgesetzt wird.

Wenn man sich zur Klärung der Frage, warum Abstraktionsprinzipien im Gegensatz zu Existenzpostulaten Frege zufolge sehr wohl logische Wahrheiten darstellen können, noch einmal *V* zuwendet, dann muss die Rolle, die Frege der logischen Erkenntnisquelle für die Evaluation dieses Satzes zugesteht, so bestimmt werden, dass sie einzig die Sinnidentität[22] beider Seiten des Bikonditionals und damit die notwendige Identität beider Seiten hinsichtlich der sie erfüllenden Wahrheitsbedingungen zu erkennen gibt (wobei der Begriff des Sinns hier auf die spezielle Weise zu verstehen ist, die Frege ihm in seiner späten Philosophie zuweist). Vor dem Hintergrund der Ausführungen im letzten § muss zudem berücksichtigt werden, dass diese Erkenntnis nicht aus einer Reflexion allein auf das von *V* Ausgedrückte resultiert, sondern dass die logische Erkenntnisquelle erst dann die notwendige Äquivalenz beider Seiten garantiert, wenn die Rolle von *V* im Zusammenhang der *bs* hinreichend verstanden ist. Freges Aussagen sind so zu interpretieren, dass die logische Erkenntnisquelle uns die logische Wahrheit des Satzes zu erkennen erlaubt, weil sie bei einem vollen Verständnis von *V* die weitere Einsicht ermöglicht, dass beide Seiten des Bikonditionals identische inferentielle Kapazitäten aufweisen.

Fragt man sich an dieser Stelle explizit, wie vor diesem Hintergrund die Gegebenheit logischer Gegenstände *begründet* wird, dann ist es wichtig zu erkennen, dass dem Teil der Aussage, in dem der Operator auftaucht, eine *derivative* Funktion dahingehend zuerkannt wird, dass der andere Teil des Satzes eine Grundlage bereit stellt, mittels derer wir Zugriff auf die im Wertebereich des Operators befindlichen Objekte erhalten. Analog zu den Ausführungen zu $N^=$ in III.IV., denen zufolge für Frege *in epistemologischer Hinsicht* der Seite von $N^=$, in der von Begriffen die Rede ist, eine Priorität zuzusprechen ist, muss von einer solchen Priorität auch bzgl. von *V* ausgegangen werden, was etwa in den Anmerkungen deutlich wird, die Frege hinsichtlich eines ihm von Philip Jourdain übersandten Manuskripts verfasste: „Die Klasse ist nämlich etwas Abgeleitetes, während wir im Begriff – wie ich das Wort verstehe – etwas Ursprüngliches haben."[23]

Versuchen wir die Begründung der Existenz von Klassen in *V* genauer unter die Lupe zu nehmen: Wenn jemand einer Funktion *F* eine vollständig von ihrer Extension abhängige Eigenschaft X(*F*) zuschreibt, dann macht er damit eine Aussage, die *bedeutungsinvariant* ist hinsichtlich der Vertauschung der Funktion *F* mit all den Funktionen, die zu *F* in der auf der rechten Seite von *V* beschriebenen Äquivalenzbeziehung stehen. Frege zufolge können wir erkennen, dass diese

---

[22] Frege selbst verweist in seiner ersten Einführung von *V* darauf, dass beide Seiten „denselben Sinn" ausdrücken. (Frege (1967f, S. 130)).

[23] Brief Freges an Jourdain ohne Datum, in Frege (1976, S. 121).

Invarianz sich ebenfalls unter Bezugnahme auf die Identitätsrelation ausdrücken lässt, eben weil uns die rechte Seite von *V* als Äquivalenzrelation ein Identitätskriterium bietet. Die Erkenntnisvoraussetzungen an dieser Stelle sind also erstens ein Verstehen der auf der rechten Seite behaupteten Äquivalenzrelation sowie zweitens ein Wissen um den begrifflichen Gehalt der Identitätsrelation. Aus diesem Wissen sollen wir bestimmen können, *was* in der Identitätsrelation zu stehen hat, damit beide Seiten des Bikonditionals sinnidentisch sind: „Wir wollen also nicht die Gleichheit eigens für diesen Fall erklären, sondern mittels des schon bekannten Begriffs der Gleichheit, das gewinnen, was als gleich zu betrachten ist."[24] Was in der Formulierung von *V* also Frege zufolge geleistet wird, kann als eine *Rekonzeptualisierung* einer Bestimmungsweise mittels einer Äquivalenzrelation von Begriffen durch eine Bestimmungsweise anhand der Identität bestimmter Objekte verstanden werden. Frege selbst hatte diese Rekonzeptualisierung in den *GlA* hinsichtlich $N^{=}$ mit folgenden Worten beschrieben: „Wir zerspalten den Inhalt in anderer als der ursprünglichen Weise und erhalten so einen neuen Begriff."[25] Und bezüglich dieser Rekonzeptualisierung wird meiner Meinung nach am besten verständlich, welche Rolle die logische Erkenntnisquelle in Bezug auf eine Erkenntnis des logischen Status von *V* spielt: Diese Fähigkeit lässt uns auch in diesem Fall eine bestimmte strukturelle Entsprechung zweier Sätze erkennen, die darin zum Ausdruck kommt, dass jeweils eine identische Invarianz auf verschiedene Weise begrifflich gefasst wird. Demnach bestimmt Klaus Mainzer den Erkenntnisfortschritt, den Frege mit Axiom *V* verbindet, vollkommen richtig, wenn er folgendes behauptet: „Frege rekonstruiert also den Gebrauch invarianter Sätze."[26]

Versucht man ausgehend von den bisherigen Überlegungen eine Schlussfolgerung über den Status logischer Objekte in Freges Philosophie, dann kann es auf den ersten Blick als naheliegend erscheinen, sie wie Klaus Mainzer in dem just zitierten Text als reine „façon de parler"[27] zu verstehen. Mainzer scheint an diesem Punkt aber – obwohl er nicht eigens darauf eingeht – von Kriterien auszugehen, die etwas zu erfüllen hat, um *tatsächlich* als Objekt ausgezeichnet werden zu dürfen, die weitaus stärker als die von Frege selbst geforderten sind; ihm zufolge scheint es zwei Arten von Objekten zu geben, die eigenständigen und die letztlich reduzierbaren, zu denen auch die Klassen gehören. Wie oben gezeigt trifft Frege eine solche Unterscheidung gerade nicht. Für ihn sind logische Objekte trotz ihres abstrakten Charakters und der daraus resultierenden kausalen Unzugänglichkeit *vollständige* Objekte. Wie wir eingedenk dieser Opazität Zugang zu ihnen erhalten sollen, macht er wie folgt deutlich: „Wie soll uns denn eine Zahl gegeben sein, wenn wir keine Vorstellung oder Anschauung von ihr haben können? Nur im Zusammenhang eines Satzes bedeuten die Worte etwas."[28]

---

[24] Frege (1998, S. 72).
[25] Ebd.
[26] Mainzer (1975, S. 92).
[27] Ebd.
[28] Frege (1988, S. 71).

Die logische Erkenntnisquelle lässt uns erkennen, dass zwischen einer Aussage über eine Relation zwischen Begriffen und einer über eine Identitätsbeziehung eine bestimmte Strukturentsprechung besteht, dass aber bestimmte Ausdrücke, die in dieser zweiten Aussage auftreten, *tatsächlich* Objekte bezeichnen, das erklärt sich aus der mit *KP* verbundenen spezifischen Perspektive auf sprachliche Bedeutung: Wir können mittels einer syntaktischen Analyse klären, dass die Ausdrücke singuläre Terme darstellen, und *V* bietet gerade ein in Freges Augen hinreichendes Identitätskriterium.

Frege erklärt die Bezugnahme auf logische Objekte also tatsächlich nicht im Sinn eines epistemologischen Platonismus: Die logische Erkenntnisquelle zeigt auf, dass zwei verschiedene Zugangsweisen zu einer bestimmten Invarianzbeziehung sinnidentisch sind und *KP* versichert uns, dass bestimmte Ausdrücke, die in der Formulierung der derivativen Zugangsweise vorkommen, als Objekte auszuzeichnen sind. Der in Freges Philosophie angelegte Zugriff auf logische Objekte besitzt also andere Wesenszüge als der der algebraischen Tradition: Frege hebt die interne Relation dieser Objekte zu unseren logischen Fähigkeiten gerade nicht hervor, um eine Analogie zwischen unseren logischen und perzeptorischen Fähigkeiten zu betonen, sondern diese Fähigkeiten lassen uns allein inferentielle Relationen zwischen Sätzen erkennen und der Zugang zu logischen Objekten ist allein dadurch gegeben, dass wir mittels dieser Fähigkeit die logische Äquivalenz erkennen können zwischen einer epistemisch basalen Aussage, in der eine Äquivalenzrelation zwischen Begriffen eingeführt wird und einer derivativen, bezüglich derer sich mittels *KP* sicherstellen lässt, dass die in ihr verwendeten singulären Terme Objekte bezeichnen.

1. Frege zufolge kann zwar ein Satz als logische Wahrheit dadurch ausgezeichnet werden, dass er als selbstevident erkannt wird. Diese Erkenntnis setzt aber ein vollständiges Verstehen des Satzes voraus, das allein durch ein Verstehen der inferentiellen Verknüpfungen ermöglicht wird, die zwischen diesem Satz und anderen bestehen. Freges Rechtfertigung seiner Axiome trägt also pragmatische Züge.

2. Die Logik kann uns genuin neues Wissen vermitteln. Mit Hilfe der neuen Logik können wir gemeinsame Strukturmerkmale von Sätzen erkennen, obwohl die relevanten Bestandteile der Sätze in ihrem Aufbau nicht verwendet worden sein müssen. Eine kognitive Fähigkeit, die Frege als die ‚logische Erkenntnisquelle' bezeichnet, soll die Erkenntnis ermöglichen, dass die rechtmäßig mit dem Begriff des Analytischen verbundenen Kriterien die in Freges Logik angelegten sind.

3. Die logische Erkenntnisquelle lässt uns allein notwendige inferentielle Relationen zwischen Sätzen erkennen. Mittels einer solchen Erkenntnis erklärt Frege ebenfalls unseren Zugang zu den logischen Objekten: Eine bestimmte begriffliche Struktur wird als äquivalent zu einer anderen und epistemisch basaleren Struktur begriffen. Dass die singulären Terme, die in der derivativen begrifflichen Struktur auftauchen, tatsächlich Objekte bezeichnen, soll allein durch *KP* garantiert werden. Frege greift also in seiner Erklärung unseres Zugangs zu logischen Objekten an keiner Stelle auf eine der Wahrnehmung analoge Fähigkeit oder eine intuitive Erfassung der logischen Objekte zurück.

III.VII.

Resümee: An den Grenzen der Logik

Dass sich Freges Logik- und Mathematikkonzeption der hier präsentierten Interpretation zufolge massiv von der im ersten Teil dargestellten Theorie unterscheidet, dürfte nach den Ausführungen der vorangegangenen Kapitel auf der Hand liegen. Dennoch sollen diese Differenzen hier noch einmal auf den Punkt gebracht werden, nicht zuletzt um zeigen zu können, dass es in der Tat *ein* grundlegendes Motiv gibt, das das wesentliche Moment der beschriebenen Bestandteile der Logik- und Philosophiekonzeption Freges ausmacht und das darüber hinaus deren Differenzen zu den entsprechenden Thesen der algebraischen Bedeutungstheorie ganz besonders deutlich zu erkennen gibt.

Obwohl wie im ersten Teil ausgeführt die schematische Logikkonzeption *an sich* ihre Vertreter noch nicht auf die algebraische Bedeutungstheorie festlegt, so ist doch bereits in Freges Logikverständnis eine andere Ausrichtung spürbar, die sich letztlich als ausschlaggebend für seine gesamte Philosophie erweisen sollte. Er nämlich unterscheidet die Logik nicht aufgrund ihres metalinguistischen Standpunktes genuin von allen anderen Wissenschaften, sondern versucht sie stattdessen als Gleiche unter Gleichen zu verstehen. Wie alle anderen Wissenschaften begibt sich auch die Logik im Ausgang von als wahr anerkannten basalen Sätzen auf die Suche nach weiteren wahren Sätzen. Zentrales Moment dieser Gleichstellung bildet folgende These:

1. Freges logischer Kalkül ist ihm zufolge eine Sprache, und zwar in folgendem Sinn: In Freges Logik gibt es keinerlei Schemata, weil kein Sprachbestandteil einer unabhängigen Interpretation bedarf.

Die Spannung zwischen dem Ansatz Freges und der schematischen Logikkonzeption wird besonders darin deutlich, dass letztere die Verwendung eines Wahrheitsprädikats unweigerlich erforderlich macht, Frege ein solches jedoch entschieden ablehnt, da ihm zufolge die Meinung, durch die Einführung eines solchen Prädikats die Menge sprachlich fassbarer Sachverhalte zu erweitern, einem Missverständnis unserer Sprache entspringt. Versucht man zu begreifen, wie dieses Missverständnis in Freges Logikkonzeption vermieden wird, stößt man auf folgenden weiteren elementaren Bestandteil dieser Konzeption:

2. In Freges Logik findet sich keine substantielle Metatheorie, die es uns gestatten würde, einen logischen Kalkül mit intuitiv-semantischen logischen Regeln (sprich solchen, die die Regeln der *bs* nicht voraussetzen) in einer zumindest prinzipiell formalisierbaren Weise zu vergleichen.

Fragt man sich an dieser Stelle, welches Kriterium wir Frege zufolge überhaupt besitzen, um die Angemessenheit einer logischen Sprache beurteilen zu können, so kann vor dem Hintergrund seiner Konzeption die einzig mögliche Antwort darin bestehen, dass dieses Kriterium ein internes dieser Sprache in dem Sinne ist, dass alles, was es über ihre Angemessenheit oder Unangemessenheit zu sagen gibt, bereits vollständig mit den Mitteln dieser Sprache gesagt werden kann: Wir können nur immer wieder ausgehend von den Axiomen versuchen, Sätze abzuleiten, die wir für beweisbar halten und gegebenenfalls Änderungen oder Erweiterungen der Sprache in Betracht ziehen, von denen wir dann zeigen müssen, dass sie uns einerseits die gewünschten Ziele zu erreichen gestatten und andererseits hinreichend motiviert sind (und diese Motivation müssen wir auch intern anhand der bestehenden inferentiellen Verhältnisse erweisen). Die basale Differenz zu der im ersten Teil vorgestellten Vorgehensweise kann man wie folgt bestimmen: Dass eine logische Sprache bestimmte umgangssprachlich formulierte Folgerungen wiederzugeben gestattet, weiß man Frege zufolge nicht daher, dass man zu Beginn die Übereinstimmung bestimmter undefinierbarer Begriffe der logischen Sprache mit denen beweist, die wesentlich für die umgangssprachlichen Folgerungen sind, sondern erst im Nachhinein, wenn sich durch den Umgang mit der Sprache nach und nach die Äquivalenz bestimmter Ausdrücke der symbolischen Sprache mit den umgangssprachlichen zeigt.

Dass sich die Eigenschaften einer logischen Sprache somit allein in der Arbeit mit ihr zu Erkennen geben und Frege insofern überhaupt nur objektsprachlich bemerkbare Eigenschaften logischer Systeme als solche anerkannt hat, wurde dann letztlich als die Grundidee erkennbar, als deren Ausarbeitungen die verschiedenen aufgewiesenen Besonderheiten der Logikkonzeption Freges erschienen. Daher wurde diese Logikkonzeption hier als eine *internalistische* bezeichnet.

Dass dieser Internalismus darüber hinaus prägend für Freges gesamte Philosophie war und damit Grund zu der Annahme besteht, dass er die basale Differenz zum algebraischen Ansatz bildet, wurde sehr genau anhand von Freges Überlegungen zum Bedeutungsbegriff erkennbar. Die basale ontologische Ordnung der Welt nämlich, deren sprachneutrale Erfassbarkeit ja für die algebraische Bedeutungstheorie von so großer Wichtigkeit ist, ist Frege zufolge allein vor dem Hintergrund unserer sprachlichen Kategorisierungen überhaupt gegeben:

> 3. Frege zufolge ist uns die Welt primär als eine unstrukturierte Gesamtheit gegeben, in der wir relativ zu unseren sprachlichen Einteilungen allererst eine Struktur ausprägen.

KP liefert die wesentliche Erklärung dieser These: Wir können überhaupt erst vor dem Hintergrund des Wissens, welche Handlungen wir mit einem vollständigen Satz ausführen können, die Bedeutungen einzelner Sprachbestandteile und damit auch die ontologischen Klassifikationen dieser Bedeutungen bestimmen. Auch hier ist wieder das bereits hinlänglich beschriebene Motiv am Werk: Wir bestimmen Frege zufolge die Bedeutung eines Ausdrucks im Rahmen der Möglichkeiten, die uns unsere Sprache zur Bedeutungsbestimmung bietet; und zwar indem wir seinen Beitrag zur Wahrheitswertbestimmung vollständiger Sätze bestimmen. Wie drastisch die Differenz zu den entsprechenden Thesen der algebraischen Tradition ist, wird an folgender Implikation dieses speziellen Bedeutungsverständnisses deutlich:

> 4. Für Frege bedarf es keiner eigenständigen philosophischen Semantik. Alles, was zur vollständigen Bestimmung der Bedeutung eines Ausdrucks nötig ist, kann auf der Grundlage einer angemessenen syntaktischen Klassifikation in dem Diskurs ausgeführt werden, in dem der Begriff jeweils verwendet werden soll.

Freges genaueste Ausarbeitung dieser Überlegungen findet sich in seiner in III.IV. analysierten Begründung, warum singuläre Terme Gegenstände bezeichnen, deren primäres Ziel darin besteht, ein Entscheidungskriterium bereitzustellen, ob Zahlen zu den Gegenständen zu rechnen sind. Und Frege zeigt sehr genau, dass die Zahlworte exakt den Anforderungen genügen, die seiner Meinung nach erfüllt sein müssen, damit wir davon ausgehen dürfen, dass ein singulärer Term einen Gegenstand bezeichnet.

Ein nicht unwesentliches Problem besteht für Frege in diesem Zusammenhang dann allerdings in dem Nachweis, dass die Gegenstände, als die er die Zahlen in seiner logischen Sprache definiert hat, auch tatsächlich unserer umgangssprachlichen Verwendung der Zahlworte angemessen sind. Im Rahmen eines internalistischen Ansatzes ist ein solcher Nachweis ein besonders komplexes Unterfangen, da man nicht den naheliegenden Weg wählen kann, anhand einer Intuition, die wir sprachunabhängig von den Referenten der Zahlworte besitzen, deren Identität zu den Bedeutungen der definierten Ausdrücke plausibel zu machen. Stattdessen besitzen für Frege auch unsere umgangssprachlichen Zahlausdrücke eine Bedeutung nur im Sinne ihres Beitrags zu ganzen Sätzen – und so bleibt ihm nur die Möglichkeit, die Identität des Beitrags seiner definierten Ausdrücke und umgangssprachlicher Zahlausdrücke zu gewährleisten, um deren Bedeutungsidentität zu sichern.

Diese aufgrund der internalistischen Herangehensweise erforderliche Strategie kann als Grundlage der spezifischen Ausprägung von Freges Rekonstruktion der Arithmetik angesehen werden, und zwar im Besonderen als Grundlage der von ihm gewählten Strategie zur Definition arithmetischer Ausdrücke:

> 5. Frege definiert die Zahlen so, dass deren Anwendungen direkt in den Definitionen zu Tage treten. Sie erlauben uns also jede Anwendung, die uns auch die umgangssprachlichen Zahlausdrücke erlauben und das heißt vor dem Hintergrund von Freges Bedeutungskonzeption, dass sie bedeutungsgleich sind.

Spätestens wenn wir hierzu noch bemerken, dass Frege diese Anwendbarkeit als *universelle* verstanden wissen will, dass wir mit anderen Worten alles zählen können, können wir seine Überlegungen nicht verstehen, ohne die These zu berücksichtigen, die fast zeitlebens das Zentrum seiner Überlegungen bildet: Dass nämlich diese Universalität der Anwendbarkeit damit zusammenhängt, dass ihm zufolge alle Sätze, die zur Herleitung arithmetischer Sätze erforderlich sind, *logisch wahr* sind. Mit anderen Worten müssen wir uns also seinem *Logizismus* zuwenden. Wir müssen an dieser Stelle Freges Gründe angeben, denen zufolge er seine Axiome als logisch wahr anerkennt. Zwar nimmt Frege in diesem Zusammenhang oft Bezug auf die wenig explikative Bestimmung der Axiome als selbstevident, betrachtet man jedoch seine Ausführungen besonders zum problematischen Axiom *V* genauer, wird eine weitaus subtilere Methode erkennbar:

6. Hat man eine logische Wahrheit einmal vollständig verstanden, so ist sie für Frege selbstevident. Um aber zu einem solchen vollständigen Verständnis gelangen zu können, muss man sich Kenntnis verschaffen über die inferentielle Relation dieses Satzes zu den übrigen Sätzen der Sprache.

Auch hier also erkennen wir den internalistischen Ansatz: Ein wesentlicher Bestandteil unseres Verstehens von Sätzen einer jeden Sprache besteht darin, dass wir ihre Abhängigkeitsverhältnisse untereinander studieren, dass wir also mit anderen Worten mit den Mitteln dieser Sprache arbeiten, um zu sehen, in wie weit sich mittels ihrer bestimmte Ziele realisieren lassen.

Wie bereits erwähnt bereitet Frege die Explikation von Axiom *V* die größten Schwierigkeiten, andererseits aber ist sie von besonderer Wichtigkeit, hängt doch an diesem Axiom elementar die Möglichkeit, die Arithmetik auf einem rein logischen Fundament zu errichten. Wir sind an dieser Stelle also am Kern der Philosophie Freges angelangt und damit auch an dem Punkt, an dem es vielleicht am schwierigsten ist, die internalistische Perspektive wiederzuerkennen. Denn geht Frege nicht von logischen Gegenständen aus, welche die Referenten der Zahlworte ausmachen und bemüht darüber hinaus sogar eine so genannte ‚logische Erkenntnisquelle', die uns Zugang zu diesem platonischen Reich der Zahlen verschaffen soll? Und besteht nicht die einzige Möglichkeit, unseren Zugang zu diesem Reich zu erklären, in der Heranziehung einer Form ‚intellektueller Anschauung'?

Es ist somit von besonderer Relevanz zu erkennen, dass Freges Argumentation auch an dem wesentlichen Punkt, an dem er die Gegebenheitsweise logischer Objekte beschreibt, seinem internalistischen Ansatz treu bleibt. Besonders deutlich wird dies in den einzigen beiden Sätzen, bezüglich derer er es überhaupt in Betracht zieht, dass sie uns den fraglichen Zugang gewähren können. Beide sind so genannte Abstraktionsprinzipien. Dies sind Bikonditionale, auf deren einer Seite eine Identität behauptet wird, wohingegen die andere eine Äquivalenzrelation zwischen Begriffen feststellt. Frege weist beständig auf die Priorität der Seite hin, auf der die Äquivalenzrelation behauptet wird. Erst aus unserem Wissen über diese Äquivalenz und über den begrifflichen Gehalt der Identitätsrelation sollen wir bestimmen können, was als Elemente der Identität in Betracht kommen kann, um die Wahrheit des Bikonditionals sichern zu können. Dass logische Gegenstände existieren ergibt sich vor dem Hintergrund seines Bedeutungsverständnisses für Frege dann als triviale Folgerung der Erkenntnis, die uns die logische Erkenntnisquelle ermöglicht: Wir haben ein hinreichendes Identitätskriterium und wissen zudem, dass die relevanten Ausdrücke singuläre Terme sind, ergo bezeichnen sie Gegenstände.

7. Die logische Erkenntnisquelle lässt uns die Wahrheit von *V* erkennen, aber bietet uns keinen direkten Zugang zu logischen Gegenständen. Vielmehr lässt sie uns die inferentielle Äquivalenz der beiden Seiten des Bikonditionals erkennen, aus der wir folgern, dass die Aussage ein angemessenes Identitätskriterium für bestimmte Gegenstände bereitstellt.

Wie deutlich die Differenz zum Ansatz der algebraischen Tradition ist, erkennt man daran, dass die für diese Tradition so wichtigen Axiome der zeitgenössischen Mengenlehre Frege zufolge nicht als logische Wahrheiten gewertet werden können: Sie sind schlichte Postulate bestimmter Mengen und bedürfen also elementar einer Form der Rechtfertigung, die *unabhängig* von den Sätzen selbst gegeben sein muss (diese Rechtfertigung besteht der im ersten Teil dieser Arbeit vorgestellten Theorie zufolge in einer Intuition *de re*). Vielleicht versteht man Freges Axiome dem entgegen dann am besten, wenn man den Grund, warum Frege sie als logische Wahrheiten versteht, darin sieht, dass sie ihm zufolge ihre eigene Rechtfertigung mitliefern, dass sie also die konzeptionelle Fundierung des behaupteten Sachverhalts als inhaltlichen Bestandteil enthalten.

Nicht verschwiegen werden soll zum Abschluss dieser Zusammenfassung allerdings eine wesentliche Spannung innerhalb der Logikkonzeption Freges, zumal auch sie sehr eng mit seinem internalistischen Ansatz zusammenhängt und darüber hinaus eine gute Überleitung zum kommenden Teil bietet.

Diese Spannung wird besonders deutlich in Freges Versuch einer Erklärung der undefinierbaren logischen Sprachbestandteile: Aus seiner oben dargestellten Logikkonzeption folgt, dass wir diese nicht rechtfertigen können, weil wir sonst logische Kriterien bräuchten, die unabhängig von der logischen Sprache gegeben sind. Jedoch fühlt sich Frege veranlasst, gleichwohl eine Anleitung für ihren Gebrauch bereitzustellen, denn nur so meint er sichern zu können, dass man seine logische Sprache überhaupt erlernen kann. Wie problematisch aber dieser Versuch ist, die grundlegenden logischen Kategorien sprachlich zum Thema zu machen, wird daran deutlich, dass Frege explizit darauf beharrt, dass die Erläuterungen, durch die diese Sprachbestandteile erklärt werden, nicht länger den Anforderungen der Logik genügen können, um ihre Aufgabe erfüllen zu können.

> 8. Um eine logische Sprache einführen zu können, müssen wir uns notwendig Äußerungen bedienen, die den logischen Anforderungen an sinnvolle Sätze nicht genügen. Wir müssen also gewisser Maßen eingedenk der Unmöglichkeit einer solchen Position so tun, als ob wir verständliche Äußerungen formulieren könnten, die den Ansprüchen der Logik nicht genügen.

An dieser Stelle ist zudem zu erwähnen, dass Frege aus diesen Problemen den Schluss zieht, dass zumindest eine geteilte Umgangssprache bei verschiedenen Personen vorauszusetzen ist, um sicher zu stellen, dass sie die *bs* auf die gleiche Weise interpretieren. Dieser Hinweis ist deswegen so wichtig, weil mit ihm deutlich wird, dass die These, von der aus Hintikka Freges Logikverständnis als unzureichend kritisiert hatte, in der Tat von Frege vertreten wird:

> 9. Freges logische Sprache ist nur vor dem Hintergrund einer Umgangssprache mit fixierter Bedeutungsstruktur denkbar. Damit ein Lehrer einem Lernenden die Sprache beibringen kann, hält Frege es für unerlässlich, dass beide bestimmte Ausdrücke auf dieselbe Weise verstehen.

Ein weiterer Punkt, an dem die genannte Spannung offensichtlich wird, betrifft das Verhältnis von Freges Internalismus und seinem Versuch, die Logik mit den anderen Wissenschaften auf eine Stufe zu stellen. Besonders plastisch wird die Unvereinbarkeit beider Momente in Bezug auf den Gegenstandsbereich der Logik: Wir gehen davon aus, dass eine jede Wissenschaft einen solchen besitzt, Frege zufolge aber besitzen wir bezüglich der Logik keinen noch abstrakteren Standpunkt, von dem aus wir ihren Gegenstandsbereich beschreiben können, ohne für dessen Charakterisierung bereits Bezug auf die logischen Gesetze nehmen zu müssen.

> 10. Die maximale Allgemeingültigkeit der logischen Variablen ist keine Bestimmung eines auch unabhängig charakterisierbaren Gegenstandsbereichs, sondern allein eine Beschreibung *ex negativo*: Wir dürfen nichts aus ihm ausschließen.

Diese Besonderheit hängt damit zusammen, dass die Gesetze der Logik eben nicht ausschließlich deskriptiv zu verstehen sind, sondern gleichzeitig eine normative bzw. sogar transzendentale Komponente aufweisen: Sie geben überall dort Richtlinien vor, wo überhaupt gedacht wird. Wie lange Frege mit der Beschreibung des Gegenstandsbereichs der Logik gehadert haben muss und wie wichtig dessen Beschreibung gleichzeitig für sein Projekt ist, erkennt man besonders deutlich in seiner Strategie zur Logizismusbegründung seit den *GgA*: Das ‚Alles', um das es in der Logik geht, wird hier nur noch als eine stetig expandierende Gesamtheit verstanden. Wir erkennen erst nach und nach, was es alles gibt, indem wir unsere sprachlichen Zugriffe immer wieder erweitern.

Und in gewisser Weise schließt sich mit dieser letzten Bemerkung ein Kreis: Denn man kann mit einigem Recht davon sprechen, dass die Schwierigkeit, dass wir prinzipiell niemals die Gesamtheit der Gegenstände, über die die Logik spricht, vollständig spezifizieren können, einen Großteil dazu beiträgt, dass der allseits bekannte Widerspruch in Freges System entsteht. Wenn wir von der Inkonsistenz also auch hier möglichst wenig sprechen wollten, so lässt sich doch abschließend zumindest festhalten, dass dieser Interpretation zufolge die Gründe für sie mit Freges grundlegenden Überzeugungen eng verwoben sind: Frege kann die seinen Logizismus in vielerlei Hinsicht fundierende These, der zufolge wir alles zählen können, letztlich nur dadurch aufrechterhalten, dass er den Gegenstandsbereich der Logik als zwar einen, sich letztlich jedoch stetig erweiternden versteht, aber diese Auffassung des Gegenstandsbereichs der Logik, so könnte leicht gezeigt werden, war für die für die Inkonsistenz in Freges System zumindest nicht unerheblich.

TEIL IV:
WITTGENSTEINS METHODE UND DIE PHILOSOPHIE DER MATHEMATIK

IV.I.

Einführung: Vom *Tractatus logicus-philosophicus* zu den *Philosophischen Untersuchungen*

Sollte man einen Philosophen benennen, mit dessen Werk Ludwig Wittgenstein sich zeitlebens auseinandergesetzt hat und auf dessen Überlegungen er sich darüber hinaus auffällig häufig affirmativ bezieht, dann ist Frege sicher der aussichtsreichste Kandidat. „Der Stil meiner Sätze ist außerordentlich stark von Frege beeinflusst. Und wenn ich wollte so könnte ich wohl diesen Einfluss feststellen, wo ihn auf den ersten Blick keiner sähe."[1] In Anbetracht der zu Beginn dieser Arbeit geleisteten Bestimmung der beiden Traditionslinien liegt es dann zumindest als Arbeitshypothese nahe, die Überschneidungen ihrer Philosophiekonzeptionen nicht zuletzt in dem von beiden vertretenen universalistischen Ansatz zu vermuten und in diesem Zusammenhang etwaige Differenzen als unterschiedliche Bestimmungen innerhalb einer geteilten philosophischen Grundkonzeption zu veranschlagen.

Um genaueren Aufschluss über das Verhältnis ihrer Philosophien zu erhalten, bietet eine Auseinandersetzung mit Wittgensteins Frühwerk, dem ‚Tractatus logico-philosophicus'[2] (im Folgenden kurz: *TLP*) den besten Ausgangspunkt, denn seine Auseinandersetzung mit der Philosophie Freges findet sich nirgendwo so deutlich wie hier. Dies ist einer der Gründe, warum der Interpretation dieses Werkes hier viel Platz eingeräumt werden soll, ja die folgenden Ausführungen sogar hauptsächlich als Interpretation dieses Frühwerks zu verstehen sind. Ein weiterer Grund für diese Gewichtung besteht darin, dass die hier im Mittelpunkt stehende These, dass Wittgensteins Bedeutungsverständnis dem im letzten Teil in der Philosophie Freges nachgewiesenen eng verwandt ist, von den meisten Kommentatoren bezüglich des *TLP* als weitaus fragwürdiger angesehen wird als bezüglich seines hauptsächlich in den ‚Philosophischen Untersuchungen'[3] (im Folgenden kurz als *PU*) präsentierten Spätwerks. Es bedarf somit größeren argumentativen Aufwands, diese These auch für die frühe Philosophie unter Beweis zu stellen. Ein weiterer Grund für die herausragende Stellung des *TLP* für die anschließenden Ausführungen besteht in der äußerst feingliedrigen und

---

[1] Wittgenstein (1995, S. 112).

[2] Vgl. Wittgenstein (1989). Im Folgenden wird auf Zitate aus diesem Buch, die sich auf nummerierte Sätze des Haupttextes beziehen, allein durch die Angabe der jeweiligen Satznummer hingewiesen. An manchen Stellen wird auch ohne wörtliches Zitat auf bestimmte Sätze verwiesen – in beiden Fällen wird die Nummer des betreffenden Satzes in Klammern angegeben.

[3] Vgl. Wittgenstein (1984b).

diversifizierten Struktur des wittgensteinschen Spätwerks: Er nahm sich in seinen späteren Untersuchungen einer solchen Vielzahl unterschiedlicher Felder an und diese Verbreiterung des Untersuchungsgebiets war zudem für seine Spätphilosophie derart wesentlich, dass man sich in ihrer Rekonstruktion aller dieser Felder annehmen müsste, um nicht Essentielles aus den Augen zu verlieren. Dies soll und kann hier nicht geleistet werden. Wenn im Folgenden also allein die für die hier zu verhandelnden Fragen wichtigen Aspekte seiner späteren Philosophie der Mathematik und Logik sowie seiner Sprachphilosophie herangezogen werden, so ist dieses Vorgehen explizit so zu verstehen, dass damit keine vollständige Untersuchung seiner Spätphilosophie angestrebt wird.

Ein letzter Grund für die wichtige Stellung des *TLP* in den folgenden Überlegungen hängt damit zusammen, dass sich gerade bezüglich der hier thematisierten Aspekte des Spätwerks zeigen wird, dass sie nicht nur erst vor dem Hintergrund der entsprechenden Thesen des *TLP* verständlich werden, sondern sogar oft eine große Ähnlichkeit zu diesen Thesen aufweisen. Obwohl hier also keine Aussage über seine gesamte Spätphilosophie getroffen werden kann, so wird sich doch zumindest im Hinblick auf die thematisierten Aspekte zeigen, dass hier die Interpretation, die einen Bruch in nahezu allen Aspekten von Wittgensteins Denkens ansetzt und daher Früh- und Spätphilosophie als nahezu vollkommen unterschiedliche Philosophieentwürfe versteht, nicht geteilt wird. Stattdessen werden im Folgenden eher essentielle Kontinuitäten zwischen früherer und späterer Philosophie auffällig werden, oder mit anderen Worten wird durch die vorzustellende Interpretation zumindest implizit die folgende Warnung James Conants und Cora Diamonds bekräftigt werden: „[Take] serious the thought that *early* Wittgenstein, was, after all, early *Wittgenstein*.“[1]

Im an diese Einleitung anschließenden zweiten Kapitel, in dem die eröffnenden metaphysisch-ontologischen Ausführungen des *TLP* im Mittelpunkt des Interesses stehen werden, wird es erst einmal den Anschein gewinnen, als wäre die frühe Bedeutungskonzeption Wittgensteins ganz anders gelagert als diejenige Freges. Weit entfernt nämlich davon, ein internalistisches Bedeutungsverständnis zu proklamieren, beginnt Wittgenstein seine Ausführungen mit einer Beschreibung der Grundbausteine der Welt in einer Weise, in der diese als unabhängig von einer sprachlichen Erfassung gegeben erscheinen.

Als neuralgischer Punkt dieser Konzeption werden sich die Möglichkeiten zur Erfassung dessen darstellen, was im *TLP Gegenstand* genannt wird. Und erst bezüglich Wittgensteins intrikater Ausführungen zu diesem Thema wird sich dann im dritten der Sprachtheorie des *TLP* gewidmeten Kapitel zu erkennen geben, dass die Bestimmung sprachlicher Bedeutung, die das Werk bietet, sich bei genauerer Lektüre doch als weitaus komplexer erweist als es auf den ersten Blick den Anschein haben mag.

Diese Differenz zwischen den eröffnenden und den späteren sprachphilosophischen Ausführungen des *TLP* soll dann im vierten Kapitel erklärt werden,

---

[1] Conant; Diamond (2004, S. 51).

das der philosophischen Methode des *TLP* gewidmet ist. Im Zentrum dieser Methode steht die Bestimmung der Sätze des *TLP* als ‚Unsinn', die allem voran aus der Logikkonzeption des Werkes heraus erklärt werden soll. Im Gegensatz zu der im Verlaufe des dritten Kapitels erkennbaren Verwandtschaft des im *TLP* zu findenden Bedeutungsbegriffs zu demjenigen Freges wird sich die Logikauffassung beider allerdings als fundamental unterschieden zu erkennen geben.

Die philosophische Methode, genau genommen ihre Veränderung in der Spätphilosophie, soll dann zwar auch eines der Themen des fünften Kapitels werden, vor ihrer Bestimmung soll aber in diesem Kapitel erstens die Erweiterung des frühen Logikbegriffs zu dem in der Spätphilosophie zentralen Begriff der Grammatik sowie zweitens die für den Status des Grammatikbegriffs so wichtige Untersuchung zum Themenkreis des Regelfolgens analysiert werden. Zum Ende dieses Kapitels wird sich dann zeigen, dass es dem frühen Wittgenstein zufolge tatsächlich nur *eine* und eng mit dem im *TLP* zu findenden Logikbegriff korrespondierende philosophische Methode gibt, der spätere aber für einen Methodenpluralismus in der Philosophie plädiert.

Bevor im siebten und letzten Kapitel ein Resümee gezogen werden soll, ist das sechste Wittgensteins früher wie später Auseinandersetzung mit der Mathematik gewidmet. Zu Beginn soll hier die Rekonstruktion der Arithmetik im *TLP* untersucht werden, in deren Mittelpunkt sich eine zentrale Stellung ihrer Anwendungen zu erkennen geben wird. Dass ihren Anwendungen ebenfalls eine wesentliche Rolle in der späteren Philosophie der Mathematik zugesprochen wird, soll dann dargestellt werden, bevor die notorisch als problematisch geltenden Ausführungen Wittgensteins zum Problemkreis der logischen Notwendigkeit im Zusammenhang mit dem in seiner späten Auseinandersetzung mit der Mathematik so wichtigen Begriff des Beweises untersucht werden sollen. Und auch in diesem Zusammenhang wird wiederum etwas über die zentrale Rolle seiner philosophischen Methode zu sagen sein.

IV.II.

Von den Gegenständen zur Welt: Die Ontologie des *Tractatus logico-philosophicus*

Schlägt man den *TLP* zum ersten Mal auf, so dürfte die Nummerierung der Sätze als eine der auffälligsten Besonderheiten ins Auge stechen. Wittgenstein wählte diesen ungewöhnlichen Weg, um eine relative Gewichtung der Aussagen anzuzeigen: Den sieben ‚Hauptsätzen' sind jeweils eine Vielzahl (untereinander wiederum gewichteter) ‚Nebensätze' zur Seite gestellt, wobei sowohl die Wichtigkeit einzelner Sätze als auch wechselseitige Abhängigkeiten durch die den Sätzen zugewiesenen Dezimalzahlen verdeutlicht werden. Dieses Ordnungsmuster sollte es somit leicht machen, einen Überblick über die Struktur des Werkes anzugeben sowie den Grund, warum ein Satz an einer bestimmten Stelle auftaucht.

Allein, blickt man auf die konkrete Abfolge der Sätze, fallen allem voran die extremen Brüche auf, die Stellen also, an denen auf den ersten Blick nicht ersichtlich wird, warum ein bestimmter Textblock auf einen anderen folgt. Gerade wegen der Nummerierung der Sätze aber sollte jede wohlwollende Interpretation von der Annahme ausgehen, dass Wittgenstein die Reihenfolge der Thesen insgesamt mit größtmöglichem Bedacht gewählt hat und daher versuchen, einen Grund für diese Brüche anzugeben. Ein solches ‚Anschlussproblem' soll unser Eingangstor zur Interpretation des äußerst komplexen *TLP* bilden.

Das Problem ist folgendes: Im Vorwort weist Wittgenstein dem Buch die Aufgabe zu, die philosophischen Probleme als auf dem „Missverständnis der Logik unserer Sprache"[1] beruhend erkennbar zu machen. Um diesem Missverständnis Herr zu werden, solle dem „Denken eine Grenze" gezogen werden. Diese Grenze aber werde „nur in der Sprache gezogen werden können."[2] Eine unvoreingenommene Lektüre dieser Sätze sollte ersichtlich machen, dass das Vorwort auf eine *sprachphilosophische* Abhandlung vorzubereiten scheint.

Der an das Vorwort anschließende Auftakt des Haupttextes allerdings führt vollkommen unvermittelt eine ontologische Beschreibung der Grundbausteine der Welt ein, ohne dass vorab geklärt würde, wie diese Ausführungen mit den im Vorwort einzig angekündigten sprachphilosophischen Überlegungen zusammenhängen. Das Gefühl, zwischen Vorwort und Haupttext ‚etwas verpasst zu haben', das den aufmerksamen Leser nur allzu leicht beschleicht, wird schließlich noch dadurch potenziert, dass Satz 1 („Die Welt ist alles, was der Fall ist.") eine Lektüre nahe legt, in der er als Beantwortung einer der grundsätzlichsten metaphysischen Fragen verstanden wird: ‚Woraus besteht die Welt?' Warum es aller-

[1] Wittgenstein (1989, S. 2).

[2] Ebd.

dings diese Frage sein soll, die zu Beginn des Textes zu beantworten ist, wird nicht im Entferntesten vom Vorwort erklärt, geschweige denn, dass sie explizit gestellt wird. Die tatsächlich im Vorwort angekündigten Ausführungen zur Sprachphilosophie finden sich stattdessen in systematischer Form erst wieder ab Satz 3.12. Das im Zentrum des Vorworts stehende Problem des ‚Missverstehens unserer Sprachlogik' wird sogar erst im Satz 4.003 erneut aufgegriffen.

Wenn also der *TLP* ein mit äußerstem Bedacht arrangiertes Werk darstellt,[1] dann ist man als dessen Interpret auch eine Erklärung schuldig, warum Wittgenstein die ontologischen Ausführungen an den Beginn des Buches stellt, anstatt sie durch eine Ausarbeitung der im Vorwort in den Mittelpunkt des Interesses gerückten sprachphilosophischen Problemstellungen allererst zu motivieren, bzw. zumindest zu sagen, warum ihre Einführung für die Lösung dieser Probleme nützlich oder sogar unumgänglich sein soll.

Um aber den Grund klären zu können, warum die ontologischen Ausführungen das Buch eröffnen, ist es natürlich unumgänglich, erst einmal den Inhalt dieser Aussagen zu verstehen. Im ersten § soll der Zusammenhang der zentralen ontologischen Begrifflichkeiten des *TLP* fokussiert werden, bevor es in einem zweiten § Wittgensteins Verständnis dessen, was er im *TLP Gegenstände* nennt, genauer zu artikulieren gilt, da diesen eine besonders wichtige Rolle für den Aufbau der Ontologie des *TLP* zukommt.

§ I. Die ontologischen Grundbegriffe des *TLP*

Eine weit verbreitete Interpretation[2] des *TLP* besagt, dass in dessen Zentrum die Formulierung einer semantischen Theorie steht, die sich auf faktische Wahrheitsbedingungen stützt, also auf der Seite der Welt Elemente voraussetzt, aus denen dann nachträglich die Entsprechungen einzelner Sätzen aufgebaut werden können. Diese Deutung impliziert bereits eine bestimmte Evaluation des thematisierten Verhältnisses zwischen den Ankündigungen des Vorworts auf der einen und der tatsächlichen Eröffnung des Haupttextes auf der anderen Seite, der zufolge der Aufbau des Buches den Aufbau der genannten Form der Semantik widerspiegelt: Zu Beginn wird analysiert, in welcher Weise das, was uns in der Welt begegnet, aus fundamentalen Bestandteilen aufgebaut ist, um dann in der Folge die Struktur aufzeigen zu können, die eine Sprache notwendig besitzen muss, um diese ontologische Struktur angemessen zur Darstellung bringen zu können. Der *TLP* wird hier somit als Präsentation einer Theorie verstanden, die eine große Ähnlichkeit zu der im ersten Teil dieser Arbeit vorgestellten semantischen Konzeption aufweist. Um diese Interpretation überprüfen zu können, sind drei Vorarbeiten zu leisten, erstens eine Untersuchung der ontologischen Thesen, zweitens eine der sprachphilosophischen, sowie drittens eine Explikation der Art, auf

---

[1] Vgl. zu einer Verdeutlichung des äußerst komplexen Aufbaus des *TLP* Mayer (2000).

[2] Für eine derartige Interpretation vgl. z.B. Kripke (1982, S. 72f.) sowie Dummett (1964, S. 500).

die im *TLP* das Verhältnis beider Strukturen zur Darstellung kommt. Der ersten dieser Aufgaben wollen wir uns jetzt zuwenden.

Einen hilfreichen Einstieg in die Ontologie des *TLP* bieten bereits dessen erste neun Sätze, die als *Synopsis* der gesamten ontologischen Ausführungen verstanden werden können: In ihnen werden sämtliche der für den weiteren Argumentationsgang zentralen Kategorien (‚Welt', ‚Tatsache', ‚Sachverhalt' sowie ‚Gegenstand') aufgerufen und rudimentär zueinander in Beziehung gesetzt. Wie bereits erwähnt wird die Welt im ersten Satz identifiziert mit ‚allem, was der Fall ist'. Dieses Explikans wird dann im zweiten Satz mit dem Begriff der *Tatsache* gleichgesetzt: Sowohl die Gesamtheit dessen, was der Fall ist, als auch die Gesamtheit der Tatsachen bildet Wittgenstein zufolge die Welt – die Tatsachen also sind ‚das, was der Fall ist'. Da die wenigen Charakteristika, die Wittgenstein in den weiteren der mit einer 1 beginnenden Sätze den Begriffen der Welt und der Tatsache zukommen lässt, samt und sonders erst durch ihre Vertiefung in späteren Sätzen verständlich werden, soll hier direkt zu den mit einer 2 beginnenden Sätzen fortgeschritten werden, in deren ersten beiden dann die Liste der für den weiteren Argumentationsgang zentralen ontologischen Kategorien vervollständigt wird: „Was der Fall ist, die Tatsache, ist das Bestehen von Sachverhalten. Der Sachverhalt ist eine Verbindung von Gegenständen (Sachen, Dingen)." (2-2.01) An dieser Stelle sind also alle Begriffe erwähnt, deren Zusammenhang im Mittelpunkt dieses § stehen wird und es ist an der Zeit, sich der ontologischen Feinstruktur zuzuwenden.

Zum Zusammenhang der ontologischen Grundbegriffe

Eine erste intuitive Annäherung an die im *TLP* präsentierte Ontologie anhand des bisher Gesagten könnte zu der Vermutung Anlass geben, hier würde eine vierstufige ontologische Hierarchie eingeführt, auf deren unterster Stufe sich die Gegenstände befinden und auf den darüber liegenden nacheinander Sachverhalte, Tatsachen und schließlich die Welt. Obwohl der Grund für diese Vorsicht erst später klar werden wird, soll doch bereits an dieser Stelle darauf hingewiesen werden, dass die suggerierte Vorstellung einer Hierarchie ontologischer Entitäten insgesamt irreführend ist und genau genommen nur den Status eines heuristischen Modells zur leichteren Texterschließung zugewiesen bekommen sollte.

Ganz richtig an der intuitiven Konzeption ist zumindest die Vermutung, dass in der Ontologie des *TLP* eine grundlegende und von allen anderen Ebenen scharf unterschiedene erste Stufe vorgesehen ist, auf der sich das befindet, was Wittgenstein *Gegenstände* nennt. Aus noch deutlich werdenden Gründen soll die Kategorie der Gegenstände im folgenden § eigens untersucht werden. Wir können deren Untersuchung an dieser Stelle noch aufschieben, da zum Verständnis der folgenden Ausführungen bereits der Hinweis genügt, dass die Gegenstände eine *absolute* Grundlage der Ontologie bilden, weil sie *einfach* sind (2.02): Sie können nicht auf grundlegendere Entitäten zurückgeführt werden.

Somit können die Gegenstände zwar nicht weiter zerlegt werden, allerdings ist aus dem bereits zitierten Satz 2.01 zu entnehmen, dass sie sehr wohl untereinander Verbindungen eingehen können. Bestimmte dieser Verbindungen nennt Wittgenstein *Sachverhalte* bzw. *Sachlagen*[3]. Sie bilden die zweite Stufe der vermeintlichen ontologischen Hierarchie. Es lassen sich jedoch nur spärliche Informationen dazu finden, wie die Zusammenfügung der Gegenstände zu Sachverhalten zu verstehen ist. Deren Verhältnis sind ganze drei Sätze gewidmet:

> „Im Sachverhalt hängen die Gegenstände ineinander, wie in einer Kette. Im Sachverhalt verhalten sich die Gegenstände in bestimmter Art und Weise zueinander. Die Art und Weise, wie die Gegenstände im Sachverhalt zusammenhängen, ist die Struktur des Sachverhalts." (2.03-2.032)

Genau genommen verschlechtern diese Sätze unsere Interpretationssituation eher noch, denn aus ihnen wird zwar ersichtlich, dass Sachlagen gerade nicht in einer *bloßen Anhäufung* von Gegenständen bestehen, sie machen aber dadurch eine Beantwortung der Frage nur um so dringlicher, worin denn genau der Mehrwert des Ganzen gegenüber der bloßen Summe seiner Teile zu suchen ist.

Man kann allerdings erkennen, dass dieses Problem ohne eine nähere Untersuchung der Gegenstände überhaupt nicht zu lösen ist, wenn man auf folgende Bemerkung hinüberblickt: „Sind alle Gegenstände gegeben, so sind damit auch alle *möglichen* Sachverhalte gegeben." (2.0124) Zur Erklärung, wie aus einzelnen Gegenständen ein zusammenhängendes Ganzes wird, rekurriert Wittgenstein also gerade nicht auf ein den Gegenständen *externes* Konstruktionsprinzip. Stattdessen weist der Passus darauf hin, dass ihr Vereinigungsprinzip *direkt* mit der Gesamtheit der Gegenstände vollständig ausgebildet ist. Dass dies tatsächlich der Fall ist, wird durch die Hinweise besonders deutlich, mit denen Wittgenstein eine angemessene englischsprachige Übersetzung von Satz 2.03 voranbringen wollte: „The meaning is *that there isn't anything third* that connects the links but that the links *themselves* make connexion with one another."[4] Auch die von Wittgenstein gewählte und auf den ersten Blick nicht sonderlich hilfreiche Verkettungsmetaphorik wird vor dem Hintergrund dieser Ausführungen verständlicher: Die Gegenstände besitzen wie Kettenglieder die Möglichkeit, sich allein durch gegenseitiges Ineinandergreifen zu Sachlagen zusammenzuschließen. Da wir uns aber wie gesagt den Besonderheiten des Gegenstandsverständnisses im *TLP* erst im kommenden § widmen wollen, soll eine Beantwortung der Frage, wie genau die Möglichkeit ihrer Kombination in den Gegenständen selbst angelegt ist, zumindest bis zu diesem Zeitpunkt aufgeschoben werden.

Zwar führt Wittgenstein ein Kriterium ein, um die Klasse der Sachlagen zu begrenzen, aber auch dies kann nicht dabei helfen, den Grund für die Kombinationsmöglichkeiten der Gegenstände untereinander zu erkennen, denn dieses Kriterium geht nicht von Eigenschaften der Gegenstände aus, um die Menge der

---

[3] Statt dem im *TLP* zumeist verwendeten Term des Sachverhalts soll in der folgenden Analyse primär der der *Sachlage* gebraucht werden – und außerdem wird statt von Tatsachen zumeist von *möglichen Tatsachen* gesprochen. Der Grund für diese abweichende Terminologie wird sich im Verlauf dieses § klären.

[4] Brief Wittgensteins an Ogden vom 23.04.1922; in Wittgenstein (1973, S. 23).

Sachlagen einzugrenzen, sondern es werden allein weitere Zusammenschlüsse von *Sachlagen untereinander* ausgeschlossen. Genauer sollen nur die Kombinationen von Objekten Sachlagen genannt werden, *die von allen übrigen Kombinationen unabhängig sind.* (2.061) Eine Kombination ist genau dann von allen anderen unabhängig, wenn in ihr die Existenz keiner weiteren vorausgesetzt wird und in diesem Sinne kann man davon sprechen, dass Sachlagen einem Minimalitätskriterium unterliegen: Es kann aus „dem Bestehen oder Nichtbestehen eines Sachverhalts nicht auf das Bestehen oder Nichtbestehen eines anderen geschlossen werden." (2.062)

Die übrigen *molekularen* Gegenstandskombinationen – die die Existenz bestimmter Sachlagen voraussetzen – bevölkern die dritte Stufe der ontologischen Hierarchie. Die Gesamtheit aller Gegenstandskombinationen, also sowohl atomare als auch molekulare, soll im Folgenden als Menge der *möglichen Tatsachen* bezeichnet werden.

Der zentrale Unterschied des Übergangs von der zweiten zur dritten Stufe entgegen dem vorhergehenden besteht darin, dass an dieser Stelle kein analoges Problem hinsichtlich der Teil/Ganzes-Beziehung auftaucht, denn Satz 2 zufolge ist eine Tatsache direkt mit dem Bestehen einzelner Sachverhalte zu *identifizieren*. Das Ganze einer möglichen Tatsache ist also nicht mehr als die bloße Summe seiner Teile, sprich der einzelnen Sachlagen.

Da der gerade beschriebene Übergang gut geeignet ist, um die oben erwähnte Warnung zu fundieren, in der Darstellung der Ontologie als Stufenhierarchie mehr als ein heuristisches Hilfsmittel zu sehen, soll der Grund dieser Warnung jetzt noch vor der Einführung der vierten und letzten Stufe angeführt werden.

Der logische Raum

Der *TLP* führt eine Struktur ein, anhand derer das Verhältnis der Elemente seiner Ontologie so deutlich erkennbar wird wie nirgends sonst, den so genannten *logischen Raum*. Von diesem wird behauptet, dass sich die Tatsachen in ihm befinden. (1.13) Er wird eingeführt, um zu erklären, dass die möglichen Tatsachen sich untereinander nicht vollkommen unkoordiniert verhalten, sondern es stattdessen für alles, was dem *TLP* zufolge als mögliche Tatsache ausgezeichnet werden kann, wesentlich ist, dass es einen Platz in einer Struktur einnimmt, durch die alle möglichen Tatsachen zueinander in Beziehung gesetzt werden.

Wenn das Bestehen einer möglichen Tatsache mit dem Bestehen einer Reihe von Sachlagen zu *identifizieren* ist, dann muss sich diese Struktur bereits auf der Ebene der Sachlagen artikulieren. Tatsächlich ergibt sich die Struktur des logischen Raums bereits aus dem Zusammenhang, der zwischen der Ebene der Gegenstände und der der Sachlagen besteht. Ausgehend von der Bestimmung dieses Zusammenhangs als Möglichkeit, dass Gegenstände Kombinationen eingehen und so in Sachlagen Eingang finden, kann man den logischen Raum bestimmen als die Struktur, in der für jede mögliche Gegenstandskombination eine Position vorgesehen ist. Wittgenstein verdeutlicht seinen Aufbau in Analogie zum Raum der Geometrie. (3.411) Am besten verständlich wird dieser Vergleich dann, wenn wir uns den geometrischen Raum derart beschränkt vorstellen, dass allein der erste der von Abszisse und Ordinate aufgespannten Quadranten betrachtet wird. Auf den Achsen sind die Gegenstände als Werte markiert und die Sachlagen werden als die Punkte in dem Quadranten bestimmt. Hat beispielsweise der Gegenstand G_1 den Wert 1 auf der Ordinate und G_2 den Wert 1 auf der Abszisse, dann repräsentiert der Punkt (1,1) die Gegenstandskombination (G_1,G_2).[5] Unter Rückgriff auf den Begriff des logischen Raums finden nun mit Ausnahme der Gegenstände alle der bislang eingeführten ontologischen Elemente eine natürliche Erklärung, und zwar als immer vollständigere Bestimmungen dieses Raums: Wenn das Bestehen und Nichtbestehen von Sachlagen symbolisiert wird, indem im ersten Fall der der Sachlage entsprechende Punkt markiert ist, dann sind *Tatsachen* mit der Markierung einer Anzahl $n \geq 1$ von Punkten zu identifizieren.

Und auch der vierte und letzte zentrale ontologische Begriff der *Welt* findet eine besonders intuitive Erklärung unter Bezugnahme auf den logischen Raum. Zu diesem Begriff hatte Wittgenstein bereits zu Beginn des *TLP* eine Charakterisierung eingeführt, die allerdings bislang unterschlagen wurde, und zwar ein Maximalitätskriterium: „Die Welt ist durch die Tatsachen bestimmt und dadurch, dass es *alle* Tatsachen sind. Denn, die Gesamtheit der Tatsachen bestimmt, was der Fall ist und auch, was alles nicht der Fall ist.“ (1.11-1.12) Eine Welt ist für Wittgenstein somit eine *vollständige* Bestimmung des logischen Raums: Es darf für keine Sachlage unbestimmt bleiben, ob sie besteht oder nicht.

Aus der im nächsten Kapitel untersuchten These, dass der logische Raum zu jeder Sachlage eine weitere beinhaltet, die genau dann besteht, wenn die erste nicht besteht, folgt des Weiteren, dass es *verschiedene* vollständige Bestimmungen des logischen Raums gibt. Obwohl Wittgenstein diesen Begriff nicht selbst verwendet, liegt es an dieser Stelle nahe, diese als *mögliche Welten* zu bezeichnen.

Die bislang angegebene Darstellung des logischen Raums charakterisiert ihn derart, dass keine dieser möglichen Welten gegenüber einer anderen als privilegiert erscheint. Die Thesen des *TLP* legen diese Konstruktion zwar auch nahe, jedoch ist Wittgensteins Wortwahl an manchen Stellen nicht vollständig mit seinen eigenen Thesen zur Deckung zu bringen. Denn die im *TLP* prominenten Begriffe Sachverhalt und Tatsache sind dahingehend ausgezeichnet, dass sie auf *tatsächlich bestehende* Bestimmungen des logischen Raums abzielen. Seine Verwendung des Wortes Sachverhalt entspricht daher einer als bestehend markierten Sachlage und der Begriff der Tatsache einer Anzahl dieser. Wittgenstein selbst verwendet im *TLP* den Begriff der Sachlage in dem Sinne, in dem er auch hier bislang verwendet wurde, also um ‚mögliche Sachverhalte' auszuzeichnen. Es

---

[5] Eine auffällige Einschränkung des Beispiels besteht darin, dass der *zweidimensionale* Raum allein dann alle Kombinationsmöglichkeiten wiederzugeben vermag, *wenn höchstens zweistellige Relationen betrachtet werden*. Dass Wittgenstein diese Einschränkung nicht ausführt, hängt sicherlich damit zusammen, dass eine Erweiterung der Analogie auf der Hand liegt: Es werden jeweils ebenso viele Dimensionen benötigt wie die größte einer Relation in diesem Fall zugeordnete Stellenzahl. Vgl. zu den Grenzen der Analogie zwischen logischem und geometrischem Raum auch unten S. 201, Fußnote 10.

findet sich im *TLP* allerdings kein den Summen von Sachlagen entsprechender Begriff und der hier für sie benutzte Begriff der ‚möglichen Tatsache' ist frei erfunden. Der Grund für dessen Einführung ist jedoch identisch mit dem, aus dem heraus dem Begriff der Sachlage hier eine weitaus prominentere Rolle zugewiesen wurde als im *TLP* selbst: Die Darstellung des logischen Raums erweist sich als der Intention Wittgensteins angemessener, wenn man einen bezüglich ihres Bestehens erst einmal neutralen terminologischen Zugriff auf die in diesem Raum repräsentierten Sachlagen besitzt.

Insgesamt ist deutlich geworden, dass die Grundstruktur der Ontologie sich präzise in Bezug auf den logischen Raum und dessen immer vollständiger werdenden Bestimmungen zu erkennen gibt und nicht anhand einer ontologischen Hierarchie. Einzig die Grundbausteine, aus denen sich die Sachlagen zusammensetzen, fielen bislang vollständig aus der Betrachtung heraus. Die somit überfällige Betrachtung dieser *Gegenstände* soll jetzt nachgeholt werden.

§ II. Der Gegenstandsbegriff im *TLP*

Dass die Gegenstände das Herzstück der präsentierten Ontologie bilden, wird nicht allein darin deutlich, dass sie deren Fundament bilden, sondern wird besonders augenfällig, wenn man die Ergebnisse des letzten § noch einmal auf folgende Weise Revue passieren lässt: Aus einem Vorrat kombinationsfähiger Gegenstände wird ein Zusammenschluss gebildet, sprich eine Sachlage. Iteriert man diesen Vorgang entstehen immer umfassendere Tatsachen. Dieser Prozess wird schließlich beendet durch die Erkenntnis, dass die Aufnahme eines beliebigen weiteren Zusammenschlusses zu einem Widerspruch führen würde. Kurzum: Nahezu der gesamte Prozess der ‚Weltenbildung' speist sich einzig aus der Natur der Gegenstände, sprich den ihnen einbeschriebenen Kombinationsmöglichkeiten. Ihre fundamentale Stellung macht etwa John Canfield deutlich: „'Object' is perhaps the central concept in the *Tractatus*."[6] Es wird im Folgenden also zu fragen sein, wie Wittgensteins zu begründen versucht, dass sich die Strukturprinzipien der beschriebenen Ontologie nahezu allein aus den Eigenschaften der Gegenstände erschließen lassen.

Zu Beginn dieses § sollen die drei Charakteristika vorgestellt werden, die den Gegenständen im *TLP* zugesprochen werden, bevor gefragt werden soll, wie die Annahme der benötigten Gegenstände begründet wird.

Gegenstände als einfach, unveränderbar und zeitlos

Auf eine der drei wesentlichen Eigenschaften, die ‚Gegenstände' dem *TLP* zufolge besitzen, wurde oben bereits hingewiesen: Sie sind *einfach*. (2.02) Die zweite wesentliche Eigenschaft, dass sie *unveränderbar* sind, folgt direkt aus der ersten: Denn wenn sich *etwas* verändert heißt das, dass dieses Etwas auch nach der Veränderung als der ursprüngliche Gegenstand erkennbar ist, wenn auch mit anderen Eigenschaften. Mit anderen Worten: Es muss einen gleichbleibenden und

---

[6] Canfield (1976, S. 81); diese Gewichtung findet sich auch in Griffin (1964, S. 42).

einen variierten Anteil geben. Was sich verändern kann, ist demnach notwendig komplex und dies widerspricht der Forderung nach *absoluter* Einfachheit. Die Kategorie der Veränderbarkeit setzt in der Ontologie des *TLP* erst auf der Stufe der Kombinationen von Gegenständen ein, hier erst kann es das Verhältnis von gleichbleibendem und variiertem Anteil geben. Wittgenstein selbst bemerkt diese Differenz mit folgenden Worten: „Der Gegenstand ist das Feste, Bestehende; die Konfiguration ist das Wechselnde, Unbeständige." (2.0271)

Anhand des letzten Zitats dürfte eine Nähe der Ontologiekonzeption Wittgensteins zu klassischen *atomistischen* Theorien sehr deutlich werden,[7] denn auch in diesen wird davon ausgegangen, dass Veränderung als Rekonfiguration kleinster unveränderlicher Elemente zu bestimmen ist. Es wird sich jedoch noch zeigen, dass diese Nähe viele Kommentatoren des *TLP* gerade hinsichtlich einer genaueren Bestimmung der Gegenstände auf eine falsche Fährte gelockt hat.

Die dritte zentrale Eigenschaft der Gegenstände ist deren *Zeitlosigkeit*: Man kann in Bezug auf sie weder von Existenz noch von Nicht-Existenz sprechen. Diese Forderung ist unabhängig von der Eigenschaft der Unveränderbarkeit. Denn Veränderung wurde als für die Gegenstände unmöglich beschrieben, weil sie keine Anteile besitzen, deren einer identisch bleibt, während ein anderer sich wandelt. Ein *abruptes* Enden oder Beginnen der Existenz eines Gegenstands aber wäre in diesem Sinn keine Veränderung. Wittgensteins Grund dafür, dass die Gegenstände dennoch als zeitlos zu bestimmen sind und dass demnach die Kategorien ‚Existenz' und ‚Nicht-Existenz' dem *TLP* zufolge ebenfalls erst auf der Ebene der Gegenstands*kombinationen* anwendbar sind, soll jedoch erst im kommenden Kapitel (S. 225) nachgereicht werden, da er einen derart naheliegenden Korollar bestimmter sprachphilosophischer Thesen des Werkes darstellt, dass hier nicht eigens Aufwand zu seiner Verdeutlichung betrieben werden soll.

Es wurden somit drei zentrale Eigenschaften ausgezeichnet, die Wittgenstein den Gegenständen zuspricht: Sie sind einfach, unveränderbar und zeitlos. Bezüglich dieser Eigenschaften dürfte erstens sofort die immense Differenz dieser speziellen ‚Gegenstände' zu dem offensichtlich werden, was herkömmlich unter dem Begriff ‚Gegenstand' zusammengefasst wird. Gewöhnliche *materielle* Gegenstände beispielsweise besitzen Eigenschaften, die sie als komplex und daher veränderbar auszeichnen und können entstehen sowie vergehen (zwecks ihrer besseren Unterscheidbarkeit soll im Weiteren von den hier thematisierten speziellen Gegenständen als von TLP-*Gegenständen* gesprochen werden). Zweitens folgt aus dieser Unterscheidung sofort, dass in diesem Fall das Problem als besonders schwerwiegend betrachtet werden muss, wie gesichert werden kann, dass man mit der Postulierung dieser Gegenstände nicht fehl geht. Wie problematisch die Postulierung der *TLP*-Gegenstände nämlich genau genommen ist, wird daran erkennbar, dass die aufgezeigten Differenzen zwar deutlich machen, dass eine Zugangsweise zu den *TLP*-Gegenständen nicht analog zu unserer Bezugnahme auf materielle Gegenstände zu konzipieren ist, gleichwohl aber auch

[7] Vgl. zu einem eingehenderen Vergleich dieser Konzeptionen Fogelin (1976, S. 5).

keine alternative Zugangsbestimmung an die Hand gegeben wird. Diesen § abschließend soll nun noch geklärt werden, aus welchem Grund Wittgenstein meint, die *TLP*-Gegenstände voraussetzen zu dürfen.

Die Gegebenheitsweise der TLP-Gegenstände

Erst einmal ist an dieser Stelle zu klären, ob die Differenz zwischen gewöhnlichen und *TLP*-Gegenständen in der Tat so tiefgreifend ist wie bislang angenommen. Denn just das Gegenteil wird vorausgesetzt, wenn man die Nähe des wittgensteinschen Gegenstandsbegriffs zu dem des klassischen Atomismus betont. Denkt man diese Analogie konsequent zu Ende, ähnelt man die *TLP*-Gegenstände mehr und mehr basalen materiellen Elementen an, um sie letztlich als Grenzfälle jeder möglichen Dekomposition materieller Entitäten zu begreifen. Eine solche Vorgehensweise würde dafür sprechen, dass Aussagen über die Existenz der Elementarteilchen doch *observationsabhängige* Verifikationsmethoden besitzen: Wenn auch ihr Nachweis aufgrund mangelhafter Methoden momentan noch nicht möglich ist, so hätte er doch zumindest *prinzipiell* auf diesem Weg zu erfolgen. Allerdings lassen sich im *TLP* weder Hinweise darauf finden, dass Wittgenstein die *TLP*-Gegenstände als kleinste ‚Materieteilchen' verstanden wissen will noch dafür, dass ihm ein empirisches Vorgehen vorschwebt, um sie nachzuweisen. Stattdessen lässt sich die bisherige Charakterisierung des Gegenstandsbegriffs eher als problematisch für ein derartiges Vorgehen beschreiben, denn Wittgenstein führt nichts dazu aus, wie eine kausale Aktivität der aufgrund ihrer Eigenschaften von einem Bereich des bloß zufällig Existierenden getrennten *TLP*-Gegenstände damit in Einklang zu bringen wäre, dass alles von uns bislang sinnlich Wahrgenommene auf Gnaden dieser Zufälligkeit existiert.

Über diese Bedenken hinausgehend kann letztlich aber sogar unmissverständlich nachgewiesen werden, dass derartige *epistemologische* Erwägungen die dargestellte Lücke in der Argumentation des *TLP prinzipiell* nicht zu schließen in der Lage sind. Denn die sich in den Ausführungen des letzten Absatzes andeutende Konstruktion, der zufolge die vorgestellte ontologische Theorie nochmals durch eine epistemologische Theorie zu fundieren wäre, die uns Aufschluss über unsere kognitive Zugangsweise zu den *TLP*-Gegenständen gibt und so deren Annahme erst zweifelsfrei begründen kann, widerspricht ganz deutlich dem Stellenwert, welcher der Erkenntnistheorie im *TLP* zugewiesen wird: „Erkenntnistheorie ist die Philosophie der Psychologie." (4.1121) Da Wittgenstein den Zweck der Philosophie als die logische Klärung der Gedanken beschreibt (4.112), kann man die Erkenntnistheorie mit einer logischen Untersuchung der psychologischen Sätze gleichsetzen. Bereits diese Bestimmung zeigt, dass Wittgenstein im *TLP nicht* dem von Descartes und Kant überlieferten Ideal treu bleibt, dem zufolge die Erkenntnistheorie die Basis aller Philosophie ausmacht.

Unabhängig von einer Entscheidung der Frage nach der materiellen oder immateriellen Natur der *TLP*-Gegenstände dürfen wir somit an dieser Stelle ausschließen, dass deren Nachweis im Rahmen der Erkenntnistheorie vonstatten gehen soll. Allein dies verschärft nur die Dringlichkeit der Frage, warum Wittgenstein es als gerechtfertigt ansieht, in der Konturierung der ontologischen Theorie ein solch großes Gewicht auf bestimmte Entitäten zu legen und gleichzeitig so überaus deutlich die Meinung zur Schau stellt, über mögliche Zugangsweisen zu diesen Entitäten vollkommenes Stillschweigen bewahren zu dürfen.

Auf den ersten Seiten des *TLP* findet sich ein Zusammenhang, der dieses Problem aufzulösen vermag: Hier versucht Wittgenstein zu begründen, *warum es notwendig ist, dass die Welt eine Substanz besitzt*. Gegeben die Identifizierung der Gegenstände mit der „Substanz der Welt“ (2.021), müssen diese Sätze als Begründung der Annahme der *TLP*-Gegenstände angesehen werden. Sie lauten wie folgt: „Hätte die Welt keine Substanz, so würde ob ein Satz Sinn hat, davon abhängen, ob ein anderer Satz wahr ist. Es wäre dann unmöglich, ein Bild der Welt (wahr oder falsch) zu entwerfen.“ (2.0211-2.0212) Dass diese Sätze nicht längst zur Lösung unseres Problems herangezogen wurden, hängt damit zusammen, dass sie für die bisherige Untersuchung keinen Gewinn hätten abwerfen können, da in ihnen einige Begriffe (Sinn, Wahrheit, Bild) auftauchen, über die bislang nichts hätte ausgeführt werden können, da sie in den eröffnenden ontologischen Ausführungen des *TLP* (also bis einschließlich Satz 2.063) *ausschließlich in diesen beiden Sätzen auftauchen*.

Einerseits wird an dieser Passage erkennbar, dass Wittgenstein eine Rechtfertigung der Annahme der *TLP*-Gegenstände im Rahmen der ontologischen Ausführungen als ausgeschlossen erachtet. Andererseits deutet sich aber in dieser Passage bereits das Feld an, auf dem diese Frage aufgelöst werden kann, denn die verwendeten Begriffe sind primär solche der *Sprachphilosophie*. Somit ist es an dieser Stelle unumgänglich, sich der im *TLP* formulierten Theorie der Sprache zu widmen, um erstens die zentrale Frage aufklären zu können, warum Wittgenstein sich seiner so sicher war, diese Gegenstände voraussetzen zu dürfen, aber andererseits auch nach einer etwaigen Lösung des bislang ungelösten Problems Ausschau zu halten, wie ihre Kombinationsmöglichkeiten in den Gegenständen selbst angelegt sind – denn die in diesem § angeführten Charakteristika der *TLP*-Gegenstände boten keinerlei Handhabe für eine Auflösung dieser Schwierigkeit (auch wenn bezüglich dieses letzten Punkts keine größeren Hoffnungen geweckt werden sollen, denn Wittgensteins Ausführungen zu diesem Thema werden sich als ebenso erratisch wie dürftig erweisen).

1. Wittgenstein präsentiert im *TLP* eine ontologische Theorie, die allem voran aus zwei Bestandteilen aufgebaut ist: Gegenständen und ‚Gegenständen-in-Verbindung'. Da sämtliche Kombinationsmöglichkeiten der *TLP*-Gegenstände bereits in diesen präjudiziert sind, erweist sich die Kategorie der *TLP*-Gegenstände als bestimmende Kategorie der Ontologie des *TLP*.

2. Der wichtigen Funktion der Gegenstände für die Ontologie des *TLP* steht die vollständige Abwesenheit einer Argumentation gegenüber, wie ein kognitiver Zugang zu ihnen herstellbar sein soll. Es wird stattdessen deutlich, dass Wittgenstein einen Nachweis der *TLP*-Gegenstände erst im Rahmen einer sprachphilosophischen Analyse als möglich erachtet.

IV.III.

Sprache und Bedeutung im *Tractatus logico-philosophicus*

Die im letzten Kapitel angebotene Rekonstruktion der ontologisch-metaphysischen Thesen des *TLP* schürte die Erwartung, dass in dessen sprachphilosophischen Ausführungen eine Struktur bestimmt wird, die sich als angemessene Beschreibung der anfangs etablierten ‚Struktur der Welt' nachweisen lässt. Im Verlauf dieses Kapitels allerdings wird sich zeigen, dass sich die Sprachtheorie des *TLP* auf subtile Weise von dieser durch den Textauftakt induzierten Erwartungshaltung emanzipiert. Obwohl das Verhältnis beider Argumentationsstränge so erst einmal zunehmend schwerer verständlich wirkt, so soll doch in IV.IV. gezeigt werden, dass gerade in ihrem scheinbar problematischen Verhältnis ein paradigmatisches Beispiel der *philosophischen Methode* Wittgensteins im *TLP* zu erkennen ist, deren Artikulation ein wichtiges Anliegen des Buches darstellt.

Es wird sich zwar in der im ersten § zu leistenden überblickhaften Präsentation der sprachphilosophischen Begriffe des *TLP* noch eine gewisse Entsprechung zwischen den sprachtheoretischen und den ontologischen Argumentationen entdecken lassen. Bereits im zweiten §, in dem der Frage nachgegangen werden soll, ob der im *TLP* zu findende *Namens*begriff eine angemessene Erklärung des Status der *TLP*-Gegenstände ermöglicht, wird die zwischen beiden bestehende Spannung aber kaum mehr zu übersehen sein.

Die Spannung der im zweiten § vorzustellenden Analyse zu den im letzten Kapitel erörterten Themen wird sich vor allem anhand des *Bedeutungsbegriffs* des *TLP* und anhand des in ihm zu findenden speziellen Verständnisses von *logischer Form* zu erkennen geben. Dieser letzte Begriff wird es auch sein, von dem ausgehend im dritten § die *Abbildtheorie* der Sprache evaluiert werden soll. In diesem § soll Wittgensteins These, dass Sätze Abbilder sind, für *logisch atomare Sätze* überprüft werden, insbesondere werden hier die im *TLP* zu findenden Überlegungen zu *prädikativen Sprachbestandteilen* zu rekonstruieren sein. Im vierten und letzten § bleibt zu untersuchen, warum auch *logisch molekulare* Sätze zu den Abbildern gerechnet werden. An diesem Punkt werden dann auch alle nötigen Vorarbeiten geleistet sein, um die im letzten Kapitel offen gebliebenen Fragen zur Existenz der *TLP*-Gegenstände das Kapitel abschließend zu beantworten.

§ I. Bild und Bedeutung: Die semantischen Grundbegriffe des *TLP*

Zu Beginn des letzten Kapitels wurde die oft vertretene These angeführt, dass im *TLP* eine auf faktischen Wahrheitsbedingungen beruhende Semantik konzipiert wird. Dort wurde auch erwähnt, dass drei Vorarbeiten zur Evaluation dieser These auszuführen sind, deren erste mit der Darstellung des ontologischen Systems bereits abgegolten ist. Neben der Aufgabe einer Darstellung des sprachphilosophischen Systems steht noch die Formulierung eines Kriteriums aus, anhand dessen über Entsprechungen beider Systeme entschieden werden kann. Es muss mit anderen Worten geklärt werden, wie ein bestimmtes Element der ontologischen Struktur als Wahrheitsbedingung eines bestimmten Satzes herausgestellt werden kann (und umgekehrt). Zu Beginn dieses § soll diese letzte Frage beantwortet werden, wie also Vergleiche zwischen den Systemen angestellt werden können, da sich anhand des gegebenen Vergleichskriteriums dann die zum Abschluss des § vorzustellende sprachtheoretische Hierarchie auf natürliche Weise ergeben wird. Dass es aber überhaupt möglich ist, das Vergleichskriterium vor dem Aufbau der sprachtheoretischen Struktur zu etablieren, hängt damit zusammen, dass im *TLP* zu Beginn ein *abstraktes* Repräsentationskriterium entwickelt wird, von dem dann im Nachhinein gezeigt wird, dass es auf die sprachlichen und ontologischen Strukturen anwendbar ist.

Bild und Form

Der zentrale Begriff dieses Kriteriums ist der des *Bildes*. Dass es in seiner Einführung erst einmal um eine möglichst allgemeine Repräsentationstheorie geht, wird daran ersichtlich, dass der im *TLP* zur Verwendung kommende Bildbegriff keinesfalls auf einer rein sprachlichen Ebene anzusiedeln ist. Stattdessen müssen der Auszeichnung dieses Begriffs im *TLP* zufolge unter anderem Landkarten, Photographien und sogar Schallplatten als *Bilder* bezeichnet werden. Diese Aufzählung wird erst im Verhältnis zur direkten Kopplung des Bildbegriffs an *strukturelle Übereinstimmung* verständlich: Damit etwas als Bild ausgezeichnet werden kann, muss es bezüglich seines abstrakten Aufbaus mit einer anderen Entität übereinstimmen. Bilder sind im *TLP* demnach *immer* Abbilder. Dass zudem von der Übereinstimmung zwischen Bild und Abgebildetem als von einer *strukturellen* gesprochen wird, sollte auch erklären, warum in der folgenden Analyse des Bildbegriffs sowohl in Bezug auf das Bild selbst als auch in Bezug auf das jeweils Abgebildete immer als von *Systemen* gesprochen wird. Mit diesem Begriff soll auf eine notwendige *Komplexität* beider hingewiesen werden, denn allein komplexe Entitäten können eine Struktur besitzen.

Um den wesentlichen Begriff der strukturellen Übereinstimmung genauer konturieren zu können, ist es allem voran wichtig, dessen enge Bindung an den Begriff der *Form* zu betonen, die als „Möglichkeit der Struktur" (2.033) beschrieben wird. Gewendet auf das Bildverständnis kann das Verhältnis beider Begriffe so gedeutet werden, dass die *exakte* Zusammensetzung der Elemente in Bild und Abgebildetem als deren jeweilige Struktur bestimmt wird. Wittgenstein fordert allerdings gerade keine *Struktur*identität als Voraussetzung dafür, dass zwischen zwei Systemen von einer Abbildungsbeziehung gesprochen werden darf, sondern allein eine Übereinstimmung in der „Form der Abbildung." (2.15) Diese Formen kann man sich provisorisch als Eigenschaften vorstellen, die Bild und Abgebildetes aufweisen müssen, um beide miteinander *in einer bestimmten Hinsicht* vergleichen zu können. Eine Photographie etwa weist eine strukturelle Ähnlichkeit zu dem von ihr Abgebildeten auf, die anhand einer Übereinstimmung *räumlicher Relationen* spezifizierbar ist – und die Möglichkeit dieser Übereinstimmung besteht Wittgenstein zufolge darin, dass beide hinsichtlich ihrer *räumlichen Form* übereinstimmen (dass beide also anhand eines räumlichen Verhältnisses ihrer Elemente charakterisiert werden können). Auch nachdem allerdings (durch eine Retuschierung etwa) die Plätze der Objekte auf dem Photo geändert wurden, kann man von einer Übereinstimmung hinsichtlich der räumlichen *Form* sprechen, auch wenn die *Struktur* des Bildes geändert wurde.

Neben Übereinstimmungen der räumlichen Form spricht Wittgenstein auch von solchen der Zeit oder der Farbe (vgl. Satz 2.171) und macht deutlich, dass nicht eine solche *spezifische* Art der Übereinstimmung erforderlich ist, um von einer Abbildrelation zwischen Systemen sprechen zu können. Es könnte den Thesen des *TLP* gemäß z.B. auch eine Photographie durch eine zeitliche Abfolge bestimmter Impulse abgebildet werden. Dass eine Abbildungsbeziehung zwischen derartig unterschiedlichen Systemen bestehen soll hängt damit zusammen, dass die dem *TLP* zufolge einzig wesentliche Form, die ein System mit einem anderen gemein haben muss, um vom einen als Bild des anderen sprechen zu können, die hier als *logisch* bezeichnete ist: „Was jedes Bild, welcher Form auch immer, mit der Wirklichkeit gemein haben muss, um sie überhaupt – richtig oder falsch – abbilden zu können, ist die logische Form, das ist, die Form der Wirklichkeit." (2.18) Heuristisch kann sich dem Begriff der logischen Form durch die Bestimmung genähert werden, dass sie eine Minimalanforderung an die Konstitution der jeweiligen Systeme stellt, damit diese *überhaupt* als Abbilder voneinander fungieren können. Es kann inzwischen als kanonische Interpretation des *TLP* angesehen werden, dass die relevante Anforderung hinsichtlich der identischen Konstitution zweier Systeme sehr genau anhand des oben (S. 40) definierten Begriffs der *isomorphen Abbildung* wiedergegeben werden kann.[1]

Aufgrund der bisherigen Ergebnisse kann bereits eine Annäherung an den Bildbegriff des *TLP* formuliert werden: Von zwei Systemen kann eines genau dann als Bild des anderen fungieren, wenn beide hinsichtlich ihrer logischen Form übereinstimmen – diese Übereinstimmung wiederum besteht genau dann, wenn sich zwischen beiden eine Isomorphie definieren lässt. Diese Auskunft lässt auch eine Lösungsmöglichkeit des ersten der eingangs gestellten Probleme Kontur gewinnen: Gegeben eine Bedeutung aller Satzbestandteile ist die Wahrheitsbedingung eines Satzes das Element der ontologischen Struktur, das zu ihm isomorph ist. Wie aber ist dies Kriterium genauer zu verstehen – und zwar primär in seiner Wendung auf *sprachliche* Phänomene?

Sprachliche Repräsentation

Der noch ausstehende Brückenschlag zwischen der abstrakten Repräsentationstheorie des Bildes und der besonderen sprachtheoretischen wird im *TLP* dadurch hergestellt, dass Wittgenstein zuerst den Gedanken mit dem logischen Bild der

---

[1] Der *locus classicus* dieser Interpretation bietet ebenfalls eine der nach wie vor genauesten Analysen der Anwendbarkeit des Isomorphiebegriffs auf die Argumentation des *TLP*. Vgl. Stenius (1964, Kap. 6).

Tatsachen (3) und dann den Gedanken mit dem sinnvollen Satz identifiziert. (4) Nun würde man vor dem Hintergrund des bislang Ausgeführten im Anschluss hieran sicherlich eine Analyse des Satzbegriffs erwarten, in der erklärt wird, wie eine isomorphe Abbildung zwischen den Elementen eines Satzes und denen der Tatsache definiert werden kann. Wittgensteins Analyse des Satzbegriffs schlägt jedoch eine ganz andere Richtung ein, wenn ausgeführt wird, dass der Satz eine *Wahrheitsfunktion der Elementarsätze* ist. (5)

An dieser Aussage ist auffällig, dass der Satzbegriff hier ohne Rückgriff auf den Bildbegriff erklärt wird. Aufgrund der Vermeidung dieses Begriffs stellt die in (5) präsentierte These eine zusätzliche Herausforderung dar, denn dem *TLP* zufolge muss davon ausgegangen werden, dass sämtliche Sätze *ohne Ausnahme* als Bilder zu verstehen sind. Aber selbst angenommen Wittgenstein gelingt es zu zeigen, warum die so genannten Elementarsätze als Bilder aufzufassen sind, so lässt dies doch noch nicht verständlich werden, wie logisch *molekulare* Sätze als Bilder zu verstehen sein sollen, warum also eine wahrheitsfunktionale Verknüpfung von Bildern selbst wieder notwendig zu einem Bild wird. Dieses Problem kann allerdings erst dann thematisiert werden, wenn gezeigt ist, was Wittgenstein überhaupt unter einem Elementarsatz versteht.

Erst einmal wird den Elementarsätzen eine Entsprechung in der ontologischen Struktur zugewiesen: „Der einfachste Satz, der Elementarsatz, behauptet das Bestehen eines Sachverhalts." (4.21) Direkt im Anschluss bekommt dann auch die Besonderheit, aufgrund derer die Sachverhalte gegenüber allen anderen Tatsachen ausgezeichnet sind, eine Entsprechung auf sprachlicher Ebene zugewiesen. Die den Sachverhalten entsprechenden Elementarsätze nämlich werden ebenfalls als Grenzfälle bestimmt, hier allerdings bezüglich wahrheitsfunktionaler Verknüpfungen: Sie sind genau diejenigen Sätze, in denen *keine* derartigen Verknüpfungen angelegt sind, und zwar weil kein Elementarsatz mit einem weiteren Elementarsatz in Widerspruch stehen kann. (4.211) Diese These muss als sprachphilosophisches Pendant der im letzten Kapitel formulierten Forderung nach wechselseitiger Unabhängigkeit der Sachlagen betrachtet werden. Die analoge Forderung besteht jetzt darin, dass in keinem Elementarsatz ein anderer Satz auf einen Wahrheitswert festgelegt werden darf – die Elementarsätze sind wechselseitig *logisch unabhängig*.

Die Elementarsätze versteht Wittgenstein als Kombinationen von *Namen*. Diese Namen (die im Folgenden, um Wittgensteins Begriff vom alltäglichen Begriff der Eigennamen unterscheiden zu können, als *TLP*-Namen bezeichnet werden) sind durch keine Definitionen zu zergliedern, weswegen sie auch als *Urzeichen* tituliert werden. (3.26) Da *TLP*-Namen dem zufolge niemals durch andere sprachliche Entitäten (z.B. definite Kennzeichnungen) ersetzt werden können, ist zu schließen, dass die Funktion, die ihnen zugedacht ist, *prinzipiell* nicht von anderen Elementen übernommen werden kann. Satz 3.221 zeigt, dass dies tatsächlich der Fall ist und führt darüber hinaus bereits die spezifische Funktion der *TLP*-Namen vor Augen: „Die Gegenstände kann ich nur *nennen*." Die Aufgabe der *TLP*-Namen erschöpft sich für Wittgenstein demnach in der

Spezifikation einzelner *TLP*-Gegenstände, auf diese jedoch kann allein mittels der *TLP*-Namen überhaupt Bezug genommen werden. Hinsichtlich der Kombinationsmöglichkeiten der *TLP*-Namen findet sich dann ebenfalls noch eine Entsprechung zu den die *TLP*-Gegenstände betreffenden Äußerungen: Auch die Namen sollen die Möglichkeiten, Kombinationen auszubilden, selbst beinhalten, auch zu ihrer Verbindung ist keine Bezugnahme auf etwas Drittes notwendig.

An dieser Stelle scheint eine Lösungsstrategie für die beiden zu erfüllenden Aufgaben Kontur zu gewinnen. Erstens wurde gezeigt, dass die Entsprechungen zwischen den Systemen anhand isomorpher Abbildungen zu suchen sind, und zweitens wurde der grundlegende Aufbau sprachlicher Entitäten beschrieben. Die eingangs geforderte auf Wahrheitsbedingungen aufruhende Semantik wäre vor dem dargestellten Hintergrund wie folgt auszugestalten: Es wurden zwei zwar strukturell verwandte, aber dennoch unterschiedene Systeme etabliert und wir können für immer komplexere Sätze fragen, wie ihre Wahrheitsbedingungen aussehen, indem wir ihre isomorphen Abbilder suchen. Ein offensichtliches Problem dieses *induktiven* Vorgehens wurde jedoch oben bereits deutlich, nämlich der Induktionsschritt zu logisch komplexen Sätzen: Es muss geklärt werden, wie die zu komplexen Sätzen isomorphen Strukturen beschaffen sind.

Diesem Problem soll sich allerdings erst im letzten § dieses Kapitels zugewandt werden, denn es besteht ein noch fundamentaleres Problem. Bisher haben wir nämlich noch kein Wort über die *Induktionsbasis* verloren. Mit anderen Worten fehlt uns noch etwas, um den Prozess überhaupt in Gang zu bringen, und zwar eine Entsprechung der jeweiligen untersten Ebenen beider Systeme. Neben einer Rekonstruktion der Überlegungen zu Prädikaten, die im übernächsten § erfolgen soll, müssen wir hier etwas über die Bedeutung von *TLP*-Namen sagen, bezüglich derer eines sicher ist: Der Bildbegriff hilft uns an dieser Stelle nicht weiter, denn *TLP*-Namen sowie *TLP*-Gegenstände besitzen keine Komplexität, weswegen man nicht nach *strukturellen* Übereinstimmungen suchen kann. Im Folgenden soll erst einmal geklärt werden, auf welche Weise im *TLP* stattdessen eine Verbindung von *TLP*-Namen und *TLP*-Gegenständen etabliert werden soll.

Besondere Beachtung verdient an dieser Stelle die Tatsache, dass diese Verbindungen bestimmte Anforderungen erfüllen müssen, um die Arbeit, die ihnen im Rahmen einer auf Wahrheitsbedingungen fußenden Semantik zugewiesen wird, verrichten zu können. Wir benötigen nämlich eine Möglichkeit, solche Entsprechungen zu bestimmen, die unabhängig von einer bereits gegebenen Beschreibung der Welt im Medium der Sprache ausgeführt werden können, denn dieser Semantik zufolge können wir an der Stelle, an der es die Verbindungen zu stiften gilt, noch nichts über Entsprechungen auf höheren Ebenen sagen. Wir stehen also vor einer Aufgabe, der wir uns in ähnlicher Form auch im ersten Teil dieser Arbeit gegenüber sahen: Wir müssen eine Möglichkeit finden, bestimmte Zeichen eindeutig mit vorsprachlich gegebenen Gegenständen zu koppeln.

Eine der geläufigsten Konzeptionen, wie diese Verknüpfung konsistent zu der vermeintlich im *TLP* avisierten Semantik zu spezifizieren ist, findet einen klaren Ausdruck in folgenden Worten Peter Hackers: „[A] mechanism of a psychological nature is generated to project lines of projection into the world."[2] Um das genannte Programm einzulösen, nimmt er seinen Ausgang von *mentalen Akten*, die den nötigen Brückenschlag bewerkstelligen sollen, da sie die Kopplungen ohne Bezug auf voraussetzende sprachliche Strukturen einzuführen gestatten.

Aufgrund der von ihnen zu leistenden Arbeit jedoch scheint die einzig mögliche weitere Explikation an dieser Stelle darin zu bestehen, diese mentalen Akte als *kognitive* Akte zu verstehen.[3] Wie bereits ausgeführt expliziert der *TLP* jedoch sämtliche kognitiven Phänomene, sofern er sie überhaupt behandelt, auf der Grundlage der logischen Sprachtheorie. Dass die Grenzen des Sagbaren für Wittgenstein auch gleichzeitig die Grenzen des Denkbaren sind, wird in einem Brief an Russel überdeutlich: „The main point is the theory of what can be expressed by propositions – i.e. by language (and, which comes to the same, what can be *thought*) (...)."[4] Dies zeigt zwar bereits, dass der Bereich des Kognitiven uns keinen spezifischen Zugang zu den *TLP*-Gegenständen eröffnen kann, der nicht auch propositional fassbar ist, später in demselben Brief wird darüber hinaus aber sogar deutlich, dass für Wittgenstein eine eigenständige Analyse der Struktur der Gedanken überhaupt nicht erforderlich ist, da man *mit Sicherheit* davon ausgehen dürfe, dass diese in der für philosophische Untersuchungen relevanten Hinsicht identisch zur Struktur der Sätze ist:

> „I don't know what the constituents of a thought are but I know that it must have such constituents which correspond to the words of Language. Again the kind of relation of the constituents of thought and of the pictured fact is irrelevant. It would be a matter of psychology to find out."[5]

Diese Zitate können als weitere Stützen der oben bereits geltend gemachten Skepsis gegenüber jedem Versuch betrachtet werden, epistemologische Überlegungen als zwar im *TLP* selbst verschwiegene aber für dessen kohärente Rekonstruktion notwendige Momente zu bewerten und damit als Beleg für die These, dass Wittgenstein zufolge die sprachliche Ordnung fundamental für *all* unser Denken ist. Vor diesem Hintergrund dürfte dann aber offensichtlich sein, dass man sich primär der Struktur unserer Sprache zuzuwenden hat, um zu verstehen, wie die Korrelation der basalen Ebenen beider Systeme konzipiert wird – oder sich mit anderen Worten fragen muss, ob Wittgensteins Ausführungen zu den Charakteristika der *TLP*-Namen an dieser Stelle weiterhelfen können.

§ II. Namen und logische Form

Wie also wird das Verhältnis von *TLP*-Namen und *TLP*-Gegenständen beschrieben? Wittgenstein bezeichnet die Relation zwischen ihnen als die der Be-

---

[2] Hacker (1972, S. 51).

[3] Die These, der zufolge die fraglichen Akte zwar mental aber *nicht* kognitiv sind, wird hier aufgrund offensichtlicher Probleme und ihres *ad hoc* Charakters nicht eigens behandelt, vgl. aber Goldfarb (2003) für eine schlagende Kritik an derartigen ‚mystery-act views'.

[4] Brief Wittgensteins an Russell vom 19.08.1919; in Wittgenstein (1995a, S. 124).

[5] Ebd. S. 125.

deutung: „Der Name bedeutet den Gegenstand. Der Gegenstand ist seine Bedeutung." (3.203) Für sich ist diese Aussage zwar wenig explikativ, wird dies aber umso mehr im Zusammenhang mit folgender Erläuterung: „[N]ur im Zusammenhang des Satzes hat ein Name Bedeutung." (3.3) Dass Wittgenstein an dieser Stelle *KP* aufgreift sollte uns stutzig machen, denn steht nicht vor allem dieses Prinzip dafür Pate, dass in der Philosophie Freges nicht auf vorsprachlich zu identifizierende Wahrheitsbedingungen Bezug genommen werden muss? Die Frage, ob die semantischen Grundannahmen des *TLP* eher für eine auf sprachunabhängig gegebenen Wahrheitsbedingungen fußende Semantik oder für die von Frege herrührende sprachinterne Bedeutungsexplikation sprechen, soll in diesem § im Hinblick auf die basale Beziehung zwischen *TLP*-Namen und *TLP*-Gegenständen beantwortet werden. Die zur Verwendung kommende Strategie wird in dem Versuch bestehen, die Aussagen des *TLP* nach und nach mit den Anforderungen einer auf vorsprachlich gegebenen Wahrheitsbedingungen beruhenden Semantik in Einklang zu bringen.

Dass zumindest Wittgensteins Aufnahme von *KP* nicht zweifelsfrei widerlegen kann, dass im *TLP* die gerade genannte Form der Semantik am Werk ist, kann anhand der speziellen Bestimmung des *Namensbegriffs* verdeutlicht werden. Im Gegensatz zu Freges Namensverständnis betont Wittgenstein, dass *TLP*-Namen nicht durch Kennzeichnungen ersetzbar sind. Aber wie soll es möglich sein, die Bedeutung der *TLP*-Namen zu erfassen, wenn diese Erfassung erstens nicht als vorsprachliche Erfassung eines Bedeutungsträgers zu verstehen ist, diese Namen aber zweitens ebenfalls nicht durch Beschreibungen eingeführt werden können? Wittgensteins Lösung dieses Problems macht deutlich, dass er trotz der unterschiedlichen Konstruktion des Namensbegriffs wesentlichen Einsichten Freges treu bleibt, denn der in dieser Lösung prominenteste Begriff ist exakt der, mit dem auch Frege das Problem der Bedeutungserfassung undefinierbarer Zeichen löst: „Die Bedeutungen von Urzeichen können durch Erläuterungen erklärt werden. Erläuterungen sind Sätze, welche die Urzeichen enthalten. Sie können also nur verstanden werden, wenn die Bedeutungen dieser Zeichen bereits bekannt sind." (3.263) Diese Aussage allerdings hilft uns nicht wirklich weiter, denn sie ist offensichtlich *zirkulär*: Die Bedeutungen von Urzeichen erkennen wir durch Erläuterungen, die wir aber nur verstehen können, wenn wir die Bedeutungen der Urzeichen schon kennen. Um später eine angemessene Interpretation des Erläuterungsbegriffs vorlegen zu können, bleibt an dieser Stelle keine andere Möglichkeit, als Wittgensteins Ausführungen zum Verhältnis von *TLP*-Namen und *TLP*-Gegenständen eingehender zu betrachten.

Um mit einem *TLP*-Namen tatsächlich auf *einen bestimmten TLP*-Gegenstand Bezug nehmen zu können, ist sicherzustellen, dass mittels des *TLP*-Namens in unterschiedlichen Zusammenhängen auf *den gleichen TLP*-Gegenstand verwiesen wird. Mit anderen Worten können wir erst dann eine hinreichend fundierte Bedeutungsrelation zwischen einem bestimmten *TLP*-Namen und einem bestimmten *TLP*-Gegenstand fixieren, wenn wir über *Identitätskriterien* des letzteren verfügen. Die Frage, wie diese Kriterien beschaffen sind, wird die Kernfrage dieses § bilden, denn an Wittgensteins Thesen zu diesem Problemkreis lässt sich das Verhältnis von *TLP*-Namen und *TLP*-Gegenständen wohl am genauesten studieren.

Identitätskriterien der TLP-*Gegenstände*

Wie kompliziert das Unterfangen sich gestaltet, Identitätskriterien der *TLP*-Gegenstände anzugeben, wird sofort klar, wenn man sich noch einmal folgende Auszeichnung dieser Entitäten vor Augen führt: Sie sind absolut einfach, besitzen *an sich* also gar keine Eigenschaften, die wir ihnen zu- oder absprechen können. Der Grund für diese Auszeichnung besteht darin, dass sie die Grundbausteine *einer jeden logisch möglichen Welt* bilden: Ein bestimmter *TLP*-Gegenstand besitzt zwar in einzelnen Welten bestimmte unwesentliche Eigenschaften, aber *wesentlich* besitzt er keine, denn es soll immer auch eine Welt logisch möglich sein, in der *der gleiche TLP*-Gegenstand diese Eigenschaft nicht aufweist. Auch an dieser Stelle also erkennt man die *fundamentale* Differenz der *TLP*-Gegenstände zu dem, was wir alltäglich als Gegenstand klassifizieren – und dass hier noch einmal auf diesen Unterschied hingewiesen wird, ist als Warnung zu verstehen, in den folgenden Überlegungen diesen alltäglichen Gegenstandsbegriff gerade nicht als Kontrastfolie zu wählen. Vielmehr erschließen sich die Ausführungen des *TLP* speziell zu dem jetzt zu erläuternden Problemkreis noch am ehesten, sofern man sie erst einmal rein immanent auf ihre inferentiellen Verknüpfungen untersucht. Später wird sich dann in einer Lösung der im letzten Kapitel offen gebliebenen Fragen noch Wittgensteins Motivation für die entscheidende These der folgenden Überlegungen – der fast vollständigen Abwesenheit wesentlicher Eigenschaften der *TLP*-Gegenstände – zu erkennen geben.

Wenden wir uns eingedenk dieser Warnung der Suche nach ihren Identitätskriterien zu, kann man das hierzu bereits Konstatierte noch einmal so auf den Punkt bringen, dass metaphorisch gesprochen die *TLP*-Gegenstände das absolut konturlose Rohmaterial einer jeden logisch möglichen Welt bilden. Weil sie somit aber nichts zu den Besonderheiten einer Welt beitragen, erschöpft sich Wittgenstein zufolge die Beschreibung einer Welt bereits in der Beschreibung ihrer *Struktur*, in der man auf keinerlei Besonderheiten der *TLP*-Gegenstände Rücksicht nehmen muss. Er denkt diese Idee konsequent zu Ende, wenn er schreibt, dass sich „die Welt *vollständig* durch vollkommen verallgemeinerte Sätze beschreiben" lässt, „das heißt also, ohne irgendeinen Namen von vornherein einem bestimmten Gegenstand zuzuordnen." (5.526; Hervorhebung hinzugefügt) In einer Tagebuchaufzeichnung vom 17.10.1914[6] heißt es hierzu noch, dass man dann zur normalen Sprache kommt, indem man im Nachhinein eindeutige Existenzaussagen erweitert durch die Angabe eines Namens. An diesem Übergang, an dem man nach einer vollständigen Strukturbeschreibung der Welt zur Kopplung existenzquantifizierter Variablen mit bestimmten Gegenständen übergeht, zeigt sich die wesentliche Differenz von gewöhnlichen und *TLP*-

[6] Wittgenstein (1984a, S. 102).

Gegenständen am genauesten: Führe ich diese Benennung für gewöhnliche Gegenstände durch, muss ich ständig von der Theorie auf den Gegenstand schauen und fragen, ob die zu erfüllenden Strukturmerkmale auch tatsächlich mit seinen Eigenschaften kompatibel sind. In Bezug auf *TLP*-Gegenstände kann ich die Kopplung jedoch mit *einem beliebigen* *TLP*-Gegenstand beginnen und an jeder weiteren Stelle des Prozesses darf ich wiederum einen beliebigen *TLP*-Gegenstand wählen, solange ich nur die Restriktionen beachte, die durch meine bisherigen Benennungen eingeführt wurden. Die Restriktionen, die mir die Theorie auferlegt, sind in diesem Fall also *alle* Restriktionen, denn die *TLP*-Gegenstände besitzen keine Eigenschaften, die es einem von ihnen prinzipiell unmöglich machen könnten, an die Stelle eines beliebigen anderen zu treten. Mit anderen Worten können wir gar nicht unabhängig von der Theorie nach *bestimmten TLP*-Gegenständen suchen. Erst nachdem wir die Theorie aufgestellt und die Instantiierungen einzelner Eigenschaften benannt haben, können wir nach dem Platz einzelner *TLP*-Gegenstände in unserer Welt fragen.

Was heißt das für die Identitätskriterien der *TLP*-Gegenstände? Zunächst einmal heißt das *nicht*, dass wir gar nichts über deren Ähnlichkeiten und Unterschiede sagen können. *Ausgehend von der verallgemeinerten Weltbeschreibung* und der Benennung bestimmter *TLP*-Gegenstände nämlich können wir sehr wohl Unterschiede zwischen letzteren in unserer Welt aufspüren, etwa dahingehend, dass nur *ein bestimmter* eine gewisse Eigenschaft aufweist. Da aber Wittgenstein davon ausgeht, dass die verallgemeinerte Theorie *vollständig* ist, besitzt in ihr jede Aussage über Ähnlichkeiten und Unterschiede der *TLP*-Gegenstände ein Äquivalent. Wir benötigen also zur Bestimmung der Ähnlichkeiten und Unterschiede der *TLP*-Gegenstände *gar keine* *TLP*-Namen, denn jede Aussage, in der ein solcher vorkommt, kann immer durch eine ersetzt werden, in der stattdessen allein existenzquantifizierte Variable auftauchen.

Man kann sich an dieser Stelle zurecht fragen, was man sich überhaupt noch unter den *TLP*-Namen vorzustellen hat. Am genauesten trifft man ihre Funktion wohl, wenn man sie als ‚generische Namen' begreift, wie etwa der Name $\ulcorner a \urcorner$ in dem Satz: ‚Sei *a* der Schnittpunkt zweier Geraden'. $\ulcorner a \urcorner$ bezeichnet in gewissem Sinne *alle* Gegenstände, die vor dem Hintergrund der Grundannahmen imstande sind, die Eigenschaft zu exemplifizieren. Diese spezielle Art von Namen soll gerade klar machen, dass es ein Missverständnis darstellt, nach Unterschieden zwischen *a* und anderen möglichen Kandidaten der Eigenschaft zu suchen. Es geht stattdessen nur um die Behauptung, dass die Eigenschaft instantiiert ist.[7]

Versuchen wir uns an dieser Stelle, nachdem wir die Rolle der *TLP*-Namen etwas plastischer konturiert haben, an einer Zwischenkonklusion: Wir haben gezeigt, dass Sätze, die *TLP*-Namen enthalten, prinzipiell eliminierbar sind zugunsten von Existenzaussagen. Das aber sollte deutlich machen, dass wir an dieser Stelle bezüglich der *TLP*-Namen eine Interpretation von *KP* unter Beweis gestellt haben, die derjenigen Freges entspricht: Die sprachliche Funktion der

---

[7] Vgl. zu diesem Themenkreis den hervorragenden Text von Ishiguro (1969).

TLP-Namen lässt sich ausgehend von der verallgemeinerten Weltbeschreibung vollständig verstehen im Ausgang von der Verwendungsweise bestimmter kompletter Sätze, in diesem Fall bestimmter Existenzaussagen – mit den Worten Brian McGuiness: „Reference is a function of fact-stating, not vice versa.“[8]

Dem Leser dürfte jedoch aufgefallen sein, dass in den letzten Absätzen nur noch von Ähnlichkeiten und Unterschieden zwischen *TLP*-Gegenständen gesprochen wurde, aber die uns eigentlich interessierenden stärkeren *Identitätskriterien* gar nicht mehr zur Sprache kamen. Der Grund dafür, dass *keiner* der in der verallgemeinerten Theorie der Welt vorhandenen Sätze als Identitätskriterium eines *TLP*-Gegenstands aufgefasst werden kann, ist bereits angeklungen, und zwar als betont wurde, dass ein solcher seine Eigenschaften allesamt nicht wesentlich besitzt. Mit anderen Worten können *TLP*-Gegenstände jede dieser Eigenschaften verlieren oder hinzu gewinnen, ohne dadurch *ein anderer* zu werden.

Diese Auskunft stellt allerdings ein Problem dar, denn sie besagt, dass es *gar keine* Identitätskriterien gibt, anhand derer sich bestimmte *TLP*-Gegenstände von anderen unterscheiden lassen: Sie besitzen keine Eigenschaften, auf die wir in der Fixierung dieser Kriterien zurückgreifen können. Dem entgegen legen allerdings eine Reihe von Passagen des *TLP* eine Interpretation nahe, der zufolge gerade keine *vollständige* Äquivalenz zwischen den *TLP*-Gegenständen besteht: Wittgensteins Aussagen lassen sich nämlich nur so verstehen, dass *TLP*-Gegenstände verschiedene *logische Formen* besitzen. Dies zeigt etwa Satz 2.0233, in dem Wittgenstein als Identifikationsmerkmal zweier *TLP*-Gegenstände angibt, dass sie „von der gleichen logischen Form“ sein müssen.

Die logische Form der TLP-*Gegenstände*

Können wir anhand ihrer logischer Formen also doch noch eine Möglichkeit finden, Identitätskriterien der *TLP*-Gegenstände zu bestimmen? Unsere bisherige Bestimmung des Begriffs der logischen Form ist zur Beantwortung der Frage noch nicht aussagekräftig genug, denn wir hatten ihn bislang nur auf der Ebene der *Systeme* analysiert und dort durch den der Isomorphie erläutert.

In einer genaueren Betrachtung kann man wiederum ein induktives Vorgehen bemerken: Die Grundlage des Begriffs der logischen Form wird auf der Ebene der Bestandteile der Systeme gelegt – und von identischer logischer Form ganzer Systeme lässt sich sprechen, wenn sie aus gleich vielen Elementen bestehen, von denen jeweils ein Element des einen und eines des anderen eine identische logische Form aufweist (erst hier kann man dann den Begriff der Isomorphie ins Spiel bringen). Auf der uns jetzt interessierenden grundlegenden Ebene wird es sich zumindest für den Moment als hilfreich erweisen, Wittgensteins Begriff der logischen Form als Verallgemeinerung von Freges Unterscheidung gesättigter und ungesättigter Elemente zu verstehen: Begriffe und ihre Bedeutungen etwa exemplifizieren aufgrund ihres einfach ungesättigten Wesens eine bestimmte logische Form, zwei- und mehrstellige Prädikate aufgrund ihrer

[8] McGuiness (2002, S. 98).

mehrfachen Ungesättigtheit jeweils eine logische Form, in der diese Stelligkeit zum Ausdruck kommt. Eine wesentliche Differenz der Konzeptionen Freges und Wittgensteins, die an dieser Stelle von besonderem Interesse ist, besteht auf der Ebene der *(TLP-)Gegenstände und Namen*. Bei Frege exemplifizieren diese alle *eine* logische Form, die eben angegebene Konsequenz der in Satz 2.0233 zu findenden Aussage allerdings besagt, dass Wittgenstein hier dem entgegen eine feinere Unterscheidung vornimmt: *TLP*-Gegenstände können sich hinsichtlich ihrer logischen Form unterscheiden.

Allerdings finden sich im *TLP* weder offensichtliche Gründe für diese feinere Unterscheidung noch eine Ausarbeitung dahingehend, wie sie genau aussehen soll, sprich welche Subkategorien von ‚Gegenstand' zusätzlich eingeführt werden. Zur näheren Erläuterung kann auch ich an dieser Stelle nicht mehr bieten als den Vorschlag, dass sich Wittgensteins idiosynkratisches Vorgehen vielleicht einer problematischen Analogie zur Ebene gewöhnlicher Gegenstände verdankt: Der Satz ‚Julius Cäsar ist eine Primzahl' ist dem *TLP* zufolge unsinnig, weil ⌜Julius Cäsar⌝ eine andere Form besitzt als etwa Zahlworte (vgl. unten IV.IV., § 2).[9] Nicht unwahrscheinlich ist, dass Wittgenstein diese Unterscheidung einfach kommentarlos auf die *TLP*-Gegenstände ausgedehnt hat. Wobei allerdings auch dies höchstens seine *Motivation* für die Einführung der feineren Unterscheidung erklären kann, bezüglich der einzuführenden Kategorien selbst kann ich nur konstatieren, dass keiner der mir bekannten Texte Wittgensteins den Hauch einer Ahnung vermitteln könnte, wie sie auszusehen hätten.

Zusätzliche Ernüchterung dürfte diese mangelhafte Erklärung auslösen, wenn man erkennt, dass sie den Kulminationspunkt der Überlegungen zu den Kombinationsmöglichkeiten der *TLP*-Gegenstände darstellt: Zwar wird deutlich, dass diese Möglichkeiten in ihren logischen Formen liegen und somit bestimmte Kombinationen durch die These ausgeschlossen werden können, dass nicht alle *TLP*-Namen die gleiche logische Form besitzen. Zu einer Begründung dieser These aber kann man auch hier nur die bereits bemühte problematische Analogie heranziehen (und Wittgenstein selbst tut nicht einmal das).[10]

Dass diese Probleme hier nicht eingehender ausgeführt werden, hängt allerdings nicht nur damit zusammen, dass Wittgensteins Aussagen so wenig ergiebig sind, sondern zu einem Gutteil auch damit, dass zur Beantwortung der gerade anstehenden Frage weder von größerer Relevanz ist, wie genau die weitere Unterteilung der Kategorie ‚Gegenstand' auszusehen hat, noch warum Wittgenstein

[9] Dem *TLP* zufolge sind Zahlworte keine referentiellen Ausdrücke (vgl. unten S. 278ff.) und besitzen daher keine Bedeutungen, die aus *TLP*-Gegenständen zusammengesetzt sind. Problematisch ist die Analogie, weil es dagegen schwierig scheint, zwei gewöhnliche Gegenstände unterschiedlicher Form zu finden, die beide auf diese Weise zusammengesetzt sind.

[10] Eine weitere Konsequenz dieser Überlegungen besteht darin, dass die Analogie logischer/geometrischer Raum mit dieser Einsicht zunehmend brüchig wird, denn wir müssen an dieser Stelle anerkennen, dass im logischen im Gegensatz zum geometrischen Raum nicht für zwei beliebige Werte deren Kombination existiert, der logische also im Gegensatz zu dem der Geometrie ‚löchrig' ist.

sich genötigt fühlt, sie überhaupt zu postulieren – für die folgende Argumentation reicht die Tatsache, dass er im *TLP* deutlich macht, dass er von einer solchen feineren Unterscheidung ausgeht. Denn es lässt sich leicht zeigen, dass bereits diese nicht weiter spezifizierte These wichtige Konsequenzen für die hier zu verhandelnden Probleme besitzt. Um dies erkennen zu können, ist es erst einmal wichtig festzustellen, dass die Passagen des *TLP*, in denen die logische Form der *TLP*-Gegenstände verhandelt wird, so zu lesen sind, dass ihre logische Form als ihre *einzige wesentliche* (bzw. interne (vgl. 4.122)) Eigenschaft bestimmt wird (vgl. wiederum 2.0233). Dass sie gegeben diese Identifikation sogar vollständig durch ihre logische Form bestimmt sind, wird in Satz 2.01231 klar: „Um einen Gegenstand zu kennen, muss ich zwar nicht seine externen – aber ich muss alle seine internen Eigenschaften kennen." Diese Aussage erlaubt zu schließen, dass eine vollständige Kenntnis der *TLP*-Gegenstände bereits erreicht ist, wenn man deren jeweilige logische Form kennt. Warren Goldfarb fasst das beschriebene Verhältnis von *TLP*-Gegenständen und ihren logischen Formen in folgender Aussage sehr gut zusammen: „We have wanted to ask (...) which object having that logical form is the one the name represents. But there can be no answer to that question: there is nothing but logical form to give, for objects have nothing else."[11]

An dieser Stelle wird klar, dass die Frage nach dem Zugang zu den *TLP*-Gegenständen sich zurückführen lässt auf die, wie sich ihre jeweiligen logischen Formen erkennen lassen. In dieser Folgerung aber besteht eine bemerkenswerte Verschiebung der Fragestellung: Die zu Anfang des *TLP* so wichtige Rolle der *TLP*-Gegenstände stürzt wie ein Kartenhaus in sich zusammen, die gesamte ihnen aufgebürdete Begründungslast fällt einer adäquaten Erfassung ihrer logischen Formen zu. Der somit als zentral erkennbaren Frage, wie wir diese logischen Formen identifizieren können, ist der Rest dieses § gewidmet.

Die ständige Verschiebung des Fragehorizonts führt sicherlich dazu, dass dieser § bislang nicht unbedingt leserfreundlich ausgefallen ist. Um die Bringschuld einer klaren Darstellung dennoch soweit wie möglich einzulösen soll an diesem Punkt, an dem wir einem drastischen Wandel des Fragehorizonts beiwohnen – ursprünglich fragten wir nach dem Verhältnis von Name und Gegenstand, jetzt soll sich dieses Verhältnis anhand der Frage klären lassen, wie wir unterschiedliche logische Formen als solche erkennen können –, für einen Moment inne gehalten werden. Versuchen wir uns noch einmal den Ausgangspunkt der Untersuchungen ins Gedächtnis zu rufen und klar zu machen, warum eine Beantwortung der Frage, wie wir die logische Form eines *TLP*-Gegenstands erkennen können, uns bei der Klärung der wesentlichen Fragen dieses Kapitels behilflich ist: Wir fragen uns insgesamt nach der Form der im *TLP* zutage tretenden Semantik und versuchen, dessen Thesen kohärent zu einer auf sprachunabhängig zugänglichen Wahrheitsbedingungen fußenden Semantik zu rekonstruieren.

[11] Goldfarb (2003, S. 8).

Nach wie vor versuchen wir dies für die basale Ebene der Semantik: Wie können wir *TLP*-Namen und *TLP*-Gegenstände hinreichend sicher verbinden?

Die bisherigen Ausführungen dieses § haben gezeigt, dass wir die *TLP*-Gegenstände allein über ihre logischen Formen identifizieren können. Vergegenwärtigen wir uns noch einmal den Grundgedanken der auf sprachunabhängig gegebenen Wahrheitsbedingungen aufruhenden Semantik, müssen wir also Aussagen Wittgensteins finden, denen zufolge sich die logischen Formen im Rahmen einer sprachunabhängigen Untersuchung der ‚Wirklichkeit' erkennen lassen. Ist dies möglich, oder zeichnet der *TLP* ein ganz anderes Bild unseres Erkennens logischer Formen? *Prima facie* zumindest ist nicht auszuschließen, dass wir die logischen Formen in einer Auseinandersetzung mit der nichtsprachlichen Wirklichkeit erkennen, denn erstens weist Wittgenstein zufolge alles, das für die Abbildrelation relevant werden kann, eine logische Form auf und zudem bezeichnet er die logische Form zweitens sogar als die Form der *Wirklichkeit*. (2.18) In welchem Medium also werden wir ihrer zuerst habhaft?

Welche Aussagen Wittgensteins uns bei der Lösung dieses Problems behilflich sein können, sehen wir, wenn wir uns noch einmal klar machen, dass unsere bisherigen Untersuchungen insgesamt als Explikation der *Bedeutung* von *TLP*-Namen verstanden werden müssen: Wir haben gezeigt, dass das einzige, was wir zur Erfassung ihrer Bedeutung zu leisten haben, in der Bestimmung der logischen Form des bedeuteten *TLP*-Gegenstands besteht. Da es keinen anderen Bestandteil dieser Bedeutung gibt, dürfen wir uns also aus Wittgensteins Aussagen, wie wir sie erkennen können, Aufschluss darüber erhoffen, wie wir die logischen Formen der *TLP*-Gegenstände erkennen können.

In Bezug auf den Bedeutungsbegriff allerdings gilt es einen höchst signifikanten Wandel zwischen den vor dem *TLP* entstandenen Schriften und ihm selbst zu konstatieren. Noch im ‚Prototractatus' argumentiert Wittgenstein bezüglich der Bedeutungszurückführung definierter Zeichen in einer Weise, die den Schluss nahe legt, dass die Bedeutung *eines jeden* sprachlichen Ausdrucks anhand des ihm korrespondierenden Gegenstands zu bestimmen ist:

> „3.202111 Obwohl jedes Wort über seine Definitionen bedeutet so heißt das doch nur so viel, dass diese Definitionen nötig sind um in der Zeichensprache darzustellen, wie der Gedanke, den das Wort ausdrücken hilft, durch die Sprache vollständig abgebildet wird. Die Definitionen können aber auch verschwiegen werden und das Wort verliert dadurch seine Bedeutung nicht, denn es steht ja trotzdem in derselben Beziehung zu den Gegenständen, die durch die Definition abgebildet wird, nur dass wir diese Beziehung nicht eigens abbilden. Hierdurch wird natürlich die Zeichensprache oft vereinfacht, ihr Verständnis immer erschwert, denn *das Maßgebende liegt nun außerhalb der Zeichen in der nicht ausgedrückten Beziehung zu ihren Gegenständen.*"[12]

Es liegt auf der Hand, dass diesem Passus zufolge auch das Maßgebende der undefinierten Zeichen in der Beziehung auf die bedeuteten Gegenstände liegt, zu-

[12] Wittgenstein (1989, S. 197). Hervorhebung hinzugefügt.

mindest wenn man wie üblich die Bedeutung definierter Zeichen als auf die undefinierter zurückführbar versteht.

Es ist bemerkenswert, dass dieser komplette Passus, der im ‚Prototractatus' der Aussage über die Unzergliederbarkeit der Namen als Erläuterung zur Seite gestellt wurde, *im* TLP *selbst keine Aufnahme gefunden hat.* Als Erläuterung des Satzes 3.26 findet sich hier stattdessen eine Aussage, die mit der eben zitierten nicht allzu viel gemein hat: „Was in den Zeichen nicht zum Ausdruck kommt, das zeigt ihre Anwendung. Was die Zeichen verschlucken, das spricht ihre Anwendung aus." (3.262) Um dessen korrekte Funktionsweise zu erkennen, muss also bezüglich keines Zeichens dessen Gegenstandsbezug miteinbezogen werden, stattdessen wird der Fokus auf die *Anwendung* des Zeichens gelenkt.[13]

Der hier verwendete Anwendungsbegriff weist eine spezifische Konnotation auf: „Das Zeichen bestimmt erst mit seiner logisch-syntaktischen Verwendung zusammen eine logische Form." (3.327) Das zentrale Präfix ‚logisch-syntaktisch' kann dabei wie folgt expliziert werden: Wittgenstein zufolge verstehen wir die logisch-syntaktische Anwendung eines Zeichens erst, wenn wir seine Verwendung im Rahmen einer Sprache beherrschen, die der ‚logischen Syntax' genügt. (3.325) Das zentrale Erfordernis an eine solche Sprache ist das folgende: Jedem Symbol muss *exakt* ein Zeichen entsprechen. (3.325) ‚Symbole' sind für Wittgenstein die Bestandteile von Zeichen, an denen deren logische Form erkennbar ist. Eine Sprache genügt der logischen Syntax also genau dann, wenn jede logische Form mit ihren Mitteln *eindeutig* vorstellig gemacht werden kann.

Im Rahmen einer solchen Sprache entsteht das Problem, wie wir die Unterschiede bestimmter logischer Formen erkennen können, also gar nicht, denn anhand jedes Zeichens kann zweifelsfrei seine logische Form bestimmt werden. Dass wir um dieses Ziel zu erreichen allerdings kein Argument bemühen mussten, sollte verdeutlichen, dass wir nicht bei einer Lösung des Problems angekommen sind, sondern bei einer erneuten Modifikation der Fragestellung: Wie wissen wir, ob eine Sprache der logischen Syntax genügt?

Die logische Syntax der Sprache

An dieser Stelle erhalten wir von Wittgenstein endlich eine Auskunft, deren Deutlichkeit ausnahmsweise nichts mehr zu wünschen übrig lässt und die uns unsere Probleme zu lösen gestattet: Die logische Korrektheit einer Sprache ist *nicht* anhand eines Abgleichs mit den logischen Eigenschaften bestimmter Bedeutungsträger zu überprüfen: „In der logischen Syntax darf nie die Bedeutung

[13] Den Hinweis auf die wichtige Differenz zwischen ‚Prototractatus' und *TLP* verdanke ich Kremer (1997). Die angeführte Differenz ist nur die in meinen Augen signifikanteste unter einer ganzen Reihe von Passagen, mittels derer Kremer in diesem sehr interessanten Text zu zeigen versucht, dass der Übergang vom ‚Prototractatus' zum *TLP* eine Reihe von Themen in die Philosophie Wittgensteins einführt, die gemeinhin erst mit dessen Spätphilosophie in Verbindung gebracht werden. Kremer argumentiert anhand dieser Passagen (in meinen Augen überzeugend) dafür, *dass der* TLP *selbst bereits als ein Werk der so genannten ‚Übergangsperiode' in Wittgensteins Denken zu verstehen ist.*

eines Zeichens eine Rolle spielen; sie muss sich aufstellen lassen, ohne dass dabei von der *Bedeutung* eines Zeichens die Rede wäre, sie darf *nur* die Beschreibung der Ausdrücke voraussetzen." (3.33) Wohlgemerkt ist dieser Passus nicht so zu lesen, dass die Zeichen einer solchen Sprache *gar keine* Bedeutung besitzen, allein die Formulierung ihrer Regeln darf ihren Ausgang nicht von einer sprachunabhängigen Betrachtung der ‚Wirklichkeit' nehmen. Der Bedeutungsbegriff wird hier zu einem Begriff, der allein im Innern des jeweiligen Symbolsystems konturiert wird: „Wenn sich alles so verhält, als hätte ein Zeichen Bedeutung, dann hat es auch Bedeutung." (3.328) Dass sich alles so verhält, als hätte ein Zeichen Bedeutung, kann sich aber nur daran zeigen, dass wir mittels dieses Ausdrucks Aussagen bzw. in dem Fall, dass es nur um *logische* Syntax geht, Aussage*formen* bilden können, die nach einer Interpretation ihrer Bestandteile geeignet sind, Teile der Welt *korrekt* zu repräsentieren. Bezüglich des logischen Anteils der Sprache, in deren Erwerb wir noch nichts Spezifisches über unsere Welt lernen, sondern allein das Rüstzeug erwerben, dessen es bedarf, um überhaupt irgendeine logisch mögliche Welt repräsentieren zu können, gilt also, dass wir diesen Bestandteil der Sprache dem *TLP* zufolge primär nicht dadurch erlernen, dass wir seine einfachen Zeichen kennen lernen, sondern dadurch, dass wir erlernen, wie wir korrekte Aussageformen bauen und unkorrekte vermeiden können: Ob sich alles so verhält, als ob ein Zeichen Bedeutung besitzt, können wir nur überprüfen, indem wir versuchen, mit ihm sprachlich zu agieren.

Gerade die logischen Formen bieten ein besonders plastisches Beispiel der letzten Ausführungen, erkennen wir doch ihre Differenzen anhand der Regeln, wie wir Zeichen mit anderen verbinden können, und wie eben nicht. Verstehen wir unser Erlernen der logischen Syntax und damit auch unser Erlernen, wie logische Formen zu unterscheiden sind, auf diese Weise, dann wird auch klar, warum es gerechtfertigt ist, Wittgenstein bezüglich des Verhältnisses der *TLP*-Namen zu ihren Bedeutungen Freges Interpretation von *KP* zu unterstellen: Die logischen Formen der *TLP*-Gegenstände erkennen wir, indem wir lernen, mit ihrer Hilfe Aussageformen zu bilden, die der logischen Syntax genügen.

Das beschriebene Verhältnis von *TLP*-Namen und *TLP*-Gegenständen wird bereits in einem Tagebucheintrag vom Juni 1916 deutlich: „[D]ie syntaktische Verwendung der Namen charakterisiert vollständig die Form der zusammengesetzten Gegenstände, welche sie bezeichnen."[14] Selbstverständlich kann allein die syntaktische Verwendung eines gewöhnlichen Namens nichts über *materielle* Eigenschaften der bezeichneten Kombination von *TLP*-Gegenständen mitteilen. Aber die mit deren logischer Form einhergehenden und einzig wesentlichen Eigenschaften der *TLP*-Gegenstände ergeben sich vollständig anhand des logisch-syntaktischen Gebrauchs ihrer *TLP*-Namen. Insgesamt kann man das hier über die Symboltheorie des *TLP* Ausgeführte als in der Aussage zusammengefasst verstehen, dass das „Wesentliche am Symbol" genau dann erfasst wird, wenn erkennbar ist, „was alle Symbole, *die den selben Zweck erfüllen*, gemeinsam haben"

[14] Tagebucheintrag vom 16.06.1915; in Wittgenstein (1984a, S. 154).

(3.341; Hervorhebung hinzugefügt) – und nicht dann, wenn erfasst wird, was alle Symbole, *die auf das gleiche Objekt Bezug nehmen*, gemeinsam haben.

Die somit abgeschlossenen Untersuchungen dieses § lassen sich so zusammenfassen, dass sich das im *TLP* kolportierte Verhältnis von *TLP*-Namen und *TLP*-Gegenständen wider Erwarten doch nicht so darstellt, dass hier eine Begründung der sprachlichen Seite anhand einer unabhängig von ihr gegebenen Ordnung der *TLP*-Gegenstände vorstellig wird. Nicht nur, dass sich zeigen lässt, dass die *TLP*-Gegenstände sich letztlich als für den Inhalt unserer sprachlichen Aussagen *nicht fundamental* erweisen – vielmehr wird sogar ersichtlich, dass eine eigenständige Untersuchung der *TLP*-Gegenstände (selbst wenn sie möglich wäre) vollkommen irrelevant für eine Bedeutungstheorie einer logisch korrekten Sprache ist. Was wir nämlich bezüglich der Ebene der *TLP*-Namen und *TLP*-Gegenstände allein wissen müssen, um erkennen zu können, welche Inhalte wir mit einer solchen Sprache ausdrücken können, sind die jeweils zulässigen *logischen Formen*, sie machen einen Restunterschied aus zwischen einzelnen Elementen der basalen sprachlichen wie ontologischen Ebenen. Fragen wir nach der Gegebenheitsweise dieser Formen wird erkennbar, dass die Kernthese dessen, was der *TLP* zum Verhältnis von *TLP*-Gegenständen und *TLP*-Namen anzubieten hat, diejenige ist, dass wir zur Welt erst durch die Sprache kommen, denn ihm zufolge gewinnen wir den Begriff der logischen Form erst durch unseren Spracherwerb.[15] Mit den Worten Brian McGuiness: „All logical forms are logically possible *within* language, within thought. No separate investigation or exploration of 'reality' is conceivable."[16]

Vor diesem Hintergrund können dann auch endlich die beiden Argumentationsstränge dieses § zusammengeführt werden: Im ersten Teil wurde gezeigt, wie marginal die Funktion der *TLP*-Namen eigentlich ist, dass sie nämlich nichts anderes leisten können, als darüber zu informieren, dass ein bestimmtes Prädikat instantiiert ist. Im zweiten Teil der Ausführungen wurde ihre Funktion dann aber doch zumindest wieder etwas erweitert, und zwar dahingehend, dass an den *TLP*-Namen zusätzlich ihre logische Form erkennbar sein muss. Mit dieser Bestimmung ist die Charakterisierung der *TLP*-Namen abgeschlossen – und um ihre sehr spezielle Rolle nicht aus den Augen zu verlieren soll in den folgenden Ausführungen von sprachlichen Entitäten, die genau den beiden gerade angeführten Anforderungen genügen, nicht mehr als von *TLP*-Namen, sondern als von *Instantiierungsmarkern* (oder schlicht als von Markern) gesprochen werden.

Es ist somit zwar eindeutig, dass die zentrale Frage dieses § so zu beantworten ist, dass wir die Identitätskriterien der *TLP*-Gegenstände erkennen, indem

---

[15] Bezüglich dieser Kernthese mag der Hinweis hilfreich sein, dass die in ihr nieder gelegte Priorisierung der Sprach- bezüglich der Wirklichkeitsstruktur *unabhängig* von Wittgensteins (besonders problematischer) Feinstrukturierung der logischen Formen auf den basalen sprachlichen wie ontologischen Ebenen ist: Auch wenn er Freges diesbezügliche Unterscheidungen hätte eineindeutig in seinen Begriff der logischen Form aufgehen lassen, hätte dies *prima facie* keine Auswirkungen für die Art, wie das Sprache/Welt-Verhältnis im *TLP* dargestellt wird.

[16] McGuiness (1981, S. 70).

wir eine Sprache zu verwenden lernen, die den Regeln der logischen Syntax gehorcht. Aber auffällig ist sie doch, Wittgensteins in den letzten Aussagen zur Schau gestellte Sicherheit, dass wir eine solche Sprache bauen können, gänzlich ohne in die nichtsprachliche Welt blicken zu müssen, zumal er doch die logische Form gerade als „die Form der Wirklichkeit" (2.18) verstanden wissen will. Diese Irritation wird noch durch folgende Aussage verstärkt: „Die Regeln der logischen Syntax müssen sich von selbst verstehen, wenn man nur weiß, wie ein jedes Zeichen bezeichnet." (3.334) Sie verhält sich zur bisherigen Bestimmung des Verhältnisses von Zeichen und Bedeutung zirkulär: Es wurde herausgestellt, dass wir allein durch die korrekte Verwendung innerhalb einer der logischen Syntax gehorchenden Sprache herausfinden können, wie ein jedes Zeichen bezeichnet. Jetzt aber wird gesagt, dass wir die Korrektheit einer logischen Sprache erst erkennen können, wenn vorab geklärt ist, wie das Zeichen bezeichnet.

Unsere bisherige Interpretation der Sprachtheorie des *TLP* kann man so zusammenfassen, dass sie eine Art ‚linguistischen Idealismus' präsentiert, dem zufolge wir die Struktur der Wirklichkeit anhand einer Reflexion auf die Struktur der Sprache erkennen. Die genannte Zirkularität sollte nun die Skepsis schüren, ob sich diese Interpretation letzten Endes tatsächlich wird aufrechterhalten lassen, oder ob Wittgenstein es nicht doch auf ein subtileres Verhältnis der einführenden metaphysisch-realistischen Ausführungen zu den linguistisch-idealistischen zur Sprachtheorie anlegt, denn deren Widerstreit ist es ja, der in den Zirkularitäten zum Vorschein kommt – nicht nur in der zuletzt thematisierten, sondern auch in der ihr offensichtlich eng verwandten, die oben in Bezug auf Wittgensteins Äußerungen zum Erläuterungsbegriff herausgestellt und deren Interpretation als offenes Problem zurückgelassen wurde. Der Interpretation dieser beiden Passagen soll sich im kommenden Kapitel erneut zugewandt werden.

Blendet man diese Zirkularitäten jedoch für den Moment aus, dann stellen die Untersuchungen dieses § in der Tat unter Beweis, dass entgegen dem realistischen Bild, das von den einführenden ontologischen Ausführungen gezeichnet wird, eine Untersuchung des postulierten Verhältnisses von Markern und *TLP*-Gegenständen viel eher für den erwähnten ‚linguistischen Idealismus' und damit für die auch bei Frege erkannte rein sprachinterne Bedeutungsexplikation spricht. Sollte *die gesamte* Sprachtheorie des *TLP* aber in der Tat auf diese spezielle Weise idealistisch zu lesen sein, dann würde dies einer auf sprachunabhängigen Wahrheitsbedingungen fußenden Semantik im wahrsten Sinn des Wortes den Boden unter den Füßen entziehen. Wenn wir aber nicht länger kommentarlos davon ausgehen dürfen, dass eine solche Semantik den Fokus der Bedeutungstheorie des *TLP* bildet, müssen wir uns auch fragen, ob nicht die Überlegungen des vorangegangenen § zum allgemeinen Charakter der Abbildtheorie von falschen Annahmen ausgingen, denn wir hatten eine solche Semantik in diesen Überlegungen vorausgesetzt. Um uns also zumindest erst einmal Klarheit über die tatsächlich im *TLP* intendierte Abbildtheorie der *Elementarsätze* verschaffen zu können, fehlt uns noch ein Verständnis der Überlegungen, die sich hier zu *prädikativen Sprachbestandteilen* finden lassen.

§ III. Elementarsätze als Abbilder: Prädikate im *TLP*

Wendet man den im ersten § vorgestellten Rahmen der Abbildtheorie auf den Fall der Elementarsätze an, so kann dies zu folgendem Vorschlag zur Erklärung prädikativer Sprachbestandteile innerhalb der Abbildtheorie verleiten: Aufgrund der Bestimmung der Abbildtheorie als Theorie isomorpher Strukturentsprechung erscheint ein Vorgehen als folgerichtig, in dem sie als Namen abstrakter Entitäten (Eigenschaften bzw. Klassen) aufgefasst werden, und dass im Rahmen der Isomorphien dann eben nicht nur Namen Gegenständen, sondern auch prädikative Sprachbestandteile solchen abstrakten Entitäten zugeordnet werden müssen, um eine Korrelation von Elementarsätzen mit *einzelnen* Sachverhalten zu gewährleisten. Dass aber viele Aussagen Wittgensteins es als wenig naheliegend erscheinen lassen, dass mit einer solchen Zusammenfassung seine Theorie angemessen beschrieben ist, macht folgende 1913 formulierte Kritik an einer Theorie Russells klar, wobei Russells Theorie im Wesentlichen von der just beschriebenen Art ist:[17] „I have changed my view on 'atomic' complexes: I now think that Qualities, Relations (like Love), etc. are all copulae! (...) The reason for this, is a very fundamental one: I think that there cannot be different Types of things!"[18] Dem *TLP* zufolge aber geht man bereits dann von verschiedenen Arten von Gegenständen aus, wenn man nur sowohl Gegenstände als auch Eigenschaften als Werte isomorpher Abbildungen zulässt (denn in der Abbildung benennt man Objekte von unterschiedlichem Typ, benennen kann man dem *TLP* zufolge aber nur Gegenstände).

Im Folgenden soll gezeigt werden, dass Wittgenstein auf eine Benennung von Eigenschaften verzichten kann, weil in den semantischen Thesen des *TLP* zu prädikativen Sprachbestandteilen weder Eigenschaften noch Relationen irgendeine Funktion zugewiesen wird. Bevor dieser semantische Anteil der Theorie jedoch beschrieben werden soll, ist zu Beginn zu zeigen, dass der syntaktische Anteil der Theorie eine kongeniale Entsprechung der eben angedeuteten semantischen Konzeption bietet, denn auch hier wird ein entsprechender Verzicht geübt, da in einer dem *TLP* zufolge adäquaten Syntax *gar keine* prädikativen Sprachbestandteile auftauchen. Nacheinander sollen jetzt also syntaktischer und semantischer Anteil der Theorie dargestellt werden, oder es soll mit anderen Worten gezeigt werden, wie Wittgenstein ausgehend vom syntaktischen Begriff des *Satzzeichens* zu einer Bestimmung des semantischen Begriffs des *Satzes* vordringt.

Zur Syntax prädikativer Sprachbestandteile

Der Begriff des Satzzeichens dient im *TLP* dazu, präzise die Arbeit abgrenzen zu können, die dem Begriff der logischen Form in der Abbildtheorie zugewiesen wird. Von einem Satzzeichen wird Wittgenstein zufolge eine *exakte* Aufteilung

---

[17] Vgl. Russell (1984). Dass die Theorie Russells die hier vorgestellte Form besitzt verdeutlicht Ricketts (1996b).

[18] Brief Wittgensteins an Russell vom Januar 1913; in Wittgenstein (1995a, S. 24).

des logischen Raums erzeugt, in einerseits die Tatsachen, die mit ihm abgebildet werden können und in andererseits die, für die das unmöglich ist. Es ist nun sicherlich naheliegend, Satzzeichen als mittels der Regeln der logischen Syntax erzeugt zu verstehen.

Die zentrale Forderung ist hier natürlich die, dass jedes Satzzeichen *genau eine* logische Form exemplifiziert, was dadurch sichergestellt ist, dass das Satzeichen auf korrekte Weise aus einfacheren Zeichen erzeugt wurde. Es geht also um eine Theorie der korrekten Erzeugung logischer Formen und diese Konzeption legt es nahe, dass Wittgensteins Theorie der Genese von Satzzeichen (mit Ausnahme seiner oben erwähnten Feinunterscheidung der logischen Kategorie ‚Gegenstand') nahezu äquivalent ist zur zeitgenössischen Konzeption einer rekursiven logischen Syntax (vgl. oben S. 27). Gerade wegen dieser scheinbaren Nähe ist es an dieser Stelle von absolut zentraler Relevanz zu erkennen, dass Wittgensteins Verständnis der Genese von Satzzeichen massiv von dieser zeitgenössischen Konzeption abweicht. Verdeutlichen können wir uns dies an folgender Aussage: „Sehr klar wird das Wesen des Satzzeichens, wenn wir es uns, statt aus Schriftzeichen, aus räumlichen Gegenständen (etwa Tischen, Stühlen, Büchern) zusammengesetzt denken." (3.1431) Um diese Konzeption des Satzzeichens verstehen zu können, ist es überaus hilfreich, die große Ähnlichkeit der in Satz 3.1431 erkennbaren Konzeption zu derjenigen zu bemerken, die sowohl von Wittgenstein selbst als auch von einer ganzen Reihe von Kommentatoren[19] als Initialzündung für die Genese der Abbildtheorie bewertet wird: Gemeint ist die oft zitierte Szene, in der in einem Pariser Gerichtsprozess der zu verhandelnde Sachverhalt mit Puppen und ähnlichen Objekten nachgestellt wurde.[20]

Versuchen wir uns also anhand dieses Beispiels Aufschluss darüber zu verschaffen, wie dem *TLP* zufolge eine angemessene Syntax einer logisch korrekten Sprache beschaffen sein muss: Wenn man sich die Ereignisse, die etwa zur Entstehung eines Autounfalls führten, anhand eines Modells vorstellt, in dem bestimmte Gegenstände in spezifischen Abständen zueinander positioniert werden, ist eine erste Anforderung an Urbild- und Abbildstruktur augenfällig, damit diese sich gegenseitig abbilden können: Es muss sichergestellt sein, dass jede Kombination von Zeichen eindeutig eine Kombination von Gegenständen im Urbildbereich auszeichnet. Dies wird im *TLP* durch die Forderung einer identischen logischen Form der sich jeweils vertretenden Elemente eingeholt, denn diese Identität kann man auch so erklären, dass sie sicherstellt, dass jede Kombination eines bestimmten Objekts mit anderen durch genau eine Kombination seines Zeichens mit denen der anderen Objekte (bezüglich derer natürlich auch die fragliche Identität bestehen muss) dargestellt werden kann.

Warum diese Forderung hier aber so wichtig ist, erklärt sich erst, wenn man bemerkt, dass die in dem genannten Beispiel und in Satz 3.1431 erkennbare Kon-

[19] Auf die Wichtigkeit des Ereignisses für die Ausarbeitung der Abbildtheorie wurde wohl zuerst von Von Wright (1982, S. 20f.) hingewiesen.

[20] Vgl. hierzu Wittgensteins Tagebucheintrag vom 29.04.1914; in Wittgenstein (1984a, S. 94f.).

zeption so zu verstehen ist, dass die Rede von Zeichen*kombinationen* hier absolut wörtlich zu nehmen ist: In beiden Fällen ist der Clou der syntaktischen Seite der, dass für Eigenschaften oder Relationen nicht selbst Zeichen eingeführt werden, vielmehr werden sie dadurch repräsentiert, dass die Zeichen der jeweils relevanten Gegenstände *in einem bestimmten Verhältnis zueinander* gezeigt werden. Dass durch Kombinationen ihrer Zeichen *alle* Kombinationen der fraglichen Gegenstände eindeutig zur Darstellung gebracht werden können, ist also deshalb so wichtig, weil die Unmöglichkeit, eine bestimmte Kombination auf die genannte Weise zu repräsentieren, nicht durch die Verwendung bestimmter extra zu diesem Zweck mit Bedeutung versehener Zeichen kompensiert werden kann.

Nimmt man also den Kerngedanken des Beispiels und von Satz 3.1431 als Richtmaß für ein korrektes Symbolsystem, dann ist ein idealtypisches Symbolsystem eines, in dem Relationen zwischen Gegenständen nicht durch eigene Zeichen, sondern durch Relationen ihrer Vertreter zum Ausdruck gebracht werden – was schlicht heißt, dass diese Sprache über ebenso viele syntaktische Regeln zur Bildung von Aussagen verfügen müsste wie die Welt Eigenschaften und Relationen beherbergt. Trotz dieser immensen Komplikation sprechen Aussagen wie die eben zitierte aus Satz 3.1431 oder auch Satz 3.1432 eine deutlich Sprache: *Im Prinzip* ist für Wittgenstein eine Sprache nur dann nicht mit unnötigem Ballast beladen, wenn sie nur Zeichen für die zu vertretenden Gegenstände umfasst und alles andere durch Regeln für Zeichenkombinationen kompensiert. Die von uns stattdessen zur Darstellung von Eigenschaften und Relationen verwendeten prädikativen Sprachbestandteile sind genau genommen nur Vereinfachungen, die wir aus Gründen der Komplexitätsersparnis verwenden, weil sie um einiges leichter zu handhaben sind als die eigentlich korrekte Erweiterung unserer Syntax um Unmengen struktureller Darstellungsmuster.

Genau genommen also umfasst eine korrekte logische Syntax *keine Zeichen für schematische Buchstaben und/oder höherstufige Variablen.*[21] Wittgenstein will darauf hinweisen, dass die Aufgabe, die im Aufbau einer Sprache vermeintlich nur mit ihrer Hilfe ausgeführt werden kann, stattdessen durch Anordnungsmuster von Zeichen kompensiert werden muss. Solche Zeichen sind allein ‚Darstellungsbehelfe', die wir verwenden, wenn es uns nur auf die (logische) Gemeinsamkeit einer bestimmten Satzmenge ankommt (dass etwa in allen Elementen nur *ein* Instantiierungsmarker vorkommt). Und so heißt es dann auch vollkommen konsequent in den *Moore Notes*: „(…) [I]n *‚aRb'*, ‚*R*' is *not* a symbol."[22] Die wohl deutlichste Artikulation dieser Sichtweise im *TLP* selbst findet sich in Satz 3.1432: „Nicht: ‚Das komplexe Zeichen *‚aRb'* sagt, dass *a* in der Beziehung *R* zu *b* steht', sondern: *Dass ‚a'* in einer gewissen Beziehung zu *‚b'* steht, sagt, *dass aRb.*" Wichtig ist an dieser Aussage, dass im Vordersatz der zweiten Aussage

---

[21] Für die gerade anstehenden syntaktischen Untersuchungen ist es unerheblich, ob die Entsprechungen solcher Zeichen wie $\ulcorner F \urcorner$ oder $\ulcorner R \urcorner$ in einem korrekten Symbolsystem als Variablen oder als schematische Buchstaben betrachtet werden: Es geht hier allein um die Gestalt *atomarer* Aussagen. Zum Variablenbegriff des *TLP* vgl. unten 234ff..

[22] Wittgenstein (1979a, S. 109).

$\ulcorner R \urcorner$ *nicht* auftaucht: Symbolisiert wird dadurch, dass die beiden Elemente in einem bestimmten Verhältnis zueinander gezeigt werden. Die Notation $\ulcorner aRb \urcorner$ ist dann nur eine abkürzende Schreibweise, um auf das hinzuweisen, was allen zweistelligen Relationen gemeinsam ist, bei denen $\ulcorner a \urcorner$ im Vorder- und $\ulcorner b \urcorner$ im Hinterglied auftaucht – gemessen an der korrekten logischen Syntax jedoch wäre ein angemesseneres Satzzeichen hierfür etwa $\ulcorner a^b \urcorner$. Diese Schreibweise erklärt zudem, was Wittgenstein damit meint, dass ein Elementarsatz nur eine Verkettung von Namen ist:[23] Im Elementarsatz sind keine Elemente zur Auszeichnung seiner prädikativen Funktion enthalten, sondern die spezifische Form der Verkettung ist es, die die jeweilige prädikative Bestimmung des Satzes zeigt. Und auch die Aussage, dass die Marker selbst die Möglichkeit besitzen müssen, miteinander in Verbindung zu treten, ohne dass eine Bezugnahme auf *etwas Drittes* notwendig ist, wird so zumindest in ihrer Motivation verständlicher.

Das also, was als syntaktische Seite der Theorie angekündigt wurde, kann jetzt vollständig präzisiert werden: Eine logisch korrekte Sprache umfasst nichts anderes als eine Menge von Instantiierungsmarkern für jede logische Form und darüber hinaus eine immense Menge an syntaktischen Mustern, die es jeweils erlauben, Marker, die bestimmte logische Formen exemplifizieren, auf eine bestimmte Weise anzuordnen – bzw. anstelle der Muster ein Schema, das es gestattet, bei Bedarf immer weitere Anordnungsmuster einzuführen. Um die angezeigten Differenzen im Blick zu behalten soll im Folgenden statt von prädikativen Sprachbestandteilen von *(Anordnungs-)Mustern* gesprochen werden.

Ein gutes Beispiel für ein solches syntaktisches Konstrukt, das wir aus unserer Alltagssprache kennen, ist die gebräuchliche Symbolisierung der Exponentiation: x^y. Allerdings ist dieses Beispiel auch hilfreich, um sich klar zu machen, dass wir an dieser Stelle das Problem prädikativer Sprachbestandteile noch nicht vollständig gelöst haben, denn etwa allein aus der gewählten Darstellungsform folgt noch nicht, um welche Funktion es sich genau handelt – sprich auch die dargestellte spezifische Syntax löst noch nicht die *semantischen* Probleme prädikativer Sprachbestandteile. Solche genuin semantischen Spezifikationen vollauf vermeiden könnte man an dieser Stelle wohl allein durch die unerfüllbare Forderung, Relationen zwischen Gegenständen immer durch *identische* Relationen zwischen

---

[23] Zugegeben, diese Aussage macht erst gar keine Probleme, geht man davon aus, dass Eigenschaften *Gegenstände* sind. Zudem lässt sich auch Evidenz finden, dass Wittgenstein diese These *vor der Entstehung des TLP* vertreten hat, etwa folgende Tagebuchaufzeichnung vom 16.06.1915: „Auch Relationen und Eigenschaften etc. sind *Gegenstände.*" (Wittgenstein (1984a, S. 154); vgl. auch die doppelt vermittelte und daher mit großer Vorsicht zu genießende Aufzeichnung Desmond Lees in Wittgenstein (1980, S. 120)). Dennoch erscheint mir diese Lesart als Erklärung der im *TLP* vertretenen Theorie unplausibel zu sein, denn erstens gibt es *im TLP selbst* direkte Gegenevidenz: „Materielle Eigenschaften" werden „erst durch die Sätze dargestellt – erst durch die Konfiguration der Gegenstände gebildet." (2.0231) Mindestens ebenso schwer wiegt zudem, dass Wittgenstein, hätte er Eigenschaften als Gegenstände akzeptiert, sich die gesamte Diskussion über Kombinationsmöglichkeiten von Zeichen hätte sparen können – man könnte dann durch Prädikate alles kompensieren, was durch eine Theorie von Zeichenkombinationen geleistet werden muss, wenn man ohne Prädikate arbeitet.

ihren Vertretern darzustellen. Selbst eine Relation wie ‚befindet sich 180m entfernt von' würde vor dem Hintergrund dieser Forderung aber nicht mehr verständlich zum Ausdruck zu bringen sein, ganz zu schweigen etwa von den räumlichen Relationen, die in der Mikrophysik von Interesse sind. Da aber bereits Wittgensteins eigenes dem Gerichtsprozess entlehntes Beispiel durch die Notwendigkeit der Angabe eines Verkleinerungsmaßstabs dieser kontraintuitiven Forderung zuwider läuft, können wir sie problemlos außer Acht lassen. Womit natürlich aber nur gesagt ist, dass wir für das Problem, wie in einer Zeichenkombination *genau eine* entsprechende Gegenstandskombination erkennbar sein soll, eine andere Lösung angeben müssen.

Zur Semantik prädikativer Sprachbestandteile

Dass Wittgenstein selbst das Problem gesehen hat, dass auch seine spezifische Konzeption der Satzzeichen noch nicht den Übergang zum Satz erklären kann, wird in folgender Aussage deutlich: „Es ist klar, dass die genaueste Untersuchung des Satzzeichens nicht ergeben kann, was es aussagt – wohl aber, was es aussagen *kann*."[24] Die Modalität, auf die hier zuletzt Bezug genommen wird, ist die der logischen Form: Durch seine eindeutige Exemplifikation einer logischen Form schränkt ein jedes Satzzeichen zwar die Sachlagen ein, die mittels seiner repräsentiert werden können, aber eben noch nicht weit genug, um das Ziel zu erreichen, das wir erreichen müssen, um in einem Satzzeichen einen Satz erkennen zu können, nämlich eine Einschränkung, in der allein *eine einzige* Sachlage übrig bleibt, deren Bestehen dann vom Satz behauptet wird. Der wesentliche Schritt, um diese Einschränkung zuwege zu bringen, besteht Wittgenstein zufolge darin, „Zuordnungen der Elemente des Bildes und der Sachen" (2.1514) vorzunehmen. „Diese Zuordnungen sind gleichsam die Fühler der Bildelemente, mit denen das Bild die Wirklichkeit berührt." (2.1515)

Bevor wir uns aber jetzt diesen Zuordnungen im Einzelnen widmen wollen, ist der aus den Überlegungen des letzten § folgende Hinweis wichtig, dass *KP* zufolge das Medium, mittels dessen Bedeutungsrelationen welcher Art auch immer hergestellt werden können, allein *der vollständige Satz* ist. Aus diesem Grund nämlich ist die im Folgenden manchmal herangezogene Trennung zweier Komponenten der Bedeutungsfixierung in eine bezüglich der Instantiierungsmarker und eine hinsichtlich der Muster allein eine heuristische – *strictu senso* ist der *TLP* so zu verstehen, dass die Bestimmung der Sachlage, deren Bestehen behauptet wird, zumindest für die uns gerade interessierende Ebene der Elementarsätze *nur einen nicht weiter zerlegbaren* Bestandteil besitzt – die Bedeutungsfixierung der Marker und Anordnungsmuster muss hier *simultan* erfolgen.

Wenden wir uns vor dem Hintergrund dieser Warnung den Kopplungen etwa von Markern und *TLP*-Gegenständen zu, dann ist klar, dass alles hierzu Wesentliche bereits im letzten § ausgeführt wurde: Wir haben die Bedeutung eines Instantiierungsmarkers vollständig erfasst, sobald wir dessen logische Form

---

[24] Tagebucheintrag vom 18.03.1915; in Wittgenstein (1984a, S. 131).

kennen. Weitaus komplizierter stellt sich eine Interpretation bestimmter Anordnungsmuster dar. Meiner Meinung nach wird man der diesbezüglichen Konzeption des *TLP* dann am ehesten gerecht, wenn man diese Interpretation als eine Spezifikation der Satz*form* versteht. Es muss in diesem Fall aber um einen stärkeren Formbegriff gehen als um den der *logischen* Form – nämlich um die Formen, die im *TLP* unter dem Titel ‚Formen der Abbildung' firmieren. Wenn wir oben logische Form auf der Ebene der Systeme im Sinne isomorpher Abbildbarkeit expliziert haben, dann kommt die Tatsache, dass es hier weiter um den Begriff der Form geht, darin zum Vorschein, dass die Formen der Abbildung (wie im Übrigen alle Formen, die im *TLP* behandelt werden) sehr präzise im Sinne von *Regeln* gedeutet werden können, die Zeichenelemente und Bildelemente einander zuordnen; dass es nicht länger um logische Form geht liegt stattdessen daran, dass diese Regeln nicht erfüllt sein müssen, damit sich Zeichenkomplex und Gegenstandskomplex *überhaupt* gegenseitig abbilden können, sondern nur, damit sie sich *auf eine bestimmte Weise* abbilden können.

Unsere Analyse bewegt sich nach wie vor auf der basalsten Ebene, was in der ontologischen Terminologie des letzten Kapitels heißt, dass es allein um eine adäquate Repräsentation elementarer Verbindungen von *TLP*-Gegenständen geht, sprich um eine andere Aufgabe als bezüglich ‚alltäglicher' Prädikate, die ja fast immer in internen Relationen zu anderen Prädikaten stehen: Hier geht es allein um eine Beschreibung der Prädikate, die in *wechselseitig unabhängigen* Sachlagen der Art, dass eine bestimmte Verbindung instantiiert ist, vorkommen. Was also ist zu beachten, um solche Sachlagen angemessen repräsentieren zu können?

Den einfachsten möglichen Fall bilden hier die Sachlagen, die oben in Bezug auf den logischen Raum beschrieben wurden. Hier wurde von *genau einer* Kombinationsmöglichkeit ausgegangen, in der je zwei Gegenstände zueinander stehen können. Nehmen wir noch etwas weiter vereinfachend an, dass diese Relation symmetrisch ist. Um das Bestehen einer dieser elementaren Verbindungen, dass also etwa *a* und *b* verbunden sind, behaupten zu können, reicht es bereits aus, von einer bestimmten Verbindung von Markern, etwa ‚ a^b ', eine Projektion auf die Elemente *a* und *b* zu definieren. Diese Projektion sagt vollständig, was zu überprüfen ist, um den Satz zu verifizieren, nämlich ob *a* und *b* verbunden sind.

Aber bereits, wenn etwa die im Bereich der Alltagsgegenstände ständig auftauchende Möglichkeit miteinbezogen wird, dass *die gleichen* Gegenstände in unterschiedlichen Verbindungen zueinander stehen können,[25] reicht ein solches Vorgehen nicht mehr aus. Es gibt mehrere Alternativen, wie stattdessen verfahren werden kann: Erstens die (kanonische) Möglichkeit, auf Seiten der Welt irgendwelche Entitäten als ‚Bedeutungen' der Muster zu veranschlagen (schlicht Extensionen oder – will man *auf ontologischer Ebene* zwischen extensionsgleichen Prädikaten unterscheiden – Intensionen), die man dann in den Abbildbe-

[25] Dass Wittgenstein im *TLP* von einer solchen Möglichkeit ausgeht, wird erstens von seiner Analogisierung der *TLP*-Gegenstände mit gewöhnlichen nahegelegt, und darüber hinaus bereits durch die oben (S. 184) angeführte These verifiziert, dass Gegenstandskombinationen mehr sind als bloß die Summe ihrer Teile.

reich der Projektion integrieren muss, um die notwendige Unterscheidung von Sachlagen zuwege bringen zu können, in denen identische Gegenstände auftauchen. Hier soll dafür plädiert werden, dass dies nicht die Vorgehensweise ist, die Wittgenstein im *TLP* wählt: Die von ihm stattdessen gewählte Art, solche Differenzen sprachlich zu repräsentieren, besteht vielmehr darin, die fraglichen Abbildungsregeln auf eine sehr anspruchsvolle Weise zu verstehen, nämlich im Sinne *intensionaler* Regeln.

Diese Interpretation darf nicht dahingehend missverstanden werden, dass Wittgenstein neben ihren Extensionen noch Intensionen von Prädikaten in der Welt ansiedelt, vielmehr tut er *keines von beidem*: Es gibt nichts in der Welt, das als Bedeutung der intensionalen Regeln fungieren würde. Alles, das nötig ist, um prädikative Auszeichnungen vornehmen zu können, wird für ihn zum Bestandteil *der Sprache*. In den sprachlichen Formen-Regeln selbst sind bereits genügend Informationen enthalten, um die Welt klassifizieren zu können. Das heißt natürlich nicht, dass Prädikate nicht ‚bedeuten' würden – sondern vielmehr, dass nicht alles, was bedeutet, auch etwas vertritt.

Die radikale These, nicht einmal Extensionen als Bedeutungen von Mustern zuzulassen, ist es, die dazu zwingt, die Regeln *intensional* zu verstehen, denn würde man solche Bedeutungen akzeptieren, könnte man mittels extensionaler Regeln wenigstens noch zwischen zwei Sätzen unterscheiden, in denen zwar über die gleichen Gegenstände, aber über Prädikate unterschiedlicher Extension gesprochen wird. Gegeben Wittgensteins radikaleres Vorgehen, kann man mittels rein extensionaler Regeln nicht einmal mehr zwischen Sätzen unterscheiden, in denen nur über die gleichen Gegenstände gesprochen wird – eben weil Prädikaten *gar nichts* in der Welt entspricht.

Der hier vertretenen Interpretation zufolge also erweitert Wittgenstein, um einen Satz eineindeutig an eine Sachlage binden zu können, nicht die Menge der Elemente, die auf Seiten der Welt für die Abbildrelation relevant sind, sondern die Menge zulässiger Abbildungen, und zwar um solche, die aufgrund ihrer intensionalen Gestalt die nötige Eindeutigkeit herstellen können. Man mag die wesentliche Differenz beider Ansätze in Zweifel ziehen, denn auf den ersten Blick scheint sich ein ‚trade-off' abzuzeichnen: Muss der erste Ansatz die Menge der Elemente, die es in einem Sachverhalt zu unterscheiden gilt, vergrößern, so muss der hier Wittgenstein zugeschriebene Ansatz in eben solchem Maße die Formen-Regeln erweitern, eben um die allein anhand ‚formaler' Merkmale unterscheidbaren Sachverhalte angemessen vermehren zu können.

Obwohl man genau genommen sagen muss, dass die hier vorgeschlagene Interpretation der semantischen Seite der Prädikattheorie des *TLP* sich prinzipiell auch mit ganz anderen syntaktischen Konstruktionen vereinbaren ließe, so bietet die oben beschriebene syntaktische Theorie doch eine Möglichkeit, den gewählten semantischen Ansatz – möglichst weitgehend auf abstrakte Entitäten zu verzichten – ausgesprochen klar zu motivieren. Denn nur wenn auf semantischer Seite auf abstrakte Entitäten verzichtet wird, ist die beschrieben spezielle Syntax befähigt, die Wirklichkeit *auf genuine Weise* abzubilden: Eine Sprache mit prädikativen Bestandteilen kann tatsächlich angemessen nur eine Wirklichkeit abbilden, die abstrakte Entitäten beinhaltet; umgekehrt kann eine Wirklichkeit ohne solche Entitäten wirklich korrekt nur durch eine Sprache abgebildet werden, die ohne prädikative Bestandteile auskommt – zumindest wenn man die meines Erachtens auch vom Autor des *TLP* vertretene These hinzunimmt, dass eine wesentliche Anforderung an zwei Strukturen, damit sie sich gegenseitig abbilden können, darin besteht, dass zu jedem Element des Urbildbereichs *genau ein* entsprechendes im Abbildbereich auftritt, und andersherum.

Nur vor dem Hintergrund dieser letzten These scheint mir dann auch der Witz der Abbildtheorie erkennbar zu werden, oder deutlicher formuliert scheint sie mir der einzige Grund zu sein, warum Wittgenstein die oben analysierten Beispiele und solche Sätze wie 3.1431 und 3.1432 überhaupt aufnimmt und insgesamt von einer *Abbild*theorie der Sprache spricht: Die Beispiele zeigen, dass Wittgenstein Eigenschaften nicht als selbständige Universalien, sondern aristotelisch als prinzipiell gebunden an sie exemplifizierende Instantiierungen versteht. Die angeführten Sätze sollen zeigen, dass man dieser Einsicht auch auf syntaktischer Seite konsequent treu bleiben und die Wirklichkeit bar jeder artifiziellen Verzerrung abbilden kann – dies ist so hilfreich, um nicht beständig von einer Syntax, die prädikative Bestandteile besitzt, auf die falsche Fährte gelockt zu werden, diese als referentielle Ausdrücke misszuverstehen.

Aber tauscht Wittgenstein hier nicht abstrakte Entitäten ein – gegen vollkommene Unverständlichkeit? Denn wie soll die Bedeutung intensionaler Regeln verstanden werden können, wenn ihnen auf Seiten der Welt im wahrsten Sinne des Wortes *nichts* entspricht? Die Antwort, die im *TLP* auf diese Frage gegeben wird, scheint ganz ähnlich gelagert zu sein wie die auf die analoge Frage bezüglich der logischen Formen, deren Kenntnis wir ja ebenfalls allein ‚intrasprachlich' erlangen würden. Das Prinzip, das die analoge Folgerung rechtfertigt, ist *KP*:[26] Auch eine Kenntnis der Bedeutungen einfacher undefinierbarer Prädikate (bzw. deren Entsprechungen in einer idealen Symbolsprache) erwerben wir dem Prinzip zufolge, indem wir Sätze zu gebrauchen lernen, in denen das Prädikat auftaucht. Wir lernen die Art, auf die uns basale intensionale Regeln die Welt mit der Sprache vergleichen lassen und damit auch deren ‚ontologische' Konsequenzen an den Arten, die wir zu ihrer Handhabung in unsere Sprache aufgenommen haben, sprich an den *von uns festgelegten* Möglichkeiten, wie ein Satz mit der Wirklichkeit zu vergleichen ist. Wittgensteins intensionale Regeln sind demnach nichts anderes als Projektionen von unserer Sprache auf die Welt. Sie sind keine qualitativen Züge einer unabhängig von unseren sprachlichen Zugriffen bereits strukturierten Welt, deren adäquate Beschreibung im Zentrum unserer prädikativen Auszeichnungen steht, vielmehr strukturieren wir die Welt erst

[26] Man könnte meinen, dass *KP* an dieser Stelle nicht kommentarlos herangezogen werden darf, formuliert Wittgenstein das Prinzip doch in Satz 3.3 nur für Namen, wohingegen hier dafür plädiert wird, die Muster *nicht* als Namen zu verstehen. Die zweite Nennung von *KP* in Satz 3.314 allerdings weist diese Einschränkung nicht auf.

anhand der von uns spezifizierten Projektionsregeln.[27] Indem wir intensionale Regeln einführen, legen wir die Grundlage dafür, *in dieser Welt* Unterscheidungen durchführen zu können – und diese Auskunft markiert dann auch die zentrale Differenz logischer und intensionaler Formen, denn letztere lassen uns etwas erkennen, was an unserer Welt spezifisch ist, aber auch nur, weil sie *vollständig* von uns erzeugt sind.

Das so entstehende Bild einer an sich strukturlosen Welt, deren Struktur sich erst responsiv zu unseren Bezugsformen ausprägt, dürfte verdeutlichen, dass wir es auch hier mit dem oben erwähnten ‚linguistischen Idealismus' zu tun haben. Wittgenstein bezahlt also letztlich doch einen hohen Preis für den Ausschluss abstrakter Entitäten, obwohl einen anderen als den vollkommener Unverständlichkeit: Die Rede von einer Struktur der Welt wird sinnvoll erst im Ausgang von unseren sprachlichen Zugriffsformen.

Wie bereits mehrfach erwähnt sollte diese intrikate Untersuchung zu prädikativen Sprachbestandteilen eines nicht vergessen lassen: Auf der basalen Ebene der Sprachtheorie des *TLP* koppeln wir *Elementarsätze* eineindeutig mit Sachlagen, sprich wir definieren Verifikationsmethoden, die sich auf Untersuchungen belaufen, ob bestimmte Verbindungen instantiiert sind. Jedweder Versuch einer eigenständigen Bestimmung der Bedeutungen der Teile, aus denen ein Elementarsatz aufgebaut ist, sprich sowohl eine solche Bestimmung der im letzten § beschriebenen Instantiierungsmarker und ihrer logischer Formen, als auch eine der intensionalen Formen, ist letztlich eine *nachträgliche Extrapolation*, die wir nur vor dem Hintergrund der Projektionsverbindungen vornehmen können, die ausgehend von den Elementarsätzen in die Wirklichkeit geschlagen werden. In einem vertretenden Sinn bedeutsam sind dem *TLP* zufolge nur die Elementarsätze. Die just zur Debatte stehende Extrapolation der Bedeutung intensionaler Formen muss man sich vor diesem Hintergrund so vorstellen, dass sie aus der Erkenntnis einer Gemeinsamkeit der Elemente einer Satzmenge erwächst, und zwar eine in der Art, wie die Verifikation der Elemente dieser Menge vonstatten geht – sprich einer Übereinstimmung im *assertorischen Gehalt* der Aussagen, die sich nicht darauf zurückführen lässt, dass identische Instantiierungsmarker verwendet werden.

Daran, dass Prädikate so wichtig sind für den assertorischen Gehalt von Aussagen, lässt sich nun abschließend auch zeigen, dass Wittgenstein Freges Idee von ‚Begriffen' als ‚ungesättigt' konsequent einlöst, und damit eben auch die Anschlussthese, der zufolge prädikative Sprachbestandteile keine echten Bestandteile von Sätzen sein können. Sie können dies nicht, weil ansonsten keine Differenz zwischen einem Satz und der entsprechenden Menge von Worten auszumachen wäre, und diese wesentliche Unterscheidung nicht treffen zu können ist der Kardinalfehler einer Theorie, die sich so sehr auf das Konzept isomorpher Abbildbarkeit verlässt, dass in ihr Prädikate nicht mehr sind als Namen abstrak-

---

[27] Vgl. für eine ähnliche Interpretation Ishiguro (1979, S. 362f.): „In the *Tractatus* it was shown that to understand what is represented by a predicative fact (…) was to master a method of projection, rather than to learn what entity the predicative fact is linked to."

ter Entitäten. Für Wittgenstein liegt dem entgegen (ebenso wie schon für Frege) die Möglichkeit, *Aussagen* zu formulieren, in dem, was im *TLP* als intensionale Regeln erkennbar wird, sie enthalten potentiell alles, dessen es zur Formulierung einer *wahren oder falschen* Bestimmung der Wirklichkeit bedarf. Die Instantiierungsmarker zeigen nur, wie die Welt antwortet, wenn wir sie mit einem bestimmten Elementarsatz konfrontieren. Die Möglichkeit aber ihrer Anwendung ist ein integraler Bestandteil, der in verschiedener Ausprägung (denn es sind ja *intensionale* Formen) in allen diesen Regeln enthalten ist.

Wir sind an dieser Stelle also immerhin soweit gekommen, dass alles bereit gestellt ist, dessen es zu einem Vergleich von Elementarsatz und dem Sachverhalt bedarf, von dem sein Bestehen behauptet wird. Wir haben damit zwar die Abbildtheorie der Elementarsätze vollständig behandelt, aber dennoch noch nicht alles angeführt, was es dem *TLP* zufolge über Elementarsätze zu sagen gibt. Die wohl offensichtlichste Leerstelle der bisherigen Ausführungen wird in der Frage deutlich, was zusätzlich zu fordern ist, damit der Vergleich von Satz und Sachverhalt auch tatsächlich glückt; oder wann wir mit anderen Worten den Elementarsatz zurecht als *wahren* Satz bezeichnen dürfen. Klar ist nämlich, dass hierzu die bislang aufgestellten Kriterien noch nicht ausreichen, und zwar aus folgendem Grund: Selbst die stärkste bislang angegebene Übereinstimmung zwischen Elementarsatz und Sachverhalt, die hinsichtlich einer spezifischen ‚Form der Abbildung', erlaubt es nicht, vom Satz als einem wahren zu sprechen, was an der wenig erfreulichen Konsequenz deutlich wird, dass in dem Fall, dass dies die benötigte Übereinstimmung ist, *alle* Sätze wahr wären.

Form und Struktur: Die Wahrheitsbedingungen der Elementarsätze

Wittgenstein folgt an dieser Stelle nicht der naheliegenden Strategie, die Abbildtheorie nur als eine Theorie wahrer Sätze zu begreifen (was er noch im ‚Prototractatus' tat), sondern besteht darauf, dass ein Elementarsatz nicht als Bild *nur* des Sachverhalts verstanden werden darf, dessen Bestehen er behauptet. Stattdessen wäre jeder Elementarsatz auch ein Bild *genau eines* weiteren Sachverhalts, und zwar desjenigen, der den ‚Gegenpol' des behaupteten im logischen Raum bildet und der im letzten Kapitel bereits eine Rolle spielte: Beide von einem bestimmten Elementarsatz abgebildeten Sachverhalte bestehen aus identischen *TLP*-Gegenständen und ihre einzige Differenz liegt darin, dass im einen eine bestimmte Verbindung vorliegt – deren Bestehen der Elementarsatz behauptet – und im anderen nicht. Diese beiden Sachverhalte bildet der Elementarsatz ab, im ersten Fall wahr, im zweiten falsch. Wir müssen also unsere bisherigen Resultate dahingehend präzisieren, dass auch eine Übereinstimmung hinsichtlich der Form der Abbildung die von einem jeden Elementarsatz abgebildeten Sachverhalte nur auf *genau zwei* einschränkt.

An dieser Stelle ist es dann hilfreich sich zu erinnern, dass eingangs dieses Kapitels mit dem der *Struktur* bereits ein Begriff eingeführt wurde, der zwar ebenfalls eine bestimmte Übereinstimmung von Bild und Abgebildetem bezeichnet, aber eine mehr als bloß formale. Die Struktur eines Komplexes ist Wittgenstein zufolge die exakte Anordnung seiner Elemente. (2.15) Die beiden vom Elementarsatz abgebildeten Sachverhalte können daher aufgrund der in einem Fall nicht bestehenden Verbindung nicht strukturidentisch sein. Der Elementarsatz also stimmt strukturell nur mit dem einen Sachverhalt überein, dessen Bestehen er behauptet. Der Strukturbegriff ermöglicht somit die Definition der erforderlichen eindeutigen Entsprechung: *Strukturell* entspricht jedem Elementarsatz exakt ein Sachverhalt. Ob ein Elementarsatz wahr ist, hängt dann nur noch davon ab, welcher der beiden von ihm abgebildeten Sachverhalte in der betrachteten Welt realisiert ist (genau eines von beiden muss wie in IV.II. bemerkt der Fall sein). Ein Elementarsatz ist also wahr genau dann, wenn er mit dem realisierten der beiden von ihm abgebildeten Sachverhalte der Struktur nach übereinstimmt.

Nachdem somit die basale Ebene der Sprachtheorie des *TLP* dargelegt wurde, soll nun dieses Kapitel abschließend noch gezeigt werden, dass auch auf der Stufe logisch molekularer Sätze nur die Elementarsätze vertreten.

§ IV. Wahrheitsfunktionen und Folgerungsbegriff im *TLP*

Um Wittgensteins Begründung der These, dass auch logisch komplexe Sätze Abbilder sind, verständlich machen zu können, gilt es zu Beginn einen für diese Begründung wesentlichen Aspekt der Ausführungen des letzten § zu isolieren, dass nämlich der Kulminationspunkt der bislang vorgestellten Abbildtheorie nicht in der Bestimmung eines einem Elementarsatz eindeutig entsprechenden Sachverhalts besteht, sondern vielmehr in einer *Differenzierung des logischen Raums*: Man erkennt das Bild, das in einem Satz steckt genau dann, wenn man den Sachverhalt kennt, den er richtig, und den, den er falsch abbildet.

Die Bipolarität der Sätze und die Wahrheitsfunktionen

Die Eigenschaft des Satzes, in der seine Bildhaftigkeit verborgen liegt, bezeichnet Wittgenstein in den *Notes on Logic* als dessen *Bipolarität*:[28] Jeder Satz besitzt einen Wahrheits- und einen Falschheitspol. Wie zentral die Verbindung des Satzes mit dieser Unterteilung für Wittgenstein ist, wird in folgender Aussage ebenso deutlich wie der Ausdruck, mit dem er diese Differenzierung bezeichnen will:

> „Every sentence is essentially true-false: to understand it, we must know both what must be the case if it is true, and what must be the case if it is false. Thus a proposition has two *poles*, corresponding to the case of its truth and the case of its falsehood. We call this the *sense* of the proposition."[29]

Der *Sinn*[30] eines Satzes ist also gerade die mit seinem Verstehen einhergehende Unterteilung des logischen Raums in zwei Bereiche (im Fall des Elementarsatzes

---

[28] Vgl. Wittgenstein (1979, S. 94).

[29] Ebd. S. 98f.

[30] An dieser Stelle ist ein gewichtiger Unterschied zu Freges Unterscheidung von Sinn und Bedeutung zumindest kurz zu erwähnen: Dem *TLP* zufolge haben Sätze nur Sinn, keine Bedeutung; Namen dagegen Bedeutung, aber keinen Sinn. Sinn kann der Definition zufolge nur etwas besitzen, was eine Unterteilung des logischen Raums mit sich bringt, reine Namen

also allein eine Unterscheidung zwischen exakt zwei Sachlagen, in der der Rest des logischen Raums unberücksichtigt bleiben darf). Für die folgenden Ausführungen ist Wittgensteins Verwendung des Wortes ‚essentially' besonders bemerkenswert, denn aufgrund dieses Ausdrucks muss die Passage so verstanden werden, dass der Sinn eines Satzes nicht als etwas bestimmt werden darf, das zu einem Satz erst hinzukommen kann, *nachdem* man ihn bereits als solchen erkannt hat: Wir können stattdessen einen Satz gar nicht als solchen auffassen, wenn wir nicht gleichzeitig die von ihm zuwege gebrachte Unterteilung des logischen Raums zur Kenntnis nehmen. Seine Bipolarität ist für Wittgenstein eine *interne* Eigenschaft des Satzes. Im Folgenden soll gezeigt werden, dass *sämtliche* weiteren internen Eigenschaften, die Sätzen im *TLP* zuerkannt werden und die letztlich auch zu erkennen geben, warum alle Sätze Abbilder sind, als Konsequenzen dieser Eigenschaft bestimmt werden müssen. Mit anderen Worten geht es jetzt darum, folgende *prima facie* sehr starke These Warren Goldfarbs gleichwohl als angemessen zu markieren und zu zeigen, warum sie den Grundstein für ein Verständnis von Wittgensteins Abbildtheorie logisch molekularer Sätze legt: „Put as starkly as possible, a proposition *is* a contrast, between what makes it true and what makes it false. Hence if there is no contrast, there is no proposition."[31]

Wie folgenreich die Idee, die wahr/falsch-Polarität zu einer internen Eigenschaft der Sätze zu machen, für die Abbildtheorie ist, wird daran ersichtlich, dass Wittgenstein aufgrund dieser Annahme gerade nicht davon ausgeht, dass wir auf der einen Seite für sich bestehende Sätze und auf der anderen von ihnen zu unterscheidende Wahrheitsfunktionen haben, die sich *zufällig* auf diese Sätze anwenden lassen. Stattdessen ist die Möglichkeit ihrer wahrheitsfunktionalen Verknüpfung aufgrund ihrer Bipolarität ebenfalls als *interne Eigenschaft* der Sätze zu verstehen. Dies wird in folgendem Tagebucheintrag deutlich: „Die *ab*-Funktion bleibt nicht *vor* dem Elementarsatz stehen, sondern sie durchdringt ihn."[32]

Der Nachweis einer internen Relation zwischen Sätzen und Wahrheitsfunktionen wird einen wesentlichen Bestandteil der folgenden Überlegungen darstellen, um ihn allerdings antreten zu können, muss Wittgensteins sehr spezielles Verständnis von Notationen für Wahrheitsfunktionen erläutert werden.[33] In Be-

---

tun dies für Wittgenstein nicht. Die Ablehnung einer Satzbedeutung ist wie folgt zu erklären: Dass die fregeschen Wahrheitswerte aufgrund ihres abstrakten Charakters keine attraktiven Kandidaten darstellen, dürfte auf der Hand liegen. Aber auch der Versuch, die Bedeutung in korrespondierenden Tatsachen zu vermuten, ist etwa für falsche Sätze mit großen Komplikationen behaftet: Denn einerseits müssten die entsprechenden Tatsachen dann als Bedeutung des Satzes existieren, andererseits aber dürften sie nicht existieren, weil der Satz falsch ist.

[31] Goldfarb (1997, S. 69).

[32] Tagebucheintrag vom 29.11.1914; in Wittgenstein (1984c, S. 124). Die ‚*ab* -Funktion' der Tagebücher ist die Methode, die im *TLP* in Satz 6.1203 erläutert wird – unter Vertauschung von *a* und *b* durch *w* und *f* für die beiden Wahrheitswerte.

[33] Im Folgenden wird hier allein die *Wahrheitstafelnotation* in den Mittelpunkt gerückt, da sie erstens als bekannt vorausgesetzt werden darf und Wittgenstein sie außerdem am ausführlichsten erläutert. Die im Folgenden bezüglich dieser Notation hervorzuhebenden Aspekte finden sich jedoch *mutatis mutandis* auch bei den beiden anderen im *TLP* fokussierten Notati-

zug etwa auf die von ihm eingeführte Wahrheitstafelnotation ist inzwischen die Interpretation gang und gäbe, dass mittels der Wahrheitstafeln metasprachlich die Bedeutung komplexer objektsprachlicher Sätze ‚berechnet' wird. Dass diese Interpretation nicht diejenige Wittgensteins ist, bemerkt Thomas Ricketts mit folgenden Worten: „Wittgenstein does not introduce truth-tables as a metalinguistic device to calculate the logical properties of object language sentences. Wittgenstein's truth-tables are object language expressions (...)."[34] Tatsächlich behauptet Satz 4.442 die fragliche Identität von Wahrheitstafel und Satzzeichen; außerdem weist Wittgenstein in folgender Stelle der *Notes on Logic* auf sie hin: „Therefore we may use the the *WF* scheme itself instead of the function."[35] Konkret: Das Satzzeichen der Negation von ‚*p*' ist für Wittgenstein nicht $\ulcorner \neg p \urcorner$, sondern die Wahrheitstafel von ‚*p*' mit vertauschten Stellen des Wahrheits- sowie Falschheitspols (in der Ergebnisspalte). Bezüglich der anderen Wahrheitsfunktionen gibt diese Konstruktion den Weg vor und die Pointe der Gesamtkonstruktion besteht darin, dass eine in Wittgensteins Augen angemessene Notation logisch komplexer Sätze *keinerlei eigene Zeichen für die Wahrheitsfunktionen enthalten muss*, es reicht aus, dass in ihr alle möglichen Kombinationen der in den einzelnen Sätzen angelegten Pole zum Ausdruck gebracht werden können.[36]

An dieser speziellen Interpretation der Wahrheitstafelmethode nun wird Wittgensteins Idee einer internen Relation von Satz und Wahrheitsfunktion augenfällig, und zwar auf folgende Weise: Die Gesamtheit der Elementarsätze bestimmt zwar den logischen Raum, aber aufgrund ihrer Bipolarität fixieren sie ihn nicht auf eine bestimmte Konfiguration, sondern sie bestimmen allein die möglichen Konfigurationen, die sich aus bestimmten Wahrheitswertbelegungen für die Elementarsätze ergeben. Die Wahrheitsfunktionen erlauben uns nun nichts anderes als zusammengefasste Bestimmungen *beliebig komplexer*[37] Konfigurationen des logischen Raums (denn da die Werte der Wahrheitsfunktion selbst Wahrheitswerte sind, können wir diese Funktionen beliebig verknüpfen) sowie eine systematische Untersuchung der zwischen solchen Konfigurationen bestehenden Beziehungen. Die eben angegebene Interpretation der Wahrheitstafelmethode zeigt aber sehr genau, dass jede Information, die über solche Bestimmun-

onen für logisch komplexe Sätze. Obwohl hier nicht eigens dafür argumentiert werden soll, so dürfte bei genauerer Betrachtung doch bemerkbar werden, dass die hier herausgehobenen Charakteristika sich sowohl in der ‚*ab*-Funktion', die in der letzten Fußnote erwähnt wurde, als auch in der in Satz 4.442 eingeführten Methode, die jeweils intendierte Wahrheitsfunktion dadurch anzuzeigen, dass man die Wahrheitswerte in Klammern den zu verknüpfenden Sätzen voranschickt, wieder finden lassen.

[34] Ricketts (1996b, S. 81).

[35] Wittgenstein (1979, S. 94).

[36] Genau genommen tauscht Wittgenstein hier also die Wahrheitsfunktionen dagegen ein, auf objektsprachlicher Ebene Zugriff auf Wahrheits- und Falschheitszuschreibungen zu haben. Obwohl sich diesem Problem hier nicht eigens angenommen werden soll, liegt natürlich der Verdacht nahe, dass dies zu einer Inkonsistenz führen könnte.

[37] Zu der These, dass meines Erachtens nach Wahrheitstafeln dem *TLP* zufolge tatsächlich sogar *unendlich* komplex werden können, vgl. unten S. 222 Fußnote 38.

gen und Beziehungen durch die Anwendung der Wahrheitsfunktionen gewonnen werden kann, zumindest prinzipiell bereits durch eine Betrachtung verschiedener Konfigurationen des logischen Raums gewonnen werden kann. Diese Konfigurationen aber können samt und sonders durch Wahrheitstafeln dargestellt werden, aber gegeben Wittgensteins Deutung von Wahrheitstafeln heißt das, dass sie *ohne Rückgriff auf die Wahrheitsfunktionen* dargestellt werden können. Das wiederum heißt mit anderen Worten aber nur, dass unter alleiniger Bezugnahme auf die in den Elementarsätzen angelegten Pole bereits alle Bestimmungen des logischen Raums vorgenommen werden können, weswegen also „im Elementarsatz alle logischen Operationen enthalten sind." (5.47)

Die Abbildtheorie komplexer Sätze: Zur Rolle der logischen Konstanten

Obwohl bereits in seinem Verständnis der Wahrheitsfunktionen der Kern von Wittgensteins Verständnis der Abbildtheorie komplexer Sätze zu finden ist, so ist dennoch vor deren endgültiger Formulierung eine weitere Vorarbeit zu leisten, denn Wittgenstein benötigt die These, dass *jeder* Satz sich ausschließlich aus den Wahrheitsfunktionen und den Elementarsätzen konstruieren lässt, und zwar um die im Zentrum des Interesses stehende These begründen zu können, dass *alle* Sätze Abbilder sind. Allerdings stellen Wittgensteins Überlegungen, warum jeder Satz auf diese Weise aufgebaut sein muss, eine der kompliziertesten Passagen des *TLP* dar. Da zudem eine vollständige Analyse seiner Thesen keinen allzu großen Gewinn für die späteren Untersuchungen verspricht, sollen hier nur die wesentlichen Aspekte und Probleme der Überlegungen vorgestellt werden.

Von besonderem Interesse ist in diesem Zusammenhang Satz 6: „Die allgemeine Form der Wahrheitsfunktion ist: $[\bar{p}, \bar{\xi}, N(\bar{\xi})]$. Dies ist die allgemeine Form des Satzes." Auch wenn eine genauere Analyse des in diesem Zusammenhang zentralen Operationsbegriffs erst unten (IV.VI., § 1) geleistet werden soll, kann dieser Satz doch bereits an diesem Punkt ein gutes Stück weit einer Klärung zugeführt werden. Erstens steht p hier für eine Menge von Sätzen. Ein Strich über einer Variable steht in allen Fällen dafür, dass der gesamte Wertebereich der Variable miteinbezogen wird. ξ meint eine beliebige Menge der bis zu einem bestimmten Punkt konstruierten Sätze – also entweder atomare oder solche, die bereits durch Anwendung der Operation N (bzw. genauer der Operation $N'(\xi)$)[38] entstanden sind. Das letzte Glied $N(\xi)$ zeigt, wie mittels der Operation N aus ξ der Satz $N(\xi)$ zu gewinnen ist. Ohne den Operationsbegriff Wittgensteins an dieser Stelle genau verstehen zu müssen, kann dieser letzte Übergang bereits ein Stück weit präzisiert werden, denn die Operation N besitzt ein Äquivalent im Bereich der Wahrheitsfunktionen, nämlich die Verknüpfung beliebig vieler Sätze anhand des so genannten *Sheffer-Strichs*. Dies ist eine Konjunktion sämtlicher Negate der Ausgangssätze: ‚$\neg p_1 \wedge \neg p_2 \wedge \ldots \wedge \neg p_n$'. Dies ist Wittgenstein zufolge die allgemeine Satzform, weil sich *sämtliche Sätze aus der*

[38] Vgl. zu einer Erklärung dieser Konstruktion die Diskussion des Operationsbegriffs unten S. 276ff..

Anwendung der Operation N konstruieren lassen, wenn unter p die Gesamtheit aller Elementarsätze verstanden wird. Zumindest für die Aussagen der Junktorenlogik ist diese These auch sofort einsichtig, bereits für die Prädikatenlogik allerdings ist die Korrektheit der Behauptung ungleich fraglicher.[39]

Wenn wir aber zumindest um des Arguments Willen Wittgensteins These der Konstruierbarkeit eines jeden Satzes aus den Elementarsätzen und der Operation N akzeptieren, dann sind alle nötigen Vorarbeiten geleistet, um die im Zusammenhang der Abbildtheorie komplexer Sätze wohl wichtigste Aussage des *TLP* verständlich machen zu können, dass nämlich die „logischen Konstanten nicht vertreten." (4.0312) Bislang haben wir zwar genau genommen nur gezeigt, dass eine angemessene Sprache keine eigenen Zeichen für die Wahrheitsfunktionen beinhalten muss, es dürfte aber auf der Hand liegen, dass dies bereits die Lösung des Problems der Abbildtheorie komplexer Sätze ist, zumindest wenn man sich dieses Problem noch einmal anhand folgender Formulierung vergegenwärtigt: Wenn Bilder dadurch zu Abbildern von Tatsachen werden, dass ihre Elemente solche des Abgebildeten vertreten, welchen Elementen im Abgebildeten entsprechen dann die in logisch komplexen Sätzen auftretenden Wahrheitsfunktionen? Wittgensteins Lösung besteht in der schlichten Aussage, dass die logischen Konstanten den Elementarsätzen gar nichts hinzufügen, dessen Entsprechung auf dem Bild man suchen könnte. Zum Nachweis dieser These genügt es, das oben angeführte Argument, mit dem die Verzichtbarkeit der Wahrheitsfunktionen im Satzzeichen unter Beweis gestellt wurde, ‚semantisch' zu paraphrasieren: Das Besondere an logisch komplexen Sätzen besteht einzig darin, dass sie bestimmte Bedingungen an die zulässigen Wahrheitswertbelegungen ihrer Bestandteile stellen – diese Anforderungen aber lassen sich prinzipiell allein aus einer Betrachtung der behaupteten komplexen Tatsache ableiten: Ihre Analyse zeigt in jedem Fall, mit welchen Wahrheitswerten seiner Teilsätze die Wahrheit

---

[39] Die erste noch relativ leicht handhabbare Schwierigkeit besteht in der Möglichkeit, mittels dieser Methode Sätze mit *gebundenen* Variablen zum Ausdruck zu bringen. Der zentrale Begriff im *TLP* in diesem Zusammenhang ist der der *Satzvariable*. Dieser nicht mit dem gängigen Variablenbegriff zu verwechselnde und unten (S. 234f.) genauer analysierte Begriff kann hier heuristisch erst einmal so gefasst werden, dass eine Satzvariable eine Wertemenge strukturell gleichförmiger Sätze besitzt und durch eine Menge bestimmter und genau einen unbestimmten Ausdruck fixiert ist. So ist z.B. ‚$\phi(x)$' eine solche Satzvariable, deren Werte alle Sätze sind, in denen das $\ulcorner x \urcorner$ durch einen *Gegenstands*namen ersetzt wird, also ‚$\phi(a)$', ‚$\phi(b)$', usw. Mittels dieser Satzvariablen kann nun etwa der Satz ‚$\exists x\phi(x)$' in Wittgensteins Notation durch ‚$N(N(\phi(x))$', sprich durch ‚ $\neg(\neg\phi(a)\wedge\neg\phi(b)\wedge\ldots\wedge\neg\phi(n)\wedge\ldots)$ ' wiedergegeben werden.

Obwohl bereits diese Andeutung verständlich machen sollte, dass auch Wittgensteins Deutung der *Quantoren* diese nicht referentiell interpretiert (und er also davon sprechen kann, dass *keine* der logischen Konstanten etwas vertritt), so kann sie doch nicht erklären, wie Sätze mit *inhomogenen Quantorenschachtelungen* im Rahmen dieser Notation zu analysieren sind. Zu diesem komplizierten Problem vgl. Von Kibéd (2000).

Aus dem Begriff der Satzvariablen geht auch hervor, wie idiosynkratisch Wahrheitstafeln hier verstanden werden, dass sie nämlich bei unendlich großem Gegenstandsgebiet unendlich komplex werden können. Diese Eigenart zeigt insbesondere, dass Wittgenstein sich mit seinen Thesen *nicht* auf die falsche These einer Entscheidbarkeit der Prädikatenlogik festlegt.

des behaupteten Satzes verträglich ist. Demnach sind die einzigen Entitäten, denen eine vertretende Funktion auch in logisch komplexen Sätzen zugeschrieben werden muss, die Elementarsätze.

Das Vorgehen, die Besonderheiten logisch komplexer Sätze auf bereits in den Elementarsätzen angelegte Kombinationsmöglichkeiten zurückzuführen, erinnert stark an das oben beschriebene, in dem die Bildung der Elementarsätze auf die Kombinationsmöglichkeiten der Instantiierungsmarker zurückgeführt wurde. Und tatsächlich erscheint Wittgensteins Erklärung der logischen Konstanten als Fortentwicklung seiner Erklärung prädikativer Sprachbestandteile. In beiden Fällen wird die Idee zurückgewiesen, dass bestimmte Ausdrücke substantielle weil ‚vertretende' Satzbestandteile sind. Aus diesem Grund würde auch in beiden Fällen die Suche nach Bedeutungen dieser vermeintlichen Satzbestandteile unter den ‚echten' Bestandteilen der den Sätzen zugeordneten (Summen von) Sachlagen einem Missverständnis entspringen. Es wird stattdessen behauptet, dass in beiden Fällen sämtliche Kombinationsmöglichkeiten einmal in den logischen Formen und das andere Mal in den Elementarsätzen bereits vollständig angelegt sind und dass die ‚Bedeutung' der Zeichen sich in beiden Fällen allein auf eine Spezifikationsmöglichkeit *einer bestimmten* Verbindung beschränkt. Diese Überlegungen kann man derart zusammenfassen, dass die Abbildtheorie der Sätze und die Theorie der Sätze als Wahrheitsfunktionen von Elementarsätzen im Kern *eine einzige* Theorie bilden, denn auch die Ausführungen zu den Wahrheitsfunktionen können als Ausarbeitungen der Grundeinsicht der Abbildtheorie verstanden werden, dass viele Elemente unserer Sprache gerade keine referentielle Rolle übernehmen, sondern eine, die uns auf besonders augenfällige Weise die basalen Projektionslinien zwischen Sprache und Welt zu nutzen erlaubt.

Warum muss die Welt eine Substanz besitzen?

Obwohl sich längst herausgestellt haben sollte, dass die Ausführungen dieses Kapitels weitaus mehr leisten sollten, als allein eine Grundlage für die Erörterung der im letzten Kapitel ungelöst verbliebenen Probleme bereitzustellen, so ist dies natürlich trotzdem eine ihrer wesentlichen Anforderungen. Versuchen wir dieses Kapitel abschließend diese Probleme noch einmal in den Blick zu nehmen, also erstens die Frage nach dem Grund, aus dem heraus sich Wittgenstein zur Annahme der *TLP*-Gegenstände als ‚Substanz der Welt' gerechtfertigt fühlt und zweitens diejenige, warum es unmöglich ist, von den *TLP*-Gegenständen in den Kategorien der Existenz und Nicht-Existenz zu sprechen.

Der Satz, an dem das erste Problem deutlich wurde, ist folgender: „Hätte die Welt keine Substanz, so würde, ob ein Satz Sinn hat, davon abhängen, ob ein anderer Satz wahr ist." (2.0211) Wenden wir unsere Aufmerksamkeit zu Beginn dem Konsequenz des Konditionals zu und betrachten einen Satz ‚$f(a)$' unter der Voraussetzung, dass mit a ein *komplexer* Gegenstand bezeichnet werden soll. Eine Bedingung, dass ‚$f(a)$' als sinnvoller Satz evaluiert werden kann, besteht darin, dass $\ulcorner a \urcorner$ eine Bedeutung besitzt, also die von $\ulcorner a \urcorner$ repräsentierte Kombination von *TLP*-Gegenständen tatsächlich besteht. ‚$f(a)$' kann solange nicht als sinnvoller Satz betrachtet werden, bis nicht *die Wahrheit* von ‚$\exists x(x=a)$' feststeht. Für komplexe Gegenstände besteht somit in der Tat das Problem, dass wir, um den Sinn sie enthaltender Sätze verstehen zu können, über bestimmte Fakten bereits Bescheid wissen müssen. Wäre dies für *alle* Sätze der Fall, fänden wir uns in der Sinnbestimmung eines jeden Satzes einem infiniten Regress ausgesetzt.

Man kann das Problem auch so darstellen, dass es für den betrachteten Fall *mindestens zwei* Sachlagen gibt, die ‚$f(a)$' falsch machen: Erstens die, dass $\ulcorner a \urcorner$ zwar eine Bedeutung besitzt, aber gleichzeitig ‚$\neg f(a)$' gilt; und zweitens die, dass ‚$\neg\exists x(x=a)$' gilt. Diese Darstellung ist hilfreich, weil sie die Differenz zum Fall der *Elementarsätze* sofort augenfällig macht: Die Forderung nach deren logischer Unabhängigkeit ist ja nur eine Reformulierung der Forderung, dass es für sie gerade nicht *mehrere* falsifizierende Sachlagen geben kann.

Die basale Rolle der Elementarsätze wird folgerichtig nicht zuletzt dadurch erklärt, dass die Bedeutsamkeit der Instantiierungsmarker nicht selbst in Frage stehen kann: Für den Fall, dass $\ulcorner a \urcorner$ ein solcher ist, soll ‚$f(a)$' einen Sinn besitzen, und zwar unabhängig von der Wahrheit oder Falschheit *eines jeden* anderen Satzes, und das heißt natürlich nur, dass es allein *eine einzige* Sachlage ist, die den Satz falsifizieren kann: ‚$\neg f(a)$'. Vor diesem Hintergrund darf man dann schließen, dass jeder Elementarsatz einen Sinn besitzt und aufgrund der Erklärung aller Sätze als Wahrheitsfunktionen der Elementarsätze jeder Satz *überhaupt* – unabhängig von dem spezifischen Wahrheitswert eines jeden Satzes. Mit einem Schlagwort könnte man die präsentierte Theorie als ‚Sinn-vor-Wahrheit-Theorie' bezeichnen, denn ihr zufolge können wir bezüglich jeden Satzes *a priori* wissen, dass er wahr oder falsch sein *muss*, vollkommen unabhängig davon, ob wir eines von beiden wissen (können). An dieser Stelle also bekommen wir rückwirkend eine Motivation für die idiosynkratische Sprachtheorie des *TLP* geliefert, deren Rekonstruktion im Mittelpunkt dieses Kapitels stand: Wittgenstein will eine Sprachtheorie, auf deren basaler Ebene sich nur Sätze befinden, die wechselseitig unabhängig sind. Er kann dies aber nur erreichen, indem er diese Forderung gleichsam zurückführt auf die Elemente, aus denen diese Sätze gebaut sind – so also kommen wir letztlich auf das, was oben als Instantiierungsmarker einer- und als basale undefinierte intensionale Formen andererseits beschrieben wurde.

Genau genommen haben wir aber noch nicht den ganzen Weg zurückgelegt, an dessen Ende der Beweis der Notwendigkeit der *TLP*-Gegenstände stehen soll. Denn bislang wurde einzig gezeigt, dass, *sollte die Annahme der TLP-Gegenstände gerechtfertigt sein*, jeder Satz einen vollständig bestimmten Sinn besitzt.

Wittgensteins weiterführende Strategie kann man so verstehen, dass er die Kontraposition des Konditionals 2.0211 betrachtet. Er versucht dann die Wahrheit des Antezedenz zu beweisen, um so die Annahme einer Substanz der Welt zu rechtfertigen. Allerdings finden wir keine Begründung der *prima facie* nicht unbedingt einleuchtenden These, dass jeder Satz unabhängig vom Wahrheitswert eines jeden anderen einen vollständig bestimmten Sinn besitzt, sondern allein deren dogmatische Formulierung: „Alle Sätze unserer Umgangssprache sind tatsächlich, so wie sie sind, logisch vollkommen geordnet." (5.5563) Dass Wittgenstein zudem gerade hier den im *TLP* äußerst sparsam dosierten Term der ,Umgangssprache' aufgreift, verschärft das Problem eher noch, denn gerade in der Umgangssprache erscheint uns doch eine ganze Reihe von Sätzen als vage und die Möglichkeit als zumindest zweifelhaft, diese Vagheit in jedem Fall mittels einer logischen Analyse *vollständig* zum Verschwinden zu bringen. Zum Ende des folgenden Kapitels soll sich der somit als wichtig erkennbaren Annahme einer logischen Korrektheit der Umgangssprache noch einmal zugewandt werden.

Einzig der Hinweis darauf, dass aus den dargestellten Überlegungen folgt, dass man von den *TLP*-Gegenständen nicht in den Kategorien der Existenz oder Nichtexistenz sprechen kann, steht an dieser Stelle noch aus: Dies ist daran ersichtlich, dass ein Satz der Form ,$\exists x(x=a)$', in dem $\ulcorner a \urcorner$ einen *TLP*-Gegenstand bezeichnet, um als sinnvoller Satz verstanden werden zu können, seine eigene Wahrheit voraussetzen müsste. Denn wie ausgeführt ist eine der Bedingungen für die Sinnhaftigkeit des Satzes die, dass $\ulcorner a \urcorner$ eine Bedeutung besitzt – aber genau dies wird in diesem ,Satz' ausgesagt, der sich also als ,Scheinsatz' entpuppt, denn „ein a priori wahres Bild gibt es nicht." (2.225)

1. Aus der speziellen Bestimmung des Namensbegriffs im *TLP* ist zu schließen, dass jeder *TLP*-Gegenstand vollständig mittels der von ihm vorgestellten logischen Form zu bestimmen ist. Da allein diese logische Form wichtig ist, erscheinen die *TLP*-Namen letztlich nur als Instantiierungsmarker von Prädikaten, wobei an diesen Markern nur die zulässige logische Form der Instantiierung abgelesen werden kann.

2. Die Elementarsätze vertreten allein *en bloc*. Prädikative Satzbestandteile stellen die spezifische Abbildungsform des Satzes dar und sind weder echte Teile des Satzes noch vertreten sie Bestandteile der Sachlage, deren Bestehen sie behaupten.

3. Sätze werden im *TLP* mit Differenzierungsfunktionen zwischen verifizierenden und falsifizierenden Tatsachen identifiziert. Dies hat für Wittgenstein zur Folge, dass die zwischen Sätzen bestehenden inferentiellen Relationen als wesentliche Eigenschaften der Sätze erkennbar werden.

4. Ebenso wie prädikative Satzbestandteile vertreten auch die logischen Konstanten keine abstrakten Entitäten, stattdessen sind sie allein sehr augenfällige Darstellungsformen logisch komplexer Sätze, deren spezifische Formen aber jeweils auch ohne Rückgriff auf logische Konstanten vorstellig gemacht werden können.

IV.IV.

Den Unsinn überwinden: Wittgensteins Logikbegriff und die Versuchungen der Metaphysik

Die Untersuchungen des letzten Kapitels haben klar gemacht, dass es Klärungsbedarf gibt in Bezug auf das im *TLP* zur Darstellung gebrachte Verhältnis der eröffnenden metaphysisch-realistischen Aussagen zu den linguistisch-idealistischen der Sprachtheorie. Das Problem verschlimmert sich sogar noch, wenn man es zu der erwähnten Irritation in ein Verhältnis zu setzen versucht, dass sich das Vorwort und die Anfangssätze ähnlich unvermittelt zueinander verhalten.

Warum Wittgenstein seinem Text gleichwohl dessen charakteristische Gestalt gab, soll jetzt im Ausgang von einer weiteren vom *TLP* bereit gehaltenen Irritation geklärt werden, im Verhältnis zu der sich die just erwähnten als die weitaus kleineren Probleme ausnehmen. Gemeint ist Wittgensteins Behauptung, dass derjenige, der den Autor des Buches verstanden habe, dessen Sätze als *Unsinn* erkennen müsste. (6.54) Diese wittgensteinsche Aussage erscheint vielen Kommentatoren als derart grotesk, dass sich einige sogar dazu veranlasst fühlen, sie vollständig zu vernachlässigen.[1] Viele der Autoren, denen diese Strategie dann doch als zu unbefriedigend erscheint, favorisieren eine Interpretation, in der die Aussage Wittgensteins dergestalt abgemildert wird, dass der im *TLP* vorgetragene Unsinn eine besondere, letztlich sogar illuminierende Form des Unsinns ist, wobei die Auszeichnung dieser Form zumeist anhand von Wittgensteins Unterscheidung zwischen Sagen und Zeigen gewonnen wird.

Bevor die Ausführungen zur Unterscheidung zwischen Sinn und Unsinn im zweiten § die Ausführungen zum *TLP* insgesamt beschließen sollen, gilt es im ersten § die Logikkonzeption des *TLP* in den Vordergrund zu rücken. Denn an ihr wird erst erkennbar, warum Wittgenstein sich zu der Bestimmung seiner Sätze als Unsinn genötigt fühlt.

§ I. Zwischen Transzendentalität und Trivialität: Die Logikkonzeption des *TLP*

Wenn wir versuchen, die zeitgenössisch wohl verbreitetste Bestimmung der Logik mit der Terminologie des *TLP* auszudrücken, bietet sich folgende Formulierung an: In der Logik versuchen wir die grundlegenden Gesetzmäßigkeiten des logischen Raums herauszustellen, und zwar indem wir die inferentiellen Abhän-

[1] So schreibt Peter Carruthers: „The doctrine of philosophy as nonsense may simply be excised [from *TLP*], without damage to the remainder." (Carruthers (1990, S. 5)).

gigkeiten bestimmen, die unabhängig von den zufällig in der Welt vorfindbaren Tatsachen bestehen. Stattdessen stehen die ‚formalen' Anforderungen im Mittelpunkt, die erfüllt sein müssen, wie auch immer es um die Tatsachen bestellt sein mag. Diese Unabhängigkeit soll erreicht werden, indem wir uns auf die komplexen Sätze konzentrieren, die wahr sind unabhängig von der Wahrheitswertbelegung ihrer Teilsätze – durch eine Beschränkung auf *logische Wahrheiten* also. Trotz ihrer tiefgreifenden Differenzen stimmen beide bislang vorgestellte Logikkonzeptionen, also die schematische und diejenige Freges, in diesem Punkt überein: Im Zentrum der Logik steht die Frage nach den logischen Wahrheiten.

Um sich seiner Logikkonzeption zu nähern, erscheint es somit als probat, nach der im *TLP* befindlichen Auseinandersetzung mit dem Begriff logischer Wahrheit zu suchen. Fündig wird man in Wittgensteins Idee, dass die fragliche Tatsachenabhängigkeit beliebiger komplexer Sätze in deren Wahrheitstafel zum Ausdruck kommt: Die logisch wahren sind diejenigen Sätze, die wahr bleiben für beliebige Wahrheitswertbelegungen ihrer Teilsätze, oder mit anderen Worten die *Tautologien*.[1] Nimmt man allerdings zusätzlich zur Kenntnis, dass Wittgenstein seine Wahrheitstafel mit einem beliebigen komplexen Satzzeichen *identifiziert*, dann scheint das zentrale Problem der Logik als wie von Geisterhand gelöst: Zu einer Entscheidung, ob ein Satz eine logische Wahrheit ist, kommen wir bereits durch eine Betrachtung seines Satzzeichens. Die Bestimmung der logischen Wahrheiten und damit die *prima facie* wichtigste Aufgabe der Logik nimmt somit in Wittgensteins Logikkonzeption eine ganz andere Form an als im axiomatisch-beweisenden Vorgehen Freges. Eine Darstellung von Wittgensteins Logikbegriff zu Zeiten des *TLP*, dessen Eigenständigkeit sich somit bereits andeutet, soll im Mittelpunkt dieses § stehen. Im ersten Schritt soll die Frage, was ein logisches System dem *TLP* zufolge zu leisten hat, primär anhand von Wittgensteins Ausführungen zum Status logischer Wahrheiten beantwortet werden; in diesem Zusammenhang wird sich auch die Differenz zu Freges Logikkonzeption präzise zu erkennen geben. In einem zweiten Schritt soll dann anhand des im *TLP* zu findenden Variablenbegriffs die Frage beantwortet werden, wie sich die Logikkonzeption des *TLP* zum Status metalogischer Untersuchungen verhält.

Logik und logische Wahrheit im TLP

Eine erste Idee der besonderen Charakterisierung logischer Wahrheiten im *TLP* erhält man bereits, wenn man nur die Auszeichnung logischer Wahrheiten als Tautologien mit dem für Sätze zentralen Kriterium der Bipolarität konfrontiert. Dieses erfüllen die Tautologien gerade nicht, eben weil keine mögliche Tatsachenkombination sie falsifiziert. Konsequent heißt es also in einem Tagebucheintrag des Jahres 1914: „Analytische *Sätze* gibt es nicht."[2] Aber dennoch wird den Tautologien im *TLP* eine bestimmte Form von Aufmerksamkeit entgegen-

---

[1] Obwohl Wittgenstein Wert auf die Feststellung legt, dass sich die Logik auch über die duale Satzklasse der Kontradiktionen beschreiben lässt (6.1202), so soll sich die folgende Darstellung allein auf eine Charakterisierung der Logik anhand von Tautologien beschränken.

[2] Tagebucheintrag vom 29.10.1914; in Wittgenstein (1984a, S. 110).

gebracht, die eng mit der Unterscheidung von *Unsinn* und *Sinnlosigkeit* zusammenhängt: Als Unsinn beschreibt Wittgenstein Zeichenverbindungen, in denen bestimmten Bestandteilen keine Bedeutung gegeben wurde (‚Sokrates ist identisch'). ((5.473), (5.4733)) Tautologien bezeichnet er als sinnlos, weil sie der Bipolarität ermangeln. Sie besitzen zwar im Gegensatz zu Unsinn nur Teile, denen wir eine Bedeutung gegeben haben, diese Teile aber sind auf eine Weise verbunden, die keine Unterteilung des logischen Raums ermöglicht.

Von immenser Wichtigkeit ist hierbei allerdings, dass die den Tautologien entgegengebrachte Aufmerksamkeit eindeutig beschränkt bleibt: Dass ihr Nutzen für eine Theorie, die Sprache als Abbildung der Welt versteht, gering ist, dürfte noch auf der Hand liegen, denn ausgehend von den im letzten Kapitel eingeführten Kriterien bilden sinnlose Sätze nichts in der Welt ab. Weitaus folgenreicher ist allerdings die Einschränkung, dass sie auch keine Informationen über irgendeinen anderen Gegenstandsbereich – also etwa über den logischen Raum – beinhalten. Stattdessen bindet Wittgenstein die Mitteilung von Informationen *vollständig* an das Bipolaritätskriterium: Wo keine Differenzierung des logischen Raums, da auch kein Inhalt: „Alle Sätze der Logik sagen aber dasselbe. Nämlich Nichts." (5.43) Betrachtet man diese Aussage in Bezug auf die Versuche Freges und Russells, denen es essentiell um eine Inhaltesbestimmung zumindest einiger der logisch wahren Sätze ging, könnte ihr Unterschied größer kaum sein. Etwas in den Logikkonzeptionen seiner Lehrmeister muss Wittgenstein demnach abgeschreckt haben. Versuchen wir diese Momente zu isolieren, um aus ihnen seinen Grund abzuleiten, über den Gehalt logischer Wahrheiten derart vernichtend zu urteilen.

Das im *TLP* wohl am deutlichsten erkennbare Misstrauen gegenüber den Konzeptionen Freges und Russells kommt immer dann zum Tragen, wenn diese sich auf eine Form des Wissens berufen, das selbst keinen Rückhalt in symbolischen Praktiken besitzt. Freges logisches System etwa muss sich an einem neuralgischen Punkt auf ein solches Wissen verlassen, nämlich dann, wenn die *Selbstevidenz* logischer Axiome zur Debatte steht. Wittgenstein kritisiert dieses Vorgehen so unnachgiebig, weil ihm zufolge der Rückgriff auf dieses Wissen (oder allgemeiner der gesamte Rückgriff auf eine ‚logische Erkenntnisquelle') nur ein Symptom eines grundlegenden Fehlers der Logikkonzeptionen Russells und Freges ist und sich ein Rekurs auf diese wie wir seit Frege wissen nicht infallible Erkenntnisquelle nach der Aufdeckung dieses Fehlers gänzlich vermeiden ließe.

Der Fehler besteht in der Bindung der Logik an den Begriff der *Allgemeingültigkeit*. Der Grund, aus dem heraus Frege und Russell die logischen Sätze als maximal allgemeingültige bestimmen, hängt mit ihren Versuchen zusammen, eine starke Ähnlichkeit der Logik und der Erfahrungswissenschaften zu betonen. Ihnen zufolge existiert ein Kontinuum *aller* Wissenschaften, und die Stellung einzelner Disziplinen ist dadurch bestimmt, wie umfassend ihre Aussagen gelten. Die Logik ist dann nur dadurch ausgezeichnet, die am wenigsten spezialisierte aller Wissenschaften zu sein. Um die Sätze der Logik vor diesem Hintergrund aber überhaupt noch von *bloß zufällig* allgemeingültigen Sätzen wie etwa ‚Alle Menschen sind sterblich' (vgl. (6.1231)) unterscheiden zu können, erscheint es als unumgänglich, zumindest ihre Grundgesetze von denen anderer Disziplinen durch die Zuerkennung eines besonderen Status zu unterscheiden. Diese spezielle Dignität ist es, die ihnen durch die Zuschreibung ihrer ‚Selbstevidenz' zuteil werden soll. Mit anderen Worten ist die Selbstevidenz ihrer Grundgesetze also das, was trotz aller Ähnlichkeiten einen Restunterschied zwischen der Logik und allen übrigen Wissenschaften aufrechterhalten soll.

Wittgensteins Strategie zur Vermeidung dieser Probleme ist es, die den Grund für den speziellen Status logischer Wahrheiten im *TLP* zu erkennen gibt. Er versucht konsequent, jeden Rückgriff auf eine Wissensquelle zu vermeiden, die uns Einsichten in den logischen Status von Sätzen ermöglicht, aber gleichzeitig unabhängig ist von unseren Handlungen innerhalb der logischen Symbolsprache. Die einzige im *TLP* angelegte Möglichkeit, logisches Wissen zu erlangen, beruht auf den Möglichkeiten dieser Symbolsprache: Es entsteht durch eine Untersuchung der Satzzeichen und ihrer Verhältnisse. Der Unterschied zur Vorgehensweise Freges und Russells dürfte vor allem aufgrund der deutlichen Umkehrung der Erklärungsrichtung auf der Hand liegen: Wo die logischen Systeme Freges und Russells es erforderlich machen, zu ihrem Aufbau über den logischen Status von Aussagen zu entscheiden, ohne dass dieser Status mit den Mitteln dieser Systeme beweisbar wäre, kehrt Wittgenstein das Verhältnis dahingehend um, dass wir uns ob der Zugehörigkeit eines Satzes zur Logik überhaupt erst vermittels einer Symbolsprache vergewissern könnten.

Der benannte Perspektivenwechsel verändert den Status logischer Wahrheiten fundamental: Wenn es im Rahmen der Konzeption Wittgensteins überhaupt eine zentrale Aufgabe der Logik gibt, dann allenfalls die, eine angemessene Symbolsprache bereitzustellen, im Rahmen derer alle inferentiellen Verhältnisse zwischen komplexen Sätzen zur Darstellung kommen können. Die Bestimmung der logischen Wahrheiten aber wird nicht allein aus dem Zentrum der Logik verbannt, sondern wir erkennen genau genommen überhaupt keinen Grund mehr, nach diesen Sätzen Ausschau zu halten. Denn aufgrund von Wittgensteins Bestimmung ihrer als inhaltslos kann die Suche nach ihnen kein Selbstzweck sein: Unsere Sprache ist dem *TLP* zufolge ein Instrument, um Inhalte mitzuteilen, Fakten als solche erkennbar zu machen und andere auszuschließen. Nichts von alldem leisten logische Sätze. Nach Wittgensteins Charakterisierung sind sie für unseren praktischen Umgang mit der Welt vollkommen nutzlos. Denn auch die subtilere Strategie, um die Suche nach ihnen zu rechtfertigen, dass wir sie nämlich *mittelbar* bräuchten, um uns die für unser sprachliches Handeln sehr wohl wichtigen inferentiellen Relationen zwischen inhaltlichen Sätzen zu erschließen, kann im Rahmen von Wittgensteins Logikkonzeption nicht zum Einsatz kommen: Die inferentiellen Relationen zwischen komplexen Sätzen zeigen bereits vollständig deren Satzzeichen, eine Vermittlung über logisch wahre Sätze bedürfen wir zu deren Bestimmung nicht.

An dieser Stelle wurde sowohl die Motivation, die Wittgenstein zu einer eigenständigen Bestimmung der Logik treibt, als auch das Vorgehen beschrieben, mit dem er diese Motivation einzulösen versucht: Die Motivation besteht in dem Versuch, jeden Rückgriff auf eine ‚logische Erkenntisquelle' obsolet zu machen. Erreichen will er dies, in dem er nur noch eine theorieinterne Bestimmung logischer Wahrheiten zulässt. Die Ausführungen zum Begriff der logischen Wahrheit abschließend sollen jetzt noch die zwei wesentlichsten Auswirkungen des neuen Ansatzes aufgezeigt werden, und zwar die Aussagen des *TLP* zu den Momenten, an denen in der Formulierung von Freges Kalkül der Begriff der logischen Wahrheit von zentraler Bedeutung ist, die Spezifikationen der *Axiome* und *Schlussregeln*.

Zum Status der Axiome und Schlussregeln

Die Auszeichnung der Axiome war der Punkt, an dem Frege am stärksten auf das problematische Konzept der ‚Selbstevidenz' zurück griff. Wittgenstein zufolge aber gibt es so etwas wie logische Axiome gar nicht, da er nicht von einer hierarchischen Ordnung der logischen Sätze ausgeht. Eine solche Ordnung wäre nur ausgehend von den Inhalten der Sätze anzugeben, aber wie gehabt hat kein einziger logischer Satz ihm zufolge einen Inhalt. Alle logischen Sätze stehen auf einer Stufe, keiner von ihnen ist ‚selbstevident', oder zumindest hat uns dies in der Logik nicht zu kümmern. Auch für die vermeintlichen Axiome gilt es also, wenn ausgeführt wird, dass *jeder* Satz sein eigener Beweis ist. (6.1265) Es gibt keine unbeweisbaren Grundsätze der Logik, stattdessen können wir den logischen Status *eines jeden* Satzes im Rahmen des Symbolsystems klären.

Die volle Tragweite des letzten Zitats aber erkennt man erst dann, wenn man ebenfalls die mit ihm einhergehende Trivialisierung des *Beweisbegriffs* bemerkt. Wenn ein jeder Satz seinen logischen Status vollständig verdeutlicht, dann bedürfen wir keiner Begründung logisch korrekter Übergänge von Sätzen zu anderen mehr, weil wir bereits anhand ihrer Form über etwaige Folgerungsrelationen entscheiden können. Es geht hier darum, dass auch an der zweiten Stelle, an der man in der Genese eines logischen Kalküls für gewöhnlich auf den Begriff der logischen Wahrheit zurückgreift – wenn es nämlich um die Spezifikation zulässiger *Schlussregeln* geht –, dieser Impuls nur einem Missverständnis der Natur der Logik entspringt:

> „Folgt die Wahrheit eines Satzes aus der Wahrheit eines anderen Satzes, so drückt sich dies durch Beziehungen aus, in welchen die Formen der Sätze zueinander stehen; und zwar brauchen wir sie nicht erst in jene Beziehung zu setzen, indem wir sie in einem Satz miteinander verbinden, sondern diese Beziehungen sind intern und bestehen, sobald, und dadurch, dass jene Sätze bestehen.
>
> Folgt *p* aus *q*, so kann ich von *p* auf *q* schließen; *p* aus *q* folgern. Die Art des Schlusses ist allein aus den beiden Sätzen zu entnehmen. Nur sie selbst können den Schluss rechtfertigen. ‚Schlussgesetze', welche – wie bei Frege und Russell – die Schlüsse rechtfertigen sollen, sind sinnlos, und wären überflüssig." (5.131-5.132)

Die im zweiten Absatz ausgedrückte Idee kann anhand der Wahrheitstafelnotation wie folgt verdeutlicht werden: Nehmen wir an, dass alle Elementarsätze gegeben sind und stellen uns sämtliche Wahrheits- und Falschheitskombinationen dieser Sätze als in einer Wahrheitstafel angeordnet vor. Für zwei beliebige Sätze ‚*p*' und ‚*q*' ist nun *direkt am Verhältnis ihrer Satzzeichen* (bzw. an den ihnen entsprechenden Spalten der Wahrheitstafel) abzulesen, ob etwa ‚*p*' aus ‚*q*' folgt: Dies ist genau dann der Fall, wenn in den Zeilen, in denen für ‚*q*' der Wert *W* eingetragen ist, für ‚*p*' ebenfalls dieser Wert zu finden ist.

Versuchen wir, die bisherigen Ergebnisse zusammenzufassen, dann besteht das Kernresultat sicherlich darin, dass wir Wittgenstein zufolge die Identifikation der Logik mit der Suche nach den logischen Wahrheiten aufzugeben haben, und zwar weil sie gerade keine elementare Funktion für die Realisierung der Aufgaben besitzen, die der *TLP* der Logik zuweist. Vor dem Hintergrund dieser Sichtweise erscheinen die logischen Wahrheiten allenfalls als ‚pathologische Phänomene'. Wir müssen sie aber gleichwohl im Rahmen eines Symbolismus, mittels dessen wir die uns eigentlich am Herzen liegenden inferentiellen Eigenschaften komplexer Sätze angemessen bestimmen können, wohl oder übel in Kauf nehmen. Denn sie bilden gerade die Grenzfälle unserer Versuche, die inferentiellen Verhältnisse bipolarer Sätze zum Ausdruck zu bringen – sie sind unumgängliche Artefakte eines jeden Symbolismus, mit dem diese Aufgabe *vollständig* ausgeführt werden kann. Brian McGuiness bestimmt den Stellenwert logischer Wahrheiten im *TLP* sehr ähnlich: „[Logical truths] were by-products not of other truths but of the possibility of expressing other truths."[3] Im Zentrum der Logik steht nun nur noch die Ausarbeitung eines transparenten Symbolismus, um Abhängigkeitsverhältnisse der Sätze erkennbar zu machen, aber vor dieser Ausarbeitung sind keinerlei Vorarbeiten zu leisten, die von einem ‚logischen Wissen' abhängen. Alle Voraussetzungen diese Ausarbeitung sind statt bereits dann erfüllt, wenn „Namen Bedeutung, und Elementarsätze Sinn haben." (6.124) In dieser letzten These wird die Marginalisierung logischer Wahrheiten am genauesten greifbar: Die inferentiellen Relationen zwischen inhaltlichen Sätzen, die uns einzig interessieren sollten, sind bereits damit vollständig ausgebildet, dass wir eine Menge überhaupt als eine von *Sätzen* anerkennen.

Trotzdem sollte das zuletzt angeführte Zitat dem aufmerksamen Leser Kopfzerbrechen bereiten, denn wurde nicht im letzten Kapitel just das Gegenteil behauptet, dass nämlich eine elementare Voraussetzung dafür, dass Elementarsätze Sinn haben, darin besteht, dass alle ihre inferentiellen Relationen bereits vollständig ausgebildet sind? An dieser Stelle also scheint uns erneut die (pseudo-)argumentative Zirkularitätsfigur entgegenzutreten, die wir bereits im letzten Kapitel an mehreren Stellen bemerken mussten. Und auch an dieser Stelle soll der Leser mit dem Hinweis einer späteren Analyse vertröstet werden, allerdings ein letztes Mal: Im kommenden § soll endlich der Grund angegeben werden, warum im *TLP* eine solch inflationäre Verwendung zirkulärer Rhetorik zu verzeichnen ist.

---

[3] McGuiness (2002a, S. 58).

Die Logik als transzendental

Stattdessen soll an dieser Stelle mit besonderem Nachdruck auf die Kehrseite der unlängst vermerkten Trivialisierung logischer Wahrheiten hingewiesen werden. Denn in dieser Trivialisierung steckt genau genommen der Hinweis auf eine absolut fundamentale Rolle der Logik für all unser Sprechen und Denken. In der Logik gibt es zwar keine Sätze, über die man sich erst klar werden müsste; aber das heißt mit anderen Worten auch, dass es dort ebenfalls nichts gibt, was man bezweifeln, kritisieren oder gar verbessern könnte. Wenn man sich überhaupt sinnvoller Sätze (oder Gedanken) bedient, ist man bereits alle Verpflichtungen der Logik eingegangen, denn Wittgenstein zufolge sind dies sämtlich Folgerungen daraus, dass Sätze überhaupt sinnvoll sind. Dieser zweite Aspekt führt somit zu einer der wohl wesentlichsten Auszeichnungen der Logik im *TLP*: „Die Logik ist transzendental." (6.13) Es gibt für uns keinen Spielraum in der Aufstellung logischer Regeln, sondern hier wir werden vollständig von wesentlichen Anforderungen der Sprache geführt: „[I]n der Logik drücken nicht *wir* mit Hilfe der Zeichen aus, sondern in der Logik sagt die Natur der naturnotwendigen Zeichen selbst aus: Wenn wir die logische Syntax irgend einer Sprache kennen, dann sind bereits alle Sätze der Logik gegeben." (6.124)

Bevor sich im nächsten § also der Frage nach den zirkulären Formulierungen gewidmet werden soll, sind im Rest dieses § noch die wichtigsten Konsequenzen von Wittgensteins Bestimmung der Logik als transzendental auszubuchstabieren. Zu Beginn gilt es zwei wesentliche Differenzen der Logikkonzeption des *TLP* zu derjenigen Freges deutlich zu machen. Erstens ist zu bemerken, dass der *TLP* die in Freges Logikkonzeption nachgewiesene Spannung zu einer Seite auflöst: Es ist Wittgenstein zufolge inkohärent, die Logik als basale Anforderung an all unser Sprechen und Denken zu verstehen und sie gleichzeitig nicht kategorisch von allen anderen Wissenschaften unterscheiden zu wollen. Bereits im zweiten nachgewiesenen Brief an Russell ist Wittgenstein sich dieses Unterschieds zur Logikkonzeption Freges und Russells bewusst: „Logic must turn out to be of a *totally* different kind than any other science."[4] Er denkt somit einen der beiden Stränge der Logikkonzeption Freges konsequent zu Ende: Es ist aufgrund ihres transzendentalen Status fehlerhaft, die Logik mit den übrigen Wissenschaften auf eine Stufe zu stellen.

Die zweite Differenz kommt darin zum Ausdruck, was man Frege und Wittgenstein zufolge genau unter der Transzendentalität der Logik zu verstehen hat. Bei Frege ist das Transzendentale der Logik noch in Form bestimmter Urwahrheiten gegeben, Sätzen mithin, die derart fraglos gültig sind, dass ohne ihre (wenn auch nur implizite) Akzeptanz keinerlei kognitive Aktivitäten möglich sind. Derartige logische Wahrheiten aber spielen wie beschrieben in Wittgensteins Logikkonzeption nicht länger eine tragende Rolle. Das Transzendentale hängt hier nicht ab von *Sätzen, die wir allererst verstehen müssen*, um uns Einblick in die Bedingungen der Möglichkeit unseres Denkens verschaffen zu können. Es

[4] Brief an Russell vom 22.06.1912; in Wittgenstein (1995a, S. 15).

hängt stattdessen schlicht damit zusammen, dass wir bestimmte inferentielle Handlungen als korrekt akzeptieren und andere ablehnen – und in diesem Zusammenhang ist es Wittgenstein ein Anliegen, darauf hinzuweisen, dass es gerade keine ehernen Wahrheiten gibt, welche diese Restriktionen unseres Sprechens und Denkens wiederum begründen. Die Transzendentalität der Logik tritt in einem Strukturmoment zutage, das all unseren rationalen Sprach- und Denkhandlungen zueigen ist, nicht dagegen in einer besonderen Dignität logischer Sätze. Man kann diesen wichtigen Punkt auch so ausdrücken, dass die Besonderheit des Transzendentalitätsbegriffs im *TLP* darin zu suchen ist, dass er nicht in der Kategorie der *Begründung* verortet wird: Dass die Logik ‚außer Frage steht' heißt gerade nicht, dass sie aus unbezweifelbaren Sätzen besteht, die als Begründung gültiger Übergänge dienen, sondern dies zeigt sich an der Unveränderlichkeit bestimmter formaler Grundmuster unserer Sprachhandlungen Es ergibt sich also in Verbindung mit den Ergebnissen des letzten Kapitels, dass die Logik dem *TLP* zufolge weder begründet wird noch selbst begründet. Michael Kremer fasst diese Logikkonzeption wie folgt zusammen: „[*L*]*ogic itself* is beyond justification, neither a source of justification nor something to be justified, neither a theory nor a principle, but an ability which pervades all our thinking (...)."[5]

Die Bestimmung der Logik als transzendental ist es letztlich auch, anhand derer die Elemente der Logikkonzeption des *TLP* in den Blick kommen, die über die Thematisierung von Gestalt und Aufgabe des ‚objektsprachlichen' Logiksystems hinaus gehen. Den besten Ansatzpunkt zur Klärung des Stellenwerts allerdings, den der *TLP* metalogischen Untersuchungen zuweist, bietet der Begriff, von dem Wittgenstein 1914 behauptet, dass er an die Stelle treten solle, die in der Logikkonzeption Freges und Russells der Allgemeingültigkeitsbegriff inne hatte: „Erinnern wir uns aber, dass die *Variable* und nicht die Allgemeinheitsbezeichnung die Logik charakterisiert."[6] Man kann aber nur dann erkennen, dass noch im *TLP* der Begriff der Variable eng mit zentralen Aspekten der proklamierten Logikauffassung verbunden ist, wenn man berücksichtigt, dass in diesem Werk eine ganz eigenständige Bestimmung des Variablenbegriffs gegeben wird.

Der Begriff der Satzvariable

Satz 3.314 behauptet, dass sich jede Variable als eine *Satzvariable* auffassen lässt. Im Gegensatz zu einem modernen Verständnis, in dem ein Buchstabe des Vokabulars dadurch zu einer (erststufigen) Variable wird, dass er mit einem Wertebereich von Objekten versehen wird, insistiert Wittgenstein darauf, *dass die Werte von Satzvariablen ausschließlich Sätze sind.*[7] Satzvariablen besitzen einen einzigen

[5] Kremer (2002a, S. 654).

[6] Tagebucheintrag vom 13.10.1914; in Wittgenstein (1984a, S. 100).

[7] Wohlgemerkt wird hier auch die Frage nach dem *Gegenstandsbereich* der Logik verhandelt: Dieser besteht dem *TLP* zufolge nicht aus Gegenständen, sondern aus *Sätzen*, zumindest solange man die zulässigen Werte der Variablen als den Gegenstandsbereich einer Wissenschaft versteht. Dies gilt im Übrigen auch für höherstufige Variablen, mit deren Verwendung man dem *TLP* zufolge also keine eigenständigen ontologischen Verpflichtungen eingeht.

konstanten und sonst allein variable Bestandteile. Ihre Werte sind *alle* Sätze, die der Form nach mit der Satzvariable übereinstimmen und den konstanten Ausdruck beinhalten (vgl. (3.312-3.313)). Eine solche Satzvariable wäre also beispielsweise ‚$\phi(x)$' (mit $\ulcorner\phi\urcorner$ als konstantem und $\ulcorner x\urcorner$ als variablem Bestandteil und der Einschränkung, dass $\ulcorner\phi\urcorner$ genau genommen im Sinne der im letzten Kapitel thematisierten Anordnungsmuster zu verstehen ist) und die ihr zugeordnete Satzklasse kann man als die Liste , $\phi(a)$', , $\phi(b)$', usw. verstehen. Satz 3.315 legt zudem nahe, dass wir *jeden* Bestandteil eines Satzes als variabel betrachten können, also etwa auch dessen spezifisches Anordnungsmuster, und somit auch höherstufige Variablen anerkannt werden.

Da die Angabe einer solchen Liste somit ein notwendiger Bestandteil der Spezifikation der Variable ist, kann gefolgert werden, dass für Wittgenstein Variablen überhaupt erst dann eine sprachliche Funktion erlangen können, wenn bereits eine Menge von Sätzen als gegeben vorausgesetzt wird. Diese Abhängigkeit kann als Konsequenz von *KP* bestimmt werden, was besonders daran deutlich wird, dass Wittgenstein in 3.314 das Prinzip nochmals formuliert: „Der Ausdruck hat nur im Satz Bedeutung. Jede Variable lässt sich als Satzvariable auffassen." Durch die immer eine Satzform spezifizierenden Satzvariablen soll also erkennbar gemacht werden, dass die sprachliche Funktion von Variablen nur über Gemeinsamkeiten der Wahrheitswertbestimmung aller ihr zugeordneter Sätze erkennbar ist. Keinem ‚allein stehenden' Variablenzeichen kann also streng genommen sprachliche Signifikanz zugewiesen werden; denn das Medium, um diese einem Ausdruck zuschreiben zu können, ist der vollständige Satz.

Eine wichtige Konsequenz dieser Bestimmung der Variablen wird deutlich anhand von Satz 3.316, in dem es heißt: „Die Festsetzung der Werte *ist* die Variable." Bezogen auf das eben angeführte Beispiel heißt das, dass die Liste ‚$\phi(a)$', , $\phi(b)$', usw. die eigentliche Variable ist und *nicht* der Ausdruck , $\phi(x)$', der allein als ein ‚Darstellungsbehelf' der Satzvariable zu interpretieren ist. Diese Identifikation lässt sich analog zu einer oben beobachteten Verfahrensweise Wittgensteins verstehen: Zeichen wie $\ulcorner x\urcorner$ bilden ebenso wenig einen *echten* Bestandteile des logischen Symbolismus, wie man bestimmte ausgezeichnete Anordnungsmuster als Prädikatvariablen benötigt, sondern wir verwenden solche Ausdrücke insgesamt nur als Abkürzungen, um besonders augenfällig auf eine bestimmte Gemeinsamkeit einer Satzmenge hinweisen zu können.

Die somit vollkommen vom Satzverband abhängige Rolle der Variable besitzt ihre Kehrseite darin, dass jeder Versuch, nicht auf eine Satzmenge verweisenden Variablen doch noch eine sprachliche Funktion zuweisen zu wollen, einem Missverständnis entspringt: „So ist der Variable Name ‚*x*' das eigentliche Zeichen des Scheinbegriffs *Gegenstand*." (4.1272) Dass dem Namen $\ulcorner x\urcorner$ hier gerade *keine* substantielle Aufgabe in der Logikkonzeption zugewiesen wird, wird darin deutlich, dass Wittgenstein vom *Schein*begriff ‚Gegenstand' spricht. Ebenso wie Frege spricht auch Wittgenstein Begriffen die Aufgabe zu, Gegenstände zu klassifizieren. Begriffe, die dies tatsächlich tun, bezeichnet er als *eigentliche* Begriffe. Scheinbegriffe klassifizieren für ihn keine Gegenstände, denn um überhaupt von einer Klassifikation sprechen zu können, muss es ihm zufolge zumindest möglich sein, dass der zu klassifizierende Gegenstand *nicht* unter den Begriff fällt. Wenn man zudem sieht, dass es Wittgenstein zufolge einem Gegenstand *wesentlich* ist, dass er unter die auf ihn zutreffenden Scheinbegriffe fällt, ist erkennbar, dass wir mit der Unterscheidung eigentlicher Begriffe von Scheinbegriffen das sprachliche Pendant zur oben (S. 202) beschriebenen Unterscheidung wesentlicher von unwesentlichen Eigenschaften geboten bekommen.

Wir können demnach von etwas nicht erst nachträglich erkennen, dass es sich um einen Gegenstand handelt. Wir haben es hier also wie auch bezüglich der inferentiellen Verknüpfung der Sätze mit einer *internen* Eigenschaft zu tun. Dies impliziert, dass ebenso wie mit jeder Satzmenge bereits vollständig deren inferentielle Relationen festgelegt sind, so auch mit jeder möglichen Sprache eine ‚Pseudoklassifikation' durch formale Begriffe. Dass die Festlegung auf die inferentiellen Verhältnisse letztlich ebenfalls als eine solche Pseudoklassifikation betrachtet werden muss, wird daran auffällig, dass Wittgenstein zufolge *alle* Begriffe als formal betrachtet werden müssen, für die in einer logisch korrekten Sprache Variable verwendet werden. Neben den von ihm selbst erwähnten ‚Gegenstand', ‚Funktion', ‚Zahl', usw. ist demnach auch der Begriff des *Satzes* als ein Scheinbegriff zu betrachten. An dieser Stelle wird erkennbar, warum Wittgensteins Logikbegriff tatsächlich eng an den vorgestellten Variablenbegriff gebunden ist: Die mit den formalen Begriffen verbundenen ‚Pseudoklassifikationen', die durch Variablen wiedergegeben werden, stellen gerade die logischen Verpflichtungen dar, denen jede einzelne Sprachverwendung unterliegt. An ihnen also wird die Transzendentalität der Logik offensichtlich, da an ihnen die von jeder Sprache zu erfüllenden logischen Anforderungen deutlich werden.

Was oben, als zum ersten Mal die Transzendentalität der Logik im *TLP* bemerkt wurde, also schon hätte beschrieben werden können, wird in Bezug auf die formalen Begriffe besonders offensichtlich: Es kann für den Wittgenstein des *TLP* keinen metalogischen Standpunkt geben, an dem wir gewissermaßen die Logik unserer Sprache außer Acht lassen können, denn das bestimmte als die *logischen* Verpflichtungen unserer Sprache ausgezeichnet sind, heißt für ihn nichts anderes, als dass sie Verpflichtungen *einer jeden* Sprache (und damit *a fortiori* auch jeden Gedankens) sind. Um einen metalogischen Standpunkt zu erreichen, müsste es möglich sein, die mit formalen Begriffen verbundenen ‚Eigenschaften' von einem ihrer Exemplare abzuziehen, aber jeder solche Versuch müsste dem *TLP* zufolge seine Grundlage in etwas finden, vor dem Wittgenstein nicht müde wird zu warnen: *einer Verwechslung formaler und eigentlicher Begriffe*.

Man kann also den Grund, aus dem heraus im *TLP* die Möglichkeit eines metalogischen Standpunkts als Irrglauben bezeichnet wird, als die Einsicht bestimmen, dass man den Gegenständen ihre logischen Eigenschaften nicht prinzipiell zu- und absprechen kann, wie man dies in Bezug auf ihre echten Eigenschaften kann. Dass für ihn eine solche Position nicht gegeben ist, führt ihn zu der radikalen These, dass jeder Versuch, formale Begriffe durch Funktionen darzustellen, zur Entstehung „unsinniger Scheinsätze" (4.1272) führt.

Dass diese These als radikal gewertet wird, hängt damit zusammen, dass sie weit mehr und vor allen Dingen weniger naheliegendes impliziert als folgende Aussage: „Dass etwas unter einen formalen Begriff als dessen Gegenstand fällt, kann nicht durch einen Satz ausgedrückt werden." (4.126) Hätte Wittgenstein die Unformulierbarkeit metalogischer Sätze nur durch diese letzte Aussage belegt, dann würden unsere bisherigen Ausführungen wohl folgende Analyse favorisieren: Wenn die formalen Eigenschaften eines Gegenstands als dessen wesentliche Eigenschaften gewertet werden sollen, dann scheint zu folgen, dass ein Satz wie ‚*a* ist ein Gegenstand' für Wittgenstein *unmöglich falsch* sein kann. Damit wäre er zwar ebenfalls von der Kategorie der Sätze auszunehmen, aber als Tautologie zu bewerten – und demnach gerade nicht als unsinnig, sondern als *sinnlos* einzustufen.

Wenn man jedoch ernst nimmt, dass er derartige Zeichenfolgen als Unsinn bezeichnet, aber dennoch in fast allen Sätzen des *TLP* selbst die von ihm gesetzten Grenzen des Sinns überschreitet, dann wird ersichtlich, dass die radikale Art, auf die er einen metalogischen Standpunkt ablehnt, ihn direkt zu den anfangs dieses Kapitels beschriebenen Irritationen führt. Im folgenden § soll gefragt werden, welchen Reim man sich auf diese Aussage machen soll: Ist Wittgenstein tatsächlich der Meinung, man könne sein Buch ebenso wenig mit Gewinn lesen wie eine Abfolge beliebig zusammen gewürfelter Worte?

§ II. Zwischen Sinn und Unsinn: Das Sagen und Zeigen der Sprache

Da im letzten § eindringlich klar wurde, dass es dem *TLP* zufolge keinen metalogischen Standpunkt gibt, dürfte die Aussage einiger Kommentatoren Erstaunen auslösen, dass Wittgenstein im *TLP* dennoch dezidiert metalogisch-semantische Ansichten zum Ausdruck bringt. Jaakko Hintikka beispielsweise geht von Folgendem aus: „Wittgenstein had, in both his early and his late philosophy, a clear and sweeping vision of how language and the world are connected to each other."[8] Um die eben beschriebenen Restriktionen Wittgensteins mit dieser Interpretation in Einklang zu bringen, führt er im Weiteren aus, dass diese Auffassungen im *TLP* nicht geradeheraus geäußert würden, sondern allein durch einen indirekten Gebrauch der Sprache („an oblique use of language")[9] zum Vorschein kämen. Die Unterscheidung zwischen einem direkten und diesem indirekten Sprechen identifiziert er mit Wittgensteins Unterscheidung von *Sagen* und *Zeigen*. Ausgehend von dieser Unterscheidung soll in diesem § die Frage nach der Unsinnigkeit der Sätze des *TLP* geklärt werden.

Dass in Bezug auf die Formulierung semantischer Ansichten im *TLP* auf die Sagen/Zeigen-Unterscheidung verwiesen wird, erklärt sich etwa aus dem oben noch unterschlagenen Nachsatz der Aussage, dass das Fallen eines Gegenstandes unter einen formalen Begriff nicht propositional fassbar ist, sich aber „an dem Zeichen dieses Gegenstandes selbst" zeigt. (4.126) Die anhand *formaler* Begriffe

---

[8] Hintikka; Hintikka (1986, S. 2).

[9] Ebd.

bestimmte Aufteilung von Sprache und Welt ist also etwas, was sich in der Sprache *nur* zeigen kann. Dass im Herz des Zeigenskonzepts des *TLP* tatsächlich die Art steht, auf die die Welt in der Sprache repräsentiert ist, wird aber am präzisesten ersichtlich darin, dass im Zentrum der relevanten Ausführungen Wittgensteins der Begriff steht, der dem *TLP* zufolge die grundlegende strukturelle Übereinstimmung von Sprache und Welt sicher stellt, der der *logischen Form*: „Der Satz kann die gesamte Wirklichkeit darstellen, aber er kann nicht das darstellen, was er mit der Wirklichkeit gemein haben muss, um sie darstellen zu können – die logische Form. Der Satz *zeigt* die logische Form der Wirklichkeit." (4.12-4.121) Mit anderen Worten ist es nicht möglich, in einem Satz die Struktur der Übereinstimmung von Sprache und Welt zum Ausdruck zu bringen. Der Begriff des Zeigens besitzt also in der Tat die angemahnte semantische Dimension. *Prima facie* gibt es somit gute Gründe, Hintikka in der Annahme zu folgen, dass Wittgenstein durch die Einführung dieses Begriffs tatsächlich eine Hintertür öffnen will, durch die wir letztlich doch Zugang zu einer ultimativen Versicherung erhoffen dürfen, dass die Sprache, so wie sie im *TLP* vorgestellt wird, die Welt *korrekt* wiedergibt.

Was zeigen unsinnige Scheinsätze? Eine erste Interpretation

An dieser Stelle allerdings sind noch keinerlei Gründe erkennbar, warum anhand des Begriffs des Zeigens besondere Eigenschaften *unsinniger* Zeichenverbindungen zum Vorschein gebracht werden können. Die bisherigen Ausführungen zu diesem Begriff lassen noch nicht erkennen, warum sich mit diesen etwas zeigen ließe, was sich nicht bereits anhand sinnvoller Sätze zeigt. Tatsächlich wird aber von einer jetzt vorzustellenden und eng mit den angeführten Aussagen Hintikkas zusammenhängenden Interpretation exakt die These vertreten, dass der besondere Status der unsinnigen Sätze des *TLP* sich so erklären lässt, dass sich an ihnen etwas zeigt, das sich an sinnvollen Sätzen gerade nicht zeigt. Die zentrale These der mit Hintikkas Aussagen verbundenen Interpretation besteht darin, dass die unsinnigen Scheinsätze der Philosophie das Verhältnis von Sprache und Welt besonders eindringlich vor Augen führen, weil mit ihnen die *Grenzen des Sagbaren* systematisch untersucht werden können. Die erste und wesentlichste Vorraussetzung dieser Interpretation dürfte bereits an dieser Stelle auf der Hand liegen, dass der ‚Unsinn', von dem hier gesprochen wird, nämlich *nicht* derjenige sein kann, der oben in Bezug auf die Zeichenkombination ‚Sokrates ist identisch' erläutert wurde: Diese Art des Unsinns resultiert daraus, dass *wir* bestimmten Ausdrücken keine Bedeutung gegeben haben. Es gibt schlicht keine Regel, die es erlaubt, das Wort ‚identisch' als Adjektiv zu verwenden. Eine solche Zeichenkombination kann aber demnach in dem Sinn, in dem der Begriff eben eingeführt wurde, nichts *zeigen*, was sich nicht bereits in sinnvollen Sätzen zeigt, denn ihr Ausschluss vom Bereich des Sinns ist allein unserer *Willkür* geschuldet. Somit ist es ausgeschlossen, dass in diesem Ausschluss etwas über die *wesentlichen* Eigenschaften der Sprache zum Ausdruck kommen kann. Derartige Zeichenfolgen also exemplifizieren die Form des Unsinns, der oben in der Unterscheidung zwischen sinnlosen und unsinnigen Aussagen eingeführt wurde und sollen im Folgenden als *reiner Unsinn* bezeichnet werden.

Die philosophischen Sätze des *TLP* werden der fraglichen Interpretation zufolge derart bestimmt, dass in ihnen eine genuin andere Form des Unsinns zum Ausdruck kommt, die hier als *illuminierender Unsinn* beschrieben werden soll. Hans-Johann Glock beschreibt in seinem Buch ‚A Wittgenstein Dictionary' den Unterschied beider Formen wie folgt:

> „The *Tractatus* features two accounts of nonsense. One is that the nonsensicality of (...) 'Socrates is identical' is a matter of deprivation, that is, due to the fact that we have failed to give 'identical' an adjectival meaning. (...) At the same time, the *Tractatus* espouses a form of compositionalism: (...) In the case of a meaningful proposition, to grasp the meaning and logical form of its names is to grasp the possible combination of objects it depicts (...), while in the case of (...) 'Point *x*, *y* is C-flat' it is to grasp that this combination of names does not depict a possible combination of objects precisely because the constituents have incompatible meanings."[10]

Betrachten wir statt des Beispiels Glocks folgendes auf Carnap zurückgehendes:[11] ‚Julius Cäsar ist eine Primzahl'. Versuchen wir dies Beispiel erst einmal genau zu analysieren, um den Begriff illuminierenden Unsinns zu präzisieren. Dass ein Mehrwert gegenüber reinem Unsinn besteht, wird auf Basis der Annahme erklärt, dass wir die Bedeutungen der beiden Worte ⌜Julius Cäsar⌝ und ⌜Primzahl⌝ kennen. Im Ausgang hiervon soll dann geprüft werden, ob die Bedeutung des Ausdrucks ⌜Julius Cäsar⌝ unter den Begriff ‚Primzahl' fällt. Bei dem Versuch jedoch, das, was hier überprüft werden soll, in den Rahmen eines sinnvollen Satzes zu zwängen, scheitern wir, weil die mit dem Begriff ‚Primzahl' verbundenen Kriterien keinen Ansatzpunkt bieten, um anhand irgendeiner der Eigenschaften, die wir Julius Cäsar zu- oder absprechen können, zu entscheiden, ob die im Satz formulierte Aussage wahr oder falsch ist. Darin, dass hier also zwischen Begriff und Gegenstand keine Möglichkeit der Verhältnisbestimmung angelegt zu sein scheint, kann das wieder erkannt werden, was Glock im letzten Zitat als ‚inkompatible Bedeutungen' der Satzbestandteile beschreibt. Was sich in diesem Satz also trotz seiner Unsinnigkeit *zeigen* soll besteht kurz gesagt darin, dass die formalen Begriffe ‚Zahl' und ‚Gegenstand' wechselseitig disjunkt sind.

Anhand dieser Analyse kann man nachweisen, dass der genannte Mehrwert in einem speziellen *epistemischen* Status besteht: Wenn wir wenigstens die Inkompatibilität beider Bedeutungen erkennen, dann erkennen wir damit eben auch *was genau es ist*, das die Unsinnigkeit des Satzes als unmöglich markiert. Cora Diamond hat diesen wichtigen Aspekt genau auf den Punkt gebracht: „There is a very clear conception here of *something* you cannot do."[12] Man kann diese Idee so bestimmen, dass diese Sätze gleichzeitig die Illusion eines Platzes außerhalb der Logik verheißen und diesen Platz als unmöglich markieren. In die-

---

[10] Glock (1996, S. 259f.).
[11] Vgl. Carnap (1931).
[12] Diamond (1991a, S. 185).

ser Doppelfunktion liegt ihr kognitiver Gewinn begründet: Wir können anhand ihrer nicht allein erkennen, dass sie unsinnig sind, sondern auch, *aus welchem Grund* der Versuch scheitern muss, sie als sinnvolle Sätze verstehen zu wollen.

Der Unterschied beider Formen des Unsinns ist dann insgesamt darin begründet, dass der Versuch, in einer Aussage einen sinnvollen Satz zu erkennen, bezüglich des zuletzt betrachteten Beispiels aus einem völlig anderen Grund scheitert als bezüglich der Zeichenreihe ‚Sokrates ist identisch'. Denn in Carnaps Beispiel besitzen alle Ausdrücke eine Bedeutung und demnach wissen wir wenigstens, *worin der Versuch besteht,* sie in einen sinnvollen Satz zu vereinigen – nämlich in dem Versuch, eine Verhältnisbestimmung von Begriff und Gegenstand zu erreichen. Wir verfahren in einer alltäglichen Weise, um den Sinn eines Satzes zu bestimmen, und dass dieser Versuch in diesem Fall *nicht* zu einem Ziel führt, soll etwas über die Verfasstheit unserer Sprache erkennbar machen: Dass diese im Alltag als kohärent erscheinende Weise der Sinnbestimmung genau genommen doch Lücken aufweist, dass sie mit anderen Worten nicht für alle Werte definiert ist, und dass wir darüber hinaus aus diesen Definitionslücken etwas Wichtiges lernen können. Ihr wesentlicher Unterschied soll also darin bestehen, dass im Gegensatz zu reinem Unsinn unser Versuch der Sinnbestimmung bei illuminierendem Unsinn nicht bereits kläglich scheitert, bevor er eigentlich begonnen hat, sondern erst, wenn er sein Ziel bereits vor Augen hat.

An dieser Stelle wird aber auch bereits erkennbar, was genau wir aus den beschriebenen Definitionslücken lernen sollen. Wir erkennen etwas mittels dessen, was die Scheinsätze zeigen, weil sie uns die Illusion eines sprachexternen Standpunktes gewähren und damit die Differenz zu fokussieren gestatten zwischen den Konstruktionsprinzipien des Bereichs des Sagbaren einerseits und andererseits denjenigen, denen ein außerhalb des Sagbaren befindlicher Bereich gehorchen müsste, wenn es denn dort überhaupt eine kohärente Position gäbe. Diese Differenz ist die Grenze des Sagbaren, sie wird aus den essentiellen Erfordernissen gebildet, die alles erfüllen muss, um zum Bereich des Sinns Zugang zu erhalten. Mit anderen Worten bilden diese Grenze die *Regeln der logischen Syntax*, in denen die wesentlichen Anforderungen an eine jede Sprache niedergelegt sind. Gerade diese Regeln also sind es, die sich mittels illuminierendem Unsinn *systematisch* ans Tageslicht bringen lassen sollen. Denn wenn wir in Erfahrung bringen, *was genau* mit der Sprache nicht möglich ist, dann überhebt uns diese Erkenntnis einem reinen ‚trial-and-error' Verfahren zur Bestimmung der Grenzen des Sagbaren: Die dann erkennbaren Regeln der logischen Syntax erlauben es, ein für alle mal zu vermeiden, diese Grenze zu übertreten. Wenn auch nur zeigend, so können wir diese Grenze eben doch ‚von Außen' bestimmen, indem wir die unsinnigen ‚Scheinpositionen' nach und nach ausschließen.

Die Regeln der logischen Syntax also sind das, was Hintikka als Wittgensteins Überzeugungen hinsichtlich des Sprache/Welt-Verhältnisses bestimmt, die im *TLP* zwar zur Darstellung kämen, dessen Doktrin zufolge aber nicht direkt formuliert werden können. Gleichwohl sind diese unaussprechlichen Wahrheiten die tiefen und essentiellen Notwendigkeiten („ineffable metaphysical necessities"[13]) das Wesen unserer Sprache betreffend. Die Kernthese der darzustellenden Interpretation besagt nun gerade, dass wir aus einer Betrachtung illuminierenden Unsinns diese Regeln und ihre Korrektheit ableiten können.

Nachdem somit die zentrale These dieser Interpretation erläutert wurde, kann jetzt ein Hauptgrund für den immensen Zuspruch, den diese Interpretation über Jahrzehnte hinweg gefunden hat, angeführt werden, dass sie nämlich eine Abmilderung von Wittgensteins Diktum der Unsinnigkeit der Aussagen des *TLP* erlaubt. Diese wären zwar genau genommen Unsinn, aber das soll nicht heißen, dass wir nicht mittels ihrer einen erheblichen Erkenntnisfortschritt erreichen können, was der traditionellen Aufgabe der Philosophie dann bereits wieder recht nahe käme. Nicht verschwiegen werden sollte an dieser Stelle auch, dass diese Position zusätzliche Plausibilität dadurch gewinnt, dass sie ein Vorbild benennen kann, an dem sich Wittgensteins Äußerungen über die Unsinnigkeit seiner Sätze orientieren: den Status der Erläuterungen bei Frege. Sollte sich Wittgenstein in seiner Bestimmung der unsinnigen Aussagen der Philosophie als *Erläuterungen* ((4.112), vgl. auch (6.54)) tatsächlich an Frege orientiert haben, wäre die vorgestellte Interpretation naheliegend, denn Frege bestimmt wie oben (S. 102ff.) gezeigt seine Erläuterungen als genau genommen unsinnig, beharrt aber dennoch darauf, dass mit ihnen ein Inhalt intendiert ist, der vom Leser mit etwas gutem Willen auch zu erschließen ist.

Bevor gleich in der Konturierung der zweiten Interpretation der Unsinnigkeit der Aussagen des *TLP* gefragt werden soll, ob Wittgenstein nicht stattdessen Freges Verbindung von Unsinnigkeit und intendiertem Inhalt für hochgradig inkohärent hält, sollen noch kurz zwei der wesentlichen Probleme für die erste Interpretation dargestellt werden: Erstens impliziert diese Konzeption eine extrem schwache Interpretation der Unaussprechbarkeitsthese, denn zumindest ist es an dieser Stelle notwendig, von einem *Inhalt* dessen, was sich zeigt, auszugehen. Diese Interpretation, in der Sagen und Zeigen einander so weit als irgendmöglich angenähert werden, kommt beispielsweise in folgender Aussage Peter Hackers zum Ausdruck: „The Tractatus does indeed consist largely of pseudo-propositions. Of course, what Wittgenstein meant by these remarks is, in his view, quite correct, *only* it can not be said."[14] Problematisch ist diese Deutung, weil es erstens mit der Annäherung beider Dimensionen zunehmend schwerer wird, einen Grund für einen eigenständigen Begriff des Zeigens anzugeben (denn wenn es ohnehin nur um Inhaltsübermittlung geht, hätte Wittgenstein auch gleich von der Sagbarkeit der sich zeigenden Inhalte ausgehen können). Ein größeres Problem besteht aber zweitens wie wir noch sehen werden darin, dass der *TLP* eine stärkere Deutung der Unaussprechbarkeitsthese erforderlich macht.

Die allergrößte Herausforderung für die eben vorgestellte Interpretation ist aber wohl zweitens darin zu finden, dass Wittgenstein selbst in *keiner einzigen* Aussage des *TLP* nahe legt, dass es verschiedene Formen des Unsinns gibt. Wie

---

[13] Hacker (1986, S. 23).

[14] Ebd. S. 26. Hervorhebung hinzugefügt.

schwierig es tatsächlich ist, diese somit fast keinerlei Textgrundlage besitzende Interpretation mit den Aussagen des *TLP* übereinzubringen, wird ganz besonders darin erkennbar, dass Wittgenstein Unsinn dergestalt charakterisiert, dass seine Entstehung „nur" daraus resultieren kann, dass wir einigen Ausdrücken keine Bedeutung gegeben haben. (5.4733)

Was zeigen unsinnige Scheinsätze? Eine zweite Interpretation

Eine mit dieser Aussage konforme Interpretation müsste es demnach wohl oder über darauf ankommen lassen, tatsächlich *alle* Formen des Unsinns, also sowohl eine Zeichenreihe wie ‚Sokrates ist identisch' als auch das oben im Anschluss an Carnap gegebene Beispiel und selbst die Sätze des *TLP* allein deswegen als unsinnig zu bezeichnen, weil bestimmte ihrer Bestandteile keine Bedeutung besitzen. Wenn im Folgenden eine solche zweite Interpretation vorgestellt und dafür plädiert werden soll, dass im *TLP* nicht von unterschiedlichen Arten des Unsinns ausgegangen wird, dann wird damit eine Lesart vorgeschlagen, die zuerst 1988 in Cora Diamonds Text ‚Throwing away the Ladder: How to Read the Tractatus'[15] vorgestellt und in den letzten Jahrzehnten von einer Vielzahl von Autoren unter dem Titel einer *resoluten* Interpretation ausgearbeitet wurde.[16]

Fußen soll die folgende Vorstellung der resoluten Interpretation wiederum auf einer Analyse unseres Beispielsatzes. Die Basis, auf der die oben vorgestellte ‚irresolute' Interpretation den Satz analysiert, bildet die These, dass wir die Bedeutung jedes einzelnen Wortes in ‚Julius Cäsar ist eine Primzahl' kennen. Bereits bezüglich dieser Ausgangsthese weicht der resolute Ansatz ab: Diamond verneint, dass die Aussagen des *TLP* tatsächlich eine Grundlage für die Annahme bieten, dass wir die Bedeutungen der in dem Scheinsatz auftretenden Ausdrücke bereits vor seiner Sinnbestimmung kennen. Den Dreh- und Angelpunkt ihrer Argumentation gegen diese Annahme bildet *KP*. Dem Prinzip zufolge besteht das Medium zur Bestimmung der Bedeutung eines Ausdrucks ausschließlich in den vollständigen *Sätzen*, in denen der Ausdruck auftritt. Dass ⌜Julius Cäsar⌝ in ‚Julius Cäsar war Kaiser von Rom' die gleiche Bedeutung besitzt wie in ‚Julius Cäsar ist eine Primzahl', könnte sich dem *TLP* zufolge allein darüber zu

---

[15] Vgl. Diamond (1991a).

[16] Die eben konturierte Lesart wird dem entgegen als *irresolut* beschrieben. Die Wortwahl resolut begründet sich damit, dass diese Lektüre versucht, die Aussagen des *TLP* über die Unsinnigkeit seiner Sätze vollständig ernst zu nehmen. Irresolut sei die oben vorgestellte Interpretation, weil sie Wittgenstein so interpretiert, dass er darin nicht ganz wörtlich zu nehmen sei, dass er von den Sätzen des *TLP* als von Unsinn spricht. In dieser Wortwahl soll sich zu erkennen geben, dass diese Lektüre in gewissem Sinn vor dem eigenen Anspruch zurückschreckt („'[I]rresolute' (...) emphasises (...) a kind of dithering, which reflects not being clear what one really wants, a desire to make inconsistent demands (...)." (Diamond (1997, S. 78)). Dies erklärt auch, warum in Diamond (1991a, S. 181) die irresolute Lektüre noch als „chickening out" beschrieben wird. Die resolut/irresolut-Unterscheidung findet sich im Druck erstmals in Goldfarb (1997, S. 64), wird dort allerdings auf ein unveröffentlichtes Manuskript von Thomas Ricketts zurückdatiert. Diamond übernahm diese Terminologie später (vgl. Diamond (1997, S. 78)).

erkennen geben, *dass bestimmte Gemeinsamkeiten in der Sinnbestimmung beider Sätze bestehen*. Aber weil die zweite Zeichenkette nicht einmal ein Satz ist, ist es prinzipiell ausgeschlossen, dass an dieser Stelle Gemeinsamkeiten bestehen. Von daher wäre es nicht allein ein Missverständnis, davon auszugehen, dass ⌜Julius Cäsar⌝ in beiden Fällen eine identische Bedeutung besitzt, sondern sogar die Annahme, dass wir zumindest untersuchen könnten, ob beide eine identische Bedeutung besitzen, verdankt sich einer fehlerhaften Interpretation des *TLP*, dem zufolge von der Bedeutung eines Wortes erst im Ausgang von einer vollständigen Sinnbestimmung eines Satzes gesprochen werden darf, der den fraglichen Ausdruck enthält. James Conant hat die Auswirkungen von *KP* auf den Unsinnsbegriff des *TLP* sehr deutlich beschrieben:

> „(...) [T]he *Tractatus* argues that in the case of a piece of nonsense – that is, in the absence of a context of *sinnvollen Gebrauch* determining a possible logical segmentation of the Satz – we have no basis upon which to isolate the logical roles played by the working parts of a propositional sign; for, *ex hypothesi*, there are no working parts of 'the proposition'. One can identify the contribution the senses of the parts of a proposition make to the sense of the whole only if the whole has a sense – if it stands in some identifiable relation with the other occupants of logical space."[17]

In diesem Text macht Conant ebenfalls deutlich, dass diese Rekonstruktion gerade vor dem Hintergrund der Zeichen/Symbol-Unterscheidung als extrem plausibel erscheint, denn aus dieser Unterscheidung folgt, dass uns Wittgenstein zufolge allein die materielle Identität der *Zeichen*konstruktion in beiden Fällen nicht auch nur einen Fingerzeig in Richtung auf eine Identität der Bedeutung geben kann. Allein eine Identität der *Symbole* kann dies leisten. Aber deren Identität kann ausschließlich über die Identität ihrer Verwendungsweisen geklärt werden – also über die Funktionsweise in der Sinnbestimmung vollständiger Sätze: Wo kein sinnvoller Satz, da auch kein Symbol.

Bereits die Analyse des Beispiels dürfte augenfällig werden lassen, dass es die resolute Lesart tatsächlich darauf ankommen lässt, die Sätze des *TLP* als in der gleichen Weise unsinnig zu betrachten wie die Zeichenkombination ‚Sokrates ist identisch' – *wir* haben dem Ausdruck ⌜Julius Cäsar⌝ keine Bedeutung gegeben, die zu fragen erlaubt, ob er eine Primzahl ist. Obwohl diese Interpretation damit deutlich mit der in diesem Zusammenhang zentralen Aussage des *TLP* harmoniert, dass es nur eine Form von Unsinn gibt, so dürften die Gründe für ihre vielfache Ablehnung unter Wittgensteininterpreten dennoch auf der Hand liegen: Erstens erscheint es wie auch bezüglich der ersten Position als fraglich, welche Funktion der Begriff des Zeigens vor diesem Hintergrund ausführen soll. Zweitens besteht das sicherlich schwerwiegendste Problem dieses Ansatzes aber darin, dass die Vertreter der resoluten Lesart scheinbar dem oben beschriebenen Befremden nichts entgegenzusetzen haben, das wohl fast jeden Leser des *TLP* befällt, wenn ihm zum Ende des Buches mitgeteilt wird, dass er bislang ausschließlich Unsinn gelesen habe. Diese beiden Probleme gilt es im Folgenden zu

[17] Conant (2002, S. 404).

adressieren, um die Plausibilität der resoluten Lesart untermauern zu können. Widmen wir uns zu Beginn der Frage, welche Rolle die Sagen/Zeigen-Unterscheidung vor dem Hintergrund der resoluten Lesart übernimmt.

Die resolute Interpretation und die Sagen/Zeigen-Unterscheidung

Eine von den bisherigen Untersuchungen noch unberührte Verwendung des Begriffs des Zeigens ist die, mit der dieses Konzept oben eingeführt wurde, und zwar das Zeigen, dass bestimmte Gegenstände unter formale Begriffe fallen. In der Sprache erscheinen formale Begriffe in den unbestimmten Bestandteilen der Satzvariablen wie etwa dem ⌜*x*⌝ in ‚*x* ist ein Buch.' Unberührt blieben derartige Konstruktionen bislang, weil sie entgegen dem betrachteten Beispielsatz sicherlich kein *Unsinn* sind. Fragen wir uns nach der spezifischen Art des Zeigens in den Satzvariablen, dann ist Wittgenstein so zu verstehen, dass sie eine Entsprechung der Symbole zeigen, die für ihren variablen Anteil substituiert werden können – sie zeigen einen „Zug gewisser Symbole." (4.126) In unserem Fall zeigt sie eine Ähnlichkeit solcher Symbole wie ⌜Krieg und Frieden⌝ und ⌜Der schiefe Turm von Pisa⌝, und zwar im Sinne einer Übereinstimmung der Funktion, die diesen Symbolen in der Sinnbestimmung sie enthaltender Sätze korrespondiert.

Die bislang ausgearbeitete Deutung würde die irresolute Interpretation sehr wahrscheinlich zwar noch mittragen können, des Weiteren aber würde sie wohl durch die Feststellung verfahren, dass der *Inhalt* dessen, was die Satzvariable zeigt, in der Binsenweisheit besteht, dass man Bücher allein unter den *Gegenständen* zu suchen braucht. Oben wurde jedoch das Problem bereits angesprochen, dass in dieser deutlichen Annäherung von Zeigen und Sagen liegt. Im *TLP* selbst dagegen ist eine weitaus stärkere Interpretation der Unaussprechbarkeitsthese am Werk: „Was gezeigt werden *kann*, *kann* nicht gesagt werden." (4.1212) Anstatt das Zeigen ebenso wie das Sagen als eine Form der Inhaltsübermittlung zu verstehen und beide daher so weit als möglich einander anzunähern, erscheint es eher so, dass Wittgenstein das Zeigen so weit als möglich vom Sagen zu unterscheiden versucht, indem er es als *vollkommen beziehungsfrei* zu jeder Form des Sagens darzustellen versucht. Kurz gesagt ist jeder Versuch unangemessen, der aus dem Zeigen einen *propositionalen Gehalt* zu destillieren versucht.

Wenn also die Übermittlung propositionalen Wissens an dieser Stelle ausgeschlossen ist, liegt die Überlegung nahe, ob es vielleicht *genuin praktische Kompetenzen* sind, die im Zeigen übermittelt werden. Dieser Deutung zufolge würden die Satzvariablen in ihrem Zeigen auf eine Übereinstimmung bestimmter Sprachhandlungen hinweisen: Sie zeigen, *wie* eine bestimmte Klasse von Worten in der Repräsentation der Welt verwendet werden kann, aber sie zeigen nicht, *dass* alle zulässigen Bedeutungen der variablen Bestandteile einer bestimmten Kategorie angehören.

Wenn uns also der Versuch einer möglichst großen Übereinstimmung mit den Aussagen des *TLP* zu der These führt, dass Zeigen und Verwenden elementar zusammenhängen, dann legt uns diese Interpretation dahingehend fest, dass es ein Zeigen nur im Zusammenhang sinnvoller Aussagen geben kann. Mit anderen Worten kann nur ein gebrauchtes Zeichen etwas Zeigen, gebrauchte Zeichen aber sind allesamt Symbole. Symbole wiederum gibt es allein in sinnvollen Aussagen. Dass die Konklusion dieses Arguments, dass *allein* sinnvolle Sätze etwas zeigen können, Wittgensteins eigenen Aussagen in der Tat nahe kommt, wird in folgender Aussage der *Moore Notes* deutlich: „Every *real* proposition shews something, besides what it says, about the universe: *for*, if it has no sense, it can't be used; and if it has a sense, it mirrors some logical property of the universe."[18]

Vor dem Hintergrund dieser Reinterpretation des Zeigenskonzepts ist es auch möglich, den Punkt sehr genau zu markieren, an dem in meinen Augen die irresolute Lesart über das Ziel hinaus schießt: Es ist die These, dass dem *TLP* zufolge etwas in der Lage sein kann zu zeigen, ohne dass es dazu notwendiger Weise ein Bestandteil eines sinnvollen Satzes sein muss. Würden unsinnige Sätze in der Tat etwas über die Struktur unserer Sprache zeigen, könnte dieses Zeigen nicht *ausgehend von* unserem Sprachgebrauch bestimmt sein, denn unsinnige Sätze haben eben keinen Gebrauch in der Sprache. Dieser Schachzug bringt die irresolute Position in die Lage, Wittgenstein doch eine ‚versteckte Metaphysik' unterschieben zu können, weil es ihm zufolge möglich wäre, wesentliche Eigenschaften der Sprache zu erkennen, die gerade deswegen nicht dem Verdacht ausgesetzt sind, willkürliche Regeln unsererseits zu sein, weil sie vollkommen unaffiziert sind von jedem konkreten Sprachgebrauch: Im Bereich des illuminierenden Unsinns sind wir gleichsam machtlos, weil keine Regeländerung die Unsinnigkeit dieser Sätze antasten könnte. Da wir aber trotz dieser Machtlosigkeit an dieser Stelle noch Einsichten gewinnen können, muss sich in diesen etwas zu erkennen geben, was an unserer Sprache nicht-kontingent ist.

Es wurde also zu zeigen versucht, dass entgegen vielen kritischen Stimmen die von Wittgenstein etwa in einem Brief an Russell[19] betonte besondere Wichtigkeit des Begriffs des Zeigens im *TLP* erklärt werden kann, auch wenn man der resoluten Interpretation folgt. Abschließend soll diese Wichtigkeit noch an einem Beispiel erläutert werden, und zwar an dem, was der *TLP* als die korrekte Methode der Philosophie bestimmt:

> „Nichts zu sagen, als was sich sagen lässt, also Sätze der Naturwissenschaft – also etwas, mit dem Philosophie nichts zu tun hat –, und immer dann, wenn ein anderer etwas Metaphysisches sagen wollte, ihm nachzuweisen, dass er gewissen Zeichen in seinen Sätzen keine Bedeutung gegeben hat." (6.53)

Vor dem Hintergrund des eben Ausgeführten kann man diese Methode pointiert so darstellen, dass ihr zufolge Sätze, in denen bestimmten Ausdrücken keine Bedeutung gegeben wurde, *gerade nichts* zeigen – ihr Status als Scheinsätze wird somit daran erkennbar, dass für sie keine Verwendung vorgesehen ist. Man kann dies so beschreiben, dass vorgeschlagen wird, die bisherige Interpretation dieser Unterscheidung gewissermaßen vom Kopf auf die Füße zu stellen: Das Zeigen ist nicht deshalb so wichtig, weil es mittels seiner möglich ist, die Grenze des

[18] Wittgenstein (1979a, S. 108).

[19] Vgl. Brief Wittgensteins an Russell vom 19.08.1919; in Wittgenstein (1995a, S. 124).

Sagbaren von Außen zu erfassen, sondern weil es uns die Rolle des Sagbaren *von Innen her* besser zu verstehen lehrt. Das Zeigen ist an das Sagbare gebunden: Nur das, was gesagt werden kann, kann auch etwas zeigen.

Aber in der Auseinandersetzung mit Satz 6.53 befinden wir uns bereits in dem wohl dringlichsten Problem der resoluten Interpretation: Warum ist Wittgenstein der von ihm selbst als richtig gekennzeichneten Methode im *TLP* nicht gefolgt, sondern hat den scheinbar paradoxen Weg gewählt, sein Buch als Aneinanderreihung unsinniger Zeichenketten zu gestalten? In den verbleibenden Ausführungen dieses § soll also endlich der so unverständlich wirkende Status der Aussagen des *TLP* zum Thema gemacht werden.

Zum Status der Sätze des TLP

Können wir trotz einer Anerkennung seiner Aussagen als reiner Unsinn noch eine Interpretation finden, der zufolge wir etwas aus dem *TLP* lernen können? *Prima facie* erscheint dieser Versuch als wenig erfolgversprechend. Wagen wir ihn dennoch und wenden unsere Aufmerksamkeit den Passagen zu, in denen diese Unsinnigkeit behauptet wird:

> „Meine Sätze erläutern dadurch, dass sie der, welcher mich versteht, am Ende als unsinnig erkennt, wenn er durch sie – auf ihnen – über sie hinausgestiegen ist. (Er muss sozusagen die Leiter wegwerfen, nachdem er auf ihr hinausgestiegen ist.) Er muss diese Sätze überwinden, dann sieht er die Welt richtig." (6.54)

Es dürfen an dieser Stelle nicht vorschnell die Sätze des *TLP* mit den Sprossen der Leiter verwechselt werden, so dass dann jeweils ein als unsinnig markierter Satz zu einem weiteren ebenfalls als unsinnig markierten führt – denn selbstverständlich folgt aus Unsinn *gar nichts*. Dem entgegen ist die Metaphorik so zu verstehen, dass ein Leser des *TLP* gerade nicht gleich zu Beginn seiner Lektüre in der Lage ist, dessen Sätze als absurd abzutun. Wittgenstein führt stattdessen immer wieder Sätze ein, die den Anschein erwecken, sinnvoll zu sein – also Sätze, von denen der Leser allzu leicht die Meinung gewinnen kann zu wissen, was mit ihnen gemeint ist. Daraufhin wird dieser vermeintliche Inhalt einer Klärung zugeführt und in diesem Prozess zeigt sich, dass bestimmten Begriffen wider Erwarten keine Bedeutung zugewiesen wurde. Cora Diamond bestimmt den so langsam deutlicher werdenden Status der Sätze des *TLP* als ‚transitorisch.'[20] Diese Bestimmung soll jetzt ausgehend von Beispielen erklärt werden.

Besonders eindrücklich dürfte es bezüglich der in diesem und dem letzten Kapitel als zirkulär nachgewiesenen Argumentationszusammenhänge sein, wie sie in das hier gezeichnete Bild passen. Auf eine scheinbar sinnvolle Frage wurden jeweils scheinbar korrekte aber wechselseitig inkonsistente Antworten gegeben: Ob wir uns hinsichtlich des Verhältnisses von Satz und Wort oder desjenigen von Satzmengen und deren inferentieller Struktur nach dem basalen beider Elemente fragen, stets finden wir nur dann eine Antwort, wenn wir im gleichen Atemzug ebenfalls eine mit der von uns gegebenen inkonsistente Antwort ak-

[20] Vgl. Diamond (1991a, S. 185).

zeptieren. Somit erkennen wir letztlich, dass die Frage doch nicht den Kriterien des Sinns genügt. Ein weiterer Aspekt, an dem, wie besonders Thomas Ricketts[21] und Warren Goldfarb[22] gezeigt haben, die Vorgehensweise des *TLP* sehr gut verdeutlicht werden kann, ist die in IV.II. erläuterte Unterscheidung von Sachlagen und Sachverhalten. Wittgensteins Rhetorik in diesem Kontext legt nahe, dass der logische Raum aus der Menge aller Sachlagen besteht und dass die Sachverhalte dadurch besonders ausgezeichnet sind, dass sie *tatsächlich* bestehen. Die Ausführungen des *TLP* aber lassen genau genommen keinerlei Spielraum, um diese ontologische Differenz zu erklären. Denn ihr Bestehen ist keine weitere Eigenschaft, die den Sachlagen noch zukommen könnte, sondern das Bestehen wird just als Verbindung der Gegenstände gefasst. Dies aber entzieht der Rede von Sach*lagen* letztlich jede Grundlage, denn wenn eine bestimmte Kombination nicht besteht, dann verbleibt nichts, über das man an dieser Stelle noch sprechen könnte (mit Ausnahme ihrer Bestandteile). Denn eine *existierende* Sachlage ist nichts anderes als ein Sachverhalt. *Strictu senso* ist es dem *TLP* zufolge also nicht möglich, über nicht bestehende Gegenstands*kombinationen* zu sprechen. Somit zeigt er selbst auf, dass seine Aussagen über Modalitäten letztlich unsinnig sind.

Tatsächlich sind es die einführenden metaphysischen Ausführungen, die wohl das Paradigma des transitorischen Satzcharakters bilden. Sie zeigen, wie eine scheinbar stichhaltige philosophische Theorie wie ein Kartenhaus zusammenfällt, wenn man sie nur genau genug mit ihren eigenen Ansprüchen konfrontiert. An dieser Stelle findet letztlich auch die oben dargestellte Irritation ob der Funktion der Anfangspassagen ihre angemessene Erklärung: Den *TLP*-Gegenständen wird eine derart große Begründungslast aufgeladen, dass sie immer weiter vom Bereich des bloß kontingent Existierenden entfernt werden – was aber letztlich dazu führt, dass diese Gegenstände überhaupt keinen Einfluss mehr auf den Inhalt unserer Aussagen ausüben können. Sehr genau zeigt dies der *Namensbegriff*: Dem *TLP* zufolge kann man ‚den Gegenstand *nur* nennen.' Der oben angegebenen Analyse des Namensbegriffs zufolge aber schaffen es die Namen aufgrund der Eigenschaftslosigkeit der Gegenstände nicht, *bestimmte einzelne* Gegenstände auszusondern. Das aber heißt in der nötigen Konsequenz, dass man zumindest solche einzelnen bestimmten Gegenstände gerade *nicht* benennen kann. Letzten Endes muss man dann an dieser Stelle zugestehen, dass die Anforderungen, die im *TLP* an das Verhältnis einzelner *TLP*-Gegenstände und ihrer *TLP*-Namen gestellt werden, in ihrer Gesamtheit nicht erfüllbar sind.

Allerdings wird die Unsinnigkeit gerade der einführenden metaphysischen Passagen von vielen Kommentatoren überbetont, und zwar aus einem nachvollziehbaren Grund, denn sie lässt sich verhältnismäßig leicht erkennen und nachweisen. Um jedoch die nötige Konsequenz zu zeigen, muss man ihre Unsinnigkeit mit einer identischen Emphase auch für die späteren Ausführungen des *TLP* etwa zum Begriff der logischen Form oder zu *KP* behaupten, welche die eben

---

[21] Vgl. Ricketts (1996b, S. 89f.).
[22] Vgl. Goldfarb (1997, S. 65f.).

erwähnten Inkonsistenzen zum Teil erst erkennbar werden lassen. Auch sie fallen dem gleichen Schicksal anheim, müssen am Ende als reiner Unsinn erkannt werden. Wie umfassend die These tatsächlich gemeint ist erkennt man daran, dass diese Aussagen deswegen Unsinn sind, weil sie allesamt zu einer *Theorie* der Übereinstimmung zwischen Sprache und Welt gehören, und genau genommen ist es exakt eine solche Theorie, die am Ende des *TLP* als Unsinn markiert wird. Dies wird schnell deutlich, wenn man sieht, dass Wittgensteins Ausführungen zur logischen Form dazu führen, dass Sätze und Tatsachen *in wechselseitige Abhängigkeit zueinander gesetzt werden*. Als Satz wird just das bestimmt, was die Tatsachen repräsentieren kann (aber auch *nur* das), die Tatsachen aber so, dass jeder möglichen Tatsache auch ein Satz entspricht. Es ist somit ausgeschlossen, dass es einen Satz geben kann, der etwas ausdrückt, was keine Tatsache ist – aber die Sätze des *TLP*, die den Anschein erwecken, eine *Theorie* der Sprache vorstellig zu machen, sind just solche Sätze. Gerade eine konsequente Durchführung des metaphysischen Programms des *TLP* führt also zu der Erkenntnis, dass die Konzeption einer solchen Theorie der Sprache inkonsistent ist.[23]

Die Unmöglichkeit derartiger semantischer Theorien bildet also in gewissem Sinn das vereinigende Moment der angeführten Beispiele. Anhand dieser von ihm erkannten Unmöglichkeit wird dann auch verständlich, warum Wittgenstein bereits im *TLP* einen methodischen Grundsatz formuliert, der auch in seiner späteren Philosophie von enormer Wichtigkeit sein sollte: „Das Resultat der Philosophie sind nicht ‚philosophische Sätze', sondern das Klarwerden von Sätzen." (4.112) Dem *TLP* zufolge ist philosophische Theoriebildung unzulässig, weil es der Konzeption des Werks nach keine philosophische Aussage geben kann, der tatsächlich der Status eines Satzes zugesprochen werden darf – nichts von dem, was oben scheinbar diesen Status erreicht hat, ist also als im *TLP* vertretene These zu bestimmen: Weder die metaphysische Beschreibung der Welt noch *KP* und auch nicht die Unterscheidung von Sagen und Zeigen, dies alles sind transitorische Sätze, die letztlich überwunden werden müssen. Wittgenstein argumentiert im *TLP* nicht für oder gegen irgendeine philosophische These. Die Konzeption der Philosophie, der zufolge wir eine These aufstellen und schließlich zu der Einsicht gelangen, dass sie entweder aufrechtzuerhalten oder zu verwerfen ist, ist deswegen nicht seine Konzeption, weil er nicht davon ausgeht, dass im Falle eines unsinnigen Scheinsatzes *am Anfang und am Ende einer philosophischen Untersuchung eine identische Aussage steht* – vielmehr zeigen wir bezüglich einer Aussage, die wir vermeintlich verstanden haben, dass sie letztlich den Ansprüchen nicht genügt, die an einen Satz zu stellen sind. Dies ist das einzige Ergebnis, das im Rahmen einer *philosophischen* Untersuchung solcher Scheinsätze erreicht werden kann.

Wenn es also eine Möglichkeit gibt, den *TLP* trotz Anerkennung der Unsinnigkeit seiner Aussagen mit Gewinn zu lesen, dann wohl nur im Ausgang von der These, dass die Sätze des *TLP* gerade nicht *von Anfang an* als Unsinn er-

---

[23] Diesen letzten Punkt verdanke ich wiederum Ricketts (1996b, S. 90ff.).

kennbar sind, sondern *prima facie* den Anschein erwecken, sinnvolle Aussagen zu sein. Die Unsinnigkeit des im *TLP* vorgestellten Theoriegebäudes ergibt sich erst, wenn versucht wird, es vollkommen konsequent zum Abschluss zu bringen, erst dann schlägt dieser Versuch in sein Gegenteil um. Eine gewinnbringende Formulierung dieser Einsicht besteht in der Forderung, der *TLP* müsse um ihn mit Gewinn lesen zu können *dialektisch* gelesen werden.[24] Dass es nahe liegt, die späteren Schriften Wittgensteins dialektisch zu lesen, ergibt sich bereits aus der Anwesenheit der zwei Stimmen in all diesen Schriften – immer vernimmt man in ihnen den impulsiven ‚Antiphilosophen' auf der einen und den ruhigen und auf Klärung bedachten Philosophen auf der anderen Seite. Aber vor dem dargestellten Hintergrund erscheint es als klar, dass bereits der *TLP* so gelesen werden sollte: Das Werk präsentiert eine Theorie, die sich nicht zwanglos als Unsinn zu erkennen gibt – die metaphysische Begründung der Sprache etwa ist kein bloßer ‚Pappkamerad' –, erst der Versuch, die Implikationen der Theorie vollständig auszuarbeiten, gibt sie als inkonsistent zu erkennen.

In dem hier also notwendigen Durchdenken der theoretischen Konzeption erscheint mir auch der Unterschied zwischen Wittgensteins Methode und derjenigen zu liegen, die er als die ‚richtige' Methode der Philosophie bezeichnet: Das Erlernen der Philosophie anhand der richtigen Methode wird von Wittgenstein als unbefriedigend beschrieben. Er geht so gar so weit, dass jemand, der anhand ihrer Philosophie lernt, nicht das Gefühl hätte, Philosophie zu lernen. (6.53) Dies hängt damit zusammen, dass er nie dazu ermutigt wurde, die philosophischen Probleme wirklich ernst zu nehmen. Ihm erschiene Philosophie allein darin zu bestehen, anderen die Verwendung bestimmter Sätze zu erlauben oder zu untersagen – man könnte dann Philosophie lernen, indem man eine Aufzählung zu beherzigen lernt, wann man einen bestimmten Ausdruck gebrauchen darf und wann eben nicht. Einem solchen erschiene es deswegen nicht, als ob man ihn Philosophie lehre, weil er nirgends selbst zum Denken veranlasst wird. Die Beherzigung der Aufzählung würde ihn der Notwendigkeit entheben, selbst zu denken. Dies scheint im übrigen ein weiterer Aspekt zu sein, warum Wittgenstein sich zeitlebens so vehement gegen die Aussage zur Wehr setzte, er würde philosophische *Theorien* entwickeln: Die Suche nach Theorien scheint es für ihn als etwas Wünschenswertes zu markieren, eine Menge von Sätzen zu erreichen, die fraglos gültig sind, die nicht beständig aufs Neue hinterfragt werden müssen. Die ‚richtige' Methode der Philosophie wäre eine solche Theorie, indem sie zumindest auf eine beständige Sinn/Unsinn-Unterscheidung angewiesen ist. Aber auch diese Unterscheidung ist für Wittgenstein keine philosophische These, denn auch die im *TLP* gegebene Definition des Unsinnsbegriffs muss schlussendlich verworfen werden. In der Philosophie des *TLP* gibt es keine fixen philosophischen Wahrheiten, an denen man sich im Denken orientieren könnte. Wittgensteins philosophische Methode besteht stattdessen gerade darin, dem

[24] Eine solche dialektische Lesart des *TLP* wird beispielsweise in Gerrard (2002) vorgeschlagen.

Leser keine Unze der Last des eigenen Denkens abzunehmen. Und tatsächlich scheint diese Methode jemandem viel eher das Gefühl vermitteln zu können, Philosophie zu lernen, weil er hier *seine eigenen* Fehlkonzeptionen entlarvt: Wenn er nämlich bemerkt, dass eine Aussage, die ihm lange als sinnvoller Satz erschien, sich bei genauer Betrachtung doch als Unsinn darstellt. In genau diesem Sinn also scheint eine Durcharbeitung des *TLP* einen Gewinn für dessen Leser darzustellen, auch wenn sie dessen Sätze letztlich als Unsinn abtun.

Diese Dialektik der Methode wird besonders deutlich in Wittgensteins Forderung, dass man seine Sätze zu *überwinden* habe. Dies scheint noch etwas mehr zu heißen, als dass sie nur ihre eigene Unsinnigkeit nicht direkt zur Schau stellen – vielmehr scheint Wittgenstein sogar davon auszugehen, dass bei seinen Lesern ein Widerstand dagegen anzutreffen wäre, diese Sätze als Unsinn zu bewerten. Dies erscheint plausibel, weil mit diesen Sätzen auch das Verlangen überwunden werden muss, in eine Position zu gelangen, in der man sich Rechenschaft darüber ablegen kann, was es mit der Welt tatsächlich auf sich hat. Die vollständige Aufgabe der Suche nach einer solchen Position scheint mir im Fokus der Aussage Wittgensteins zu stehen, dass „der Sinn des Buches ein *ethischer*“[25] ist: Der Drang seiner Leser, an der Möglichkeit metaphysischer Theorien festzuhalten, ist der menschliche Drang, zentrale Bestandteile ihres In-der-Welt-Seins *begründen* zu wollen, ihnen Grund und Motiv geben zu wollen. Das ethische Moment des *TLP* kann man so beschreiben, dass er den Leser in eine Position zu führen versucht, an dem dieser *von sich aus* derartige Rechtfertigungsversuche aufgibt, weil er erkennt, dass dieser Drang erst das Problem schafft, das er zu lösen vorgibt. Michael Kremer beschreibt diesen Aspekt des *TLP* wie folgt:

> „We construct systems of logical and ethical propositions [troubled by the need to justify ourselves, our thoughts, words and deeds] – yet the very need we feel for such justification reveals that we lack the requisite humility, gratitude and wonder, to achieve a true and lasting peace. The *Tractatus* aims to relieve us of this need for ultimate justification by revealing that all such justificatory talk is in the end meaningless nonsense.“[26]

Dieses ethische Moment nun ist zwar sicherlich im *TLP* angelegt, allein in ihren Kommentaren zu diesen Äußerungen neigen manche Proponenten der resoluten Interpretation gleichwohl zu einer meiner Ansicht nach ungerechtfertigten Vereinfachung. Und zwar wird in diesem Zusammenhang oft von dem *einen wesentlichen* Kernresultat des *TLP* gesprochen, eben dem Entsorgen der Leiter und der damit verbundenen Aufgabe metaphysischer Theoriebildung. Hier soll stattdessen dafür plädiert werden, dass dies zwar in der Tat ein Element des *TLP* darstellt (und natürlich eines, das den Leser ganz besonders fasziniert), aber keines, das wichtiger wäre als die vorherigen Schritte, die man auf der Leiter getan hat. Nüchtern gesprochen kann man die Aussagen über die Unsinnigkeit seiner Sätze

---

[25] Brief Wittgensteins an Von Ficker vom Oktober oder November 1919; in Wittgenstein (1980a, S. 96). Hervorhebung hinzugefügt.

[26] Kremer (2001, S. 51).

auch so zusammenfassen, dass Wittgenstein nur darauf hinweisen will, dass man sich mit der von ihm geforderten strikten Bindung der Sprache an eine Abbildung der Welt sofort der Möglichkeit beraubt, eine Theorie dieser Abbildungsrelationen angeben zu können.

Wir können an dieser Stelle festhalten, dass nicht allein die metaphysisch-realistischen Ambitionen, die den Auftakt des Werks prägen, zum Scheitern verurteilt sind, sondern in gleichem Maße auch jede theoretische Ausarbeitung der linguistisch-idealistischen Impulse, die primär den Satz 3 untergeordneten ihre charakteristische Gestalt geben. An dieser Stelle also rückt das oben in Aussicht gestellte subtilere Verhältnis der einführenden und der sprachtheoretischen Ausführungen in den Blick: Wittgenstein will zeigen, dass sie beide von einem identischen und letztlich unerfüllbaren Verlangen ihren Ausgang nehmen, unser Verhältnis zur Welt ein für allemal zu bestimmen. Es kommt daher auch nicht von ungefähr, dass beide Tendenzen in ihren Kulminationspunkten fast ununterscheidbar sind: Der realistische Impuls pocht darauf, dass uns die Welt, so wie sie *an sich* ist, in ihren Grundzügen unvermittelt erkennbar ist – an bestimmten basalen Punkten ist uns die Welt vollständig transparent und ohne jede epistemische Distanz gegeben –, diese Punkte sind die so lang thematisierten *TLP*-Gegenstände, die Substanz der Welt. Dem idealistischen Impuls zufolge dagegen ist die Welt erst konstituiert im Verhältnis zu unseren sprachlichen Zugriffsformen. Aber dies sind eben *unsere* sprachlichen Formen, wir prägen und gestalten sie. Die Konstruktionsmuster der Sprache und *a fortiori* auch die der Welt sind uns also auch hier prinzipiell transparent, die Grundelemente der Welt sind uns auch hier vollkommen unverzerrt zugänglich – und auch dies ist eine legitime Interpretation der *TLP*-Gegenstände, als bloße Instantiierungen der von uns bestimmten einfachen Prädikate.

Versuchen wir an dieser Stelle unsere bisherigen Aussagen zum Status der Sätze des *TLP* zusammenzufassen. Es bietet sich an, diesen Status erst einmal von demjenigen zu unterscheiden, den Frege seinen Erläuterungen zuspricht. Man darf in der Tat die Motivation zur Bestimmung der *TLP*-Aussagen als Unsinn in Wittgensteins Versuch vermuten, die Inkohärenz auszumerzen, die er in Freges Vorgehen entdeckt, streng genommen unsinnigen Wortfolgen dennoch einen intendierten Inhalt beizumessen. Im Gegensatz zu Frege nimmt er die Unsinnigkeit seiner Erläuterungen beim Wort: Er verbindet ihre Wirkung sogar gerade damit, dass sie dem ersten Anschein zum Trotz als Unsinn erkannt werden. Der bei Frege bemerkbaren Spannung also setzt Wittgenstein die Konzeption entgegen, dass wir gerade durch den Versuch einer semantischen Grundlegung unserer Sprache deren Unnötigkeit bemerken sollen. Wenn wir dies erkennen, sehen wir, dass die Leiter des *TLP* uns allein dahin bringt, wo wir immer schon waren – aber gerade darin, dass der vermeintliche Aufstieg zu einer Position, in der wir das tatsächliche Verhältnis von Welt und Sprache überblicken, sich als Trugschluss entpuppt, soll die Möglichkeit angelegt sein, das, was uns *hier* umgibt, mit anderen Augen zu sehen: Wir können es aufgeben, ständig nach einer weiteren Leiter zu suchen, die uns doch noch die gewünschte Begründung unserer Sprache und Existenz verheißt. Wenn aber ein Verstehen des *TLP* von dem Verlangen entbinden soll, mittels immer neuer Theorien metaphysische Rechtfertigungen zu versuchen, dann ist dies gerade nicht damit gleichzusetzen, dass die Grenzen der Sprache doch noch in den Blick gerückt werden, sondern *auch die Idee einer Begrenztheit der Sprache soll als Unsinn erkannt werden*. Diese Einsicht scheint es zu sein, die man benötigt, um die Leiter *wegzuwerfen*, oder mit den Worten James Conants: „[T]he idea that there are limits here confining one is the central idea that one has to learn how to throw away."[27] Die Idee, dass die Sprache uns vor irgendetwas zurückhalten würde, erscheint somit als ein zwar besonders subtiler aber dennoch zurückzuweisender Versuch einer Rechtfertigung: Unser Sprachgebrauch wäre diesem Bild zufolge genau dann gerechtfertigt, wenn wir immer Acht geben, diese Grenzen nicht zu überschreiten. Diese Grenzen sind wie oft bemerkt die Regeln der logischen Syntax. Dem *TLP* zufolge aber sind dies gerade keine substantiellen Wahrheiten, in denen wesentliche Eigenschaften unserer Sprache unabhängig von unseren alltäglichen sprachlichen Praktiken erkennbar würden. Es ist an dieser Stelle von zentraler Wichtigkeit, dass Wittgenstein im *TLP* nirgendwo davon spricht, dass man die Regeln der logischen Syntax mit einer bestimmten Zeichenkonstruktion verletzen könnte. Es gibt keine Übertretung der Regeln der logischen Syntax in dem hier relevanten Sinn, dass da *etwas* wäre, was man mit einer derartigen Zeichenkonstruktion vermeintlich meinen würde, um dann letztlich zu erkennen, dass diesem *Etwas* nichts im Bereich des Sagbaren entspricht. Vielmehr lässt uns die logische Analyse erkennen, dass da *von vornherein nichts* war, was wir meinten. Die Konzeption der logischen Analyse im *TLP* ist in diesem Sinn eindeutig: *Der Sinn eines jeden Satzes ist nach seiner Analyse identisch mit dem Sinn der Aussage vor der Analyse*, denn wie oben bereits zitiert ist in jedem Satz Wittgenstein zufolge bereits ein *vollständig präziser* Sinn angelegt. William Hart erläutert diesen Punkt wie folgt:

> „When we explicate, we start with one thing, a proposition of ordinary language, and we replace it with a second thing, a proposition that means something more precise; when we follow Wittgenstein, we start with two things, an ordinary proposition and its sense, and we clarify the former by substituting a new propositional sign that expresses the latter precisely and accurately by making its logical form apparent."[28]

Logische Analyse ist bei Wittgenstein allein *Klärung* der Gedanken – sie kann dies aber nur sein, wenn sie den Inhalt eines jeden Gedankens vollständig unangetastet lässt. Die Idee eines substantiellen Übertretens der logischen Syntax aber besteht darin, dass wir mit einem bestimmen ‚Satz' etwas meinen können, uns dessen logische Analyse dann aber zeigt, dass dieses Etwas bestimmten Anforderungen nicht genügt. Wittgensteins Analyse soll stattdessen zeigen, dass wir von Anbeginn an mit der Scheinaussage keinen Inhalt verbunden haben. Man kann diese Aussagen so zusammenfassen, dass für Wittgenstein ein Überschreiten der Regeln der logischen Syntax in dem Sinn ausgeschlossen ist, *dass das Er-*

---

[27] Conant (1989, S. 254).
[28] Hart (1971, S. 286).

gebnis dieses Überschreitens in irgendeinem (womöglich ‚klärenden') Verhältnis zur Regelhaftigkeit unserer Sprache steht. Stattdessen verlassen wir mit diesem Übertreten schlicht den Raum sprachlichen Handelns.

Betrachten wir die von Hart analysierte Idee etwas genauer, dann stellt sie sich als eine heraus, die uns oben bereits beschäftigte, dass nämlich jede *tatsächlich verwendete* natürlichsprachliche Aussage einen vollkommen bestimmten Sinn besitzt. Erkennt man somit den oben bereits nahe gelegten zentralen Stellenwert dieser Aussage für den *TLP* ist es bezeichnend, dass es wiederum zwei intuitive Argumente für deren Korrektheit gibt, die uns beide schon mehrfach begegnet sind: Erstens könnte man die These über den Nachweis begründen, dass unsere Sprache an ihrem Grunde in einem klar fixierten und eindeutigen Verhältnis zur Welt steht und sich dies auf komplexere sprachliche Entitäten vererbt. Auf der anderen Seite steht der Hinweis, dass es trotz allem *unsere* Sprache ist, über die wir uns hier die Köpfe zerbrechen. In dieser Sprache sind keine uns prinzipiell unverständlichen Kräfte am Werk, sondern in letzter Instanz sind wir selbst Herren über Sinn und Unsinn. Richtig verstanden sind diese Intuitionen aber nicht im Sinne ihrer Begründung im Rahmen einer metaphysischen Theorie auszubuchstabieren, sondern vielmehr durch die Aufgabe der Illusion, dass es *etwas* gibt, von dem uns unsere Sprache zurückhält und das uns womöglich unser Sprechen besser verstehen lässt als das Sprechen selbst. Wittgenstein will zeigen, dass die hier nochmals erkennbaren auf den ersten Blick so konträren metaphysischen Positionen letztlich im Wesentlichen identische Versuche sind, endlich begründen zu können, warum wir uns mit unserer Sprache zufrieden geben dürfen.

Es stellt sich damit heraus, dass anstatt metaphysischer Theoriebildung im Mittelpunkt der im *TLP* propagierten philosophischen Methode die ‚Klärung der Gedanken' steht. Wie sich im Folgenden zeigen wird ist dies auch noch in Wittgensteins später Philosophie der Fall.

1. Für Wittgenstein ist die Logik transzendental. Das aber heißt nicht, dass sie auf einer Menge absolut gewisser Sätze beruht, in denen Bedingungen der Möglichkeit unseres Denkens zum Ausdruck kommen, sondern nur, dass allem, was wir Sprache und Denken nennen, eine gewisse Regelmäßigkeit inne wohnt: Dass alle Sätze in einem exakt spezifizierbaren logischen Verhältnis zueinander stehen.

2. Die Sätze des *TLP* sind für Wittgenstein Unsinn, weil bestimmte der in ihnen verwendeten Begriffe keine Bedeutung besitzen. Sie zeigen nichts, weil Wittgensteins Konzeption zufolge allein sinnvolle Sätze (sowie deren Bestandteile) etwas zu zeigen in der Lage sind.

3. Ein wesentliches Ziel des *TLP* ist ein ethisches: Indem es uns die Unsinnigkeit metaphysischer Rechtfertigungsversuche unserer Sprache vor Augen führt, versucht es eine neue Art der Beziehung zur Welt herbeizuführen, die uns endgültig von solchen Rechtfertigungsversuchen Abstand zu nehmen erlaubt.

IV.V.

Regel und Methode: Aspekte der späteren Philosophie

Nach wie vor findet die Aussage breite Zustimmung, dass mit dem Übergang von der frühen zur späteren Philosophie Wittgensteins ein derart fundamentaler Bruch verbunden ist, dass es gerechtfertigt ist, von ihnen als von zwei nahezu eigenständigen Philosophien zu sprechen. Nicht nur wird sich jedoch im Folgenden die mit dieser Meinung noch verträgliche These als korrekt erweisen, dass Wittgensteins spätere Philosophiekonzeption nur vor dem Hintergrund derer des *TLP* verständlich wird, sondern darüber hinaus wird sich zeigen, dass beide eine erhebliche Schnittmenge besitzen. In diesem Kapitel soll dies für den Fall der Sprachphilosophie unter Beweis gestellt werden, sprich es soll die enge Verbindung bestimmter für unsere Fragestellung einschlägiger Thesen der späteren Sprachphilosophie zu den entsprechenden des *TLP* herausgestellt werden.

Im ersten § soll erörtert werden, aus welchem Grund Wittgenstein in den 1930er Jahren die von ihm im *TLP* getroffene Bestimmung der zwischen Sätzen bestehenden internen Relationen als zu eng erkannte und wie deren Erweiterung ihn zu seinem Begriff der ‚Grammatik' führt. In einem zweiten § soll dann das im Spätwerk ausgearbeitete Verhältnis zwischen grammatischen und Erfahrungssätzen fokussiert werden – ins Zentrum des Interesses werden in diesem Zusammenhang Wittgensteins Ausführungen zum so genannten Problem des Regelfolgens rücken. Im letzten § soll dann mit der Akzentuierung einer Methodenvielfalt im Spätwerk die wohl gewichtigste Änderung im Verhältnis zum *TLP* untersucht werden.

Da mit dieser Methodenvielfalt ebenfalls der Versuch verbunden ist, diese Methoden für die unterschiedlichsten Gegenstandsbereiche fruchtbar zu machen, sei an dieser Stelle noch einmal die Warnung wiederholt, dass dieses Kapitel und die relevanten Passagen des folgenden nicht als erschöpfende Darstellung der Spätphilosophie Wittgensteins zu verstehen sind, sondern allein deren Aspekte beschreiben, die für unsere übergeordnete Fragestellung nach der Bedeutung formaler Sprachen besonders relevant sind.

§ I. Von der ‚logischen Syntax' zur ‚Grammatik'

Aus den vorangehenden Kapiteln dürfte deutlich geworden sein, dass der *TLP* eine schier unerschöpfliche Menge von Aussagen bereithält, die seine Leser zutiefst irritieren. Eine dieser Aussagen, die bislang noch nicht thematisiert wurde, eignet sich besonders gut, um einen für unsere Untersuchungen ausschlaggebenden Wandel zwischen dem *TLP* und Wittgensteins späterer Philosophie dingfest zu machen. Es geht um die nicht allein auf den ersten Blick anmaßende Forderung des *TLP*, *sämtliche* philosophischen Probleme endgültig bereinigt zu haben.[1] Im Folgenden soll gezeigt werden, dass es primär die Aufgabe einiger für diese Forderung wesentlicher Annahmen war, aus der die Ausweitung des *Bedeutungs*begriffs im Spätwerk resultierte, die im Mittelpunkt dieses § stehen soll.

Welche Annahmen, die Wittgenstein zu Zeiten des *TLP* vertritt, verleiten ihn zu dieser radikalen Aussage? Der Ausgangspunkt ihrer Begründung besteht in der Überzeugung, dass *alle* Philosophie „Sprachkritik" ist. (4.003) Diese besteht in der Offenlegung der logischen Tiefenstruktur von Sätzen. Die von ihm im *TLP* favorisierte Methode logischer Sprachanalyse soll die Tiefenstruktur *jeden* Satzes zur Darstellung bringen können. Da somit *eine* Methode bestimmt ist, mittels derer jede sprachkritische Analyse verfahren kann, ist damit auch eine Methode bestimmt, anhand derer die Philosophie *all* ihre Probleme lösen kann.

Der für uns im Folgenden wichtige Schritt dieser Argumentation besteht in der Identifikation der logischen Tiefenstruktur eines Satzes mit seiner *gesamten* Tiefenstruktur: Wittgenstein versteht die sprachanalytische Methode im *TLP* so, dass sie alle Voraussetzungen eines Satzes ans Tageslicht bringen kann. Das Verhältnis eines Satzes zu allen übrigen Sätzen ist somit kurz gesagt genau dann vollständig bestimmt, wenn er anhand der oben (S. 219) angegebenen ‚allgemeinen Satzform' analysiert ist. Erstens ist dann die Menge logisch unabhängiger Elementarsätze spezifiziert, aus denen er aufgebaut ist, und zweitens die Art vor Augen geführt, in der diese verknüpft sind.

Die Sicherheit, tatsächlich alle Abhängigkeiten bestimmen zu können, hängt wesentlich davon ab, dass die Elementarsätze *logisch unabhängig* sind. Denn es ist klar, dass eine wahrheitsfunktionale Analyse eines Satzes nur dann als vollständige Analyse gelten kann, wenn alle atomaren Bestandteile wechselseitig logisch unabhängig sind: Ein alleiniges Vertrauen in die Wahrheitstafelmethode würde uns etwa dann in Teufels Küche bringen, wenn die Möglichkeit wechselseitig unverträglicher *Elementar*sätze nicht prinzipiell ausgeschlossen werden kann. Denn diese Methode ist gerade so bestimmt, dass *alle* wahrheitsfunktionalen Kombinationsmöglichkeiten der atomaren Sätze in die Wahrheitstafel aufzunehmen sind, weswegen wir aus ihr in diesem Fall auf die Existenz einer Konfiguration des logischen Raums schließen dürfen, in der beide Sätze wahr sind.

Dass derartige Probleme in der Konzeption des *TLP* nicht auftauchen, hängt damit zusammen, dass dem Werk zufolge Sätze die Eigenschaften *prinzipiell* nicht aufweisen können, die diese Komplikationen verursachen. Wir müssen unsere Sprache gar nicht erst daraufhin untersuchen, ob in ihr solche Schwierigkeiten auftauchen, weil wir (aus der Überzeugung, dass jeder Satz unserer Sprache für sich genommen einen vollständig bestimmten Sinn besitzt,) die Existenz logisch unabhängiger Elementarsätze bereits nachgewiesen haben.

Der spätere Wittgenstein arbeitet wie jetzt gezeigt werden soll in gewissem Sinn mit der Kontraposition dieser Überlegungen und schließt aus dem Nachweis, dass es sehr wohl inferentielle Abhängigkeiten *atomarer* Sätze gibt, darauf,

[1] Wittgenstein (1989, S. 2-3).

dass manche Aussagen unserer Sprache eine vollständige Sinnbestimmung allein unter Berücksichtigung bestimmter Sätze zulassen, die keine wahrheitsfunktionalen Bestandteile des Ausgangssatzes sind. Erste Spuren dieser Gedankengänge lassen sich allerdings bereits im *TLP* selbst erkennen. In Satz 6.3751 etwa wird die Aussage, dass sich zwei Farben zugleich an einem Ort des Gesichtsfeldes befinden, als Kontradiktion bestimmt, die sich aufgrund der ‚logischen Struktur der Farbe' ergibt. Im Rahmen des Logikparadigmas des *TLP* allerdings ist kein Platz für eine eigene ‚Logik der Farben' – und Wittgenstein scheint diese Inkohärenz auch erkannt zu haben, wenn er den Satz mit der Bemerkung beschließt, dass die Sätze, die diese Positionen jeweils einer Farbe zuschreiben, *keine* Elementarsätze sein können, eben weil sich derartige Sätze prinzipiell nicht widersprechen können. Diese letzte Ausführung nimmt also doch die Rede von einer Logik der Farben zugunsten des beschriebenen Logikparadigmas zurück: Die Inkonsistenz dieser Sätze muss sich im Laufe einer weiteren Analyse ausschließlich ihrer wahrheitsfunktionalen Substruktur zu erkennen geben.

Dass Wittgenstein nicht der Meinung ist, mit dieser Aussage dem Problem auf den Grund gegangen zu sein, wird daran deutlich, dass dessen Diskussion in den kurz nach seiner Wiederaufnahme der philosophischen Arbeit entstandenen Schriften eine äußerst prominente Position einnimmt. Besonders das als Verallgemeinerung des eben diskutierten Problems anzusehende, wie das Verhältnis von Aussagen zu verstehen ist, in denen ein und demselben Objekt unterschiedliche Grade einer Qualität zugeschrieben werden, hat ihn intensiv beschäftigt. Anstatt jedoch seine allesamt missglückten Versuche ihrer weiteren Analyse hier *en detail* zu präsentieren, soll allein seine Schlussfolgerung aus diesen Versuchen angegeben werden: „I maintain that the statement which attributes a degree to a quality cannot further be analysed (…)."[2] Wenn sich aber die wechselseitige Inkonsistenz derartiger Sätze nicht anhand einer weiteren Analyse erkennen lassen kann, dann ist diese Aussage damit als Zugeständnis einer Abhängigkeit zwischen Sätzen aufzufassen, die *nicht* wahrheitsfunktional zu erklären ist. Wittgenstein muss also die von ihm den Sätzen zugesprochenen wesentlichen Eigenschaften zumindest erweitern. Dies wird deutlich, wenn er im Anschluss an die eben zitierte Aussage von *internen Relationen*[3] zwischen den Sätzen spricht, die einem Gegenstand verschiedene Grade einer Qualität zuschreiben.

Diese Umstellung bewirkt eine erste drastische Modifikation der Konzeption des *TLP*: Wenn man einem Gegenstand beispielsweise eine Farbqualität zuschreibt, ist es daraufhin möglich, *a priori* die Negationen aller Sätze zu folgern, die dem Gegenstand eine andere Farbqualität zuschreiben. Etwas abstrakter kann man dies Resultat so beschreiben, dass zur Klärung eines Satzes nicht länger allein die Bestimmung seiner Position im ‚logischen Raum' erforderlich ist, sondern es müssen ebenfalls alle ‚begrifflichen' internen Relationen zu anderen Sätzen in die Betrachtung miteinbezogen werden. Die Gesamtheit dieser beiden

---

[2] Wittgenstein (1966, S. 35).

[3] Vgl. ebd.

Aspekte bezeichnet Wittgenstein von nun als *Satzsystem*.[4] Später wird aus den Satzsystemen der Begriff der *Grammatik*, zu dessen Erklärung hier aber aufgrund seiner Komplexität keine weiteren Anstrengungen unternommen werden sollen. Denn auch ohne seine genauere Explikation haben wir an dieser Stelle das oben in Aussicht gestellte Ergebnis erreicht: Es gibt Sätze unserer Sprache, die nicht verstanden werden können, ohne dabei Auswirkungen auf Sätze anzuerkennen, die keine wahrheitsfunktionalen Bestandteile des Ausgangssatzes sind.

Im *TLP* werden wie gezeigt inferentielle Abhängigkeiten nur soweit anerkannt, wie sie wahrheitsfunktionale Abhängigkeiten sind. Zum Ausdruck kamen diese Abhängigkeiten in den Regeln der logischen Syntax, sie bilden die Teilmenge der später als grammatisch bezeichneten Sätze, welche die Doktrin des Werks einzig als Spezifikation interner Relationen anzuerkennen erlaubt. Somit liegt zwar auf der Hand, dass die Grammatik weit mehr Abhängigkeiten umfasst als die logische Syntax, umso auffälliger ist aber vor diesem Hintergrund, dass die *Funktion* beider Regelwerke überaus ähnlich ist. Dies wird daran erkennbar, dass auch die grammatischen Sätze als „Regeln" bestimmt werden, „die *unsinnige* Zeichenverbindungen ausschließen."[5] Wie in der logischen Syntax geht es also auch in der Grammatik um eine Restriktion des sinnvoll Sagbaren. In beiden Fällen geht es um Regeln des korrekten Wortgebrauchs, oder mit anderen Worten um eine Klärung der *Bedeutung* von Ausdrücken, denn das Ergebnis beider Regelwerke besteht in einer Bestimmung, welche Ausdrücke zu sinnvollen Sätzen zusammengefügt werden können. „Zur Grammatik gehören alle Bedingungen (die Methode) des Vergleichs des Satzes mit der Wirklichkeit. Das heißt, alle Bedingungen des Verständnisses (des Sinns)."[6]

Wenn die Grammatik aber somit erst die sinnvollen Aussagen festlegt, dann ist selbstverständlich auch eine Unterscheidung wahrer und falscher Sätze erst im Ausgang von den grammatischen Richtlinien möglich, da letztere ja nur eine weitere Binnendifferenzierung innerhalb der sinnvollen Sätze darstellt. Vor diesem Hintergrund erscheint es aber als inkohärent, diese Kategorien selbst wiederum auf die Sätze der Grammatik anwenden zu wollen. Um jedoch seinen Widerwillen, die wahr/falsch-Unterscheidung auf Sätze der Grammatik anzuwenden, richtig zu verstehen, gilt es zu berücksichtigen, dass Wittgenstein diese Unterscheidung ohnehin als philosophisch wenig explikativ bewertet. Wie Frege beruft auch er sich auf die *Redundanzthese*. Diesen Bezug allerdings überstrapaziert man, versteht man ihn als Ausdruck einer spezifischen Bestimmung des Wahrheitsbegriffs (etwa einer ‚deflationistischen'): Wittgensteins Ausführungen zu dem Begriff sind derart knapp und ohne tiefer gehenden Gehalt, dass man seinen Bezug auf die Redundanzthese nur so verstehen sollte, dass er klar machen will, dass er auch sehr gut ohne eine spezifische Bestimmung des Begriffs auskommt. Wenn also im Folgenden nicht wie in den vorangegangen Teilen eine eigene Untersuchung zur Rolle dieses Begriffs angestrengt wird, dann soll gerade darin die-

---

[4] Vgl. zum Begriff des Satzsystems z.B. Wittgenstein (1984c, S. 110).

[5] Ebd. S. 85.

[6] Wittgenstein (1984d, S. 88).

sem Agnostizismus Wittgensteins entsprochen werden, der in gewissem Sinn zu zeigen versucht, dass die ihn umtreibenden Probleme geklärt werden können ohne Rückgriff auf *ein bestimmtes* substantielles Wahrheitsverständnis.

Vor dem Hintergrund dieser nicht-explikativen Funktion des Wahrheitsbegriffs kann man dann erkennen, dass sein Hinweis auf die Nichtanwendbarkeit der wahr/falsch-Kategorisierung auf grammatische Sätze Konsequenz einer Überlegung ist, wie wir sie bereits bezüglich der Ahnen der grammatischen Sätze – denen der logischen Syntax – vorgefunden hatten, nämlich als Folgerung daraus, dass eine *Begründung* dieser Sätze unmöglich ist. Denn gerade der Autor des *TLP* wusste nur allzu gut, dass die Bestimmung eines Satzes als wahr es immer nahe legt, nach dem Grund zu suchen, der diesen Satz zu einem wahren macht. In Bezug auf die oben diskutierte Grammatik der Farbbegriffe könnte eine solche Suche beispielsweise darin münden, einige dieser grammatischen Sätze deswegen als wahr zu bezeichnen, weil es ja *tatsächlich* nur drei Primärfarben gibt. Die unserer Farblogik zugrunde liegende Einteilung des Spektrums ist aber nur eine unter vielen möglichen. Der Versuch, sie als aus der tatsächlichen Natur der Dinge abgeleitet zu verstehen, ist etwas, was Wittgenstein wohl als ‚metaphysischen Fehlschluss' bestimmt hätte: Ein Schluss aus begrifflichen Festlegungen auf faktische Zusammenhänge. Gerade in dem Versuch einer Rechtfertigung der Grammatik unserer Sprache sind wir, wie fast nirgendwo sonst, den Versuchungen einer solchen metaphysischen Theoriebildung ausgesetzt. Weil ihm zufolge viele philosophische Irrtümer einer solchen Theoriebildung zu verdanken seien, versucht Wittgenstein beständig davor zu warnen, dass eine Begründung der Grammatik möglich ist.

Heben wir also resümierend noch einmal die Aspekte des Verhältnisses von ‚logischer Syntax' und ‚Grammatik' hervor, auf die sich diese Ausführungen beschränkt haben: Es wurde gezeigt, dass der Grammatikbegriff des späten Wittgenstein eine Ausweitung des Begriffs der logischen Syntax des *TLP* ist, und zwar zumindest angereichert um Fixierungen begrifflicher Abhängigkeiten. Die Funktion beider Regelwerke jedoch ist identisch: In beiden Fällen geht es um eine Abgrenzung von Sinn und Unsinn. Zudem sind beide nicht durch eine externe Ordnung begründet.

Die Ausführungen dieses § legen nahe, dass die Inhalte grammatischer Regeln ihrerseits als Begründungen der Inhalte von Erfahrungssätzen zu verstehen sind. Sollte dem so sein, dann wäre an dieser Stelle ein weiterer zentraler Unterschied zwischen dem Logikbegriff des *TLP* und dem späteren Grammatikbegriff erkennbar. Denn oben wurde dafür argumentiert, dass der Logikbegriff des *TLP* gerade von der Kategorie der Begründung auszunehmen ist: Die Logik ist nicht als Begründung unserer rationalen Diskurse zu verstehen – sie ist vielmehr gleichrangig mit dieser rationalen Diskursivität. Im kommenden § soll also geklärt werden, ob die Regeln der Grammatik tatsächlich als Begründungen der Inhalte von Erfahrungssätzen zu verstehen sind.

§ II. Regel und Begründung

Wittgensteins Ausführungen zum Regelstatus grammatischer Sätze sind aus einer Vielzahl von Gründen für die hier anzustellenden Untersuchungen relevant: Neben der im letzten § offen gebliebenen Frage zum Verhältnis von Grammatik und Erfahrungssätzen ist auch die eng mit diesem Verhältnis zusammenhängende Tatsache zu nennen, dass es beim späteren Wittgenstein eine enge Verbindung zwischen der Grammatik eines Ausdrucks und dessen *Bedeutung* gibt. Wie sich darüber hinaus im kommenden Kapitel zeigen wird, ist ein Verständnis seines Regelkonzepts ebenfalls eine elementare Bedingung, um seine spätere Philosophie der Mathematik angemessen verstehen zu können.

Kripke zum Problem des Regelfolgens

Als wirkmächtige Argumentationen werden Wittgensteins Überlegungen zum Regelbegriff spätestens seit Saul Kripkes Studie ,Wittgenstein on Rules and Private Language'[7] anerkannt. Aufgrund ihrer äußerst anschaulichen Präsentation soll auch hier zur Exposition von Wittgensteins Überlegungen auf Kripkes Darstellung zurückgegriffen werden. Ihr zufolge steht im Brennpunkt der Ausführungen das Paradox, von dem in § 201 berichtet wird: „Unser Paradox war dies: eine Regel könnte keine Handlungsweise bestimmen, da jede Handlungsweise mit der Regel in Übereinstimmung zu bringen sei." Kripke erläutert das Paradox mit folgendem Beispiel: Angenommen, mir wird eine Additionsaufgabe vorgelegt, deren zweiter Summand größer ist als diejenigen aller Additionen, die ich bislang berechnet habe, also beispielsweise ,78+57'. Wie wäre nun jemandem zu antworten, der steif und fest behauptet, das Ergebnis ist ,5'? Sofern ich überhaupt die Überzeugung teile, einer solchen Person eine Antwort schuldig zu sein, würde ich ihr sehr wahrscheinlich unsere Regeln für die Addition erklären und dann beweisen, dass ihnen zufolge das korrekte Ergebnis ,125' ist. Das Paradox entsteht, wenn an dieser Stelle zurückgefragt wird, auf welcher Grundlage ich so sicher sei, dass es exakt diese Regeln sind, nach denen ich bislang Summen gebildet habe, bzw. anhand meiner bisherigen Additionspraxis eine Erklärung dafür gefordert wird, dass ich nicht bislang immer der Regel gefolgt bin, die hier im Anschluss an Kripke ,Quaddition' genannt (und mit dem Symbol $\oplus$ bezeichnet) werden soll: ,$x \oplus y = x + y$ für $y < 57$, sonst $x \oplus y = 5$'. Die spezifische Wahl des zweiten Summanden sichert, dass meine gesamte bisherige Additionspraxis die Möglichkeit nicht ausschließen kann, dass ich bislang der Quadditionsregel gefolgt bin.

Wie schwerwiegend das Paradox tatsächlich ist, erkennt man aber erst daran, dass etwa auch der Rekurs auf eine elementarere Regel wie der des ,Abzählens einer Menge von Elementen', mittels derer sich die gängige Additionsregel definieren lässt, nicht weiter hilft, weil ich auch diese basalere Regel bislang allein auf *endlich viele Fälle* angewandt haben kann. Auch an dieser Stelle kann also immer eine Grenze bestimmt werden, oberhalb derer auf eine analoge Weise

---

[7] Vgl. Kripke (1982).

gefragt werden kann, warum ich so sicher sei, Mengen bislang immer anhand dieser Regel abgezählt zu haben. Die Quintessenz der Überlegungen besteht somit in dem Nachweis, dass keine noch so große Anhäufung weiterer Regeln eine endgültige Gewissheit verschaffen kann, welche Regel es genau ist, deren Befolgung mit einer bestimmten Handlung intendiert ist.

Wenn also keine noch so große Menge weiterer Regeln zweifelsfrei begründen kann, dass eine Handlung eine Befolgung einer bestimmten Regel ist, kann dies dann überhaupt irgendetwas leisten? Versuchen wir uns nach der Darstellung des Paradoxons jetzt also in einer systematischen Untersuchung dessen, was die gewünschte Funktion übernehmen kann. Kripke bestimmt es als ein *Faktum*, das eine eineindeutige Entsprechung zwischen Regel und Befolgung fixiert.[8] Er versteht das Paradox also in einem starken Sinn als *ontologisches*: Es besteht darin, dass es prinzipiell (ergo auch bei maximaler Erweiterung der kognitiven Kapazitäten des betreffenden Subjekts) unmöglich ist, auf eine Tatsache zu verweisen, die eindeutig zu erkennen gibt, welche Regel ein Subjekt mit einer bestimmten Handlung befolgt. Kripke versteht Wittgenstein meiner Meinung nach an dieser Stelle vollkommen richtig, denn diesem geht es nicht etwa um Unzulänglichkeiten des einzelnen Subjekts, ob dies also etwa einen inadäquaten Zugang zu seiner eigenen mentalen Vergangenheit besitzt (bzw. geht es ihm insgesamt nicht um den Nachweis einer Begrenztheit unserer epistemischen Ressourcen), sondern es geht ihm um die Frage, warum wir zu der Meinung neigen, *überhaupt* zwischen korrekten und inkorrekten Befolgungen von Regeln unterscheiden zu können.

Mit dieser Fokussierung jedoch fallen epistemologische Fragen keineswegs völlig aus der Betrachtung heraus. Das Besondere an dem zu findenden Faktum ist dem entgegen nämlich gerade, dass sich mit seinem Nachweis ebenfalls alle epistemologischen Bedenken sofort in Luft auflösen müssten. Denn das einzige, was das Problem lösen kann, ist die Spezifikation einer Tatsache, die eine *absolut unmissverständliche* Rechtfertigung dafür abgibt, warum einer Regel auf eine bestimmte Weise zu folgen ist. Gerade die der Formulierung des Paradoxons vorangehenden (dem Begriff des Verstehens und dem Akt des Lesens gewidmeten) Passagen der *PU* können aber als Evidenz dafür einstehen, dass alles, was wir als Begründung unserer Handlungen anführen können, immer auch anders interpretiert werden kann.

Noch präziser wird die Problemstellung erfassbar, sobald man ihre Nähe zu der im ersten Teil (Kap. II.IV.) durchgeführten Analyse von Unterbestimmtheitsresultaten erkennt, die zudem bereits dadurch nahe gelegt wird, dass Kripke das Paradox als *skeptisches* einführt. In dem erwähnten Zusammenhang ging es um die ähnliche Frage, ob die Gesamtheit unserer sprachlichen Praktiken *prinzipiell* imstande sein kann, eine hinreichende Absicherung unseres gegenseitigen Verstehens zu liefern; und auch dort wurde eine abschlägige Antwort erteilt, um sich dann letztlich auf die Gegebenheit einer Ordnung zu berufen, die eine große

---

[8] Vgl. Kripke (1982, S. 21).

Ähnlichkeit zu dem besitzt, was hier gefordert wird: eine uns zugängliche Menge von Fakten, die keiner eigenständigen Interpretation bedürfen. Wenn wir also im Folgenden fragen, ob und wenn ja wie Wittgenstein das Paradox löst, dann dürfen wir aus seinen Überlegungen auch Aufschluss über seine Haltung zu den Problemen erhoffen, die uns im ersten Teil umtrieben.

Die wohl verbreitetste Interpretation von Wittgensteins Folgerungen aus dem Paradox ist diejenige, die auch Kripke vertritt: Wittgenstein führe das Paradox an, um die Sicherheit zu unterwandern, mit der wir alltäglich davon ausgehen, uns gegenseitig zu verstehen. Im Gegensatz zu der im ersten Teil beschriebenen Position geht er also zusätzlich davon aus, dass wir die zur Fundierung benötigten Fakten nicht beibringen können – es gibt somit tatsächlich *keinerlei* Grund für diese alltägliche Sicherheit. Insgesamt kann man diese Interpretation so zusammenfassen, dass Wittgenstein das Paradox bemüht, um auf die Fragilität unserer kommunikativen Praktiken hinzuweisen. Und in der Tat scheint eine Vielzahl seiner Ausführungen eine solche Interpretation nahezulegen:

> „Aber wie kann mich eine Regel lehren, was ich an *dieser* Stelle zu tun habe? Was immer ich tue, ist doch durch irgendeine Deutung mit der Regel zu vereinbaren. Nein, so sollte es nicht heißen. Sondern so: Jede Deutung hängt, mitsamt dem Gedeuteten, in der Luft; sie kann ihm nicht als Stütze dienen. Die Deutungen allein bestimmen die Bedeutung nicht." (§ 198)

Die Korrektur scheint die Sache nicht unbedingt zum Besseren zu wenden, denn dem Gesprächspartner wird sein Punkt zugestanden: Die Deutungen der Regel ‚hängen in der Luft', sie geben der Regel keine Grundlage, sprich: *Da, wo etwas sein müsste, ist nichts*.

Spätestens sobald man aber bemerkt, dass die scheinbaren Anerkennungen und Lösungen des Paradoxons in den *PU* fast immer von Seiten des Unterredners geäußert werden, sollten sich Zweifel einstellen, ob Wittgensteins Beschäftigung mit dem Paradox nicht auf einer ganz anderen Ebene anzusiedeln ist als der, auf der sowohl Kripke als auch die skeptischen Einwände des ersten Teils mit ihm befasst sind. Greifbarer werden diese Zweifel anhand von § 192: „Du hast kein Vorbild dieser übermäßigen Tatsache, aber du wirst dazu verführt, einen Über-Ausdruck zu gebrauchen. (Man könnte das einen philosophischen Superlativ nennen.)" Hier gewinnt es den Anschein, als würde Wittgenstein das Problem darin ausmachen, dass trotz der Vorbildlosigkeit als bekannt vorausgesetzt wird, mittels welcher Begriffe ein solches Faktum zu beschreiben wäre. Dass man zu der spezifischen Beschreibung zudem *verführt* wird, sollte klar werden lassen, dass es ihm tatsächlich auf einen Nachweis ankommt, dass wir uns über bestimmte Voraussetzungen unserer Untersuchungen im Unklaren sind.

Der Status des Regelfolgen-Paradoxons in den PU

Ich will im Folgenden dafür argumentieren, dass man das, was Wittgenstein hier moniert, in Anlehnung an den oben beschriebenen ‚metaphysischen Fehlschluss' als ‚metaphysischen Reflex' bezeichnen sollte. Als ‚Reflex', weil die aus ihm resultierende spezifische Form der Suche nach der übermäßigen Tatsache auf den ersten Blick als natürlich und folgerichtig erscheinen kann (was sich darin zeigt, dass wir intuitiv dazu neigen, Wittgensteins Worte als Anerkennung des Paradoxons aufzufassen). Diesen Reflex, dessen verheerende Wirkung für die philosophische Analyse von Regeln die Ausführungen Wittgensteins gerade enttarnen sollen, kann man sehr genau in der *Fraglosigkeit* verorten, mit der von der Anerkennung, dass der Skeptiker jede einzelne der von uns aufgewiesenen Tatsachen als ungenügend zurückweisen kann, zu der weiteren Aussage übergegangen wird, dass die Handlung demnach ‚grundlos' sein muss – zu der Konklusion also, dass es der Anwendung an etwas ermangelt: dass ihr dort etwas fehlt, wo doch etwas sein müsste, um sie als *korrekte* Befolgung einer Regel beschreiben zu dürfen.

Diese im Folgenden zu konturierende Interpretation besitzt eine wesentliche Konsequenz in der Einsicht, dass Wittgenstein das Paradox *gerade nicht* zu lösen versucht. Vielmehr versucht er den Impuls zu erfassen, der uns dazu treibt, die Suche nach der ‚übermäßigen Tatsache' allererst in Angriff zu nehmen, bzw. versucht er bloßzustellen, warum wir überhaupt zu der Meinung neigen, dass hier eine (philosophische) Aufgabe besteht. Kurz: Er will zeigen, dass wir wider Erwarten doch nicht wissen, nach was wir eigentlich suchen, oder genau genommen noch nicht einmal, warum wir an dieser Stelle überhaupt eine Suche auf uns nehmen sollten.

Wie kann diese Interpretation begründet werden? Plausibilität erhält sie, wenn man sich die Anforderungen an eine vermeintliche Suche nach der übermäßigen Tatsache vor Augen führt: Die Position, von der aus wir sie aufnehmen könnten, wäre eine, in der das Unzureichende jeder alltäglichen Begründungspraxis erkennbar ist und die demnach jeder Verpflichtung unserer alltäglichen Praktiken entsagen kann, in der man aber gleichzeitig sinnvoll darüber sprechen kann, was stattdessen als Begründung *dieser Praktiken* in Betracht kommen kann (diese Position ist es, die John McDowell mit einer viel zitierten Wendung als Perspektive auf unsere Sprache „from sideways on"[9] tituliert hat). Indem wir versuchen, zu einer solchen Position zu gelangen, entziehen wir uns in gewissem Sinne selbst den Boden unter den Füßen, weil wir gleichzeitig versuchen, etwas von all dem, was wir gewöhnlich ‚Begründung' nennen, hinreichend Unterschiedenes (im Sinne von etwas *vollkommen* Unmissverständlichem) zu erreichen, aber im gleichen Atemzug nach etwas zu suchen vorgeben, was dennoch mit all den von uns gebrauchten Regeln unter den Begriff der Begründung fällt.[10] Der Irrglaube, wir wüssten, wonach wir an dieser Stelle suchen, resultiert daraus, dass wir unseren Ausgang von unserem gewöhnlichen Begründungsbegriff nehmen und nicht bemerken, dass wir im Laufe der Suche so viel von diesem Begriff preisgeben müssen, dass wir am Ende mit leeren Händen dastehen.

---

[9] McDowell (1981, S. 150).

[10] Würde man sich weiter auf die Implikationen des Problems einlassen als es hier möglich ist, so wären wie oben (S. 68f., Fußnote 15) die Überlegungen von Sellars (1997) anzuführen, die man auch als Versuch eines Nachweises verstehen kann, dass es *prinzipiell* keine nicht reinterpretierbare Begründung geben kann.

Die beschriebene Position ist insofern dadurch ausgezeichnet, dass sie völlig unvermittelt neben *unserer* Sprache steht. Denn die Begriffe, die so prominent in der Formulierung des Problems firmieren, erscheinen nur deswegen als problematisch, weil nicht erkannt wird, dass sie nicht dieselbe Grammatik aufweisen wie unsere homonymen. Die einer genauen Betrachtung letztlich nicht standhaltende Annahme einer Homo*logie* zwischen den Ausdrücken ist es, der wir in dem Glauben aufsitzen, dass die für die Entstehung des Paradoxons zentralen Kategorien der ‚Begründetheit' und der ‚Unbegründetheit' einen direkten Bezug der skeptischen Frage auf unsere Praxis des Regelfolgens offenbaren.

Versucht man diese abstrakte Strategie herunterzubrechen auf das konkrete Beispiel, von dem diese Überlegungen ihren Ausgang nahmen, unsere sprachlichen *Regeln*, so kommt die verfehlte Analogiebildung darin zum Vorschein, dass die gesuchte Position es erforderlich macht, sinnvoll vom Begriff der Regel sprechen zu können, aber gleichzeitig anerkennen muss, dass die bindende Funktion, die für uns *wesentlich* mit dem Regelbegriff gekoppelt ist, von dem Begriff abgezogen werden kann, ohne ihn dadurch zu einem anderen Begriff zu machen. Mit anderen Worten ist es erforderlich, unsere Regeln unabhängig von all ihren Verbindungen zu unseren sprachlichen Alltagspraktiken betrachten zu können, aber gleichwohl die Meinung zu vertreten, dass es sinnvoll ist, von ihnen auch in diesem neuen Zusammenhang als von *unseren Regeln* zu sprechen.

Es ist exakt dieser Schritt, mit dem man die Meinung vertritt, gleichzeitig aus den Sprachpraktiken heraustreten zu können, aber dennoch etwas Erklärendes über diese Praktiken beisteuern zu können, an dem man etwas weiter als allein an den Rand eines Missverständnisses geraten ist. Für Wittgenstein sind sowohl der Regel- wie auch der Begründungsbegriff (und jeder andere) *als diese Begriffe* erkennbar allein in ihren vielfältigen Verbindungen zu einem sie umfassenden Netz von Praktiken. Eine Regel wird zu einer solchen allein im Gebrauch. Dies wird etwa deutlich, wenn er in *Über Gewissheit* von einer prinzipiellen Durchlässigkeit der Grenze von empirischen und grammatischen Sätzen spricht: „Aber dies ist richtig, dass der *gleiche Satz* einmal als von der Erfahrung zu prüfen, einmal als Regel der Prüfung behandelt werden kann."[11] Die Verhältnisse eines Satzes zu den sie umspannenden Praktiken sind demnach ein *wesentlicher* Bestandteil, um überhaupt von einem Satz als von einer Regel sprechen zu können. Wenn es eine kanonische Form der Befolgung einer Regel gibt, dann ist diese daher bereits *Bestandteil* der Regel. Wittgensteins Position legt es somit nahe, auch im Fall der Regel und ihrer Anwendung von einer ‚internen Relation' zu sprechen, wobei jedoch eine Pointe der Durchlässigkeit zwischen empirischen und grammatischen Sätzen darin besteht, dass auch die Grenze zwischen internen und externen Relationen verschoben werden kann, denn die grammatischen Sätze sind ja gerade die, in denen interne Relationen niedergelegt sind.

Nach dieser Darstellung von Wittgensteins Regelverständnis können wir auch die im letzten § offen gebliebene Frage beantworten, ob man grammatische

[11] Wittgenstein (1984f, S. 140). Hervorhebung hinzugefügt.

Regeln als *Begründungen* des spezifischen Inhalts der Erfahrungssätze aufzufassen habe. Ich denke, dass man Wittgenstein so verstehen kann, dass dies tatsächlich der Fall ist, zumindest insofern man nicht der Versuchung erliegt, dass mit der Untersuchung dieser Begründungen notwendige Grundlagen unserer sprachlichen Praxis in den Blick kämen, die sich dennoch außerhalb dieser Praxis befinden. Wenn man stattdessen den Begründungsbegriff im Ausgang von *unserer* Begründungspraxis versteht, dann kann man sehr wohl davon sprechen, dass wir in manchen Situationen vermittels von Regeln bestimmte unserer sprachlichen wie nichtsprachlichen Handlungen *begründen*. Wenn wir also von Regeln als von Begründungen sprechen, dann erkennen wir *gerade damit* an, dass diese Begründungen auf der gleichen Ebene wie ihre Befolgungen liegen, bzw. ebenso erst durch ihren Platz in unseren Praktiken fixiert sind wie diese Handlungen selbst. Somit kommt abschließend doch wiederum eine große Ähnlichkeit zur Logikkonzeption des *TLP* in den Blick: Es ist mindestens genau so angemessen, davon zu sprechen, dass deren Regeln unsere Sprachpraxis tragen würden wie umgekehrt – denn es wären Wittgenstein zufolge eben nicht *diese Regeln*, wenn sie nicht auf *diese Weise* befolgt würden.

Man kann vor diesem Hintergrund dann meines Erachtens nach auch problemlos davon sprechen, dass Regeln tatsächlich oft dazu verwendet werden können, *bestimmte* Zweifel zu besänftigen, die aus einem Missverständnis einzelner in unserer Sprachpraxis üblicher Übergänge resultieren. Erst die Generalisierung dieses Zweifels stellt dann scheinbar ein Problem dar, indem sie uns zwar erkennen lässt, dass unsere Begründungen prinzipiell immer zurückgewiesen werden können, dabei jedoch die Tatsache unkenntlich macht, dass sich unter dem Deckmantel dieser Generalisierung eine Veränderung der Begriffe vollzogen hat. Diese begriffliche Modifikation so hinzustellen, *als ob die Generalisierbarkeit des Zweifels einen Mangel unserer Sprache zu erkennen gibt*, das ist es, was oben als ‚metaphysischer Reflex' bezeichnet wurde. Dieser Reflex hängt mit dem beschriebenen ‚metaphysischen Fehlschluss' zusammen, da hier der Anschein erweckt wird, dass der Skeptiker einen nicht zu erfüllenden Anspruch an unseren Nachweis faktischer Begründungen gestellt hat, obwohl er letztlich allein eine mit unserer Sprache nicht zur Übereinstimmung zu bringende Begriffsbestimmung verlangt hat.

Zusammenfassend kann man an dieser Stelle also sagen, dass Wittgenstein die Probleme dieses Reflexes zu enttarnen versucht, indem er auf einen Zwischenschritt hinweist zwischen der Erkenntnis, dass es keinen metaphysischen ‚Kitt' zwischen Regel und Anwendung gibt, und der Folgerung, dass diese Handlungen demnach unbegründet sind. Dass dieser Schritt bei genauerer Betrachtung eine radikale Emanzipation von unseren Begriffsverwendungen erforderlich macht, soll uns Folgendes zeigen: Entgegen allem Anschein ist die in dem Paradox mündende Argumentation nicht in der Lage, eine hinreichende Übereinstimmung zwischen unserem alltäglichen Begriff der ‚Begründetheit' und dem vom Skeptiker Eingeforderten aufzuzeigen. Durch diesen Mangel aber ist unklar, auf welcher Grundlage unsere Aussagen mit seinen in ein Verhältnis zu setzen sind. Wittgenstein zufolge umfasst unsere sprachliche Praxis also letztlich kein Kriterium, anhand dessen beurteilt werden kann, ob wir den Skeptiker in seinen Forderungen tatsächlich verstanden haben.

Wenn Wittgenstein also versucht, bereits den Schritt, bevor wir überhaupt zu dem Paradox gelangen, zu problematisieren, dann geht es ihm in seiner Beschreibung des Paradoxons nicht darum, eine philosophische Position zu diskreditieren, die wir tatsächlich einnehmen könnten, sondern darum, uns erkennen zu lassen, dass sich dort, wo wir eine solche Position vermuten, keine befindet: „Aber es sind nur Luftgebäude, die wir zerstören." (§ 118) An dieser Stelle also ist wiederum eine Ähnlichkeit zur Methode des *TLP* spürbar, die ja auch so verfährt, uns die Inkohärenz von vermeintlich Kohärentem augenfällig zu machen. Das genaue Verhältnis der frühen und der späteren Methode soll jetzt dieses Kapitel abschließend untersucht werden.

§ III. ‚Kleine Philosophien': Die Entdeckungen des Gewöhnlichen

Wie bereits betont wurde, steht im Zentrum der philosophischen Methode des frühen wie späten Wittgenstein der Begriff der *Sprachklärung*. Um die spezifische Prägung, die diesem Begriff in der späteren Philosophie gegeben wird, adäquat erfassen zu können, ist es hilfreich, sich eingangs noch einmal knapp die Methode des *TLP* zu vergegenwärtigen.

Das Wesentliche dieser Methode wurde eingangs dieses Kapitels besonders deutlich in der Analyse von Wittgensteins These, alle Probleme der Philosophie gelöst zu haben. In der Begründung dieser These wird das Plädoyer des *TLP* für einen *Methodenmonismus* so deutlich wie an keiner anderen Stelle: Alle Probleme der Philosophie können prinzipiell nur von solcher Gestalt sein, dass eine Klärung der wahrheitsfunktionalen Struktur der relevanten Sätze sie vollständig lösen kann. Wittgensteins spätere Einsicht, dass es für den Sinn eines Satzes weit mehr ausschlaggebende Faktoren geben kann als allein die in seiner wahrheitsfunktionalen Struktur gründenden, muss somit direkt auch als Kritik an dem Methodenmonismus verstanden werden. Cora Diamond geht über diese Einschätzung in ihrer These noch hinaus, dass sogar Wittgensteins *primäre* Kritik am *TLP* darin bestand, dass hier eine einzige universell einsetzbare Methode der Sprachklärung vorausgesetzt wird: „If, in the Tractatus, 'a picture held us captive', that captivity can be seen in the way the clarification of propositions proceeds in accordance with a model taken to have totally general applicability."[12]

Obwohl ich dazu neige, Diamond in dieser Frage zuzustimmen, so soll hier doch keine Begründung ihrer These versucht werden, sondern sich stattdessen gefragt werden, an welchen Faktoren man das Ergebnis der somit fälligen methodischen Neuorientierung am präzisesten bestimmen kann. Fragt man hierzu erst einmal nach einem Begriff, in dem die beschriebene Vereinheitlichung der Methode im *TLP* besonders deutlich zum Ausdruck kommt, so ist sicherlich der des *Satzes* der aussichtsreichste Kandidat, denn gerade dessen Vereinheitlichung

[12] Diamond (2004, S. 208).

in der ‚allgemeinen Satzform' zieht den Methodenmonismus des *TLP* nach sich. Dass sich dieser Begriff darüber hinaus unter Umständen auch sehr gut eignet, um die Differenz zur späteren Methode erkennbar zu machen, wird daran deutlich, dass der spätere Wittgenstein nicht müde wird, seine drastische Abkehr vom Satzverständnis des *TLP* kund zu tun. So heißt es etwa in den *PU*, dass es *unzählige* Arten dessen gibt, was wir ‚Satz' nennen (§ 23), um unmittelbar anschließend anhand einer Aufzählung die auch schon im letzten § vernehmbare These vorzubringen, dass das primäre Distinktionskriterium dieser Arten der *Gebrauch* ist, der von ihnen in konkreten Sprachhandlungen gemacht wird. Versuchen wir also, ob wir die methodische Neuorientierung der späteren Philosophie ausgehend von der Neuinterpretation des Satzbegriffs in den Blick bekommen.

Der Status von KP *in der Spätphilosophie*

Die in der Spätphilosophie wichtige Bestimmung des Status einzelner Sätze anhand ihrer Rolle in übergeordneten sprachlichen Zusammenhängen kann als eine Verallgemeinerung von *KP* bestimmt werden – und im Folgenden soll gezeigt werden, dass die schrittweise Ausbildung der späteren Methode sehr eng mit den verschiedenen Formulierungen korrespondiert, mit denen Wittgenstein das Prinzip in den verschiedenen Schaffensperioden versieht. Dass die Neubestimmung des Satzbegriffs eine Modifikation von *KP* erforderlich macht, dürfte auf der Hand liegen: Um die Bedeutung eines Wortes zu bestimmen, ist von nun an nicht mehr allein das Verhältnis von Worten zu Sätzen zu bestimmen, sondern ebenfalls das zwischen Sätzen und den sprachlichen Zusammenhängen, in denen sie zur Verwendung kommen. Die ursprüngliche Formulierung von *KP* kann an dieser Stelle nicht länger aufrechterhalten werden, weil der in dieser Formulierung noch als gegeben bewertete Begriff des Satzes nicht länger eine solch zentrale Stellung beanspruchen kann, denn nun ist ebenfalls eine Bestimmung zulässiger Sätze erforderlich, die erst unter Rückgriff auf die oben beschriebenen ‚Satzsysteme' geleistet werden kann. Ganz konsequent formuliert Wittgenstein also: „A word only has meaning in a grammatical system (…)."[13] Die vor dem dargestellten Hintergrund naheliegende These, dass Wittgenstein auch in seiner Spätphilosophie *eine* Methode der Bedeutungsbestimmung favorisiert – und dass allein deren Basis nun anders gefasst wird – scheitert allerdings dennoch als Deutung seiner Spätphilosophie.

Und auch dies kann weiterhin anhand der noch späteren Umformulierungen erläutert werden, die Wittgenstein für *KP* wählt. So findet sich in den ‚Bemerkungen über die Grundlagen der Mathematik' (im Folgenden kurz *BGM*) folgende Formulierung: „Nur in der Praxis einer Sprache kann ein Wort Bedeutung haben."[14] Und in den ‚Letzten Schriften über die Philosophie der Psychologie' letztlich diese: „Nur im Fluss des Lebens haben die Worte ihre Bedeu-

---

[13] Wittgenstein (1980, S. 36).

[14] Wittgenstein (1974, S. 344). Aus diesem Buch wird im Folgenden allein unter Angabe von Kapitel und § zitiert.

tung."[15] Aber auch diese letzte Version scheint ihn nicht zufrieden gestellt zu haben, was daran zu erkennen ist, dass sie nur in Klammern eingeschlossen Eingang ins Manuskript findet. Dieser äußerst skrupulöse Umgang erscheint als deutliches Indiz dafür, dass Wittgenstein, obwohl er sehr wohl etwas an *KP* für bewahrenswert erachtet, gleichwohl die Befürchtung hegt, dass Formulierungen des Prinzips nur allzu leicht misszuverstehen sind. In der besonders hinsichtlich der letzten Variation intendierten Ungreifbarkeit des eigentlichen Gehalts findet die bereits in ihren Vorgängern erkennbare Tendenz ihren Höhepunkt: Die Begriffe, welche der obigen Interpretation zufolge die Grundlage der Methode abgeben sollen, anhand derer die Wortbedeutung zu bestimmen ist, werden in den einzelnen Formulierungen immer unschärfer, bis es zu guter Letzt soweit ist, dass man anhand des ‚Flusses des Lebens' nach dem Gemeinsamen aller Bestimmungen von Wortbedeutungen suchen muss – was deutlich das Problem markiert, ob anhand dieser Formulierungen überhaupt noch von einer Einheitlichkeit auszugehen ist.

Die bisherigen Ausführungen kann man so zusammenfassen, dass die Änderungen in der Formulierung von *KP* auf eine ambivalente Haltung Wittgensteins schließen lassen: Einerseits gibt es zwar eine enorm wichtige mit *KP* und seinen Verallgemeinerungen verbundene Einsicht, dass nämlich nach der Bedeutung eines Ausdrucks nur ausgehend von größeren Zusammenhängen gesucht werden kann – aber andererseits geht Wittgenstein auch davon aus, dass man eine jede solche Einsicht auch so versteht, dass mit der begrifflichen Bestimmung des größeren Kontextes, von dem jeweils ausgegangen wird, auch eine einheitliche Methode zur Suche nach sprachlicher Bedeutung gegeben ist. Sein Versuch, diese größeren Kontexte in den späteren Formulierungen immer unschärfer werden zu lassen, sollte daher gerade als *Problematisierung einer einheitlichen Methode* verstanden werden.

Bevor der sich somit andeutende Methodenpluralismus der späteren Philosophie eingehender beschrieben werden soll, sind noch kurz einige naheliegende Einwände zu kritisieren, denen zufolge es auch beim späteren Wittgenstein *eine* bestimmte Methode der Philosophie gibt. Der Begriff, der in der Spätphilosophie Wittgensteins wie kein zweiter zu einer solchen These verleiten kann, ist sicherlich der in ihr ubiquitär verwendete des *Gebrauchs*. Bei genauerer Betrachtung gibt jedoch die Unschärfe dieses Begriffs ihn als denkbar ungeeignet für das Schultern größerer Erklärungslasten zu erkennen. Da sich aber gleichwohl nach wie vor Interpretationen finden, denen zufolge die Aussage Wittgensteins, dass die ‚Bedeutung eines Wortes dessen Gebrauch in der Sprache' (§ 43) ist, das grundlegende ‚Axiom' von dessen später Bedeutungstheorie darstellt, ist auch an dieser Stelle der Hinweis angebracht, dass die Unschärfe des Begriffs so zu verstehen ist, dass in dem genannten Slogan gerade keine allgemeingültige Einsicht zum Vorschein kommt, die später auf einzelne Fälle anzuwenden ist, sondern

---

[15] Wittgenstein (1984e, S. 469).

dass man sich auch hier mit der Suche nach einer Gemeinsamkeit aller Bestimmungen von Wortbedeutungen bereits auf der falschen Fährte befindet.

Ähnlich missverständlich wie bezüglich des Gebrauchsbegriffs ist die Auszeichnung als methodische Leitbegriffe auch für eine ganze Reihe weiterer Begriffe, die oft als zentral für seine Spätphilosophie gehandelt werden: Familienähnlichkeit, Sprachspiel, und ganz besonders dem der Lebensform. Wittgenstein verwendet diese Begriffe ausschließlich, um unseren Blick für die beobachtbaren Feinheiten der betrachteten Situationen zu schärfen, nicht jedoch um auf *inhaltliche* Gemeinsamkeiten dieser Situationen zu verweisen. Dass diesen Begriffen insgesamt eine auffällige Allgemeingültigkeit zukommt (besonders die Aussagen über unsere Lebensform lassen oft einen immensen Interpretationsspielraum), die man in Wittgensteins Schriften sonst fast nie spürt, sollte klar machen, dass er sie als hochgradig *nicht-explikative* Begriffe verstanden wissen will, deren inhaltliche Bestimmung nichts über die jeweils zu analysierende Situation erkennen lässt, sondern die uns allein für bestimmte Details der Untersuchungsgegenstände sensibilisieren sollen. Der Begriff des ‚Sprachspiels' etwa soll auf die Wichtigkeit hindeuten, in unserer Untersuchung kommunikativer Zusammenhänge immer auch deren Vernetzung mit nichtsprachlichen Praktiken im Auge zu behalten, er ist jedoch nicht als Hinweis darauf zu werten, dass *alle* unsere sprachlichen Praktiken *einen* bestimmten Charakterzug aufweisen.

Der Methodenpluralismus der Spätphilosophie

Nachdem auf die Probleme derartiger Versuche zumindest hingewiesen wurde soll jetzt die spezifische Ausweitung des Methodenkanons in der Spätphilosophie in den Mittelpunkt des Interesses gerückt werden. Versucht man hierzu erst einmal eine Gemeinsamkeit der gerade beschriebenen Fehlversuche ausfindig zu machen, dann sollte hier die Missachtung der beim späten Wittgenstein immer präsenten Warnung erwähnt werden, jedem Drang zur Verallgemeinerung („craving for generality")[16] zu widerstehen. In dieser Tendenz lässt sich die wesentliche methodische Neuorientierung der *PU* im Verhältnis zum *TLP* erkennen: Die Philosophie nicht mehr als Versuch der Lösung weniger zentraler Probleme (‚Was ist das Wesen der Sprache?') zu betrachten, sondern sich *voll und ganz* auf die Auflösung konkreter in unserem sprachlichen Umgang entstehender Komplikationen zu beschränken, deren Auflösung dann nicht länger als Hinweis auf eine allgemeine Lösung eines dieser großen Probleme bestimmt werden sollte. Vielmehr sollten diese großen Probleme insgesamt aus dem Zentrum des Interesses entfernt werden. Folgende Passage aus *Zettel* legt beredtes Zeugnis von diesem Perspektivenwechsel ab:

> „Die Unruhe in der Philosophie, könnte man sagen, kommt daher, dass wir die Philosophie falsch ansehen, falsch sehen, nämlich gleichsam in (endlose) Längsstreifen zerlegt, statt in (begrenzte) Querstreifen. Diese Umstellung der Auffassung macht die *größte* Schwierigkeit. Wir wollen also gleichsam den unbegrenzten Streifen erfas-

---

[16] Wittgenstein (1958, S. 17).

> sen, und klagen, dass es nicht Stück für Stück möglich ist. Freilich nicht, wenn man unter einem Stück einen endlosen Längsstreifen versteht. Wohl aber, wenn man einen Querstreifen darunter versteht. – Aber dann kommen wir ja mit unserer Arbeit nie zu Ende! – Freilich nicht, denn sie hat keins."[17]

Die Beschränkung auf begrenzte Querstreifen muss als Versuch verstanden werden, die Untersuchung konkreter Einzelfälle nicht länger als bloßen Beitrag zur Beantwortung einer übergeordneten Frage zu verstehen. Insbesondere muss an dieser Stelle anerkannt werden, dass die philosophische Aktivität der Begriffsklärung, die nach wie vor im Zentrum der wittgensteinschen Philosophiekonzeption verankert ist, nicht allein in einer grammatischen Untersuchung dieser singulären Situationen besteht, sondern dass stattdessen der Akt der Umstellung, anstatt einer großen Frage ein einzelnes Sprachspiel als Untersuchungsgegenstand zu wählen, bereits einen elementaren Bestandteil dessen darstellt, was der späte Wittgenstein Sprachklärung nennt. Cora Diamond weist unter expliziter Bezugnahme auf das eben angeführte Zitat deutlich auf diesen Punkt hin: „[T]he real work of clarification here is whatever makes possible the move to the crosswise strip, the transformation of the question itself."[18] Wenn wir diesen Perspektivenwechsel konsequent vollzogen haben, dann sollten wir nicht länger versuchen, die erfolgreichen Methoden bisheriger Untersuchungen zu verallgemeinern. Um sich stattdessen vollauf auf das einzelne konkrete Problem einlassen zu können, scheint Wittgenstein eher eine Unvoreingenommenheit zu fordern, die allein sicherstellen kann, dass wir tatsächlich die Besonderheiten der Einzelfälle angemessen würdigen. Wir sollten mit anderen Worten keine bereits vorgefertigten Methoden an unsere Untersuchungen herantragen, sondern stattdessen die jeweils probate Methode erst aus der Beschäftigung mit dem Einzelfall entwickeln. In diesem Sinn scheint mir auch der *Therapie*begriff gemeint zu sein, mit dem Wittgenstein seine philosophischen Methoden koppelt (§ 133): Die Angemessenheit einer Methode kann erst anhand der konkreten Diagnose beurteilt werden. An dieser Stelle also ist erkennbar, wie stark die Methodenpluralisierung der Spätphilosophie tatsächlich ist: Unter Umständen gibt es ebenso viele verschiedene philosophische Methoden wie philosophische Probleme.

Da sich die bisherigen Ausführungen dieses § klar als Bekundungen der immensen methodologischen Differenz zwischen *TLP* und Spätphilosophie verstehen lassen, ist es von besonderer Wichtigkeit, auch auf die gleichwohl bestehenden Übereinstimmungen hinzuweisen. Sie werden erkennbar, wenn man sich der Kehrseite der eben beschriebenen vollständigen Zuwendung zu den konkreten Einzelproblemen widmet: Die Vollständigkeit des geforderten Perspektivenwechsels nämlich macht nicht nur eine methodische Unvoreingenommenheit erforderlich, sondern ebenfalls, dass wir die Lösung konkreter Probleme als *vollständige* Lösung akzeptieren und nicht länger als ‚Teillösung' einer der großen philosophischen Fragen. Dass er auch diese andere Seite im Blick hat wird deut-

---

[17] Wittgenstein (1984g, S. 378).

[18] Diamond (2004, S. 216).

lich, wenn Wittgenstein von dem *vollkommenen* Verschwinden philosophischer Probleme spricht. Ähnlich ist die spätere Methode derjenigen des *TLP* also darin, dass die philosophischen Klärungen solche sind, in der keine offenen Fragen mehr zurückbleiben dürfen. In den *PU* allerdings wird die These, den Anspruch *vollkommener* Klarheit auch wirklich einlösen zu können, gerade mit der Einschränkung auf überschaubare Sprachsituationen verbunden.

Obwohl an dieser Stelle die Methodologie der Spätphilosophie soweit bestimmt wurde, wie es für die Überlegungen des nächsten Kapitels erforderlich sein wird, soll zum Abschluss dieses Kapitels noch ein weiteres zentrales Missverständnis der späteren Philosophiekonzeption als solches erkennbar gemacht werden. Dieses Missverständnis resultiert aus dem Vorgehen, durch das Wittgenstein die Umstellung auf einzelne konkrete Probleme einlösen will: Sein Versuch, die Rückbindung konkreter Beispiele auf wenige philosophische Grundfragen zu vermeiden, wird immer wieder besonders deutlich in dem Diktum, unsere *alltäglichen* sprachlichen Praktiken zur Richtschnur zu nehmen, anhand derer philosophische Probleme aufzulösen sind. Erst wenn man als Perspektive die konkreten Ziele nimmt, die sich mit bestimmten Worten umgangssprachlich erreichen lassen, kann man den geforderten Perspektivenwechsel angemessen zum Abschluss bringen und die Auflösung alltäglicher Sprachverwirrungen als das eigentliche Ziel der philosophischen Tätigkeit begreifen. Daher muss er es in den *PU* als zentralen Aspekt seiner Arbeit beschreiben, die Wörter von ihrer metaphysischen wieder auf ihre alltägliche Verwendung zurückzuführen. (§ 116)

Zu einem Missverständnis kann diese Forderung führen, wenn man sie in ein Verhältnis zu derjenigen zu setzen versucht, dass der Philosoph allein die bestehende Sprache ‚beschreiben' kann, also die von ihm aufgefundenen Regeln und deren Relationen zwar explizit machen, sie aber nicht ‚erklären' kann. (§ 109) Zusammengenommen könnte man in diesen Forderungen eine Trivialisierung der philosophischen Arbeit vermuten, die der ‚richtigen Methode' des *TLP* nicht unähnlich ist: Wenn der Philosoph ‚Ordnung schaffen' oder mit anderen Worten versteckten Unsinn zu offensichtlichem machen muss, sich hierzu aber nur auf die Alltagssprache berufen kann, dann ist in ihm nur allzu leicht nurmehr eine Art Buchhalter zu sehen, der aufgrund einer Liste umgangssprachlicher Regeln bestimmte Formulierungen dahingehend abklopft, ob sie mit diesen zu vereinbaren sind. Dass es für Wittgenstein in der Tat Aspekte der Philosophie gibt, die trivial sind, wird in folgender Aussage deutlich: „Es handelt sich in der Philosophie immer um die Anwendung einer Reihe äußerst einfacher Grundsätze, die jedes Kind weiß, und die – enorme – Schwierigkeit ist nur, sie in der Verwirrung, die unsere Sprache schafft, anzuwenden."[19] Das Bild des Philosophen als Buchhalter allerdings kann in keiner Weise erklären, warum in der Philosophie trotz der Einfachheit dieser Regeln diese enorme Schwierigkeit liegen kann.

Das Missverständnis, das diesem Problem zugrunde liegt, besteht in einer Fehlinterpretation des Begriffs der ‚Alltagssprache'. Sie und ihre Regeln wurden

[19] Wittgenstein (1984c, S. 153f.)

hier bislang als etwas hingestellt, das uns immer *vollständig zugänglich* ist. Die Alltagssprache soll also etwas prinzipiell ‚Gegebenes' darstellen, auf das wir allein unsere Aufmerksamkeit richten müssten, um es unverfälscht zu erfassen. Dieses Bild der ‚Alltagssprache' als einer in jeder Hinsicht offen zutage liegenden Regelstruktur weist allerdings fast keine Schnittmenge zu Wittgensteins Sprachverständnis auf. Stattdessen ist die in Wittgensteins Spätphilosophie so deutlich spürbare Hinwendung zum ‚Alltäglichen' und ‚Gewöhnlichen' gerade nicht als Hinwendung zu einem Bereich zu verstehen, in dem wir uns immer schon vollständig auskennen. Demgegenüber machen Wittgensteins Analysen deutlich, dass das ‚scheinbar Alltägliche', dem wir uns bloß zuwenden müssen, nur allzu oft mit in die Irre leitenden Bildern behaftet und mit grammatischen Missverständnissen durchsetzt ist. So schreibt er im ‚Big Typescript': „Warum die grammatischen Probleme so hart und anscheinend unausrottbar sind – weil sie mit den ältesten Denkgewohnheiten, d.h. mit den ältesten Bildern, *die in unsere Sprache selbst geprägt sind*, zusammenhängen."[20] Diese Mythologien ans Tageslicht zu bringen, darin besteht die Schwierigkeit der Philosophie ebenso sehr wie darin, keine neuen an ihrer statt einzuführen. Und hier erklärt sich auch der Status des ‚Gewöhnlichen': Es ist der Ort, an den man gelangt, wenn man ein bestimmtes Problem geklärt hat; der Ort also, an dem man erkennen kann, dass es zur Entwirrung unserer Begriffe keiner metaphysischen Theorien bedarf. Vor diesem Hintergrund scheint es mir als passender, das ‚Gewöhnliche', um das es Wittgenstein geht, als *Ziel* seiner philosophischen Untersuchungen zu betrachten denn als deren Ausgangspunkt. In diesem Sinne ist auch folgende Warnung Stanley Cavells zu verstehen, „a warning against supposing that the ordinary is a *given*, as it were a *place*. I would say rather it is a task (...)."[21]

Ein beredtes Beispiel für die in der alltäglichen Sprache angelegten Irritationspotentiale bildet in meinen Augen das zu Beginn der *PU* eingeführte ‚augustinische Sprachbild'. Nach wie vor scheint der Tatsache zu wenig Beachtung entgegengebracht zu werden, dass Wittgenstein hier gerade keine ausgearbeitete Theorie anführt, die sich wohl als ehrbarerer Gegner erwiesen hätte als Augustinus' Ansammlung doch recht spärlich artikulierter Ideen. Wenn es Wittgenstein tatsächlich allem voran um die Konturierung einer philosophischen *Position* ginge, gegen die es im Nachhinein zu argumentieren gilt, dann hätte er sich wenige schlechtere Zitate als dies aussuchen können, das in einer ersten unvoreingenommenen Lektüre nahezu als Menge von Binsenweisheiten erscheinen kann, deren *philosophische* Implikationen nicht sonderlich ins Auge stechen. Wirklich hellhörig wird man als Leser erst dann, wenn Wittgenstein selbst darauf hinweist, dass uns hier ein „Bild" der Sprache präsentiert wird. (§ 1) Und gerade die Tatsache, dass er dieses für seine späteren Untersuchungen sehr wohl wichtige Bild anhand einer Passage einführt, über die man in einem größeren Zusammenhang unter Umständen nur allzu leicht hinweg lesen würde, ohne sie als philosophisch

---

[20] Wittgenstein (2000, S. 285). Hervorhebung hinzugefügt.

[21] Cavell (2007, S. 283).

hochgradig infektiös einzustufen, scheint mir die in dem Buch vorgestellte Philosophiekonzeption deutlich zu exemplifizieren: Dem scheinbar Alltäglichen eine neue Form der Aufmerksamkeit zu schenken, die zu erkennen erlaubt, wie zumeist unbemerkt Bilder (und sogar ganze Philosophien) in diesem Alltäglichen am Werk sind. Diese Bilder können so tief verwurzelt sein, dass wir ihre Auswüchse in der Sprache ansehen, als wären sie die nebensächlichsten Trivialitäten – und in der Philosophie geht es dann darum, diese Bilder trotzdem als solche entlarven zu können. Ganz in diesem Sinne beschreibt Warren Goldfarb den Beginn der *PU* dergestalt, dass Wittgenstein hier versucht, unseren Blick auf das ‚Proto-Philosophische' zu lenken, auf die Punkte mithin, an denen wir unbemerkt bereits auf vieles festgelegt sind, was uns aufgrund der Verankerung bestimmter Bilder in unserer Sprache als natürlich erscheint und dessen tatsächliche Rolle wir erst dann erkennen können, wenn wir das Alltägliche neu zu betrachten lernen:

> „[H]e is trying to expose what I call the 'proto-philosophical level': the way of looking at things that we tend to adopt at the start, without noticing that a step has been taken, which then functions to establish what questions are to be asked and answered by philosophical theorizing."[22]

Dass auch noch die späteren Passagen des Buches mit einer ähnlichen Aufgabe ringen, kann daran bemerkt werden, dass der ‚metaphysische Reflex', der oben als das beschrieben wurde, um dessen Offenlegung es Wittgenstein in der Diskussion des Regelfolgens geht, ebenfalls als auf den ersten Blick vollkommen unfragwürdig erscheinender Einstieg in das philosophische Fragen angesehen werden kann. Da es also Wittgenstein auch in den *PU* nicht zuletzt darum geht, die Tendenzen erkennbar zu machen, aufgrund derer bestimmte *metaphysische* Fragen als die wirklich wichtigen philosophischen Fragen eingestuft werden, erscheint es letztlich als folgerichtig, die Philosophiekonzeption der *PU* doch wieder mit den Worten zu beschreiben, die oben zur Konturierung dessen gewählt wurden, was die Methode des *TLP* leisten soll: uns das, was uns immer schon umgab, mit anderen Augen sehen zu lassen. „[E]s ist vielmehr für unsere Untersuchung wesentlich, dass wir nichts *Neues* mit ihr lernen wollen. Wir wollen etwas *verstehen*, was schon offen vor unseren Augen liegt. Denn *das* scheinen wir, in irgendeinem Sinn, nicht zu verstehen." (§ 89) Und auch die Idee, dass wir dieses Verstehen dann erreichen können, wenn wir uns von dem Ideal einer metaphysischen Rechtfertigung des Alltäglichen lösen, findet sich in Früh- wie Spätphilosophie. Allein der *TLP* favorisiert *eine* Methode, mittels derer wir zu einer endgültigen Lösung aller philosophischen Probleme gelangen sollen. Der Methodenpluralismus der *PU* erkennt stattdessen ebenso viele Methoden wie Probleme an, deren ebenfalls beanspruchte vollständige Auflösbarkeit aber aufgrund der Singularität der einzelnen Probleme nicht im Sinne einer Immunisierung gegen zukünftige Begriffsverwirrungen verstanden werden darf. Vielmehr erscheint

---

[22] Goldfarb (1997a, S. 78).

die philosophische Arbeit hier als unabschließbar – oder das ‚Gewöhnliche' als nie endgültig gesichert.

Es wird dem Leser aufgefallen sein, dass trotz des beständigen Hinweises darauf, dass sich Wittgenstein in seiner Spätphilosophie ausschließlich konkreten Einzelproblemen annehmen will, die Ausführungen besonders des letzten § gleichwohl abstrakt blieben und selbst an keiner Stelle auf solche Falluntersuchungen zurückgriffen. Viele der Ausführungen über Wittgensteins Methode behielten Skizzencharakter, sollen jedoch im folgenden Kapitel anhand seiner Überlegungen zur Mathematik sämtlich konkretisiert werden.

1. Der spätere Wittgenstein erkennt auch nicht wahrheitsfunktional erklärbare interne Relationen zwischen Sätzen an. Sein als Erweiterung der ‚logischen Syntax' des *TLP* zu verstehender Begriff der ‚Grammatik' trägt dieser Veränderung Rechnung: In der Grammatik eines Satzes ist alles das niedergelegt, was benötigt wird, um den Sinn des Satzes zu bestimmen – sprich neben wahrheitsfunktionalen insbesondere auch begrifflich-materiale Abhängigkeiten.

2. Wittgensteins dem Regelfolgen gewidmete Argumentationen zielen nicht darauf, die Spezifikation externer Standards hinsichtlich der Angemessenheit unserer Regelbefolgungen für unmöglich zu erklären – vielmehr versucht er zu zeigen, dass die Position, in der derartige Standards tatsächlich benötigt werden, keine kohärente philosophische Position darstellt.

3. Entgegen der einen philosophischen Methode, mittels derer im *TLP* alle philosophischen Probleme gelöst werden sollen, erkennt der späte Wittgenstein eine Vielzahl philosophischer Methoden an. Anstatt die Aufgabe der Philosophie als Beantwortung einiger zentraler metaphysischer Fragen zu verstehen, rückt er möglichst vollkommen überschaubare Probleme in den Fokus seiner Philosophie, deren Lösung unter Umständen immer neue philosophische Methoden erforderlich macht.

IV.VI.

Philosophie und Mathematik

Wollte man ein Herzstück der hier vorgelegten Wittgensteininterpretation benennen, dann wäre sicherlich die These der aussichtsreichste Kandidat, dass ihm in seiner frühen wie späten Philosophie die Artikulation angemessener Methoden der Philosophie besonders am Herzen liegt. Sollte er aber tatsächlich einer Darstellung dieser Methoden einen hohen Stellenwert in seinen Schriften beimessen, dann kommt man nicht umhin anzuerkennen, dass er in Mathematik und Logik einen für diese Methoden besonders fruchtbaren Boden erkennen muss. Denn überblickt man seine Karriere als ganze steht fest, dass er zu diesen Wissenschaften mehr zu Papier gebracht hat als zu irgendeinem anderen Thema. In diesem Kapitel soll also gefragt werden, welchen Grund er dafür sieht, dass die in den verschiedenen Phasen propagierten Methoden gerade in der philosophischen Auseinandersetzung mit Mathematik und Logik zu besonderer Entfaltung kommen sollen.

In einem ersten § soll Wittgensteins Rekonstruktion der Arithmetik im *TLP* im Mittelpunkt stehen und im Besonderen die Einbettung der Philosophie der Arithmetik in den bereits dargestellten weiteren Rahmen der in diesem Buch vorgestellten Philosophiekonzeption. In diesem Zusammenhang wird sich die zentrale Rolle der Anwendungen in seiner frühen Beschäftigung mit der Mathematik zeigen. Die Anwendungen spielen allerdings in eben solchem Maße auch in der späteren Philosophie eine Rolle. Auf deren Funktion soll dann im zweiten § eingegangen werden. Im folgenden dritten § soll sich Wittgensteins Beschreibung von begrifflichen Relationen und Veränderungen *innerhalb* der Mathematik angenommen werden. Im Rahmen einer Untersuchung des in diesem Zusammenhang zentralen Beweisbegriffs soll auch seine notorisch als problematisch geltende Beschäftigung mit dem Begriff der logischen Notwendigkeit diskutiert werden. Im abschließenden vierten § sind dann noch die Versprechen des letzten Kapitels einzulösen, nämlich die bislang eher programmatischen Ausführungen zu Wittgensteins philosophischer Methode anhand zumindest eines konkreten Beispiels mit Leben zu füllen.

§ I. Die Philosophie der Arithmetik im *TLP*

Der Mathematik sind im *TLP* zwei Passagen gewidmet. In der ersten (6.02-6.031) steht eine Definition der Reihe der natürlichen Zahlen im Mittelpunkt, in der zweiten (6.2-6.241) die Identifikation der mathematischen Sätze mit Gleichungen, deren Deutung als Scheinsätze sowie die These, dass sich in den Gleichungen die Logik der Welt *zeigt*. Bereits die Identifikation mathematischer Sätze mit Gleichungen aber macht nachdrücklich klar, dass Wittgenstein seine Ausführungen zur Mathematik auf ein Fragment der Arithmetik beschränkt. Die in meinen Augen offenkundig falsche Begründung dieser Beschränkung, dass nämlich die Methode der Mathematik in den Gleichungen *wesentlich* zum Ausdruck kommt (6.2341), soll hier jedoch nicht weiter geprüft werden. Vielmehr soll eine umso genauere Rekonstruktion der Ausführungen zur Arithmetik geleistet werden, um später zu fragen, ob diese sich auf natürliche Weise auch auf andere Bereiche der Mathematik ausdehnen lässt. Begonnen werden soll diese Rekonstruktion mit einer Untersuchung von Wittgensteins Definition der Anzahlenreihe.

Eine notwendige Vorbedingung zur Rekonstruktion dieser Definition besteht in der Auseinandersetzung mit einem bereits erwähnten Begriff, dem der *Operation*. Oben wurde zu diesem nur bemerkt, dass er von zentraler Bedeutung ist für die ‚allgemeine Satzform' und mithin auch für die Erklärung aller Sätze als Wahrheitsfunktionen der Elementarsätze. Wenn im Folgenden die fünf wesentlichen Charakteristika von Operationen im *TLP* eingeführt werden, dürfte auch erkennbar werden, dass der Grund zur Einführung des Operationsbegriffs tatsächlich allem voran Wittgensteins dargestellte Konzeption der allgemeinen Satzform ist.

Der Begriff der Operation im TLP

Die erste Auszeichnung von Operationen besteht in der Bestimmung ihres Gegenstandsgebietes: Wittgenstein thematisiert im *TLP* ausschließlich Operationen über der Menge der *Sätze*.[1] Was sie mit diesen tun besteht zweitens darin, dass sie einem oder mehreren Sätzen einen weiteren zuordnen. Die dritte Eigenschaft schränkt die zweite dahingehend ein, dass es nicht um beliebige Zuordnungen geht, sondern dass Operationen nur dann Sätze ineinander überführen können, wenn zwischen ihnen eine *interne Relation* besteht.

Bereits aus diesen drei Eigenschaften kann der Operationsbegriff des *TLP* ein gutes Stück weit verständlich gemacht werden: Die internen Relationen zwischen Sätzen sind wie wir wissen die, die sich allein den ‚Positionen' der Sätze im logischen Raum verdanken. Operationen sind dann die Zuordnungen von Sätzen zu solchen, deren Lage im logischen Raum aufgrund derer der Ausgangssätze vollständig bestimmt ist. Die *N*-Operation etwa wählt die Entgegensetzungen einer Reihe von Ausgangssätzen aus und vereinigt sie zu einem neuen Satz, dessen Wahrheitsbedingung somit aber systematisch vor dem Hintergrund der Ausgangssätze angegeben werden kann. Sicherlich keine Operation ist etwa die Zuordnung eines beliebigen anderen Satzes zu dem, dass meine Schuhe rot sind.

Mit anderen Worten ist ein Satz *b* genau dann das Ergebnis einer Operation über der Satzmenge $a_1,\dots,a_n$, wenn die Wahrheitstafel von *b* ausgehend allein von den Wahrheitstafeln von $a_1,\dots,a_n$ angegeben werden kann. Diese terminologisch leicht abweichende zweite Perspektive auf den Operationsbegriff ist vor allem

[1] Dass diese Einschränkung nicht so folgenreich ist wie es vielleicht den Anschein hat, liegt daran, dass zu den Sätzen hier auch die *Satzvariablen* zu rechnen sind, so dass trotz der Beschränkung auch interne Relationen zwischen subsententiellen Satzbestandteilen, etwa die Inversenbeziehung von Relationen, durch Operationen bestimmt werden können.

deswegen von Interesse, weil sich die Wahl des Terminus ‚Operation' wohl der in dieser Perspektive ganz deutlichen Konsequenz verdankt, dass Operationen immer auch im Sinne mechanisch-syntaktischer Umarbeitungen von Symbolen zu verstehen sind. Zusammenfassend kann man an dieser Stelle sagen, dass Operationen die mit internen Relationen verbundenen Zuordnungen sind: Genau dann, wenn zwei Sätze in einer internen Relation zueinander stehen, gibt es eine Operation, die den einen aus dem anderen erzeugt.

Obwohl an dieser Charakterisierung im Folgenden festgehalten werden soll, so ist doch ein Wort der Warnung angebracht, denn die Rede von ‚Zuordnungen' kann irreführend sein: Da es um *interne* Relationen geht, wären zwei durch sie verbundene Sätze nicht länger dieselben, wenn es keine Operation gäbe, die sie ineinander überführt. Wie die ihnen entsprechenden internen Relationen sind die Operationen nichts, was nachträglich zu den Sätzen hinzukommt, sondern direkt mit einer Satzmenge bestimmt. Dies unterscheidet sie von Funktionen, die wir auch nachträglich für eine bereits gegebene Satzmenge definieren können.

Die Differenz von Funktionen und Operationen hebt Wittgenstein dann in der vierten Eigenschaft noch einmal deutlich hervor: Im Gegensatz zu Funktionen können Operationen immer erneut auf ihr eigenes Ergebnis angewandt werden. Wie oft man also eine Operation auch anwendet, deren Ergebnis führt einen nie aus dem Definitionsbereich hinaus.

Die fünfte und letzte Eigenschaft steht dann auf einer etwas anderen Ebene und macht die ohnehin offensichtliche Bindung der Operationen an die Wahrheitsfunktionen endgültig deutlich: Die Operationen besitzen keine Referenten im Sinne eigenständiger semantischer Werte. Zur Begründung dieser These wird eine uns nur allzu bekannte Argumentation herangezogen: Für die Sinnbestimmung eines Satzes, in dem eine Operation vorkommt, ist diese Operation nicht von Gewicht, denn die Möglichkeit dieser Sinnbestimmung ist im Prinzip bereits mit den Basen der Operation gegeben: „Die Operation sagt ja nichts aus, nur ihr Resultat und dies hängt von den Basen der Operation ab." (5.25) Eine Entscheidung über das Bestehen der vom Resultat behaupteten Tatsache kann prinzipiell auch ohne Anwendung der Operation erhalten werden, sofern man nur über das Bestehen ihrer elementaren Sachverhalte informiert ist – die Operation ist allein eine transparente Art, das Verhältnis der Tatsache zu ihren Bestandteilen darzustellen.

Nach diesen Ausführungen sind wir nun in der Lage, Wittgensteins Definition der *allgemeinen Form* der Operation verstehen zu können: „Die allgemeine Form der Operation $\Omega'(\bar{\eta})$ ist also:

$$\left[\bar{\xi}, N(\bar{\xi})\right]'(\bar{\eta}) \left(= \left[\bar{\eta}, \bar{\xi}, N(\bar{\xi})\right]\right).$$

Dies ist die allgemeinste Form des Übergangs von einem Satz zum anderen." (6.01) Die ‚allgemeinste Form' der Operation also bildet die N-Operation, und zwar weil sie die *umfassendste* aller Operationen ist, denn jeder Übergang zwischen Sätzen kann (sofern interne Relationen zwischen ihnen bestehen) auch anhand der N-Operation rekonstruiert werden. Wittgenstein führt an dieser

Stelle ein notwendiges und hinreichendes Kriterium für Operationen ein: Sie müssen sich in dieser allgemeinen Form angeben lassen. Wenn diese allgemeine Form aber erst nach dem Doppelpunkt angegeben ist, wäre die Bestimmung witzlos, wenn $\Omega'(\bar{\eta})$ bereits prinzipiell in dieser allgemeinen Form gegeben sein müsste. $\Omega'(\bar{\eta})$ kann somit nur als Ausdruck für eine *spezielle* wahrheitsfunktionale Operation gemeint sein (wie etwa die Konjunktion der Satzmenge η) und die Definition als Hinweis, dass sich jede solche spezielle Form auf die *N*-Operation zurückführen lässt. ‚Ω' ist somit als Operations*variable* zu verstehen, sprich als Zeichen für den Scheinbegriff ‚Operation', wobei die Variable über alle Zuordnungen läuft, die mittels der *N*-Operation definiert werden können.

Die Definition der natürlichen Zahlen im TLP

Nachdem die wesentlichen Aspekte des Operationsbegriffs herausgestellt sind, können wir uns unserer eigentlichen Aufgabe zuwenden, der Definition der Anzahlenreihe. Wie eng diese Definition mit dem Operationsbegriff verwoben ist, wird klar, wenn Wittgenstein ohne jede weitere Überleitung direkt im Anschluss an die Einführung der allgemeinen Form der Operation folgendes bemerkt: „Und *so* kommen wir zu den Zahlen: Ich definiere $x = \Omega^{0}{}'x$ Def. und $\Omega'\Omega^{\nu}{}'x = \Omega^{\nu+1}{}'x$ Def." (6.02)

Der Anfang der zitierten Aussage legt die Lesart nahe, dass Wittgenstein an dieser Stelle von einem theoretischen Rahmen ausgeht, in dem noch keine Zahlen gegeben sind, und diese dann durch die angegebene Definition einführen will, von der man bereits an dieser Stelle zumindest soviel sagen kann, dass es sich um eine induktive Definition handelt und dass die Exponenten der Operation wesentlich mit dem Fortschreiten der Induktion zusammenhängen. In einem ersten Schritt soll jetzt dieser theoretische Rahmen erläutert werden, wobei hier primär die Spezifikation von dessen *Sprache* im Mittelpunkt stehen soll, da außer den angegebenen Definitionen mit dieser Theorie nichts weiter geleistet wird.

Klären wir also das Vokabular dieser ‚Sprache der logischen Operationen' (nach dieser Klärung sollten dann auch verbliebene Fragen über die Ausdrücke ausgeräumt sein, die in der allgemeinen Form der Operation auftauchen): Das ‚x' läuft hier als Variable über alle Rekursionsbasen, also über alle zulässigen Sätze, auf die selbst noch keine Operation angewandt wurde und ‚Ω' wie gehabt über alle möglichen Operationen. Indizierte Operationsvariablen wie etwa ‚$\Omega^{1}{}'x$' laufen über die *Resultate* einer Anwendung von Operationen auf eine Basis, die so oft iteriert wurde, wie es der Index angibt (in dem Beispielfall also nur einmal), denn das hochgestellte Komma ist Wittgensteins Weise, das *Ergebnis* einer Operation darzustellen (in diesem Zeichen ist also in gewissem Sinn der Übergang von einer *Relation* zu einer *Operation* niedergelegt). Bliebe nur noch ‚ν', das als Platzhalter für Ausdrücke der Form ‚0+1+…+1' zu verstehen ist.

Die Definition ist nun leicht als Induktion über das Auftreten des Ausdrucks ‚+1' im Exponenten der Operation zu durchschauen. Und die Verwendung der Zahlausdrücke in der Definition ist es auch, in der die gesuchte Entsprechung bestimmter Ausdrücke dieser Sprache zu den umgangssprachlichen

Zahlausdrücken erkennbar wird. Wir kommen zu der Zahl *n*, sprich wir geben dem entsprechenden Zahlzeichen eine Bedeutung, indem wir es mit dem entsprechenden Ausdruck der Sprache der logischen Operationen identifizieren, also in diesem Fall ‚Ω^{n}'*x*'. Dass diese Erklärung der Zahlausdrücke im Rahmen der Theorie der Operationen tatsächlich den Fluchtpunkt der bislang erläuterten Ausführungen zur Arithmetik im *TLP* bildet, wird dann in Satz 6.021 deutlich: „Die Zahl ist der Exponent einer Operation."

Um jetzt abschließend die Grundidee dieser ersten der Arithmetik gewidmeten Passage herausstellen zu können, ist von zentraler Relevanz zu bemerken, dass es genau genommen äußerst zweifelhaft ist, ob Wittgenstein durch seine Überlegungen tatsächlich begründen will, wie wir zu den Zahlen *kommen*. Denn die Formulierung von Satz 6.02 macht wie erwähnt eine Position erforderlich, in der wir noch nicht über die Zahlen verfügen – Wittgenstein aber greift in seiner Sprache der logischen Operationen ganz offensichtlich bereits auf Zahlen zurück. Diese Verwendung, die eine Zirkularität zu erkennen geben würde, wenn es um den Versuch ginge, die Zahlen an dieser Stelle einzuführen, scheint vielmehr dafür zu sprechen, dass er eine *echte* reduktive Erklärung unserer Zahlausdrücke für unmöglich erachtet. Anstatt eine echte Reduktion aufzuzeigen, die von einem gänzlich neutralen Standpunkt eine Einführung der Zahlen ermöglicht, will Wittgenstein stattdessen nur aufzeigen, dass das genetische Prinzip unserer Zahlworte, nämlich die Produktion weiterer durch beliebige Iteration eines stets gleichen Verfahrens, auch wesentlich ist für basale sprachliche Praktiken, in denen es gar nicht um das ‚Abzählen von Elementen' geht, in unserer Handhabung logischer Operationen nämlich, im Umgang mit denen wir ja bereits vertraut sein müssen, um logisch komplexe Sätze verstehen zu können. Erkennen wir etwa, dass wir eine Operation beliebig oft auf ihr Resultat anwenden können, haben wir die Exemplifikation einer den natürlichen Zahlen entsprechenden Ordnung an einer Stelle, an der ganz andere sprachliche Ziele als die des Abzählens eines Gegenstandsbereichs von Interesse sind. In meinen Augen will Wittgenstein an dieser Stelle zeigen, dass unsere Verwendung von Zahlworten keine vollkommen eigenständige linguistische Kompetenz darstellt, sondern allein eine Abstraktion aus der linguistischen Praxis, die mit der Verwendung logischer Operationen verbunden ist (und unter Umständen auch in ganz anderen sprachlichen Zusammenhängen eine Rolle spielt). Auch wenn die Zahlen also nachträglich dazu verwendet werden können, das Gemeinsame aller ‚Formenreihen' zu zeigen – deren iterative Struktur – so ist ihre Theorie doch keine eigenständige sprachliche Struktur, sondern sie bekommt ihre Bedeutung erst vor dem Hintergrund ihrer Verwurzelung in unseren grundlegenden sprachlichen Praktiken: logisch geordneten Versuchen zur Abbildung der Welt.

Die Identitätsrelation und die Scheinsätze der Arithmetik

Versuchen wir also nun im Ausgang von diesen Überlegungen die zweite und letzte Satzfolge zu verstehen, die im *TLP* explizit der Mathematik gewidmet ist. Diese Passage eröffnet Satz 6.2: „Die Mathematik ist eine logische Methode. Die

Sätze der Mathematik sind Gleichungen also Scheinsätze." Fragen wir zu Beginn, warum Gleichungen als Scheinsätze ausgezeichnet werden, dann wird diese Frage beantwortet in den oft vernachlässigten Passagen zur *Identitätsrelation*, die gleichwohl einen wichtigen Teil der Ausführungen des *TLP* zur Mathematik (und Logik) bilden. Für Wittgenstein ist das Identitätszeichen kein Bestandteil einer korrekten logischen Notation: „Gleichheit des Gegenstands drücke ich durch Gleichheit des Zeichens aus und nicht mit Hilfe eines Gleichheitszeichens. Verschiedenheit der Gegenstände durch Verschiedenheit der Zeichen." (5.53) Im Anschluss an diese Aussage bietet er einige Beispiele auf, um die Idee zu erklären. So will er die Aussage ‚es gibt genau ein *f*' nicht so:

$\exists x(f(x) \wedge \forall y(f(y) \rightarrow y = x))$, sondern so wiedergeben:

$\exists x(f(x) \wedge \neg\exists x, y(f(x) \wedge f(y)))$.

Diese letzte Aussage stellt allerdings nur dann keinen Widerspruch dar, wenn man die Signifikanzbereiche der Variablen so auffasst, dass ein einmal als Wert einer Variablen gewählter Gegenstand danach *nicht* wieder als Wert einer folgenden Variable zur Verfügung steht – aber in diesem Fall sagt sie tatsächlich das Gewünschte. Die Vermeidung eines Identitätssymbols wird dadurch zuwege gebracht, dass *alle* Variablen (und Konstanten) eines Satzes auf diese Weise *exklusiv* interpretiert werden.[2] Kurz gesagt fußt die Vermeidung des Gleichheitszeichens in der Idee, dass nur gleiche Zeichen die gleiche Bedeutung besitzen.

Dem Identitätszeichen widerfährt hier also das gleiche Schicksal, das im *TLP* bereits die übrigen logischen Konstanten heimgesucht hatte: Wittgenstein versucht über eine Klärung seiner Funktionsweise in logisch korrekten Sprachen zu zeigen, dass ihm allenfalls eine Art ‚Hilfsfunktion' in Hinsicht auf unsere kommunikative Praxis beizumessen ist, da es prinzipiell eliminierbar ist.

Die für das Verständnis der Ausführungen zur Arithmetik im *TLP* insgesamt wichtigste Konsequenz der letzten Überlegungen besteht darin, dass die in Sätzen enthaltenen numerischen Bestimmungen keine inhaltlichen Bestandteile im Sinn referierender Ausdrücke sind, sondern *formale* Momente der Sätze. Gegeben nämlich die erwähnte Variablenauffassung müssen die numerischen Bestimmungen eines jeden Elementarsatzes in dessen formaler Struktur bereits vollständig zur Geltung kommen, denn allein das Auftreten von Konstanten- und Variablensymbolen im Satz gibt bereits vollständig Aufschluss über diese Bestimmungen, die Anzahl der in einem Satz vorhandenen Konstanten- und Variablensymbole aber resultiert allein aus dessen syntaktischem Aufbau. Juliet Floyd beschreibt diesen Punkt wie folgt: „On this view, ‚$f(a) \wedge f(b)$' shows without saying that there are at least two *f*'s; the number is a depicting feature of the symbolism, and not a separate object referred to by the proposition."[3] Ein vollständig analysierter Satz *zeigt* demnach die in ihm vorhandenen numerischen Be-

---

[2] Eine weitaus genauere Untersuchung dieser hier nur soweit als nötig ausgeführten Restriktion der Wertebereiche der Variablen findet sich in Hintikka (1956).

[3] Floyd (2005, S. 96).

stimmungen, oder mit anderen Worten sind Relationen zwischen Sätzen, in denen nur die numerischen Bestimmungen variieren, ebenfalls *interne* Relationen.[4]

Die Auswirkungen für das Verständnis von Gleichungen liegen auf der Hand: Sie geben *formale* Übereinstimmungen zu erkennen, und dies sollte bereits Erklärung genug dafür sein, warum sie als Scheinsätze verstanden werden. Wichtig aber ist in diesem Zusammenhang, dass sich Wittgenstein gleichwohl davor hütet, zumindest wahre Identitätsaussagen als Unsinn zu bezeichnen, vielmehr ‚sagen sie nichts' (5.5303), und dies lässt ihm auch die Möglichkeit offen, sie als *zeigende* Elemente der Sprache zu bestimmen. Darin, dass sie also nichts sagen, aber gleichwohl etwas zeigen können, wird eine Ähnlichkeit von Gleichungen und Tautologien ersichtlich und so rückt dann auch die oft als Kulminationspunkt der zweiten Passage zur Arithmetik angesehene Aussage 6.22 in den Mittelpunkt des Interesses: „Die Logik der Welt, die die Sätze der Logik in den Tautologien zeigen, zeigt die Mathematik in den Gleichungen."

Um die Analogie zwischen Gleichungen und Tautologien präzisieren zu können müssen wir uns genau genommen nur noch einmal die oben formulierte These vergegenwärtigen, dass die Zahlen für Wittgenstein Abstraktionen aus bestimmten basalen Eigenschaften operationaler Reihen darstellen. Wenn einzelne Zahlzeichen eine formale Übereinstimmung mit bestimmten Elementen solcher ‚Formenreihen' aufweisen, dann ist damit auch bereits gesagt, dass eine wahre arithmetische Gleichung immer auch Bezug nimmt auf eine formale Übereinstimmung bestimmter Elemente verschiedener Operationsreihen: ‚2x2=4' zeigt, dass eine formale Übereinstimmung zwischen dem Resultat einer viermaligen Anwendung einer Operation auf eine Basis besteht und dem Resultat, das entsteht, wenn wir die gleiche Operation jeweils zweimal iterieren und deren Ergebnis dann zusammenfassen, um es auf die gleiche Basis anzuwenden:

$$\neg\neg\neg\neg p \Leftrightarrow (\neg\neg)(\neg\neg)p$$

Genauso wie uns die Tautologien zeigen, wie es um Abhängigkeits- und Folgerungsbeziehungen inhaltlicher Sätze bestellt ist, so zeigen uns dies auch die arithmetischen Gleichungen, aber indem sie uns zulässige von unzulässigen *Substitutionen* innerhalb dieser Sätze zu unterscheiden erlauben. Der obigen Bestimmung des Begriffs des Zeigens gemäß kann man also sagen, dass Gleichungen die praktische Kompetenz vermitteln, welche Substitutionen in Sätzen zulässig sind und welche nicht.

---

[4] Macht die Aussage, dass auch numerische Relationen interne Relationen sind, eine Revision der These erforderlich, dass interne Relationen *immer* darin zum Ausdruck kommen, dass sich die Wahrheitsbedingungen des Resultats der entsprechenden Operation vollständig auf die der Basen zurückführen lassen? Ich denke nein, denn die formale Abhängigkeit und die geforderte Rückführbarkeit werden durch die Forderung, dass nur gleiche Symbole eine identische Bedeutung besitzen können, gewährleistet: Aufgrund dieser Voraussetzung können wir die numerischen Bestimmungen eines komplexen Satzes vollständig aus denen seiner Bestandteile erkennen.

Nicht nur, weil jetzt die wesentlichen Aspekte der zweiten Passage sämtlich ans Tageslicht befördert wurden, sondern auch, weil zuletzt wesentliche Aspekte der Interpretation der ersten Passage nochmals herangezogen wurden, bietet sich an dieser Stelle eine gute Gelegenheit, auf die einheitliche Grundidee der gesamten Ausführungen zur Arithmetik im *TLP* hinzuweisen und somit eine Zusammenfassung und Bewertung der Überlegungen dieses § in Angriff zu nehmen. Eine einheitliche Grundidee besitzen die Ausführungen des *TLP* zur Arithmetik deshalb, weil es wie in der ersten auch in der zweiten Passage um eine Verankerung unserer arithmetischen Kompetenzen in basalen sprachlichen Praktiken geht; in der zweiten nämlich um eine Verankerung in der Fähigkeit, die Unterschiede zwischen den in einem Satz auftauchenden Konstanten- und Variablensymbolen ausmachen zu können (bzw. etwas allgemeiner um das Erkennen syntaktischer Äquivalenzen). Die Grundidee dürfte jetzt erkennbar sein: Unser Umgang mit arithmetischen Ausdrücken ist für Wittgenstein im *TLP* letztlich allein eine technisch-formale Verfeinerung eines unseres Sprechens von Anbeginn an inhärenten Aspekts. Vor diesem Hintergrund ist dann auch verständlich, warum die Arithmetik für ihn keine *eigenständige* sprachliche Praxis darstellt, vielmehr drücken die Sätze der Mathematik nicht einmal Gedanken aus. (6.21) Seine Klassifikation arithmetischer Sätze als ‚Scheinsätze' ist somit nur die deutlichste Einlösung dieser Konzeption, der zufolge die Arithmetik immer vor dem Hintergrund unserer basalen abbildenden Sprache zu verstehen ist.

Die Philosophie der Arithmetik im *TLP* kann abschließend auf den Punkt gebracht werden, wenn wir uns der Analogie von Tautologien und Gleichungen noch einmal auf eine etwas andere Weise nähern: Aufgrund der Tatsache, dass Wittgenstein zufolge die numerischen Bestimmungen in einer angemessenen Darstellung eines Satzes bereits ohne weitere Hilfsmittel erkennbar sind, kann er es letztlich vermeiden, Gleichungen *überhaupt* als Prämissen in Inferenzen zu verwenden, in denen Schlüsse über numerische Bestimmungen gezogen werden. Denn alles für derartige Schlussfolgerungen Notwendige gelangt bereits in den nicht-arithmetischen Sätzen zur Darstellung. Das Modell ist hier das Gleiche wie oben, als die logischen Relationen zwischen Sätzen aufgrund ihrer formalen Eigenschaften ohne Rückgriff auf vermittelnde logische Wahrheiten bestimmt wurden. Vor diesem Hintergrund sollte ersichtlich werden, dass unser Umgehen mit arithmetischen Gleichungen der Konzeption des Buches gemäß immer nur im Ausgang von der basalen Rolle inhaltlicher Sätze verstanden werden kann. Michael Kremer beschreibt die somit deutlich werdende Hierarchie zwischen umgangssprachlichen und arithmetischen Zahlangaben mit folgenden Worten:

> „In a very real sense, the '15' in '15x9=135' only has meaning in the context of such propositions as 'I will give $15 to each of nine grandchildren' – our capacity to treat it as meaningful in the context of the equation is parasitic on the way in which we use that equation as a guide to inference involving real propositions."[5]

---

[5] Kremer (2002, S. 296).

Das heißt jedoch nicht, dass Wittgenstein mit seiner Klassifikation arithmetischer Sätze als Scheinsätze dafür plädieren will, dass diesen Sätzen *überhaupt keine* Funktion in unseren kommunikativen Praktiken zukommt (gleiches gilt ja auch für die Sätze der Logik) – vielmehr können sie durchaus von heuristischem Wert sein, da sie uns sonst sehr komplexe sprachliche Strukturen leichter handhabbar machen. Obwohl derartige Sätze also genau genommen keine Funktion in einem angemessenen Symbolismus einnehmen, sind sie dennoch vonnöten als „Behelfe der Darstellung" (4.242), die es uns erlauben, bestimmte Aspekte unseres Symbolismus leicht zu handhaben, die uns unabhängig von den mit ihnen verbundenen Vereinfachungen unter Umständen nur schwer zugänglich sind.

Obwohl Wittgensteins Aussagen es also zwar nahe legen, dass nicht allein die linguistischen Entitäten, die den rigiden Kriterien des *TLP* gemäß als Sätze bezeichnet werden dürfen, eine Funktion für unser Denken und sprachliches Handeln besitzen, so scheint er dennoch gerade bezüglich logischer und arithmetischer Sätze Wert darauf zu legen, dass die unter Umständen zentrale Rolle, die sie in bestimmten Teilen unserer Sprache ausfüllen, *allein* vor dem Hintergrund der basalen Sprachpraktiken verständlich wird, aus denen sie hervorgegangen sind. Dass den alltäglichen Inferenzen ein Vorrang einzuräumen ist und die sie scheinbar begründenden mathematischen und logischen Aussagen nur als Beitrag zu deren leichterer Abwicklung zu verstehen sind, wird in Satz 6.211 sehr deutlich:

> „Im Leben ist es ja nie der mathematische Satz, den wir brauchen, sondern wir benützen den mathematischen Satz nur, um aus Sätzen, welche nicht der Mathematik angehören, auf andere zu schließen, welche gleichfalls nicht der Mathematik angehören."

Wenn man Wittgenstein aber wie hier vorgeschlagen zudem so versteht, dass der ‚Umweg' über die Mathematik prinzipiell immer vermeidbar ist, dann gibt sich insgesamt eine Konzeption der Arithmetik zu erkennen, die wir bereits bei Frege aufgespürt hatten: Nicht allein müssen wir die Arithmetik ganz konsequent von ihren Anwendungen aus verstehen, um sie nicht misszuverstehen. Sondern wir müssen zusätzlich feststellen, dass diese Anwendungen einer *eigenständigen* Arithmetik genau genommen gar nicht bedürfen; dann nämlich wird letztlich erkennbar, dass auch im *TLP* eine Rekonstruktion der Arithmetik im Sinne einer *konservativen* Erweiterung basaler sprachlicher Praktiken im Mittelpunkt steht.

Vor diesem Hintergrund wird zudem deutlich, dass sich die Philosophie der Arithmetik im *TLP* tatsächlich sehr natürlich auch auf andere Gebiete der Mathematik ausdehnen lässt, in dem Versuch nämlich, auch bezüglich dieser Gebiete ihren Anwendungen ein Primat einzuräumen. Dass genau dieser Versuch im Zentrum von Wittgensteins späteren Überlegungen zur Mathematik steht, soll im folgenden § gezeigt werden.

§ II. Der Anwendungsbegriff in Wittgensteins später Philosophie

Zu Rolle und Gehalt des Anwendungsbegriffs in Wittgensteins späteren Überlegungen zur Mathematik ist erst einmal zu bemerken, dass in diesen Überlegungen nicht vieles deutlicher ist als der absolut exponierte Status, der den Anwendungen in der Bedeutungsbestimmung mathematischer Begriffe zugesprochen wird. Wie in der frühen Philosophie wird hier die Meinung vertreten, dass wir das, was wir Mathematik nennen, nicht adäquat anhand einer Beschäftigung *allein* mit mathematischen Sätzen verstehen können.

In der Spätphilosophie findet diese These ihren vielleicht prägnantesten Ausdruck in dem Beharren darauf, dass die Anwendungen, die wir von mathematischen Sätzen in den unterschiedlichsten sprachlichen Zusammenhängen machen, *wesentlich* sind, um sie verstehen zu können: „Wenn man sagt: ‚es muss der Mathematik wesentlich sein, dass sie angewandt werden kann', so meint man damit, dass diese Anwend*barkeit* nicht die eines Stückes Holz ist, von dem ich sage ‚das werde ich zu dem und dem anwenden können'."[6] Kleiden wir diese Idee in etwas andere Worte erkennen wir, dass uns an dieser Stelle eine bereits geläufige Argumentation begegnet: Das Stück Holz würde das Gleiche bleiben, auch wenn es bestimmte Verwendungsweisen nicht zuließe, die mathematischen Sätze hingegen wären nicht länger dieselben, wenn sie entweder andere Anwendungen zuließen oder sogar losgelöst von jeder Verwendung gegeben wären, sprich die Relation von mathematischem Satz und Anwendung ist eine *interne*.

Wenn aber den mathematischen Sätzen ihre Anwendungen wesentlich sind, dann führt Wittgensteins Position damit scheinbar zu der unliebsamen Konsequenz, dass die Teile der Mathematik, für die uns keine Anwendungen bekannt sind, gar nicht aus *mathematischen* Sätzen bestehen, sondern allenfalls aus bedeutungsfreien ‚Zeichenspielen'. Diese in jeder Hinsicht unbefriedigende Folgerung resultiert jedoch allein dann aus Wittgensteins Überlegungen, wenn man die Deutung des Anwendungsbegriffs zugrunde legt, die sich im *TLP* und in der so genannten ‚Übergangsperiode' seines Denkens findet, der auch das zuletzt angegebene Zitat entstammt: Anwendung heißt hier immer Herausstellung inferentieller Relationen zwischen empirisch gehaltvollen Sätzen. Und obwohl die folgenden Überlegungen nicht so verstanden werden sollten, dass dieser Anwendungsbegriff beim späten Wittgenstein überhaupt keine Rolle mehr spielt, so kann doch allein die jetzt zu erläuternde Ausweitung des Anwendungsbegriffs im Spätwerk erklären, warum dem späten Wittgenstein zufolge auch ‚unangewandte' Teile der Mathematik gleichwohl Mathematik sind.

Die Differenz des frühen und späten Anwendungsbegriffs lässt sich sehr gut anhand der oben beschriebenen unterschiedlichen Deutung beschreiben, die dem Satzbegriff in Früh- und Spätphilosophie zugesprochen wird. Rückblickend kann man die Konzeption des *TLP* so beschreiben, dass hier auf einer rigorosen Unterscheidung zwischen einer Menge ‚eigentlicher' die empirische Welt abbildender Sätze und einer ganzen Reihe von ‚Hilfskonstruktionen' beharrt wird.

---

[6] Wittgenstein (1984d, S. 319).

Diese Annahme induziert eine fundierende Beziehung zwischen der basalen und letztlich prinzipiell auch *ohne Bezugnahme auf diese Hilfskonstruktionen verständlichen* Menge von Sätzen und eben diesen ‚Abkürzungen', die genau genommen allein als Artefakte unseres spezifischen symbolischen Umgangs mit den eigentlichen Sätzen zu verstehen sind.

Wittgensteins spätere Ablehnung jeder Form einer Hierarchisierung von Satzarten stellt eine Ausweitung der wesentlichen Auszeichnung dieser Hilfskonstruktionen auf *alle* Sätze dar, dass also die Rollen, die sie in unseren kommunikativen Praktiken besitzen, für sämtliche Sätze eng mit den Möglichkeiten verbunden sind, wie wir mittels ihrer auf andere Satzarten und sprachliche Interaktionen einwirken und diese vereinfachen können. Mit anderen Worten geht Wittgenstein in seiner Spätphilosophie nicht länger von den empirischen Sätzen als basal in der Hinsicht aus, dass wir sie verstehen können, ohne ihre Interaktion mit anderen Satzarten zumindest partiell zu kennen. Wenn in diesem späteren Ansatz also großer Wert auf eine *Gleichrangigkeit* verschiedener Satzarten gelegt wird, dann weil Wittgenstein zu der Einsicht gelangt ist, dass unsere Sprache *prinzipiell* als eine Gemengelage unterschiedlicher Satzarten gegeben ist. Wie oben gesehen wirkt sich diese Umstellung auf die Arbeit der Philosophie darin aus, dass deren Aufgabe nicht länger allein mit Klärung und Analyse einer bestimmten Menge von Sätzen identifiziert wird, vielmehr geht es nun um Klärungen innerhalb einzelner ‚diskursiver Szenarien', in denen jeweils Sätze ganz unterschiedlicher Art mit nichtsprachlichen Praktiken interagieren.

Die Differenz des frühen und späten Anwendungsbegriffs tritt vor diesem Hintergrund deutlich hervor: Der frühen Philosophie zufolge kann man sich nach der Anwendbarkeit der arithmetischen Sätze fragen *ohne andere Parameter zu kennen*. Ausgehend von der Spätphilosophie jedoch ist zur Beantwortung dieser Frage die Kenntnis mindestens eines weiteren Parameters erforderlich, und zwar muss das ‚diskursive Szenario' festgelegt sein, in Bezug auf das die Anwendungsmöglichkeiten einer Theorie – sprich die durch deren Benutzung in diesem Fall erreichbaren Ziele – ausgelotet werden sollen.

Diese Ausweitung des Anwendungsbegriffs birgt die Möglichkeit, auch bezüglich mathematischer Theorien, die wir bislang nirgendwo in unserem Umgang mit der observierbaren Welt anwenden, von ‚Anwendungen' zu sprechen. Diese Sätze besitzen nämlich sehr wohl Anwendungen, aber im Extremfall nur *innerhalb der Mathematik*: Es liegt ja in der Natur der Sache, dass sich für jeden mathematischen Begriff ein mathematischer Diskurs angeben lässt, in dem dieser Begriff tatsächlich zum Erreichen eines bestimmten Ziels zum Einsatz kommt.

Wie drastisch der Anwendungsbegriff hier tatsächlich ausgeweitet wird, kann vielleicht am ehesten durch den Hinweis verdeutlicht werden, dass nach der gegebenen Darstellung eine Anwendung auf empirisch gehaltvolle Sätze nicht einmal mehr *mittelbar* relevant für den dargestellten Anwendungsbegriff ist. Eine solche mittelbare Rechtfertigung wäre etwa der Nachweis, dass die Axiome großer Kardinalzahlen Auswirkungen auf die Maßtheorie besitzen und somit die Tatsache, dass letztere in der Tat in bestimmten Bereichen unserer empirischen

Weltbeschreibung zum Einsatz kommen, die mittelbaren Auswirkungen solcher Axiome für diese Beschreibungen unter Beweis stellt. So wie hier der Anwendungsbegriff des späten Wittgenstein interpretiert wird bedürfen wir nicht einmal einer solchen Herleitung, um diese Axiome als ‚angewandt' zu verstehen, es reicht stattdessen aus, dass etwa in einem diskursiven Szenario, in dem möglichst viele Ismorphietypen unterschieden werden sollen, diese Axiome eine Verwendung besitzen.

Es gewinnt an dieser Stelle den Anschein, als wäre der Anwendungsbegriff hier zwar noch hilfreich als Hinweis darauf, dass Sätze nicht für sich stehend, sondern immer eingebettet in umfassendere Netze zu bewerten sind, aber gleichwohl scheint er doch nahezu jeder differenzierenden Kraft beraubt zu sein. Denn in dem vorgestellten schwachen Sinn können wir jeden Begriff als ‚angewandten' kennzeichnen, auch wenn die diskursiven Szenarien, anhand derer wir die Anwendungen aufweisen können, oftmals exzentrisch wirken dürften.

Zwar scheint mir dieses vollkommen liberale Vorgehen, in dem keinerlei Hierarchisierung diskursiver Szenarien angelegt ist, tatsächlich dasjenige des späten Wittgensteins zu sein, aber die zuletzt dargestellte Reaktion auf das Anwendungsverständnis des späten Wittgenstein liegt darin doch falsch, dass sie eine Stärke dieser Konzeption konsequent verkennt, die in gewissem Sinn gerade die Kehrseite des bis zur Unkenntlichkeit abgeschwächten Anwendungsbegriffs ausmacht. Genau genommen nämlich sind die letzten Überlegungen so zu verstehen, dass Wittgenstein überhaupt nicht länger von *einem* Begriff der Anwendung ausgeht, vielmehr ist die Angewandtheit eines Begriffs tatsächlich immer nur relativ zu dem jeweils betrachteten Sprachspiel zu begreifen. Und die eben angedeutete Stärke des Begriffs liegt in der somit deutlich werdenden Abgrenzung dieser Sprachspiele in zumindest der Hinsicht, dass uns die Anwendungen eines Begriffs in einem Sprachspiel keinen sicheren Boden bieten, um auf seine Anwendungen *in anderen* schließen zu dürfen.

Betrachten wir zur Verdeutlichung der Stärke der Konzeption eines der Beispiele, an dem Wittgenstein zu zeigen versucht, dass derartige Schlüsse in der Tat Anlass zu vielfältigen Missverständnissen sein können, das Verhältnis finiter und transfiniter Kardinalzahlen. Hierzu heißt es in den *BGM*:

> „Eine interessante Frage ist: Welchen Zusammenhang hat $\aleph_0$ mit den Kardinalzahlen, deren Zahl es sein soll? (...) Es ist hier wichtig, das Verhältnis zwischen einer Reihe im nicht-mathematischen und einer im mathematischen Sinn zu erfassen. (...) Wir haben also eine Klasse ‚endlose Folge' und äquivalent mit diesem Ausdruck ein Wort, dessen Grammatik (eine gewisse) Ähnlichkeit mit der eines Zahlwortes hat: ‚Endlos' oder ‚$\aleph_0$'. Dies hängt damit zusammen, dass wir unter den Kalkülen der Mathematik eine Technik haben, die wir mit gewissem Recht ‚1-1 Zuordnung der Glieder zweier endloser Folgen' nennen können (...). Daraus aber, dass wir Verwendung für eine *Art* von Zahlwörtern haben, (...) folgt nicht, dass wir *hier* irgend eine Verwendung für etwas zahlwort-ähnliches haben." (II, 38)

Wittgenstein will also selbstverständlich nicht abstreiten, dass es bestimmte innermathematische Analogien gibt zwischen der Konstruktion finiter Kardinalzahlen und der transfiniter, aber er will sehr wohl darauf hinweisen, dass man sich von dieser Analogie dann in die Irre führen lässt, wenn man aus dieser rein mathematischen Analogie darauf schließt, wie das ‚potentielle' Anwendungsgebiet von Cantors Alephs außerhalb der Mathematik gestaltet sein müsste. Sein Misstrauen gilt der Konzeption, der zufolge durch die innermathematischen Analogien bereits gewissermaßen der Platz bereitet ist, den die transfiniten Kardinalzahlen dann bei Bedarf in anderen diskursiven Szenarien ausfüllen können, was in folgender Bemerkung aus den ‚Lectures on the Foundations of Mathematics' (im Folgenden kurz *LFM*) deutlich erkennbar wird: „This is a ghastly misunderstanding. The idea which you get is that the transfinite cardinals *are* not yet applied, and that if they were, they would have to be applied to something we can't reach."[7] Man sollte also Wittgenstein zufolge gerade nicht aus korrespondierenden Begriffsentwicklungen innerhalb der Mathematik auf korrespondierende Anwendungen in anderen diskursiven Szenarien schließen. Wenn wir stattdessen unseren Ausgangspunkt in einem diskursiven Szenario wählen, in dem es um das Abzählen kausal zugänglicher Gegenstände geht, dann ist klar, dass allein die mathematische Analogie nicht hinreicht um zu erklären, auf welche Weise wir die Alephs einsetzen könnten, um ein solches Ziel zu erreichen – und die Unklarheit ihrer Anwendung in einem solchen Zusammenhang ist es, auf die er hinweist mit den Worten, dass es allenfalls um etwas gehen könnte, ‚das wir nicht erreichen können.'

> "The point is that Frege hasn't told us what has the number endless. You were led to think that probably if it were used at all it would be used for an immense collection of things. 'The number of cardinal numbers' looks like ‚the number of a row of trees' – whereas we use it in sentences like 'Jackie already knows endless (or $\aleph_0$) multiplications.' (...) But you can't then say 'Give me $\aleph_0$ shillings'; this would not mean anything."[8]

Die Ähnlichkeit bestimmter Begriffe in einer sprachlichen Situation besitzt also ihren primären Prüfstein in den Zielen, die mit diesen Begriffen in diesem Zusammenhang erreichbar sind, bestehende Ähnlichkeiten zwischen diesen Begriffen in unterschiedlichen Diskursen sollten dagegen nicht als unmittelbar ausschlaggebend betrachtet werden. Dass er somit bezüglich ganz konkreter Sprachsituation immer wieder die Frage aufdrängt, ob wir *in diesen Situationen* tatsächlich wissen, wie ein bestimmter Begriff anzuwenden ist, darin besteht die Stärke von Wittgensteins späterem Anwendungsbegriff.

Zusammenfassend kann man an dieser Stelle also festhalten, dass sich in jeder Phase von Wittgensteins Philosophie eine deutliche Betonung der Wichtigkeit von Anwendungen für mathematische Sätze finden lässt. Die mit dieser Betonung aber verbundenen restriktiven Tendenzen werden in der Spätphilosophie dadurch abgeschwächt, dass hier als Anwendung nicht mehr nur die Herausstellung inferentieller Relationen zwischen empirisch gehaltvollen Begriffen berück-

[7] Wittgenstein (1976, S. 169).
[8] Ebd.

sichtigt wird. Gerade die letzten Ausführungen dürften zudem erkennbar werden lassen, dass mit Wittgensteins Überlegungen ein Versuch nur schwerlich vereinbar ist, *alle möglichen* Anwendungen eines in vielen unterschiedlichen Situationen verwendeten Begriffs aus dessen Definition in einem bestimmten Sprachspiel herleiten zu wollen. Denn zumindest müsste für das Gelingen eines solchen Versuchs sichergestellt sein, dass in der Tat alle Besonderheiten, welche die Anwendung des Begriffs in noch so abseitigen Sprachspielen prägen, in dieser Definition berücksichtigt werden. Gerade Wittgensteins Aussagen zur unüberschaubaren Vielgestaltigkeit sprachlicher Szenarien legen also eine gewisse Skepsis nahe, ob er einen solchen Versuch für Gewinn bringend befunden hätte. Dass dieser Versuch hier überhaupt Erwähnung findet, hat seinen Grund darin, dass die in ihm vernehmbare Idee einer Grundlegung aller denkbaren Anwendungen bezogen auf die Arithmetik just die Triebfeder von Freges logizistischem Projekt ausmacht. Es scheint also, als gäben sich deutliche Differenzen beider Ansätze zu erkennen, obwohl auf den ersten Blick wohl eher die Übereinstimmung beider in ihrer Betonung der Wichtigkeit der Anwendungen ins Auge fallen mag – zumal sie an dieser Stelle sogar noch identische Formulierungen wählen, dass es nämlich erst ihre Anwendungen sind, die uns die Mathematik von einem reinen Spiel zu unterscheiden erlauben.[9] Versuchen wir an dieser Stelle also eine abschließende Charakterisierung von Wittgensteins späten Überlegungen zum Anwendungsbegriff anhand einer Verhältnisbestimmung zu den entsprechenden Thesen Freges.

Wittgensteins deutliche Ablehnung der Position Freges hängt damit zusammen, dass letzterer den Anschein zu erwecken versucht, als könnte er eine ‚Grundlage' aller Anwendungen der Arithmetik bereitstellen, ohne hierzu von den konkreten Anwendungen seinen Ausgang nehmen zu müssen. Um die logizistische Grundlegung der Arithmetik und damit ihre Anwendbarkeit auf ‚alles Denkbare' verstehen zu können, muss man sich Frege zufolge allein über die Wahrheit der Axiome und die wahrheitserhaltende Kraft der Schlussregeln Klarheit verschaffen, den Rest leistet die Theorie: „Die Zurückführung der Arithmetik auf symbolische Logik soll die Applikation der Arithmetik zeigen; gleichsam das Ansatzstück, mit welchem sie an ihrer Anwendung angebracht ist. (...) Die Rechnung sorgt [aber] für ihre eigene Anwendung." (III, 4) Es geht selbstverständlich nicht um die ‚formale' Korrektheit der logizistischen Rekonstruktion, sondern es geht darum, dass sie verschleiert, dass sie als Rekonstruktion *unserer Anwendungen der Arithmetik* erst erkennbar wird vor dem Hintergrund dieser Anwendungen: Viele Elemente unseres Umgangs mit Zahlen, die im Zusammenhang alltäglicher arithmetischer Praktiken verständlich sind, erscheinen im Rahmen dieser Theorie allein als Artefakte des Systems und entbehren einer inneren Notwendigkeit, wie etwa die Tatsache, dass wir Dinge allein dann zu zählen bereit sind, wenn wir sie hinreichend gut voneinander unterscheiden können. Freges naheliegender Einwand, dass dies bereits aufgrund unseres Gegenstands-

---

[9] Vgl. oben S. 127f. und Wittgenstein (2000, S. 357ff.).

begriffs sichergestellt ist, würde hier eine ähnliche Replik erfahren wie das logizistische Programm, dass nämlich beide dem Versuch entspringen, eine umfassende und einheitliche Theorie unserer sprachlichen Praktiken auf Kosten der Besonderheiten konkreter Sprachsituationen zu gestalten, in denen wir oft durchaus singuläre Terme verwenden, obwohl wir für deren Bedeutungen über keine hinreichenden Identitätskriterien verfügen. Wittgenstein will demnach zwar nicht in Abrede stellen, dass es möglich ist, die verschiedensten mathematischen Begriffe innerhalb eines solchen Systems zu definieren, aber gleichwohl übersehen wir ihm zufolge etwas, wenn wir Russell und Frege in der Annahme folgen, dass alles, was über die Anwendungen einer bestimmten mathematischen Theorie zu sagen nötig ist, bereits dann angemessen ausgeführt ist, wenn allein deren Herleitung aus den logischen Grundlagen zu Genüge verdeutlicht wurde.

Zusätzlich zu diesem Problem bemerkt Wittgenstein zwar auch dasjenige, dass eine logizistische Position dem oben dargestellten Missverständnis Tür und Tor öffnet, ausgehend von der ähnlichen logischen Konstruktion finiter und transfiniter Kardinalzahlen die Meinung zu gewinnen, die Anwendungen letzterer bereits vorbereitet zu haben. Beide Probleme sollen hier aber nicht eingehend diskutiert werden, und zwar weil sie für Wittgenstein bei weitem nicht die gewichtigsten Probleme des Logizismus darstellen. Dessen wohl dringlichstes Problem besteht stattdessen darin, dass die Zurückführung der gesamten Mathematik auf *eine* logische Basistheorie der Gestalt unserer zeitgenössischen Mathematik darin nicht Rechnung tragen könnte, dass diese gerade durch eine Vielzahl ganz unterschiedlicher Techniken charakterisiert ist. Seinem Plädoyer dafür, diese Vielgestaltigkeit stattdessen absolut ernst zu nehmen und den damit eng zusammenhängenden Ausführungen zu *wesentlich* verschiedenen begrifflichen Techniken innerhalb der Mathematik soll daher ein eigener § gewidmet werden, zumal so auch näher geklärt werden kann, wann ein Begriff Wittgenstein zufolge innerhalb der Mathematik ‚angewandt' wird.

§ III. Aspekte der Norm: Beweis und logische Notwendigkeit

Um einen Zugang zu Wittgensteins Überlegungen zu den begrifflichen Praktiken innerhalb der Mathematik zu gewinnen, wird es sich als hilfreich erweisen, von einer weiteren Facette seiner Logizismuskritik auszugehen, und zwar seiner Beschäftigung mit dem für die Rückführungen der Arithmetik auf Logik zentralen Begriff der *Definition*.

Der Definitionsbegriff in Wittgensteins später Philosophie

Hierzu schreibt er Folgendes: „The idea that a definition is an abbreviation is misleading all through mathematics."[10] Die kritisierte Idee ist so auszubuchstabieren, dass die Verschiedenheit der Formen von Definiens und Definiendum der Identität ihres begrifflichen Gehalts nicht in die Quere kommen könnte, weil Identität und Differenz hier auf strikt zu unterscheidenden Ebenen verortet

[10] Wittgenstein (1976, S. 33).

sind: Verschiedenheit der linguistischen Hülle bei gleichzeitiger Identität des konzeptionellen Gehalts. Wittgenstein zufolge stellt jedoch diese strikte Trennbarkeit ein Missverständnis dar: „It is immensly important to realize that definitions join two quite different techniques."[11] Selbstverständlich bildet nicht jede Definition einen Brückenschlag zwischen ‚ganz unterschiedlichen Techniken', aber Wittgensteins provokante Worte scheinen so gewählt, um mit Nachdruck darauf hinzuweisen, dass mit der Annahme, jemand, der mit speziellen mathematischen ‚Techniken' arbeitet, tue im Kern das Gleiche wie jemand, der die äquivalenten logischen Konstruktionen benutzt, bereits ein bestimmtes Bild der Mathematik verbunden ist, und zwar eines, in dem die konkreten linguistischen Praktiken *verschiedener* mathematischer Felder zugunsten vermeintlich identischer Bedeutungen bestimmter in ihnen behandelter Begriffe aus dem Blick fallen. Bezogen auf den Logizismus will Wittgenstein also vor der Meinung warnen, mit der Definierbarkeit der zentralen Begriffe einer mathematischen Theorie im Rahmen der Logik wäre bereits alles Wesentliche über die begrifflichen Praktiken derart ‚reduzierbarer' Theorien gesagt: „Ich möchte sagen: Russells Begründung der Mathematik schiebt die Einführung neuer Techniken hinaus, – bis man endlich glaubt, sie sei gar nicht mehr nötig." (III, 46)

Wittgenstein will kurzum die These problematisieren, dass in Definiens und Definiendum *alles Entscheidende identisch ist.* Was entscheidend und dennoch unter Umständen ungleich sein soll bestimmt das Zitat des Weiteren als ‚Techniken'. Den Anfang einer Explikation des Begriffs einer solchen mathematischen Technik erhalten wir in folgender Bemerkung, in der der Definitionsbegriff zu einem bereits geläufigen ins Verhältnis gesetzt wird: „‚Es ist nur eine andere Schreibweise.' Wo hört es auf – bloß eine andere Schreibweise zu sein? Nicht dort: wo nur die eine Schreibweise und nicht die andere so und so verwendet werden kann?" (III, 47) Verschiedenheit der Techniken scheint also einer Verschiedenheit der Anwendungen eng zu korrespondieren, aber auch dies hilft an dieser Stelle nicht allzu viel weiter, denn zumindest Wittgensteins Verständnis von Begriffsanwendungen *innerhalb der Mathematik*, die ja die Entsprechungen *mathematischer* Techniken wären, ist bislang ebenso wenig klar wie sein Verständnis dieser Techniken selbst.

Trotz der verbliebenen Unklarheiten sollten diese einleitenden Überlegungen folgendes verdeutlicht haben: Wittgenstein widersetzt sich jeder vereinheitlichenden und reduktionistischen Rekonstruktion der Mathematik. Wie wichtig ihm diese These ist, wird besonders in dem wohl meist zitierten ‚Slogan' seiner späten Philosophie der Mathematik deutlich, dass er „die Buntheit der Mathematik erklären" will. (III, 48) Spätestens bei der doch recht ungreifbaren Metapher der ‚Buntheit' scheint er dann aber die Notwendigkeit erkannt zu haben, etwas genauer zu explizieren, was es mit ihr denn auf sich hat: „Ich möchte sagen: Die Mathematik ist ein *buntes Gemisch* von Beweistechniken. – Und darauf beruht ihre mannigfache Anwendbarkeit und ihre Wichtigkeit." (III, 46) Auffällig ist,

---

[11] Ebd. S. 43.

dass hier sämtliche der eben noch als ungeklärt angeführten Begriffe auftauchen – und tatsächlich soll im Laufe dieses § allem voran gezeigt werden, dass es gerade Wittgensteins Verständnis des *Beweisbegriffs* ist, an dem sich seine Thesen zur wesentlichen Differenz verschiedener mathematischer Techniken und zu den innermathematischen Anwendungen von Begriffen kreuzen und die insgesamt seine Überlegungen zu begrifflichen Praktiken der ‚Innenwelt' der Mathematik am genauesten zu verstehen erlauben.

Zur Funktion der Beweise in der Mathematik

Eine notwendige Vorarbeit, um Wittgensteins Beweisbegriff rekonstruieren zu können, besteht in einer Klärung des Status mathematischer *Sätze*, dem Medium also, in dem Beweise ausgeführt werden. Deren Auszeichnung ist vor dem Hintergrund des bislang Ausgeführten wenig verwunderlich: „Bedenken wir, wir werden in der Mathematik von *grammatischen* Sätzen überzeugt (...)." (III, 26) Oder auch: „You might say: Mathematics and logic are part of the *apparatus* of language, not part of the application of language."[12] Anstatt nochmals auf den Grammatikbegriff einzugehen soll hier kurz auf die ausnahmsweise einmal offensichtliche *Nähe* der Auszeichnung zu der des Logizismus hingewiesen werden: „*Das* ist wahr daran, dass Mathematik Logik ist: sie bewegt sich in den Regeln unserer Sprache." (I, 165)

Wittgensteins Bestimmung mathematischer Sätze als solche der Grammatik ist auch ein wichtiger Aspekt seines Beharrens auf einer kategorischen Trennung zwischen der auf Erfahrung gründenden Verifikation eines empirischen Satzes und der durch einen Beweis erbrachten Verifikation eines mathematischen Satzes: „Nichts ist verhängnisvoller für das philosophische Verständnis, als die Auffassung von Beweis und Erfahrung als zweier verschiedener, *also doch vergleichbarer* Verifikationsmethoden."[13] Dass er an dieser Stelle aber auf eine so drastische Formulierung zurückgreift, lässt bereits erahnen, dass es um mehr geht als um die Differenz Grammatik/Erfahrungssätze. Wittgenstein will in der Tat stattdessen darauf hinaus, dass wir die Funktion von Beweisen konsequent missverstehen, wenn wir sie überhaupt primär als *Verifikationen von Sätzen* ansehen. Ihre Funktion verstehen wir ihm zufolge weitaus besser, wenn wir sie als *Bestimmungen von Begriffen* betrachten.

> „Inwiefern kann man sagen, ein Satz der Arithmetik gebe uns einen Begriff? Nun, deuten wir ihn nicht als Satz, als Entscheidung einer Frage, sondern als eine, irgendwie anerkannte, Verbindung von Begriffen. Das gleichgesetzte 25^2 und 625 gibt mir nun, könnte man sagen, einen neuen Begriff. Und der Beweis zeigt, was es mit dieser Gleichheit für eine Bewandtnis hat." (VII, 70)

Der Beweis koppelt bereits bekannte Begriffe und bildet einen neuen, der unsere Möglichkeiten erweitert, Verhältnisse zwischen anderen Begriffen, mathematischen wie nicht-mathematischen, zu evaluieren. An dieser Stelle wird auch das

[12] Wittgenstein (1976, S. 250).

[13] Wittgenstein (1984d, S. 361). Hervorhebung hinzugefügt.

Verhältnis von Beweis und *Anwendung* offenkundig: Die Beweise zeigen mögliche Anwendungen der Begriffe, in dem sie sie mit anderen Begriffen vernetzen und so verdeutlichen, welche Eigenschaften der alten Begriffe mit dem neuen Begriff bestimmt werden können. „Die Beweise ordnen die Sätze. Sie geben ihnen Zusammenhang.“ (VI, 1) Aufgrund dieser Funktion der Beweise wird zudem das Verhältnis der Beweise zur Bedeutung mathematischer Begriffe erkennbar: Die Beweise ordnen die Sätze, die Ordnung der Sätze zeigt die inferentiellen Verhältnisse der Begriffe untereinander, die wie oben nachgewiesen für Wittgenstein eng mit deren Bedeutungen zusammenhängen.

Wohlgemerkt zweifelt Wittgenstein nicht *daran*, dass am Ende eines Beweises ein Satz steht, aber er will zeigen, dass eine Erklärung der *Funktion* von Beweisen zu kurz greift, die in ihnen allein Verifikationen von Sätzen vermutet. Wenn wir jetzt seinen Gegenvorschlag präzisieren, fassen wir damit gleichzeitig die bisherigen Ergebnisse zusammen und fixieren den Fragehorizont der folgenden Überlegungen: Er versteht die begrifflichen Praktiken der Mathematik als die Fortentwicklung eines bestimmten Bestandteils unseres linguistischen Repertoires, der seine Spezifik darin hat, dass die Bedeutungen seiner Begriffe vornehmlich im Rahmen von Beweisen fixiert werden. Wollen wir diese Deutung der mathematischen Praktiken genauer verstehen sind vornehmlich die Akzeptanzkriterien von Beweisen zu klären, wann wir also einen mathematischen Begriff als hinreichend gesichert anerkennen. Hauptsächlich diese Frage also gilt es in diesem § noch zu beantworten.

Um jedoch an dieser Stelle Wittgensteins Überlegungen nicht zu verfehlen, ist besonderer Nachdruck darauf zu legen, dass in den letzten Ausführungen nicht davon gesprochen wurde, dass die Bedeutung mathematischer Begriffe *vollständig und ausschließlich* in Beweisen fixiert wird. Obwohl Wittgenstein nämlich Wert auf die Feststellung legt, dass es für das Sprachspiel der Mathematik insgesamt wesentlich ist, dass in ihm Beweise vorkommen, so folgt doch aus seiner Aussage, dass man einen noch unbewiesenen mathematischen Satz in einem bestimmten Sinn sehr wohl *glauben* kann (vgl. z.B. I, 110), dass wir in der Mathematik mitnichten jede unbewiesene Äußerung als Unsinn abtun müssen. Wie wichtig ihm aber eine Klärung unseres Verhältnisses zu unbewiesenen Sätzen tatsächlich ist, wird erst anhand seines Erklärungsversuchs deutlich, warum man sehr wohl nach dem Beweis eines Satzes suchen und ihn damit als einen sinnvollen Satz akzeptieren kann, von dem sich im Nachhinein zeigt, dass er *prinzipiell* unbeweisbar ist. Dieser Versuch findet sich hauptsächlich in seiner Auseinandersetzung mit der Suche nach der Dreiteilung des Winkels:

> „‚Den hast du gesucht? Du konntest ja nicht einmal wissen, ob er da ist!' – Dieses Problem aber entsteht wirklich beim Suchen in der Mathematik. Man kann z.B. die Frage stellen: Wie war es möglich, nach der Dreiteilung des Winkels auch nur zu *suchen*?“ (§ 463)

Derartige ‚Unmöglichkeitsresultate' allerdings besitzen neben ihrer Funktion zu zeigen, dass man sich in der Mathematik sehr wohl sinnvoll mit unbewiesenen, ja sogar mit unbeweisbaren Sätzen auseinandersetzen kann, noch eine weitere wichtige Funktion für Wittgensteins spätere Philosophie der Mathematik. Ihre Beweise nämlich sind mit den Mitteln der Systeme, bezüglich der die Unmöglichkeit nachgewiesen werden soll, unausführbar, vielmehr muss in dem Beweis erst einmal ein neues System eingeführt werden, in dem dann etwas *über* die Möglichkeiten des Ausgangssystems bewiesen werden kann. Bereits in dieser rudimentären Beschreibung wird deutlich, dass in derartigen Beweisen die für Wittgenstein so wichtige Weiterentwicklung und Modifikation mathematischer Begriffssysteme in einer besonderen Weise zum Vorschein kommt. Die Besonderheit dieser Beweise hält er sogar für so aussagekräftig, dass er vor ihrem Hintergrund eine Unterscheidung zweier Beweistypen einführt, die für seine spätere Philosophie der Mathematik von größter Relevanz ist.

Systemimmanente und systemerzeugende Beweise

Stuart Shanker war wohl der erste Kommentator, der auf die Wichtigkeit dieser Unterscheidung aufmerksam gemacht hat,[14] auf deren einer Seite sich Konstruktionen befinden, die als *systemimmanente* Beweise bezeichnet werden können. In diesem Fall ist der Beweis die Bestimmung eines im Rahmen einer kanonischen Regelstruktur *prädeterminierten* Resultats – mit anderen Worten gehören alle für die Korrektheit des Resultats erforderlichen Sätze bereits zu den von unserer Sprachgemeinschaft akzeptierten Regeln. Auf der anderen Seite veranschlagt Wittgenstein eine Klasse von Beweisen, die man als *systemerzeugend* verstehen kann. In diesem Fall wird durch eine Verbindung bereits bekannter Systeme ein neues erzeugt, in dem es dann möglich ist, Ergebnisse zu erzielen, die allein im Rahmen der Ausgangssysteme noch ausgeschlossen sind. Dass ihm zufolge dieser zweite Beweistyp weitaus mehr Aufschluss über die Entstehung mathematischer Begriffssysteme geben kann wird etwa in folgender Formulierung erkennbar: „Die Entdeckung des Zusammenhangs zweier Systeme war nicht in einem Raum mit jenen beiden Systemen, und wäre sie in demselben Raum gewesen, so wäre es keine Entdeckung gewesen (sondern die Lösung einer Schulaufgabe).“[15] Sein mit Abstand meist diskutiertes Beispiel dieses Beweistyps ist der bereits erwähnte Beweis der Unmöglichkeit der Dreiteilung des Winkels. Dieser Beweis ist weder innerhalb der euklidischen Geometrie möglich noch in der Algebra. Erst das Erkennen, dass jede mögliche Konstruktion im ersten System eine Entsprechung im zweiten besitzt, ermöglicht es zu zeigen, dass keine Konstruktion im ersten System die Dreiteilung des Winkels liefern kann.[16]

---

[14] Vgl. Shanker (1987, S. 83).

[15] Wittgenstein (1984c, S. 187).

[16] Sicherlich wichtig ist dieser Beweis für Wittgenstein auch wegen seiner offensichtlichen Ähnlichkeit zu den zu seiner Zeit meist diskutierten Unmöglichkeitsresultaten, den Gödelschen Sätzen. Da hier jedoch wegen der erforderlichen Vorarbeiten keine Diskussion dieser Sätze angestrebt wird, sei an dieser Stelle nur auf die brillante Darstellung von Wittgensteins Betrachtungen zur Unmöglichkeit der Dreiteilungskonstruktion und ihrem Verhältnis zu den Resultaten Gödels bei Floyd (1995) verwiesen.

Fragt man sich nach dem Grund, aus dem heraus derartige Beweise Wittgensteins Aufmerksamkeit auf sich ziehen, so liegt es nahe, als ausschlaggebend zwei schwer vereinbare Momente derartiger Konstruktionen zu bestimmen: Erstens die Tatsache, dass wir uns mit ihnen im Medium der *grammatischen* Sätze befinden, bezüglich derer wir über kein unabhängiges Korrektheitskriterium verfügen. Dem steht zweitens entgegen, dass zur Genese eines solchen Beweises die bislang akzeptierten Regeln nicht ausreichen. Wir müssen in diesen Beweisen gerade über die kanonischen Regeln hinausgehen und zwar auf eine Weise, die wir als korrekt empfinden, um die Konstruktion als *Beweis* anzuerkennen. Dass mit der sich an dieser Stelle aufdrängenden Frage, was es heißen kann, von *grammatischen Innovationen* zu sprechen, tatsächlich ein schwerwiegendes Problem für Wittgensteins späte Philosophie verbunden ist, dürfte nach den bisherigen Ausführungen klar sein.

Tatsächlich wurde diese Frage von vielen Kommentatoren zur Gretchenfrage von Wittgensteins gesamter späterer Philosophie der Mathematik stilisiert: So folgert etwa Dummett[17] deren Unangemessenheit daraus, dass Wittgenstein *gerade keine* Möglichkeit besitzt, von systemerzeugenden Beweisen als von logisch folgerichtigen Beweisen zu sprechen. Wenn ihm zufolge nämlich unsere Erweiterungen sprachlicher Strukturen keinerlei prädeterminierter Ordnung rechenschaftspflichtig sind, dann heißt dies mit anderen Worten, dass er der völligen Willkür Tür und Tor öffnen müsse, denn in diesem Fall ist *jede beliebige* Erweiterung unserer Grammatik gleich richtig (oder eben gleich falsch), weil wir für keine einzige einen triftigen Grund anzugeben in der Lage sind. Aufgrund des beschriebenen Mangels an Begründungen für Erweiterungen unserer Regelstrukturen wäre Wittgenstein Dummett zufolge auf einen ‚Vollblutkonventionalismus'[18] festgelegt, in dem *jede* neue Regel allein per expliziter Entscheidung in die Grammatik aufgenommen werden könnte. Mit jeder solchen Erweiterung würden wir schlicht zu einem völlig neuen Spiel übergehen, da Wittgenstein keinen begrifflichen Rahmen zu akzeptieren gewillt ist, in dem ein solches Spiel noch als richtige oder falsche Erweiterung eines anderen nachgewiesen werden kann. Diese Interpretation weist im übrigen eine große Ähnlichkeit zu der oben (S. 260ff.) bereits angeführten Deutung Saul Kripkes auf, denn in beiden Fällen geht es primär um den Nachweis, dass für Wittgenstein die Abwesenheit von Fakten, die unser sprachliches Handeln begründen, im Mittelpunkt seiner späten Philosophie gestanden hat und dass der Ausgangspunkt seiner Untersuchungen daher eine Form des *Skeptizismus* ist, wie sie auch dem ‚Paradox des Regelfolgens' zugrunde liegt. Zwar sollte ohne weitere Argumentation einsichtig sein, dass die oben gegen die Argumentation Kripkes angeführten Bedenken zur Erklärung der Akzeptanzkriterien *systemimmanenter* Beweise bereits ausreichen. Da diese Erklärung aber die Normativität der Regeln gerade ausgehend von einer kanonischen Praxis expliziert, genügt sie nicht zur Bestimmung der Akzeptanzkriterien

---

[17] Vgl. Dummett (1964).

[18] Vgl. Ebd. S. 495.

systemerzeugender Beweise, denn an dieser Stelle besteht das Problem bezüglich der Akzeptanzkriterien *neuer* Regeln, die *per definitionem* noch keine solche Anwendung besitzen können. Die Kritik Dummetts macht also eine eigenständige Replik erforderlich; mit anderen Worten müssen wir klären, *ob sich Innovation und Normativität für Wittgenstein tatsächlich kategorisch ausschließen müssen.*

Grammatische Innovationen und logische Notwendigkeit

Obwohl die somit einzig noch offene Frage nach den Akzeptanzbedingungen neuer Regeln hier möglichst allgemein formuliert wurde, so soll sich die im Folgenden zu gebende Antwort doch erst einmal allein auf den Spezialfall systemerzeugender Beweise beschränken, und erst im Nachhinein soll eine Verallgemeinerung dieser Antwort versucht werden. Machen wir uns zu Beginn der Untersuchung noch einmal etwas genauer klar, warum es verkehrt wäre, die mit systemerzeugenden Beweisen verbundene Form der Innovativität anhand des Bilds verstehen zu wollen, das von systemimmanenten Beweisen nahe gelegt wird und wie folgt beschrieben werden kann: Das Suchen nach einem solchen Beweis kann als *systematisch* bezeichnet werden, weil man in diesem Fall nach und nach alle von einem grammatischen System eröffneten Möglichkeiten (also alle ‚sinnvollen Konstruktionen') befragen kann, ob sie das Benötigte auszuführen gestatten. Würde man dieses Bild in Bezug auf systemerzeugende Beweise anwenden, dann würde es sich so darstellen, dass wir zwar während unserer Suche nach dem Beweis noch keine Regelstruktur kennen, in der er ausführbar ist, aber wir uns in unserer Suche gleichwohl im Felde der *tatsächlich* zulässigen Möglichkeiten bewegen, deren Systematik wir dann nachträglich wiederum in einer expliziten Regelstruktur festhalten. Die hier zum Tragen kommende Verwechselung ist also die, vor der Wittgenstein in seinen Ausführungen zum Regelfolgen nicht müde wird zu warnen: dass die Grammatik unserer Sprache so betrachtet wird, *als könnten wir von den grammatischen Sätzen selbst unabhängige Korrektheitsbedingungen dieser Sätze angeben.* Aus Wittgensteins Konzeption folgt demnach, dass wir eine andere Deutung für die Normativität systemerzeugender Beweise finden müssen als die, auf eine präformierte Menge zulässiger Konstruktionen zu verweisen und zu zeigen, dass diese einen Beweis des fraglichen Theorems zulassen.

Es soll sich jetzt einer solchen anderen Deutung und damit einer Beantwortung der Frage nach den Akzeptanzbedingungen systemerzeugender Beweise zugewandt werden, und zwar ausgehend von einem Begriff, dessen Implikationen für die Philosophie der Mathematik nicht unbedingt auf der Hand liegen dürften, den Wittgenstein jedoch explizit im Zusammenhang mit Überlegungen zur Mathematik thematisiert. Gemeint ist der Begriff der *Überraschung.* Wie jetzt gezeigt werden soll sind seine Ausführungen zu diesem Begriff im zweiten Anhang des ersten Kapitels der *BGM* von absolut herausragender Relevanz für die hier zu beantwortende Frage. Diese Ausführungen werden eröffnet durch die These, dass mathematische Überraschungen *von einer völlig anderen Natur als die von Experimenten hervorgerufenen sind.* Das Überraschende eines Experiments erklärt Wittgenstein so, dass sein Resultat einen Einblick in ein empirisches Faktum liefert, das jedoch als unwahrscheinlich erscheint. Wir können *als Grund* für diese Überraschung also das Bestehen des vorgefundenen Tatbestands angeben – wäre es aber möglich, einen entsprechenden Grund auch für den Fall der mathematischen Überraschung zu spezifizieren?

Die Differenz, auf die Wittgenstein an dieser Stelle hinweisen will, besteht darin, dass der Moment des Umschlagens zur mathematischen Überraschung uns gerade keinen bislang unbekannten Sachverhalt erschließt. Und genau dies wird besonders deutlich anhand systemerzeugender Beweise, wenn man sich nämlich fragt, was es ist, das in dem neuen System hinzugekommen ist, aber nicht bereits in den überkommenen vorhanden war. Einerseits lässt sich *vor* der Überraschung nichts angeben, dessen man ermangelte, denn der systemerzeugende Beweis wurde ja gerade so beschrieben, dass nichts in den überkommenen Systemen als Hinweis auf dessen Resultat verstanden werden kann. Aber ebenso fällt auch *nach* der Überraschung eine Beantwortung der Frage nicht viel leichter, was genau es ist, das sich geändert hat. In Bezug auf das von uns diskutierte Beispiel etwa kann auch der Hinweis auf das neue System der ‚algebraischen Geometrie' die Frage nicht beantworten, denn *was genau* ist an diesem System neu? Wir haben zumindest *keine neuen Regeln*, sondern nach wie vor (ein Fragment der) Regeln der Algebra. Was sich an dieser Stelle geändert hat, besteht vielmehr darin, dass man nun diese Regeln auf eine andere Weise interpretieren kann, nämlich als Entsprechungen zu bestimmten Regeln der klassischen Geometrie. Besonders deutlich wird dieser Punkt, wenn man sich Gödels Kodifikation der Arithmetik in der Arithmetik vor Augen führt – durch diese wird selbstverständlich kein *neuer* Satz in der Arithmetik beweisbar, aber es wird eine Möglichkeit an die Hand gegeben, diese Sätze auf eine neue Weise *anzusehen*.

Die Überraschung, die mit systemerzeugenden Beweisen einhergeht, besteht also darin, dass man eine Perspektive auf scheinbar bekannte Begriffe gewinnt, die eine Anwendung dieser Begriffe ermöglicht, die mit diesen Begriffen bislang nicht als möglich erschien. Wittgenstein thematisiert derartige Umschlagphänomene zumeist unter dem Stichwort des *Aspekt*-Sehens:

> „Aber wie ist es -: Wenn ich zuerst ‚$p \vee q$' und ‚$\neg p$' einführe und einige Tautologien mit ihnen konstruiere – und dann zeige ich etwa die Reihe, $\neg p$, $\neg\neg p$, $\neg\neg\neg p$, etc. vor und führe eine Notation ein wie $\neg^1 p$, $\neg^2 p$,... $\neg^{10} p$ ... Ich möchte sagen: wir hätten vielleicht an die Möglichkeit so einer Reihenordnung ursprünglich gar nicht gedacht, und wir haben nun einen neuen Begriff in unsere Rechnung eingeführt. Hier ist ein ‚neuer Aspekt'." (III, 46)

Wittgensteins Ausführungen zum ‚Aspekt-Sehen' sind in dem hier zu klärenden Zusammenhang aus folgendem Grund von besonderem Nutzen: Sie geben zu erkennen, dass wir die Frage nach dem, was im Moment des Umschlagens passiert, nicht angemessen klären können, wenn wir versuchen, die Bestandteile, die der Umschlag unangetastet lässt und diejenigen, die sich ändern, jeweils isoliert zu behandeln. Dies wird deutlich, wenn man sich das klassische Beispiel des ‚Aspekt-Sehens' aus den *PU* vor Augen führt, an dem schnell klar wird, dass es hier nicht ‚irgend*etwas*' gibt, das für das Umschlagen von der Wahrnehmung des

Hasen- in die des Entenkopfs verantwortlich zu machen ist. Dass hier die Frage, ob der Entenkopf ‚da war' ehe ich ihn erkannte, ebenso ins Leere läuft wie die, ob sich etwas geändert hat, nach dem ich ihn erkannte, hängt damit zusammen, dass eine ebenso angemessene wie unbefriedigende Antwort auf beide in folgender besteht: ‚ja und nein.'

Und exakt dieselbe Antwort scheint Wittgenstein auf die Fragen geben zu wollen, ob das System der algebraischen Geometrie in denen der klassischen Geometrie und der Algebra bereits angelegt war und ob sich etwas geändert hat, nachdem man die Interpretierbarkeit ersterer in letzterer bemerkt hat. In einer bestimmten Weise haben wir auch nach diesem ‚Bemerken' nicht mehr als die Ausgangssysteme, in einem anderen jedoch schon. Und dass diese Antwort so wenig hilfreich ist, hängt damit zusammen, dass in den Fragen, auf die sie zurückgeht, etwas getrennt zu behandeln versucht wird, was einem just durch diese Trennung entwischt: Wir kommen der spezifischen Form mathematischer Innovationen nur dann auf die Schliche, wenn wir sie vor dem Hintergrund dessen begreifen, was sie von bereits bekannten mathematischen Systemen bewahren. Die hier vertretene These lautet also: *Mathematische Innovationen sind für Wittgenstein kein Finden von etwas gänzlich Neuem, sondern stets auch ein ‚Anders-Sehen' von etwas Überkommenem.* „Ja, auch wenn ich von einer Begriffsbildung zu einer anderen übergegangen bin, so bleibt der alte Begriff noch im Hintergrund." (IV, 30)

Bevor wir uns einer genaueren Explikation der Rede von der ‚Entdeckung des Neuen im Alten' zuwenden, soll zuvor noch ein sehr gelungenes Beispiel für den von Wittgenstein thematisierten Umschlag des Aspekts vorgestellt werden, das Cora Diamond in ihrem Text ‚The Face of Necessity'[19] anführt. Das Beispiel besteht in dem Erkennen einer Löwengestalt in einer vorher allein als Wirrwarr von Linien gesehenen Figur. Ähnlich wie bezüglich des Hasen-Entenkopfes wird in diesem Beispiel deutlich, dass in dem Moment des Umschlagens nichts Neues im Sinne eines Faktums hinzu tritt, auf das man als Grundlage für den Übergang der Wahrnehmungen verweisen könnte: „But to say ‚It's not just lines and spots, it's a lion!' is not to say there is something in addition to the lines, something which explains why I have no choice."[20] Wir werden also an dieser Stelle überzeugt, ohne dass es einen eigenständigen Grund dieser Überzeugung geben würde. Vielmehr könnten wir gegenüber jemandem, der stattdessen ein Zebra in dem Bild zu erkennen glaubt, gerade nichts angeben, das als Nachweis dienen kann, dass wir mit dem von uns vollzogenen Übergang *im Recht* sind. Und für Wittgenstein ist dieser Mangel eines eigenständigen Grundes gerade wesentlich für mathematische Innovationen. Dass diese These nur eine Reformulierung der zuletzt aufgestellten ist, wird daran erkennbar, dass man diesen Mangel auch so ausdrücken kann, dass in einer bestimmten Weise alles *so bleibt, wie es vor dem Beweis war*.

---

[19] Vgl. Diamond (1991b).

[20] Diamond (1991b, S. 251).

Beweise als ‚Bilder'

Vor dem Hintergrund der zuletzt angeführten Beispiele drängt sich die Frage auf, ob sie in der Tat einschlägig für das zu verhandelnde Thema sind, entstammen sie doch samt und sonders nicht der Mathematik. Dass sie aber zumindest Wittgensteins eigenen Überlegungen sehr nahe sind, ist daran zu erkennen, dass er selbst Beweise oft als *Bilder* bezeichnet und es in diesem Zusammenhang als „sehr interessant" ansieht, „dass Bilder sich uns *aufdrängen.*" (I, 14) Und dass diese Ausdrucksweise darüber hinaus nicht einmal vollständig metaphorisch zu verstehen ist, wird daran deutlich, dass Wittgenstein gerade im ersten Teil der *BGM* fast immer *piktoral-diagrammatische* Beweise als Beispiele verwendet. In diesen Beispielen wird zumeist etwas über die Konstruktionsprinzipien bestimmter Figuren oder über zwischen Figuren bestehende Entsprechungen visuell gezeigt (wie eine eineindeutige Zuordnung zwischen den Ecken des Drudenfußes und den Fingern einer Hand anhand von Verbindungslinien). Diese Beispiele kommen zur Verwendung, weil an ihnen eindrucksvoll erkennbar ist, dass seine spezifische Form einem Beweis durchaus wesentlich sein kann, denn bezüglich der diagrammatischen Beweise ist es einleuchtend, dass in ihrer Überführung in eine sprachliche Form nicht allein etwas zu gewinnen, *sondern auch etwas Essentielles zu verlieren ist* – da es sich um Figuren handelt, die uns zumeist in ihrer visuellen Form und nicht in sprachlicher Einkleidung begegnen, kann uns eine Ausführung des Beweises mittels dieser visuellen Figuren weitaus besser in möglichen Anwendungen seines Resultats leiten als dessen sprachliche Form.

Die Verwendung des Bildbegriffs auch für sprachlich formulierte Beweise ist dann als Hinweis zu verstehen, dass man sich nicht allzu sicher in dem Glauben einrichten sollte, dass ein derartiger Verlust bei einem ohnehin bereits sprachlich verfassten Beweis prinzipiell auszuschließen ist. An dieser Stelle spielt auch Wittgensteins Kriterium der *Übersichtlichkeit* eines Beweises eine große Rolle, in dem es nicht in erster Linie um eine möglichst knappe Darstellung des Beweises geht, sondern um den Hinweis, dass die angemessenste Form des Beweises nicht unbedingt die ist, in der möglichst viele seiner Voraussetzungen explizit gemacht werden (dies kann auch von den zentralen begrifflichen Festlegungen ablenken und verwirren), sondern die, in der uns die Anerkennung des Resultats als besonders naheliegend erscheint – in der uns also die für die jeweilige Anwendung relevanten internen Relationen in besonders prägnanter und einprägsamer Weise vorgeführt werden. „‚Der Beweis muss übersehbar sein' – heißt: wir müssen bereit sein, ihn als Richtschnur unseres Urteilens zu gebrauchen" (III, 21), oder auch: „Wo die Übersehbarkeit nicht vorhanden ist", da „ist für einen Zweifel Platz (...)." (III, 43) Die übersichtliche Form des Beweises ist die, bei deren Anschauung wir uns gleichsam mit der Hand vor den Kopf schlagen und zu sagen gezwungen fühlen: ‚Ach ja, natürlich muss es so sein, wie konnte ich das nur übersehen.'

Betrachten wir diesen Exkurs abschließend noch ein Beispiel eines Beweises in zwei unterschiedlichen Darstellungsweisen, an dem Wittgensteins Thesen über die unter Umständen *wesentlichen* Differenzen zwischen Präsentationsformen deutlich werden. Dieses Beispiel ist Cantors Beweis der Abzählbarkeit der rationalen Zahlen, den ich zum ersten Mal ziemlich zu Beginn einer der einführenden Analysis-Vorlesungen vorgestellt bekam und der dort soweit ich mich erinnere ausschließlich an dem folgenden Bild verdeutlicht wurde.

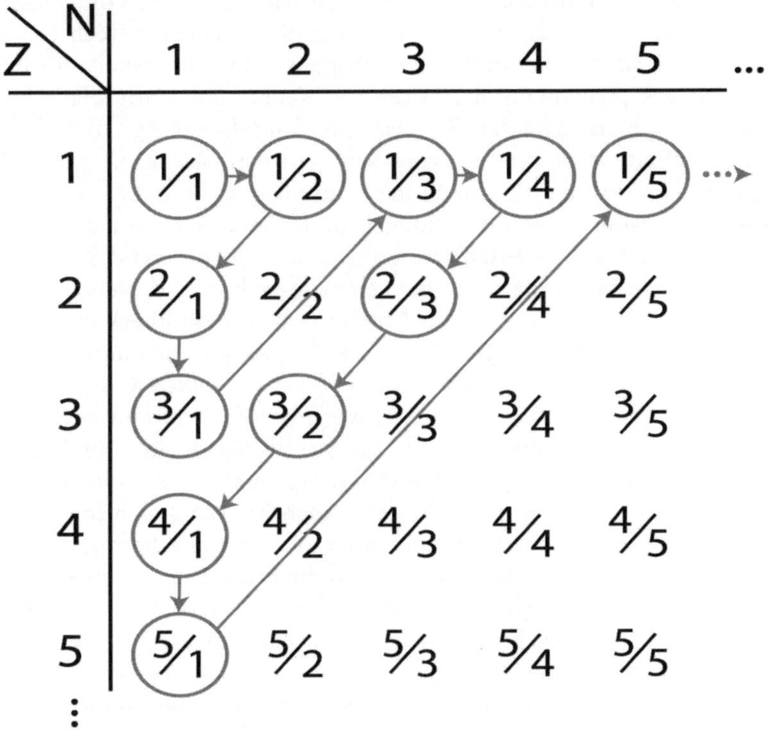

Abbildung 3: Eine Aufzählung der rationalen Zahlen

Diese Konstruktion erschien mir sofort augenfällig, wohl nicht zuletzt weil ich eine gewisse Ähnlichkeit zu mir in höchstem Maße geläufigen Praktiken des Abzählens erkannte und mir einige Tage später auch die Relation zum Begriff der ‚Überabzählbarkeit' anhand einer sehr ähnlich gelagerten *visuellen* Präsentation vor Augen geführt wurde. Auf der anderen Seite haben wir folgende Form des ‚gleichen' Beweises: Für $q \in \mathbb{Q}$ seien $N(q)$ der Nenner und $Z(q)$ der Zähler des gekürzten Bruches $|q|$, wobei $|q| = q$ für $q \geq 0$ und $|q| = -q$ für $q < 0$. Wir setzen für $n \in \mathbb{N}$ $A_n = \{q \in \mathbb{Q} | N(q) + Z(q) = n\}$. Jedes solche A_n ist finit und daher ist $\mathbb{Q} = \bigcup_{n \in \mathbb{N}} A_n$ als abzählbare Vereinigung finiter Mengen abzählbar. □

Nach wie vor wirkt es auf mich so, als könnte der erste Beweis in vielen Situationen zu Zwecken eingesetzt werden, die man mit dem zweiten wenn überhaupt dann nur auf sehr komplizierte Weise erreichen kann. Denn der erste Beweis gibt uns direkt eine bestimmte ‚Technik' an die Hand, mittels derer wir in anderen Situationen ebenfalls Abzählungen angeben können und die uns auch gestattet, sie als Grundlage für die Bildung ähnlicher Verfahrensweisen in anderen Anwendungszusammenhängen zu verwenden.

Akzeptanzkriterien neuer grammatischer Regeln

Nachdem die bei Wittgenstein ständig spürbare Analogie von Bildern und Beweisen begründet und damit die oben gewählten Beispiele gerechtfertigt wurden, soll jetzt eine abschließende Beantwortung der Frage versucht werden, wie die Redeweise des ‚Erkennens des Alten im Neuen' eine Grundlage bieten kann, auch von systemerzeugenden Beweisen als von *folgerichtigen* Beweisen sprechen zu dürfen. Wenn man wie hier vorgeschlagen den Moment, in dem der Beweis akzeptiert wird, mit dem Moment des Umschlagens zwischen den beiden Wahrnehmungssituationen in Verbindung bringt, dann erscheint die Tatsache, dass man nicht auf etwas hindeuten kann, was anders geworden ist, in einem besonderen Licht. Denn man erkennt in dem System nach dem Beweis gerade kein *vollkommen* neues Spiel, das jedwede Ähnlichkeit zu dem überkommenen verloren hätte. *Vielmehr wird die Möglichkeit erkennbar, auch mittels des neuen Systems die Ziele und Zwecke zu verwirklichen, die auch mit dem alten System erreicht werden konnten.* Mit anderen Worten kennen wir uns sofort in dem neuen System aus, wir fühlen uns in ihm vertraut, weil es nichts zwischen altem und neuem System gibt, das wir bezweifeln könnten oder das uns in seiner Handhabung vor prinzipielle Probleme stellen würde. Mit dem Nachweis, dass sich in dem neuen System eine Übereinstimmung mit dem alten in Bezug auf die mit ihnen erreichbaren linguistischen Ziele zeigt, soll hier also die Frage beantwortet werden, warum Wittgenstein doch von einem neuen System als *korrekter* Erweiterung eines überkommenen sprechen kann. Wittgenstein will uns darauf hinweisen, dass wir sehr oft, obwohl wir die Ziele, die sich mit einer linguistischen Struktur durch deren Erweiterung erreichen lassen, ständig erweitern und diese Strukturen teils massiv verändern, in den Bedeutungen der Begriffe immer noch die alten Bedeutungen am Werk sehen; mit den Worten Hilary Putnams: „[I]t is a fundamental feature of our mathematical lives that we do not experience every change in our mathematical language-games as a change in the very meaning of the sentences."[21]

In Putnams Zitat wird auch die oben versprochene Erweiterung der bisherigen Ergebnisse in Bezug auf die Frage erkennbar, wie unabhängig vom Beweisbegriff die Akzeptanzbedingungen neuer Regeln prinzipiell zu fassen sind. In einem jeden solchen Fall geht es darum, dass wir trotz der Veränderung innerhalb des Systems auch das veränderte anerkennen, weil wir die vertrauten Züge – oder mit Wittgenstein den ‚Witz' – des alten Systems auch im neuen entdecken. Und auch die entgegengesetzte Tatsache, dass wir nämlich eine solche begriffliche Veränderung *nicht* mitzutragen gewillt sind oder aber einen einstmals anerkannten Beweis in Zweifel ziehen, wird vor dem Hintergrund des bislang Dargestellten erklärbar: Eine solche Entwicklung hängt dann dementsprechend auch nicht

[21] Putnam (2001, S. 155f.).

davon ab, dass eine vermeintliche Grundlage der jeweils in Frage stehenden grammatischen Verknüpfung tatsächlich nicht besteht, sondern davon, dass das unter Aufnahme des fraglichen Satzes entstehende System uns eben keinen (oder nicht länger einen angemessenen) Spielraum gewährt, der mit unseren kommunikativen Zwecken in Übereinstimmung zu bringen ist:

> „Wer anders schließt, kommt allerdings in Konflikt: z.B. mit der Gesellschaft; aber auch mit anderen praktischen Folgen. Und auch *daran* ist etwas, wenn man sagt: er kann es nicht *denken*. Man will etwa sagen: Er kann es nicht mit persönlichem Inhalt erfüllen: er kann nicht *mitgehen* – mit seinem Verstand, mit seiner Person. Es ist ähnlich, wie man sagt: Diese Tonfolgen geben keinen Sinn, ich kann sie nicht mit Ausdruck singen. Ich kann nicht *mitschwingen*." (I, 116)

Wir geben uns in Bezug auf neue Regeln so schnell zufrieden, wenn sie nur nicht mit unseren alltäglichen kommunikativen Zielen in Widerspruch stehen, weil die Grammatik, wie Wittgenstein nicht müde wird zu betonen, *keine eigenen* Ziele besitzt: „Man kann die Regeln der Grammatik ‚willkürlich' nennen, wenn damit gesagt sein soll, der *Zweck* der Grammatik sei nur der der Sprache." (§ 497) Neue Regeln erscheinen uns nicht zuletzt deswegen direkt als natürlich oder notwendig, weil sie keine eigenständige Funktion innerhalb der Sprache besitzen, sondern sich parasitär zu unseren alltäglichen kommunikativen Zielen verhalten.

An dieser Stelle soll die Argumentation für die These, dass Wittgenstein keinesfalls Abstand davon nehmen muss, dass wir auch bezüglich genuiner Erweiterungen unserer mathematischen Praktiken korrekte von inkorrekten unterscheiden können, ihren Abschluss finden. Jedoch sind die bisherigen Ausführungen zumindest dahingehend unbefriedigend, dass sie primär ein *negatives* Ergebnis liefern, wie nämlich Wittgensteins Überlegungen zu Akzeptanzbedingungen neuer Regeln nicht zu verstehen sind. Fragen wir uns nun also, was die tatsächliche Intention hinter der zentralen Behauptung ist, dass es kein Faktum gibt, dass die Korrektheit des Übergangs zum neuen System sicherstellt. In dem eben angeführten Text plädiert Cora Diamond dafür, dass Wittgenstein zeigen will, dass uns die Suche nach einem solchen Faktum auf eine falsche Fährte lockt:

> „Wittgenstein's idea is not to deny these 'profound truths'; he isn't trying to say that we are just mistaken if we think that it is the a priori order of possibilities that enables us to make sense with these sentences, if we think that the sense of a sentence 'points to a reality beyond it', that certain rules of inference are right and others not merely mean we play a different game but a game which could not fit reality; but he is saying that such pictures and elaborations do not tell us what it means to say that something makes sense and something else does not, and they stop us do looking."[22]

Die Stoßrichtung der Konzeption Wittgensteins erscheint hier wiederum als eine *methodologische*: Wenn es keine hinter allen ‚folgerichtigen Übergängen' stehende einheitliche Systematik gibt, dann heißt das mit anderen Worten nur, dass al-

---

[22] Diamond (1991b, S. 257).

lein eine Untersuchung *konkreter einzelner Fälle* uns Aufschluss über die mit Beweisen verbundenen Korrektheitsbedingungen geben kann. Ebenso wie bezüglich des Linien/Löwenbilds oder des Hasen/Entenkopfes gibt es auch im Beweis nichts über ihn Hinausführendes, das uns als Begründung seiner Korrektheit dient: „Nicht etwas hinter dem Beweis, sondern der Beweis beweist." (II, 42) In jedem neuen Fall ist es die konkrete uns vor Augen tretende Figur eines Beweises, die uns überzeugt und Wittgenstein will erreichen, dass wir darüber in Verwunderung geraten, wie *sie allein* dies erreichen kann. Wir sollen uns nicht mit der Annahme beruhigen, die eigentliche Arbeit der Überzeugung werde von einem im Hintergrund der konkreten Beweisfigur arbeitenden ‚logischen Mechanismus' vollführt. Stattdessen sind es die einzelnen, oftmals auch hochgradig informellen Beweise, in denen die ganze Arbeit geleistet wird, aufgrund derer wir sie in unseren grammatischen Kanon integrieren. Dass das Interesse an diesen einzelnen Fällen nicht zugunsten einer Suche nach den für ihre Korrektheit scheinbar ausschlaggebenden abstrakten Momenten ausgeschaltet wird, dafür tritt Wittgenstein wie Diamond vollkommen zurecht bemerkt ein und nicht dafür, unsere Rede von korrekten Übergängen aufzugeben.

Für diese methodologische Lesart nun bietet sich eine ähnliche Verallgemeinerung an wie für die oben zum negativen Resultat formulierte: Es existiert keine strukturelle Gleichförmigkeit all der Kontexte, in denen wir von logisch korrekten Schlüssen sprechen und die uns dann als Kriterium dienen kann, welcher Übergang an einer bestimmten Stelle der richtige ist, vielmehr können wir auch den Begriff der logischen Notwendigkeit nur anhand von Einzelfällen untersuchen. Juliet Floyd fasst diesen wichtigen Punkt wie folgt:

> „[H]e seeks to undermine the idea of locating logical necessity in one place, that is, in a fixed structure or grammar that may be delineated a priori. (...) His attack on a fixed sense of 'determination' is an attack on the idea of necessity as a clear phenomenon, and so, a fortiori, a challenge to the idea that logic has an interesting and unique characterization."[23]

Diese Kritik an einem einheitlichen Begriff der logischen Notwendigkeit ist für ein Verständnis der späteren Philosophie Wittgensteins nicht zuletzt deswegen so wichtig, weil an ihr das Spezifische seiner Logizismuskritik vielleicht so deutlich wie nirgends sonst zum Vorschein kommt. Denn die Logizisten wähnten sich tatsächlich im Besitz einer einheitlichen Konzeption, wann ein jeder Beweis vollständig expliziert ist, so dass der mit ihm verbundene Übergang sich als logisch notwendig zu erkennen gibt: Wenn er sich als Ableitung aus den selbstevidenten Grundgesetzen anhand von wahrheitserhaltenden Schlussregeln darstellt. Zwar könnte man genau genommen die im Zentrum dieser Konzeption stehende Annahme einer Form eines jeden Beweises, in der *jeder mögliche* Zweifel behoben ist, bereits anhand der Überlegungen zum Regelfolgen als hochgradig missverständlich kennzeichnen – an dieser Stelle aber ist die Kritik eine andere, dass nämlich eine Zuwendung zu konkreten Einzelfällen gerade zu dem Ergebnis

[23] Floyd (1991, S. 150).

führt, dass in unterschiedlichen Zusammenhängen ganz unterschiedliche Darstellungsformen eines Beweises als die Formen angesehen werden, die mit einem Maximum an Überzeugungskraft ausgestattet sind. Es ist gerade nicht der Fall, dass in jedem Fall das Einfügen bislang unterdrückter Prämissen einen Beweis *prinzipiell* überzeugender macht. Denn wenn man mit Wittgenstein Abstand von der Idee einer grundlegenden ‚logischen Ordnung der Wahrheiten' nimmt und die logische Darstellung eines Beweises allein als eine unter einer Vielzahl *prima facie* gleichrangiger Darstellungsweisen betrachtet, dann haftet einer Situation nicht länger die Aura des Unverständlichen an, in der ein *logisch* unvollständig explizierter Beweis *für unsere* Anwendungen weitaus fruchtbarer ist als dessen logisch einwandfreie Form. Ebenso wenig also wie es für Wittgenstein *die* Formulierung einer Regel gibt, die im Hintergrund all ihrer einzelnen besonderen zweckgebundenen Fassungen deren Übereinstimmung garantiert, so wenig gibt es für ihn *den einen* Beweis eines Theorems. Seine Einlösung der Rede von *wesentlichen* Unterschieden zwischen diesen Beweisformen würde wohl auch an dieser Stelle in dem Hinweis bestehen, dass sich bestimmte Beweiskonstruktionen in einigen Sprachspielen schlicht nicht für die Einlösung der relevanten Ziele instrumentalisieren lassen. Zusammenfassend können wir nun wie angekündigt den Kern von Wittgensteins Logizismuskritik herausstellen: Wittgenstein warnt gerade davor, die mathematischen Begriffe so abstrakt zu definieren, dass sie als topik-neutral erscheinen, vielmehr versucht er sie als Menge wesentlich verschiedener Verfahrensweisen zu bestimmen, deren Methoden nur dann zu verstehen sind, wenn sie gerade in ihrer *Topik-Spezifik* anerkannt werden.

An dieser Stelle beschließen wir die Überlegungen zur ‚Gretchenfrage' von Wittgensteins späterer Philosophie der Mathematik, seiner Bestimmung mathematischer Praktiken als Genese folgerichtiger begrifflicher Innovationen. Knapp die Ergebnisse resümierend können wir festhalten, dass die Anerkennung neuer Regeln ihm zufolge damit zusammenhängt, dass sie sich uns als eine konsequente Erweiterung des begrifflichen Netzes darstellen, mittels dessen wir bereits vor dieser Aufnahme unseren Weltbezug regelten. Dass aber eine solche Erweiterung uns als ‚konsequent' erscheint, hängt nicht von externen Fakten ab, sondern von der Art, wie sich die neue Regel in das bereits bestehende begriffliche Netz einfügt – es scheint, als wäre sie schon immer da gewesen. Die Normativität auch neuer Regeln hängt also damit zusammen, dass sie bereits in ihrem Auftreten derart fest in der Art, wie wir auf die Welt zugehen, verankert sind, dass wir außerstande sind, unsere lebensweltlichen Praktiken mit einem Begriffssystem in Übereinkunft zu bringen, in das die Negationen dieser Regeln Eingang finden können. Die von Wittgenstein in diesem Zusammenhang herangezogene Redeweise, dass aufgrund ihrer Verankerung in einer solchen Vielzahl von für uns prägenden Begriffsnetzen die Negationen der für diese Netze wesentlichen Regeln uns als *Unsinn* erscheinen, hat Hilary Putnam in folgender Aussage zu explizieren versucht: „[L]ogical truths do not have negations that we presently understand."[24] Unsere grammatischen Gebräuche sind derart fix und in derart vielen verschiedenen Situationen beheimatet, dass es uns als unmöglich erscheint, ein deren Negationen aufnehmendes System in irgendeinen Bezug zu unserem Weltverständnis zu setzen:

> „Das ist klar: dass wenn Einer sagt: ‚Wenn du der *Regel* folgst, so *muss* es so sein', er keinen *klaren* Begriff von Erfahrungen hat, die dem Gegenteil entsprächen. Oder auch so: Er hat keinen klaren Begriff davon, wie es aussähe, wenn es anders wäre. Und das ist sehr wichtig.“ (IV, 30)

Nachdem so einerseits die zentrale Rolle ihrer Anwendungen für Wittgensteins Versuch, sich dem Bestandteil unseres Lebens zu nähern, den wir ‚Mathematik' nennen, zu beschreiben versucht wurde und ebenfalls sein Bestreben, eine Rekonstruktion der inneren Ordnung mathematischer Sätze und allem voran von Modifikationen dieser Ordnung anzubieten – so sollen im letzten § dieses Kapitels abschließend noch die oben eher programmatisch gehaltenen Äußerungen über Wittgensteins philosophische *Methode* im Hinblick auf seine Auseinandersetzung mit der Mathematik mit Leben gefüllt werden.

§ IV. Die Philosophie der Mathematik und Wittgensteins Methode

Die Ausführungen der letzten beiden §§ haben deutlich gemacht, dass es missverständlich ist, von *der einen* Philosophie der Mathematik beim späten Wittgenstein zu sprechen – zumindest solange man diese Redeweise mit einer vereinheitlichenden Erklärung all dessen gleichsetzt, was wir unter dem Begriff ‚Mathematik' zusammenfassen. Denn es wurde gezeigt, dass er die Vielseitigkeit mathematischer Begriffsbildungen gerade gegen jedwede Form reduktiver Erklärungen in Schutz zu nehmen versucht. Der sich in der Form seiner Untersuchungen ganz deutlich abzeichnende Unwillen also, einen systematisch durchbildeten Korpus einer Philosophie der Mathematik zu hinterlassen, entspringt einer inneren Notwendigkeit seiner Philosophiekonzeption: Wittgenstein ist der festen Überzeugung, dass der Versuch, ein abstraktes System hinter konkreten Phänomen aufzufinden, immer nur auf Kosten einer detailgetreuen Betrachtung dieser Einzelfälle möglich ist.

Besonders deutlich wird sein spezieller Ansatz, wenn man ihn wie folgt darstellt: In philosophischen Untersuchungen sollte man nicht von einem als bekannt vorausgesetzten Sprachspiel namens ‚Mathematik' ausgehen, sondern man sollte die Ähnlichkeiten mathematischer Sätze und Satzzusammenhänge im Einzelfall speziell nachweisen. Allein im Ausgang von diesen Ähnlichkeiten sollten wir uns die zur Lösung konkreter Einzelprobleme relevanten Teile dessen erschließen, das wir ‚Mathematik' nennen – stets eingedenk der Tatsache, dass diese Vorgehensweise uns nicht mehr zu gewinnen erlaubt als einen prinzipiell unabgeschlossenen Begriff. Stellt man seine Position so dar, wird darüber hinaus deutlich, dass wir in unserer Beschäftigung mit der Mathematik auf eine be-

[24] Putnam (1994c, S. 256).

schreibende Position festgelegt sind und es demnach mit Wittgensteins Ansatz vollkommen unvereinbar ist, dass von Seiten der Philosophie Änderungen innerhalb der Mathematik befördert werden könnten. So heißt es dann auch in den *PU*: „[Die Philosophie] lässt auch die Mathematik, wie sie ist (...).“ (§ 124)

Kurzum soll der Mangel eines einheitlichen Systems durch eine weitaus größere Flexibilität und Genauigkeit in der Eignung kompensiert werden, anhand von Wittgensteins Methode begriffliche Missverständnisse konkreter Sprachsituationen entwirren zu können. Ein derartiges Missverständnis, für dessen Aufklärung er besonders in den *LFM* viel Zeit und Mühe aufwendet, besteht nun nicht von Ungefähr in einem Problem, das auch im Verlaufe dieser Arbeit immer wieder als eines der ‚Kernprobleme' der Philosophie der Mathematik erschien – gemeint ist der Status mathematischer *Gegenstände*. Mit einer Vorstellung der von ihm vorgeschlagenen Entwirrung dieses Problems soll jetzt also noch die zum Ende des letzten Kapitels versprochene Hinwendung zu einzelnen konkreten Sprachproblemen eingelöst und dieses Kapitel zum Abschluss gebracht werden.

Das Problem mathematischer Gegenstände

Die Aussage, dass in Sätzen der reinen Mathematik über Gegenstände gesprochen wird, erscheint anhand einer ersten rudimentären Analyse, in der vor allem syntaktische Ähnlichkeiten zwischen diesen Satzkonstruktionen und den als paradigmatische Aussagen über Gegenstände fungierenden empirischen Sätzen hervorgehoben werden, als naheliegend. Denn gerade die informellen Äußerungen der Mathematiker unterscheiden sich derart betrachtet nicht von denjenigen, in denen außerhalb der Mathematik von Gegenständen gesprochen wird. Wittgenstein liegt bezüglich dieser noch unanalysierten Analogie nichts ferner, als unumwunden zuzugeben, dass er keinerlei Bedenken gegenüber der Folgerung hat, dass vor diesem Hintergrund auch Sätze der Mathematik Sätze über Gegenstände sind: „If someone asked, 'which propositions of Euclid are about triangles?', I have no objection at all to saying that the propositions on p. 30 are about triangles, those on p. 40 are about circles, etc.“[25]

Diese Gleichsetzung wird erst dann problematisch, wenn man zu der weiteren Überlegung voranschreitet, dass aus dieser offensichtlichen Ähnlichkeit auch eine Ähnlichkeit der Weisen folgt, wie man Aufschluss über Eigenschaften der Elemente verschiedener Gegenstandstypen erhalten kann. Zumindest für die kausalrelevanten Gegenstände der Außenwelt nämlich gibt es in der Tat ganz spezifische Weisen solcher Untersuchungen: Bezüglich der sie bezeichnenden singulären Terme können wir sprachunabhängig auf deren Träger Bezug nehmen und uns aufgrund von deren Eigenschaften fragen, ob die inferentielle Einbettung der jeweiligen singulären Terme korrekt ist. Verallgemeinert man diese Sichtweise dergestalt, dass etwa die Frage, ob eine definite Kennzeichnung korrekt auf einen Gegenstand angewendet werden kann, für jeden Gegenstand zu-

[25] Wittgenstein (1976, S. 251).

mindest im Prinzip anhand seiner sprachunabhängigen Betrachtung entscheidbar sein muss, dann steht man tatsächlich vor der Frage, mit welchem Recht man noch von mathematischen Gegenständen sprechen darf.

Dies ist nun die Stelle, an der Überlegungen zur unterschiedlichen sprachlichen Funktion mathematischer und empirischer Sätze, wie sie etwa zu Beginn des letzten § ausgeführt wurden, auf den Plan gerufen werden können, um zu zeigen, dass die erwähnte Verallgemeinerung durch die bislang einzig anerkannten syntaktischen Übereinstimmungen nicht zu rechtfertigen ist. An dieser Stelle müssen wir die *Bedeutung* der singulären Terme mit in den Blick rücken, und das heißt für Wittgenstein den *funktionalen* Status der jeweiligen Sätze. Die Bestimmung empirischer Sätze als solche über Gegenstände ist eng damit verbunden, dass ihre Funktion in vielen Fällen in einer *Beschreibung* unabhängig vom Satz bestehender Sachverhalte besteht, wohingegen mathematische Sätze nicht den Charakter von Beschreibungen, sondern den von Bestimmungen unserer Beschreibungsformen besitzen. Diese Differenz kann uns also zu erkennen geben, dass die Rede sowohl von mathematischen als auch von empirischen Gegenständen in unserer Sprache keine Entsprechung in einer funktionalen Ähnlichkeit der jeweiligen Ausdrucksklassen besitzt, mittels derer wir über die beiden Arten von Gegenständen sprechen: Mathematische Begriffe erhalten ihre Bedeutung primär über Beweise, und gerade deswegen ist die Frage nach einer Kausalrelevanz der von ihnen bezeichneten Gegenstände für ihre Bedeutungsfixierung vollkommen unerheblich.

Wenn hier also erneut darauf verwiesen wird, dass im Kern von Wittgenstein grammatischen Untersuchungen eine sehr genaue Analyse unterschiedlicher *Verwendungsweisen* bestimmter sprachlicher Strukturen steht, dann ist der Hinweis wichtig, dass er über einen langen Zeitraum hinweg seine Überlegungen zur Mathematik zusammen mit seinen sprachphilosophischen veröffentlichen wollte und er demnach eine Kenntnis der in den *PU* ausgeführten Überlegungen zur Inhomogenität sprachlicher Bedeutung auch bei den Lesern der *BGM* als bekannt voraussetzt. Vor dem Hintergrund dieser Ausführungen kann er dann durch den Hinweis auf die funktionale Differenz der Satztypen seine Leser vor dem Missverständnis zu bewahren suchen, dass man allein wegen ihrer identischen syntaktischen Kategorisierung schon von einer Ähnlichkeit der Bedeutungen der relevanten Bestandteile von Erfahrungssätzen und mathematischen Sätzen ausgehen sollte. Mit anderen Worten versucht Wittgenstein an dieser Stelle nachzuweisen, dass mit der These, der zufolge sowohl in mathematischen als auch in empirischen Sätzen über Gegenstände gesprochen wird, noch *gar nichts* gesagt ist, das irgendeine explanatorische Last dahingehend schultern könnte, wie die Bedeutungen der entsprechenden singulären Terme zu bestimmen sind.

Die bislang allerdings noch verschwiegene Pointe von Wittgensteins Untersuchungen des erwähnten Missverständnisses in den *LFM* besteht darin, dass er den Nachweis der unterschiedlichen Rolle der Sätze *nicht* als Grund dafür verstanden wissen will, nicht länger von mathematischen Gegenständen zu sprechen: „I don't say it's *wrong* to say that mathematical propositions are about numbers, that the other way of speaking is right."[26] Es geht Wittgenstein auch an dieser Stelle wieder darum, jede hierarchische Sicht auf unsere Sprache so konsequent wie möglich zu vermeiden: Es gibt für ihn nicht *einen* sprachlichen Kontext, in dem die Redeweise von ‚Gegenständen' ihren Ursprung hat und in dem dieser Begriff daher auch einzig legitim verwendet werden darf, sondern es gibt eben ganz unterschiedliche Teile unserer Sprache, in denen dieser Begriff verwendet wird – in keinem mit mehr oder weniger ‚Recht'. Sofern man erkennt, dass mit den unterschiedlichen Kontexten unter Umständen auch ganz unterschiedliche Verwendungsweisen dieses Begriffs einhergehen können, kann man sich prinzipiell vor dem Irrglauben schützen, dass uns etwas fehlt, so lange wir keine tief schürfende Begründung dafür angeben können, warum sowohl in der Mathematik als auch in empirischen Sätzen über Gegenstände gesprochen wird. Wie auch in den grammatischen Untersuchungen seiner Sprachphilosophie versucht Wittgenstein hier an einen Punkt zu gelangen, an dem wir scheinbar ohne eine bestimmte Form sprachexterner Begründung nicht weiter kommen. Allerdings nur um zu zeigen, dass es nicht unsere Sprache ist, die diese Begründung verlangt, sondern eine uns einzig als angemessen erscheinende Beschreibung ihrer – mit Goldfarbs Ausdruck ein ‚proto-philosophisches Bild'. Können wir dieses Bild loslassen gibt es hier nichts mehr, was noch einer Begründung bedarf.

Wenn man dieses Kapitel abschließend Wittgensteins methodisches Vorgehen noch einmal knapp auf den Punkt zu bringen versucht, so nimmt er eine alltägliche Redeweise als Ausgangspunkt seiner Untersuchung (denn in der Tat denke ich, dass die meisten Mathematiker *prima facie* die Frage bejahen würden, ob sie in ihren Aussagen über Gegenstände sprechen). Daraufhin führt er diese überkommene Redeweise an einen Punkt, an dem sie aufgrund philosophischer Reflexionen als in höchstem Maße fragwürdig erscheint, an den Punkt nämlich, an dem sich die Annahme aufdrängt, dass die in beiden Fällen vorhandene Rede von Gegenständen durch einen Nachweis der zwischen ihnen bestehenden Analogien zu fundieren ist. In einem letzten Schritt versucht er dann zu zeigen, dass das Problem genau genommen nicht der alltäglichen Redeweise, sondern ihrer fehlerhaften philosophischen Rekonstruktion geschuldet ist.

Da die Übereinstimmungen zum bislang Ausgeführten offensichtlich sein dürften, erlaube ich mir, Wittgenstein das letzte Wort zu überlassen, der 1935 seine philosophische Methode wie folgt charakterisiert:

> „Philosophy can be said to consist of three activities: to see the commonsense answer, to put yourself so deeply into the problem that the commonsense answer is unbearable, and get from that situation back to the commonsense answer. But the commonsense answer in itself is no solution; everyone knows it. One must not in philosophy attempt to short-circuit problems."[27]

---

[26] Ebd.

[27] Wittgenstein (1979b, S. 109).

1. Dem *TLP* zufolge ist die Arithmetik bereits in unseren basalen sprachlichen Praktiken angelegt. Die Arithmetik ist eine Präzisierung eines auch unabhängig von ihr bestehenden Aspekts unserer Sprache, ein Nutzen kommt ihr allein als ‚Darstellungsbehelf' zu: Sie erlaubt uns komplexe Elemente unserer sprachlichen Praktiken einfacher zu handhaben.

2. Dass Wittgenstein die Arithmetik im *TLP* noch als Hilfskonstruktion bezeichnen kann, hängt davon ab, dass er ihre Wichtigkeit allein in ihren außermathematischen Anwendungen verortete, deren Möglichkeit jedoch bereits in den empirischen Sätzen selbst vollständig angelegt ist. Die so erkennbare zentrale Rolle der Anwendungen in seiner Mathematikkonzeption bleibt auch in der Spätphilosophie erhalten.

3. In der späteren Philosophie gibt es kein einheitliches Anwendungsverständnis, man kann über die Anwendungen eines Begriffs nur vor dem Hintergrund konkreter sprachlicher Szenarien Aufschluss geben. Wir dürfen nicht länger von den Anwendungen eines Begriffs innerhalb eines Sprachspiels auf mögliche Anwendungen in anderen schließen.

4. Mathematische Sätze gehören zur Grammatik. Ihre Funktion ist von der empirischer Sätze derart unterschieden, dass sie nicht als Beschreibung externer Sachverhalte, sondern als Bereitstellung begrifflicher Verbindungen zu verstehen sind, sprich von Maßstäben, mittels derer wir mathematische wie nichtmathematische Begriffe untersuchen und bewerten können.

5. Die Bestimmung mathematischer Begriffe erfolgt in Beweisen, die den innermathematischen Bestandteil der Bedeutung mathematischer Ausdrücke zu einem Gutteil zu erkennen erlauben. Weil diese Bedeutung nicht als Beschreibung externer Sachverhalte verstanden werden kann, versucht Wittgenstein sie stattdessen anhand des primär von Beweisen hergestellten Zusammenhangs verschiedener mathematischer Sätze herzuleiten – die Bedeutung eines mathematischen Satzes besteht somit primär in seiner Position in einem solchen Zusammenhang.

6. Obwohl Wittgenstein Erweiterungen der Grammatik nicht als an einer prädeterminierten Ordnung orientiert versteht, will er eine Unterscheidung zwischen korrekten und inkorrekten Erweiterungen auch an dieser Stelle nicht aufgeben: Unsere Anerkennung derartiger Übergänge hängt ihm zufolge damit zusammen, dass wir die von uns in dem alten System erkannten Möglichkeiten, unsere sprachlichen Ziele und Zwecke zu verfolgen, auch in dem neuen wieder erkennen.

7. Dass solche Erweiterungen keinen Tatsachen geschuldet sind, führt zu einer Kritik an einer homogenen Konzeption von logischer Notwendigkeit. Anstelle einer solchen gibt es eine Vielzahl von besonderen Situationen, in denen wir von korrekten logischen Folgerungen sprechen – diese Besonderheiten sind es allem voran, denen sich Philosophen widmen sollten, um die Rolle von Mathematik und Logik in unseren Lebenszusammenhängen zu untersuchen.

IV.VII.

Resümee: Inmitten der Sprache

Eine erste unvoreingenommene Lektüre der eröffnenden Passagen des *TLP* vermittelt das Bild, dass hier ein vollkommen anderes Verständnis des Verhältnisses von Sprache und Welt zum Vorschein kommt, als es dasjenige ist, das sich in der Philosophie Freges zeigt. Die semantischen Grundannahmen des *TLP* scheinen viel eher den zu Beginn dieser Arbeit vorgestellten zu ähneln, denn vieles spricht dafür, ihren Kulminationspunkt als eine Semantik in der starken Lesart zu verstehen, dass zu Beginn sprachunabhängig die Grundbausteine der Welt ausfindig gemacht werden und dann erst in einem zweiten Schritt eine zu deren Erfassung befähigte Sprache konstruiert wird.

Wendet man den Blick jedoch den Ausführungen zur Sprachtheorie zu, so gibt sich letztlich eine ganz andere Konzeption zu erkennen, und zwar vornehmlich aufgrund folgender Annahme:

> 1. Der *TLP* stellt die Sprache voll und ganz in den Dienst einer Abbildung der Welt: Etwas ist ihm zufolge ein sinnvoller Satz genau dann, wenn es erstens eine aus basalen Grundelementen gebildete Tatsache gibt, deren Bestehen er behauptet sowie eine weitere, deren Bestehen seine Negation behauptet.

Dieses Vorgehen macht sofort jeden Versuch einer semantischen Theoriebildung unmöglich, denn die Sätze einer solchen Theorie bilden nichts ab. Es gibt somit keine Möglichkeit, sich auf eine außerhalb unserer Sprache befindliche Position zurückzuziehen (und auch keine Hintertür über einen nur andeutenden Sprachgebrauch), um von dort aus die Bedeutungen der Ausdrücke dieser Sprache systematisch untersuchen zu können. Stattdessen können wir immer nur innerhalb dieser Sprache die Bedeutung von deren Ausdrücken zur Schau stellen, und zwar indem wir sie tatsächlich *verwenden*. Ebenso wie die metaphysisch-realistischen Anfangspassagen dürfen aber auch diese linguistisch-idealistischen nicht für bare Münze genommen werden: Durch die Dialektik dieser Passagen will Wittgenstein zeigen, wie ähnlich sich Realismus und Idealismus in ihrem Plädoyer für eine ‚Transparenz der Welt' genau genommen sind.

Trotz dieser Ähnlichkeiten gilt es aber aufgrund der Vehemenz, mit der Wittgenstein jede semantische ‚Metatheorie' ablehnt, einen deutlichen Unterschied zu der in diesem Punkt noch inkonsequenten Haltung Freges zu konstatieren: Frege versteht seine Erläuterungen noch als zwar genau genommen unsinnig, nimmt aber dennoch zumindest an, dass mit ihnen ein deutlich artikulierter Inhalt vermittelt werden kann. Wittgenstein geht an dieser Stelle einen Schritt weiter: Derartige Erläuterungen sind schlicht unsinnig und man erkennt dies spätestens dann, wenn man bereit ist, die Konsequenzen aus These 1 voll und ganz zu ziehen.

Das Ziel der Philosophie besteht dem frühen wie dem späten Wittgenstein zufolge in der Sprachklärung. Dem *TLP* zufolge ist das einzig nötige Hilfsmittel zu dieser Klärung die Logik. Jedoch deutet der *TLP* die Logik ganz anders als etwa Frege das tat:

> 2. Dem *TLP* zufolge ist die Logik kein axiomatisch-deduktives System, sondern eine bestimmte sprachliche Kompetenz, die wir in unserem Spracherwerb zu beherrschen lernen, und zwar die Kompetenz, wahrheitsfunktionale Inferenzbeziehungen zwischen Sätzen auch als solche erkennen zu können.

Die Logik ist somit für den frühen Wittgenstein keine Begründung unserer alltäglichen Sprachpraxis, vielmehr sind beide nicht unabhängig voneinander vorstellbar. Jedoch bedarf die Logik auch keiner Begründung, denn sie bildet gerade den Teil unserer Sprachkompetenz, in dem der Begriff der Begründung allererst konturiert werden kann. Dass wir überhaupt nach einer Begründung der Logik suchen, hängt dem *TLP* zufolge damit zusammen, dass wir die Logik als Untersuchung der *logischen Wahrheiten* missverstehen und damit scheinbar in der Bringschuld stehen, einen Grund für deren Wahrheit anzugeben. Erkennen wir jedoch an, dass die Logik allein aus einer Untersuchung der zwischen sinnvollen Sätzen bestehenden Inferenzbeziehungen besteht, dann benötigen wir keine Antwort auf die Frage nach der ‚Korrektheit' der Logik mehr: Die Logik leistet nämlich streng genommen gar nichts, alle zwischen Sätzen bestehenden logischen Beziehungen erkennt man ebenfalls bereits dann an, wenn man sich nur erneut die Konsequenzen aus der in These 1 vorgestellten Sprachsystematik ins Gedächtnis ruft, jetzt verstanden als Hinweis auf die wesentliche wahr/falsch-Polarität *aller* Sätze.

Die bisherigen Ausführungen dieses Resümees sollten nicht zuletzt die absolut zentrale Stellung von These 1 für den Argumentationsgang des *TLP* verdeutlicht haben. Eine andere Art, deren Wichtigkeit erkennbar zu machen, ist die folgende Zusammenfassung der in dem Werk vorgestellten Sprachtheorie: Das Buch versucht uns klar zu machen, dass es nur wenige Bestandteile unserer Sprache gibt, derer wir essentiell bedürfen, um der zentralen Aufgabe, die mit der Sprache zu lösen ist, Herr werden zu können: der Abbildung der Welt. Ganz genau genommen benötigen wir hierzu allein ganz einfache Sätze, die Elementarsätze.

> 3. Wittgenstein versucht im *TLP* zu zeigen, dass all unsere sprachlichen Werkzeuge allein Vereinfachungen und Abkürzungen für Tätigkeiten sind, die mit den basalen Elementarsätzen zwar prinzipiell schon allein ausführbar sind, aber nur auf ungemein komplexe Weise.

Am deutlichsten wird diese Konzeption erkennbar anhand von Wittgensteins Deutung der logischen Konstanten: Diese – und das folgende ist allein eine Reformulierung der eben beschriebenen Philosophie der Logik im *TLP* – sind allein Darstellungsbehelfe, sie lassen uns die logischen Relationen zwischen Sätzen zwar auf besonders eindrückliche Weise beschreiben, aber *prinzipiell* könnten wir diese Relationen auch bereits anhand einer Untersuchung allein dieser Sätze erkennen.

Ein weiteres hervorragendes Beispiel der dargestellten Vorgehensweise bildet die im *TLP* zu findende Rekonstruktion der Mathematik:

> 4. Dem *TLP* zufolge ist die Mathematik allein eine konservative Erweiterung unserer basalen abbildenden Sprache: Sowohl der konzeptionelle Gehalt der Anzahlenreihe als auch die durch arithmetische Gleichungen erlaubten und untersagten Substitutionen können wir erfassen bereits im Rahmen einer Reflexion auf die Systematik sinnvoller Sätze.

Blicken wir vor diesem Hintergrund auf die Spätphilosophie, so ist eine zentrale Differenz zum *TLP* daran zu bemerken, dass hier nicht länger von einer basalen Klasse von Sätzen und einer Reihe von Hilfskonstruktionen ausgegangen wird, die letztlich im Rückgang auf die basale abbildende Sprache zu erklären sind. Stattdessen geht Wittgenstein nun davon aus, dass unsere Sprache immer schon eine Gemengelage von Aussagen unterschiedlichster Funktion ist, und wir nur dann eine Chance haben, sie angemessen zu verstehen, wenn wir nicht versuchen, die eine Menge auf die andere zu reduzieren, sondern die Sätze gerade in ihren vielfältigen Beziehungen untereinander ernst nehmen.

Dass wir alle alltäglich relevanten Verbindungen von Sätzen untereinander als solche anerkennen und sie nicht auf eine basale logische Menge von Abhängigkeiten zurückführen sollen, bringt Wittgenstein in der Spätphilosophie dann auch dazu, das primäre Hilfsmittel philosophischen Arbeitens anders zu deuten als im *TLP*:

> 5. Auch dem späteren Wittgenstein zufolge ist alle Philosophie Sprachklärung, aber die inferentiellen Strukturen zwischen Sätzen, die es im Rahmen einer philosophischen Analyse herauszufinden gilt, umfassen nun nicht länger nur wahrheitsfunktionale Relationen, sondern auch begrifflich-materiale.

An die Stelle der Logik tritt im Spätwerk die *Grammatik*, wobei die Besonderheit grammatischer Untersuchungen eben genau darin besteht, dass in ihnen alle für unser Sprechen wesentlichen Begriffsverhältnisse berücksichtigt werden müssen. Trotz dieser wichtigen Differenz gestaltet sich aber dennoch das Verhältnis von Grammatik und Erfahrungssätzen sehr ähnlich zu demjenigen, dass der *TLP* zwischen der Logik und diesen Sätzen anerkennt: Die grammatischen Sätze sind als die Regeln unserer Sprachpraktiken nur als Teil dieser Sprachpraktiken zu verstehen, die Ziele der Grammatik sind keine anderen als die der Alltagssprache.

Da Wittgenstein aufgrund von These 5 das Ideal einer fixen Basisstruktur aller für die philosophische Sprachklärung wichtigen Eigenschaften aufgibt, aber gleichzeitig die ebenfalls dem *TLP* entstammende Idee nicht preisgeben will, dass das Ergebnis einer philosophischen Untersuchung keine offenen Fragen zurücklassen darf, versucht er auf eine Änderung dessen hinzuwirken, was überhaupt als philosophisches Problem Anerkennung finden soll.

> 6. Anders als noch zu Zeiten des *TLP* sieht Wittgenstein die Probleme der Philosophie später nicht länger in einigen wenigen zentralen Fragen – etwa der

nach dem Wesen der Sprache – sondern vielmehr in den vielen kleinen Missverständnissen, die uns alltäglich zu Schaffen machen. Die Methode dieser Untersuchungen ist dann ebenfalls nicht länger von Anbeginn an einheitlich vorgegeben, sondern muss in jedem Einzelfall erneut responsiv auf die Diagnose des Problems entwickelt werden.

Die isolierten Momente seines Spätwerks nun sind allesamt auch von großer Wichtigkeit für Wittgensteins spätere Auseinandersetzung mit der Mathematik. Die anerkannten vielfältigen Begriffsvernetzungen etwa hinterlassen eine deutliche Auswirkung in seinem späteren Verständnis des Anwendungsbegriffs:

7. Die Anwendungen mathematischer Begriffe stehen auch in der Spätphilosophie im Zentrum des Interesses, sprich wir können diese Begriffe nur anhand ihrer Wechselwirkungen mit anderen Begriffen evaluieren. Jedoch können als Ausgangspunkt solcher Anwendungen jetzt ganz unterschiedliche Satzklassen dienen, da es keine basale Satzklasse mehr gibt, bezüglich derer alle Anwendungen anderer Satzklassen zu fundieren sind.

Fragen wir uns also vor diesem Hintergrund nach den Anwendungen mathematischer Begriffe, dann fragen wir uns immer relativ zu einem ganz bestimmten sprachlichen Kontext, ob die fraglichen mathematischen Begriffe hilfreich sein können bei der Einlösung der in diesem Kontext avisierten linguistischen Ziele.

Jedoch widmet Wittgenstein sich ebenfalls begrifflichen Veränderungen *innerhalb* der Mathematik, und zwar nicht zuletzt weil diese scheinbar ein Problem für seine These der Unbegründetheit der Grammatik darstellen, zu der auch die Mathematik gehört. Wittgenstein muss mit anderen Worten erklären, wie es möglich ist, Modifikationen der Grammatik trotz dieser Unbegründetheit als korrekt oder inkorrekt bezeichnen zu können. Seine Beantwortung dieser Frage findet sich allem voran in seinen den Beweisbegriff betreffenden Überlegungen.

8. Beweise sind für den späten Wittgenstein nicht primär Verifikationen mathematischer Aussagen, vielmehr erweitern sie unseren Fundus mathematischer Begriffe, sprich sie schaffen neue Möglichkeiten, um begriffliche Verhältnisse untersuchen zu können.

Seine Antwort auf die wichtige Frage nach Korrektheitsbedingungen grammatischer Innovationen ist wie folgt zu verstehen:

9. Das Korrektheitskriterium grammatischer Neuerungen hängt wesentlich damit zusammen, wie sich diese Neuerungen in das tradierte Normensystem einfügen: Da grammatische Sätze keine Ziele in sich selbst besitzen, kann die Korrektheit von Erweiterungen nur anhand der Frage evaluiert werden, ob die in der alten Sprachpraxis einlösbaren linguistischen Ziele auch in der neuen einlösbar sind.

Ein besonders wichtiger Aspekt des Verhältnisses von Wittgensteins früher und später Beschäftigung mit der Mathematik soll nun abschließend noch isoliert werden: Die Befruchtung zwischen Mathematik und empirischer Weltbeschreibung wird in der späteren Philosophie nicht länger als ‚Einbahnstrasse' verstanden, dass nämlich die empirischen Begriffe zwar unsere Mathematik beeinflussen können, sie selbst aber der Veränderung mathematischer Techniken invariant gegenüber stehen. Vielmehr verläuft diese Befruchtung nun wechselseitig, weil Wittgenstein in seine Überlegungen mit einbezieht, dass auch Veränderungen innerhalb der Mathematik die Darstellungsformen, durch die wir die Welt betrachten, beeinflussen: „Die Mathematik lehrt uns, auf neue Weise mit den Begriffen operieren. Und daher kann man sagen, sie ändere unser begriffliches Arbeiten." (VII, 45) Juliet Floyd plädiert sogar dafür, dass für Wittgenstein die Teilbereiche der Grammatik als solche primär Hilfsmittel wären, mittels derer wir unser begriffliches Arbeiten modifizieren können:

> „And his ambition, from early on, was to replace the Kantian idea that the universality, objectivity and necessity of mathematics is rooted in our *a priori* forms of sensation with the idea that the role of mathematics is, like that of logic and philosophy, to allow us to expand, rearrange and interpret our expressive and representational powers."[1]

Um die angebotene Wittgensteininterpretation abschließend noch einmal besonders klar auf den Punkt zu bringen, bietet es sich an, den Ausgang von folgender ebenfalls von Juliet Floyd formulierter Unterscheidung zu nehmen, mit der sie zwar allein Interpretationen von Wittgensteins Überlegungen zu Logik und Mathematik trennen will, die meiner Meinung nach aber die zwei wesentlichen Spielarten der Wittgensteininterpretation *insgesamt* sehr genau darstellt:

> „The main divide in interpretations of Wittgenstein's philosophy of mathematics is between those who take his remarks on logic and mathematics to offer a restrictive epistemic resource argument (constructivist, social-constructivist, anti-realist, formalist, verificationist, conventionalist, finitist, behaviorist, empiricist, or naturalist) based on the finitude of human powers of expression, and those that stress his emphasis on expressive complexity to forward criticisms of all such global epistemic constraints."[2]

Wie auch Floyds gehört die hier konturierte Interpretation der zweiten Kategorie an: Es geht Wittgenstein in seinen Untersuchungen nicht darum, aus den notwendigen Beschränkungen unserer sprachlichen Möglichkeiten eine Illegitimität bestimmter Diskurse abzuleiten – aber ebenfalls nicht darum, die Legitimität dieser Diskurse nachzuweisen. Auch an diesem Punkt drängt Wittgensteins philosophische Methode in den Mittelpunkt, denn sie ist es, die am deutlichsten seine Abwendung von Fragen über die Angemessenheit oder Unangemessenheit sprachlicher Praktiken in Bezug auf ihnen externe Standards zu erkennen gibt.

Was Wittgenstein stattdessen vorschlägt, ist eine nicht länger von derartigen Fragen getriebene Betrachtung unserer alltäglichen Sprachhandlungen, die sich gerade deswegen den Feinheiten und Besonderheiten dieser Situationen so gut annehmen kann, weil sie nicht von vornherein in Bezug auf die Beantwortung einiger weniger zentraler Fragen angelegt ist und sich somit weitaus mehr auf unvoreingenommene Detailbetrachtungen einlassen kann. Um diesen Aspekt

---

[1] Floyd (2006, S. 2).
[2] Floyd (2005, S. 77f.).

nicht falsch zu verstehen, gilt es anzuerkennen, dass die speziellen philosophischen ‚Tendenzen', die in dem Zitat Floyds in Klammern angeführt wurden, allesamt *tatsächlich* Züge in Wittgensteins Denken widerspiegeln – und dennoch ist es falsch, eine oder mehrere ihrer als die ‚Position' Wittgensteins verstehen zu wollen. Stattdessen sind sie für ihn methodische Leitlinien, da sie auf bestimmte konkrete weil beobachtbare Handlungen abzielen und somit die Genauigkeit unserer Beobachtungen und unsere Anerkennung von Details und Besonderheiten befördern. Allein für diese Wahrnehmungsschärfung und eine Fokussierung auf das tatsächlich Vorhandene treten diese ‚Züge' in Wittgensteins Denken ein.

Obwohl die Bezeichnung in diesem Zusammenhang unter Umständen auf den ersten Blick etwas fehl am Platz wirken könnte, so scheint mir doch die von Cora Diamond in ihrem Text ‚Realism and the Realistic Spirit'[3] vorgenommene Bestimmung von Wittgensteins Philosophie als eine Form des *Realismus* als vollkommen konsequent. Dass Wittgenstein selbst eine Form des Realismus als Ziel des Philosophierens betrachtet, wird wie folgt erkennbar: „Nicht Empirismus, aber doch Realismus, das ist das schwerste in der Philosophie." (VI, 23) Auch der Empirismus erscheint hier als Versuch, in der Philosophie allein das uns tatsächlich Zugängliche zu betrachten und sich dem Versuch gerade zu widersetzen, dieses uns Zugängliche allein als eine Erscheinungsform von uns (noch) nicht zugänglichen Grundbausteinen ‚der Welt an sich' zu verstehen. Jedoch ist auch noch der Empirismus reduktionistisch in seinem Versuch, die Mechanismen unserer Begriffsprägung ausschließlich im Rückgang auf die uns zugänglichen Sinnesdaten zu erklären. Wittgenstein versucht an dieser Stelle stattdessen, das Jenseitige aus den philosophischen Betrachtungen gänzlich auszuschließen, ohne eine dogmatische Festsetzung dessen durchzuführen, was als ‚Gegebenes' zu verstehen ist. Und just der Versuch, sich unserer Sprache ohne jede derartige Reduktion zu nähern ist es, den Diamond als Wittgensteins Realismus versteht: „Wittgenstein is suggesting that what is difficult in philosophy is to be realistic without going in for such a reduction."[4] Die zentrale Komponente der wittgensteinschen Methode in der Philosophie wird dann noch einmal deutlich, wenn man sieht, dass dieser Versuch, jedweden reduktionistischen Ansatz hinter sich zu lassen, hier nicht so dargestellt wurde, als würde es Wittgenstein um eine Erweiterung dessen gehen, was als ‚Gegebenes' zu betrachten ist, sondern als Anerkennung, dass bestimmte tradierte philosophische Fragen (die nur vor einem reduktionistischen Hintergrund zu beantworten sind) aufzugeben sind, da ihre Beantwortung uns *unsere* Probleme nicht zu lösen helfen würde. In der Aufgabe dieser Fragen verändern wir nicht allein unsere philosophischen Begrifflichkeiten, sondern wir reflektieren beständig, was die *tatsächlichen* Bedürfnisse sind, aufgrund derer wir philosophische Untersuchungen anstrengen.

---

[3] Vgl. Diamond (1991c).
[4] Diamond (1996, S. 256).

TEIL V:
SCHLUSS

V.I.

Schluss: Zur Bedeutungsstruktur formaler (und natürlicher) Sprachen

Wie in der Einleitung versprochen sollen diese abschließenden Ausführungen in der Hauptsache dazu dienen, aus den primär immanenten Rekonstruktionen der vorherigen Teile herauszutreten, um auf einer abstrakteren Stufe die systematische Frage zu stellen, ob einer der dargestellten Ansätze eine angemessene Bedeutungstheorie formaler Sprachen anzubieten hat. Allerdings sollten die Erwartungen an die Ausführlichkeit der folgenden Antwort nicht allzu hoch ausfallen: Das primäre Ziel dieser Arbeit bestand in der immanenten Darstellung der diskutierten Vorschläge. Da eine ausführliche Antwort auf die systematische Frage ebenfalls ein eigenes Buch benötigen würde, können die folgenden Ausführungen nur skizzenhaft ausfallen. Gleichwohl ist zumindest eine knappe Auseinandersetzung mit der systematischen Frage geboten. Denn sie war in vielen der bisherigen Ausführungen implizit anwesend und sie nicht explizit zu stellen käme daher einem Eingeständnis gleich, dass der Autor den aus seiner Arbeit erwachsenden Ansprüchen nicht gerecht werden kann oder will. Also, wie groß sind die Probleme, vor denen die einzelnen Ansätze stehen und hat einer von ihnen letztlich die Nase vorn?

Zusammenfassung der dargestellten Positionen

Bevor im zweiten Teil dieses Resümees begründet werden soll, welcher der Ansätze meines Erachtens die angemessenste Theorie anbietet, sollen im ersten Teil noch einmal ganz knapp die Grundgedanken der drei vorgestellten Ansätze vor Augen geführt werden. Widmen wir uns zu Beginn der so genannten algebraischen Bedeutungstheorie: Die Intuition, von der diese Theorie ihren Ausgang nimmt, ist eine sehr robuste *realistische*. Sie versteht die Wirklichkeit als auf eine Weise strukturiert, die unabhängig ist von all unseren Zugriffsformen und deren Struktur wir prinzipiell auch erkennen können. Mit anderen Worten legt uns keines der Instrumente, mittels derer wir die Welt erfassen, unüberschreitbare Grenzen auf: Im Grunde können wir die Welt so erkennen, wie sie unabhängig von *allen* derartigen Zurichtungen ist. Die Grundlagen aller unserer Unterscheidungen in der Welt werden so samt und sonders in der Struktur der Wirklichkeit fundiert verstanden.

Da die Zugriffsformen, die unter Umständen unsere Welterkenntnis wesentlich beeinflussen, spätestens seit Frege mit den grundlegenden Kategorisierungen unseres *linguistischen* Repertoires identifiziert werden, besteht die Einlösung der realistischen Intuition dann also darin, jedweden *essentiellen Beitrag sprachlicher* Kategorisierungen zu unserer Welterfassung als Missverständnis bloßzustellen. Dies wird zu leisten versucht, indem das Erkennen von Zusammenhängen in der Welt vollkommen losgelöst wird von deren sprachlicher Erfassung. Die deutlichsten Auswirkungen dieser Weichenstellung bemerkt man auf Seiten der Sprache: Sprachen werden schlicht als syntaktische Zeichensysteme verstanden, deren Ausgestaltung erst einmal vollkommen unbehelligt bleibt von ihrer Aufladung mit semantischem Gehalt. Gehen wir also um des Arguments Willen von der sprachunabhängigen Erfassbarkeit der Welt aus, drängt sich sofort die Frage auf, wie eine bestimmte syntaktische Struktur so interpretiert werden kann, dass sie *genau* die intendierten semantischen Gehalte zur Darstellung bringen kann.

Das Instrumentarium, das zum Erreichen dieses Ziels herangezogen wird, ist die Modelltheorie, und in der Tat erscheint sie hervorragend geeignet zu sein, kann sie doch bedeutungslose Zeichenketten mit bestimmten Interpretationen koppeln. Aber dennoch bietet gerade ihre spezifische Interpretation der Modelltheorie das wohl größte Potential, um die algebraische Bedeutungstheorie misszuverstehen. Denn betrachtet man das kanonische Verständnis der Modelltheorie etwas genauer, muss man feststellen, dass sie mögliche Interpretationen gerade nicht in der erforderlichen Eindeutigkeit mit syntaktischen Zeichenstrukturen koppeln kann, und zwar aus Gründen, die primär der *sprachlichen* Verfasstheit des theoretischen Rahmens geschuldet sind, in dem die Modelltheorie in der Regel formuliert wird. Dass es hier aber wiederum sprachliche Beschränkungen sind, aufgrund derer bestimmte Ziele nicht vollständig einlösbar zu sein scheinen, sollte bereits nahe legen, dass die algebraische Bedeutungstheorie der These, dass diese Einschränkungen als letztes Wort zu akzeptieren sind, äußerst skeptisch gegenüber steht.

Der theoretische Rahmen, der eben angesprochen wurde, ist die axiomatische Mengenlehre. Sie stellt die theorieinternen Substitute der sprachunabhängig erkannten Bestandteile der Welt zur Verfügung und auf den ersten Blick erscheint sie dazu aufgrund ihrer extremen Ausdrucksstärke auch in der Lage: So gut wie jede mögliche Struktur findet in ihr eine Entsprechung. Dass aber dennoch die erwähnten Probleme hinsichtlich eindeutiger Fixierungen von Bedeutungen durch sprachliche Zeichen bestehen, dies belegen die in II.IV. thematisierten Unterbestimmtheitsresultate, die besagen, dass jedes halbwegs ausdrucksstarke axiomatische System neben den intendierten immer auch pathologische Interpretationen zulässt – sprich auch diese erfüllen alle Theoreme der Systeme, weichen jedoch in Bezug auf wesentliche Eigenschaften von den intendierten Modellen ab.

Prima facie also stellen diese Ergebnisse die algebraische Bedeutungstheorie vor massive Probleme, bereits unabhängig von der Frage nach der sprachunabhängigen Erkennbarkeit der Welt. Besonders bemerkenswert ist allerdings in diesem Zusammenhang, dass die algebraische Bedeutungstheorie die erwähnten Resultate zu ihren Gunsten interpretieren kann: Zumindest derzeit besteht ein Konsens dahingehend, dass wir mit den Axiomen zumindest bestimmter vertrauter Theorien, etwa der Analysis, in der Tat *eine ganz bestimmte* Interpretation verbinden, oder zumindest, dass wir bestimmte der theorieintern zulässigen Interpretationen nichtsdestotrotz als inkorrekt zurückweisen. Die algebraische Bedeutungstheorie weist nun nicht ohne Grund darauf hin, dass diese Einsicht nichts anderes heißt, als dass wir die sprachlich zulässigen Möglichkeiten gerade nicht als der Weisheit letzten Schluss anerkennen, sondern die Angemessenheit dieser sprachlichen Möglichkeiten wiederum anhand eines Korrektivs bemessen, dass wir aber nicht im Rahmen eines selbst wieder sprachlichen Systems vollständig zum Ausdruck bringen können. Es gibt also eine Möglichkeit, die Unterbestimmtheitsresultate gerade als Beleg für die Angemessenheit der algebraischen Bedeutungstheorie zu verstehen – und gegeben diese Möglichkeit scheint es letztlich doch so zu sein, dass die Plausibilität dieser Theorie primär mit der Möglichkeit steht und fällt, sich unabhängig von allen sprachlichen Restriktionen Aufschluss über die Welt zu verschaffen.

Dieser Möglichkeit wird alles andere untergeordnet – die Sprache ist hier somit letzten Endes nur Mittel zum Zweck. Die Bedeutungen der Ausdrücke, um die es uns eigentlich geht, sind in jedem Fall unabhängig von sprachlichen Verzerrungen zu erfassen und wir sollten die Sprache so bauen, dass sie das dergestalt Erfasste nachträglich so gut wie möglich zur Darstellung bringen kann und damit so wenig eigene interne Probleme wie möglich schafft, die uns die ungetrübte Sicht auf die Welt erschweren könnten. So also erklärt sich letztlich der leitende Wunsch nach einer gänzlich neutralen und flexiblen Sprache: Wir müssen immer wieder neu entscheiden, welches sprachliche System am besten zu den von uns gewonnenen Einsichten passt, und je mehr Möglichkeiten die Sprache uns hierin lässt, desto besser. Kurzum: Die Sprache erscheint hier nur als eine Art notwendiges Übel, deren strukturelle Anforderungen auf ein Minimum zu reduzieren sind, um Platz zu schaffen auch für Beschreibungen vielleicht abwegiger Momente, die die Welt aber möglicherweise dennoch beherbergt, um uns damit letztlich vor dem Irrglauben zu bewahren, solche Momente könne es gar nicht geben, nur weil unsere Sprache deren Beschreibung nicht zulässt.

Der hier vorgeschlagenen Interpretation zufolge nimmt die Philosophie Freges ihren Ausgang von denen der algebraischen Bedeutungstheorie nahezu konträr entgegengesetzten Intuitionen, nämlich *idealistischen* im Sinne Kants: Von so etwas wie einer Struktur der Welt kann ihm zufolge sinnvoll überhaupt erst im Ausgang von unseren basalen Zugriffsformen auf die Welt gesprochen werden. Die zentrale Innovation, die Frege dieser Idee hinzufügt, besteht wie bereits erwähnt darin, dass er diese Zugriffsformen nicht als Elemente unser aller kognitiver Ausstattung versteht und es somit vermeiden kann, deren Nachweis und Untersuchung auf einer nur sehr schwer zugänglichen erkenntnistheoretischen Ebene anzusiedeln. Vielmehr versteht er diese Formen *linguistisch*, im Sinne unserer basalen sprachlichen Klassifikationen und Kategorisierungen.

Sowohl als zentrales Indiz, dass dies tatsächlich ein wichtiger Ausgangspunkt seiner Philosophie ist, wie auch als wesentliches Hilfsmittel seiner Ausarbeitung dieser Intuition wurde hier das Kontextprinzip bestimmt: Ein Wort besitzt eine Bedeutung allein im Zusammenhang eines Satzes. Aus diesem Prinzip jedoch folgt, dass ontologische Kategorien überhaupt erst unterscheidbar werden anhand der Art, wie wir bestimmte Worte in der Wahrheitswertbestimmung vollständiger Sätze zu gebrauchen lernen. Im Gegensatz zu deren absolut rigider Trennung in der algebraischen Bedeutungstheorie muss also die Konzeption Freges gerade so verstanden werden, dass in ihr keine scharfe Trennung von Syntax und Semantik angelegt ist: Wir erkennen die Bedeutung von Worten zu einem Gutteil an der Art, wie wir sie zu verwenden lernen – und obwohl deren Verhältnis hier nicht eingehender untersucht werden soll, so dürfte doch erkennbar sein, dass diese Bestimmung des Bedeutungsbegriffs dem stark ähnelt, was gegenwärtig unter dem Titel *Inferentialismus* verhandelt wird.

Als wie fundamental unser sprachlicher Zugriff auf die Welt aber in der Philosophie Freges tatsächlich behandelt wird, macht erst seine Philosophie der Logik in vollem Umfang deutlich: Die basalen Kategorien der Logik, etwa die Unterscheidung von Gegenstand und Eigenschaft, sind für Frege Paradebeispiele der erwähnten linguistischen Zugriffsformen auf die Welt – und wie konsequent er bezüglich ihrer absolut basalen Funktion ist merkt man daran, dass er es für streng genommen unmöglich erachtet, sich ob ihrer Angemessenheit zu vergewissern. Die logischen Gesetzmäßigkeiten sind für Frege mit anderen Worten gerade die, von denen wir nicht abstrahieren können, ohne ganz und gar den Bereich des Sinns hinter uns zu lassen, und daher liegt es auch in der Natur seiner Herangehensweise, dass in ihr keine metatheoretische Perspektive auf die Sprache angelegt ist: Wir können ihm zufolge die Grundgesetze der Logik von keinem abstrakteren Standpunkt aus auf ihre Gültigkeit überprüfen.

Dennoch ist die eben gemachte Einschränkung, dass es für Frege *nur streng genommen* unmöglich ist, von den basalen logischen Kategorien zu abstrahieren, eine enorm wichtige Einschränkung, denn er geht an dieser Stelle eine entscheidende Konzession ein, und zwar um sicher zu stellen, dass ein seiner noch Unkundiger das logische System der *Begriffsschrift* überhaupt erlernen kann. Er führt deren basale Kategorien nämlich durch so genannte Erläuterungen ein, von denen er explizit behauptet, dass sie zwar streng genommen unsinnig sind, man mit ihnen aber eben doch zumindest soviel Informationen vermitteln könne, dass jemand durch sie die korrekte Verwendung der Grundelemente dieses Systems lernen kann. An dieser Stelle besteht somit eine deutliche Spannung in seiner Philosophie, die vor dem Hintergrund des linguistisch-idealistischen Ausgangspunkts nur um so klarer wird: Wenn uns unsere sprachlichen Zugriffsformen tatsächlich erst die Welt erschließen, wie können dann Zeichenketten, die diesen basalen Formen nicht genügen, überhaupt in den Status von verständlichen und informationshaltigen Aussagen erhoben werden?

Neben den Problemen, die grundlegende Idee zu begründen, dass die Welt erst vor dem Hintergrund unserer basalen sprachlichen Klassifikationen ihre Struktur gewinnt, besteht also in Freges Philosophie zudem noch das Problem, dass er die Verständlichkeit von Aussagen voraussetzt, deren Bestimmung als gehaltvoll aber gerade vor einem idealistischen Hintergrund mit den Anforderungen an sinnvolle Aussagen letztlich nicht zur Deckung zu bringen ist. Dass aber zumindest dieses letzte Problem doch zu lösen ist, wurde oben gezeigt – aber die Lösung stammt nicht mehr von Frege selbst, sondern vom frühen Wittgenstein.

Bevor wir uns allerdings Wittgensteins früher Philosophie zuwenden wollen, soll auch an dieser Stelle noch versucht werden, Freges Sprachkonzeption abschließend möglichst präzise auf den Punkt zu bringen: Dem Versuch einer externen Begründung der Sprache im Verhältnis zu unabhängig gegebenen Bedeutungen entgegen hält er es für ausreichend, die Sprache *von Innen her* zu reformieren, um ihre Struktur möglichst transparent zu machen. Und dieser Versuch, die logischen Relationen innerhalb der Sprache offensichtlich zu machen, gibt seine Sprachkonzeption sehr plastisch zu erkennen: Mit einer möglichst klaren Sprache nämlich kommen wir in eine ideale Ausgangsposition, um die Welt epistemisch vollständig zu erfassen. Wenn wir nämlich nur unsere Sprache und deren begriffliche Relationen vollständig durchsichtig gemacht haben, haben wir damit ebenfalls die Welt zumindest in ihren Grundzügen epistemisch durchdrungen, denn die Struktur der Welt erschließt sich uns eben grundsätzlich aus der Struktur der Sprache.

Vor dem Hintergrund der bisherigen Ergebnisse dieses Resümees besteht der vielleicht bemerkenswerteste Aspekt der hier vorgeschlagenen Interpretation der Philosophie des frühen Wittgenstein in dem Nachweis, dass er einen den scheinbar so antagonistischen idealistischen und realistischen Intuitionen gemeinsamen Impuls herauszustellen versucht: Beide besitzen ihr Ziel in dem Nachweis, dass es keinen prinzipiell unüberbrückbaren ‚Filter' gibt, der unserer unverzerrten Erkenntnis der Welt im Wege steht. Die realistische Intuition versucht dies zu zeigen, in dem sie für jeden solchen Filter zu erklären versucht, dass wir uns seiner prinzipiell entledigen können und letztlich zu einer reinen und unmittelbaren Erkenntnis der Welt, so wie sie an sich ist, vordringen können. Die idealistische Intuition dem entgegen dadurch, dass sie die Rede von unserer Erkenntnis der Welt überhaupt nur relativ zu unseren basalen linguistischen Filtern als sinnvoll versteht – weswegen es an dieser Stelle falsch ist, von diesen basalen Zugriffsformen überhaupt noch als ‚Filtern' zu sprechen, vielmehr konstituieren sie überhaupt erst die Welt in einem für uns verständlichen Sinn. Verstehen wir diese Zugriffsformen vollständig, gibt es demnach aber auch keine prinzipielle Kluft zwischen uns und der ‚richtig verstandenen' Welt mehr, denn die Struktur der Welt ergibt sich erst korrelativ zu diesen Zugriffsformen.

Wittgensteins Ziel besteht jedoch nicht in einer Diagnose dieser überraschenden Gemeinsamkeit, sondern vielmehr in dem Nachweis bestimmter noch überraschenderer Implikationen, die eine konsequente Ausarbeitung der beiden Positionen zugrunde liegenden These über die prinzipielle Erkennbarkeit der Welt zutage fördert. Er versucht nämlich zu zeigen, dass solange wir uns strikt an die sprachphilosophischen Folgerungen dieser These halten, wir uns damit direkt der Möglichkeit berauben, eine Begründung der Angemessenheit der jeweiligen Position erzielen zu können – mit anderen Worten können wir die Richtigkeit der zentralen These nicht länger dadurch belegen, dass wir sie durch eine spezifisch realistische oder idealistische Theorie zu fundieren versuchen.

Diese Unmöglichkeit nun hängt damit zusammen, dass wir in beiden Fällen extrem starke Verpflichtungen bezüglich unserer Sprache eingehen: In der realistischen Lesart verpflichten wir unsere Sprache in derart hohem Maße ‚der Welt', dass es prinzipiell unmöglich ist, dass ein sinnvoller Satz keine Entsprechung im Sinne eines (potentiellen) Bestandteils der Welt besitzt. Metastufige Aussagen, die einer Theorie der Übereinstimmung zwischen Sprache und Welt angehören, aber besitzen ihrer Natur nach keinen repräsentativen Gehalt im Sinne einer Entsprechung zu bestimmten objektiven Fakten in der Welt (zumindest ohne diesen Begriff bis zur Unkenntlichkeit auszuweiten). Im linguistisch-idealistischen Ansatz verpflichten wir dem entgegen unsere Sprache in so hohem Maße ‚sich selbst' gegenüber, dass jeder Versuch, aus ihr herauszutreten, ebenfalls nur zu sinnlosen Äußerungen führen kann. Und auch in diesem Fall sind theoretisierende Aussagen über das Sprache/Welt-Verhältnis von eben dieser prinzipiell ausgeschlossenen Art, denn sonst könnten sie unsere sprachlichen Bezugsrahmen ja allenfalls zirkulär begründen.

Mit diesen Ausführungen sollte besonders klar geworden sein, dass bereits der frühe Wittgenstein keinem der beiden Lager zuzurechnen ist, er will also nicht wie derzeit in vielen der so genannten ‚resoluten' Interpretationen behauptet wird allein einen versteckten Idealismus im Realismus bloßstellen, sondern ebenfalls einen versteckten Realismus im Idealismus.

Eine homogene Theorie der Bedeutung?

Betrachtet man die nun nochmals vorgestellten Grundintuitionen im Verhältnis, so halte ich es zwar für eine enorm wichtige Einsicht Wittgensteins, diesen gemeinsamen Grundimpuls scheinbar so gegenläufiger Überlegungen isoliert zu haben, aber dennoch fühle ich mich unwohl, eine Entscheidung für eine der vorgestellten Theorien zu fällen, und zwar nicht zuletzt aufgrund des immensen Allgemeinheitsgrads, mit der diese Positionen dargestellt wurden. Wohlgemerkt ist diese Verallgemeinerung, nicht allein über einen Bedeutungsbegriff für einen bestimmten sprachlichen Bereich, sondern über einen für die Sprache *als solche* zu sprechen, gerade nicht der knappen Darstellung dieses Resümees zu schulden, vielmehr wurde in den Darstellungen gerade der ersten beiden Teile dieser Arbeit immer wieder deutlich, dass sich viele der zitierten Ausführungen als auf eine solch allgemeingültige Bedeutungstheorie gerichtet zu erkennen geben. Jedoch erscheint mir diese Verallgemeinerung, von vornherein über einen umfassenden Bedeutungsbegriff zu sprechen, letztlich als für die Bewertung der vorgestellten Positionen wenig hilfreich, denn auf mich wirkt es, als ob zumindest *prima facie* die Plausibilität der vorgestellten Ansätze in extremem Maße abhängig ist von den spezifischen sprachlichen Praktiken, vor denen wir sie evaluieren.

Besonders deutlich wird dies in Bezug auf die algebraische Bedeutungstheorie, die ja in der Tat vor einer ganzen Reihe schwerwiegender Probleme (kausale Opazität der fraglichen Gegenstände, Intuitionen *de re*) steht, betrachtet man sie *vor dem Hintergrund der Mathematik.* Vor dem Hintergrund unserer alltäglichen Rede über kausalaktive Gegenstände jedoch scheint sich das Blatt in mancherlei Hinsicht zu ihren Gunsten zu wenden: In Bezug auf diesen Redebereich hat doch vieles den Anschein, dass wir unsere Sprache exakt so zu justieren versuchen, dass wir mit ihr unsere Ziele im Umgang mit der Außenwelt so gut wie möglich einlösen können. Diese Einsicht aber spricht erst einmal für das Bild der Sprache als Mittel zum Zweck. Wir erleben in diesem Zusammenhang just die Widerständigkeit, von der die algebraische Bedeutungstheorie ausgeht und es scheint keineswegs ausgemachte Sache zu sein, dass wir nicht im Umgang mit der Außenwelt auch die Möglichkeiten, die uns unsere Sprache bietet, in ganz grundlegender Weise modifizieren können. Kurzum scheint der rezeptive Aspekt unseres sprachlichen Handelns, den die algebraische Bedeutungstheorie in so starkem Maße betont, in Bezug auf observationsabhängige Aussagen weitaus einsichtiger zu sein als im Hinblick auf die Mathematik.

Der linguistische Idealismus sieht sich im Umkehrschluss vor dem Hintergrund vieler Aspekte der Alltagssprache mit weitaus stärkeren Problemen konfrontiert als bezüglich der Mathematik: Die Idee etwa, dass unser Gegenstandsbegriff primär syntaktisch fundiert ist, erscheint vor diesem Hintergrund als äußerst fraglich, denn natürlich sind wir oft sehr wohl skeptisch bezüglich der Existenz eines Gegenstands, auch wenn wir die vermeintliche Entität mit einem singulären Term bezeichnen und exakte Identitätskriterien für ihn besitzen. Ohne dies hier nochmals genau belegen zu wollen, so entstehen viele dieser kontraintuitiven Konsequenzen aus dem Kontextprinzip, das somit als eine extrem starke These erkennbar wird. Dass Frege jedoch auf diese Konsequenzen in der Tat festgelegt ist, erkennt man, wenn man die immense Wichtigkeit dieses Prinzips für seine Philosophie zur Kenntnis nimmt, denn Michael Dummett ist vollauf darin zuzustimmen, dass gerade dieses Prinzip ‚das Zentrum von Freges Philosophie' ausmacht.[1]

Diese rudimentären Relativierungen an einem Bild, das die bisherigen Ausführungen möglicherweise ausgelöst haben, dass nämlich die algebraische Bedeutungstheorie bereits intuitiv in Bezug auf *alle* sprachlichen Felder als wenig plausibel erscheint, sollen nun allerdings ganz und gar nicht als Plädoyer für einen realistischen Bedeutungsbegriff bezüglich der Alltagssprache verstanden werden, sondern vielmehr nur als Vorschlag, die Fragen nach einem adäquaten Bedeutungsbegriff verschiedener sprachlicher Felder erst einmal unabhängig voneinander zu behandeln. Denn diese Relativierungen sollten zumindest verdeutlich haben, dass es nicht von vornherein klar ist, dass eine Bedeutungstheorie, die in Bezug auf ein sprachliches Feld gut abschneidet, dies auch für andere tun muss.

Zu einem für die Umgangssprache gültigen Bedeutungsbegriff möchte ich zwar so viel sagen, dass mir der Hinweis des frühen Wittgenstein durchaus als plausibel erscheint, dass scheinbar jede uns attraktiv erscheinende Bedeutungstheorie der Intuition gerecht werden muss, dass uns die Welt nicht prinzipiell

---

[1] Vgl. Dummett (1995).

verschlossen ist – gleichwohl möchte ich aber diese These nicht als direktes Ergebnis dieser Arbeit verstanden wissen, denn einen Rückhalt in den Untersuchungen dieser Arbeit können nur solche Thesen haben, die sich auf einen Bedeutungsbegriff *formaler* Sprache beschränken; denn auf die immensen Besonderheiten natürlicher Sprachen wurde ja im Laufe dieser Arbeit zumeist nur hingewiesen, um die entsprechenden Phänomene gerade von ihrem Gegenstandsgebiet auszuschließen. Daher steht es mir vor dem Hintergrund der geleisteten Arbeit schlicht nicht zu, ein Urteil über den korrekten Bedeutungsbegriff natürlicher Sprachen zu fällen.

Ich kann mich an dieser Stelle so leichtfertig um eine Antwort drücken, weil wie ich jetzt noch zeigen möchte, eine Antwort auf die Frage, wie die korrekte Bedeutungstheorie formaler Sprachen beschaffen sein sollte, möglich ist, obwohl man die entsprechende Frage hinsichtlich der natürlichen Sprache offen gelassen hat.

Wie und was bedeuten formale Sprachen? Ein abschließender Vorschlag

Die genannte Unabhängigkeit ist in gewissem Sinne gerade eine der Einsichten, die man aus dem *TLP* ziehen kann: Wie oben ausgeführt zeigt Wittgenstein, dass seine Thesen vereinbar sind mit unterschiedlichen Interpretationen der Umgangssprache: Wie auch immer wir deren Bedeutungsstruktur bestimmen, zumindest mit der im *TLP* ausgearbeiteten ‚Abkürzungstheorie' der Mathematik können wir sie vereinbaren.

Wenden wir uns jetzt also abschließend endlich der Frage nach einer korrekten Bedeutungstheorie *formaler* Sprachen zu und betrachten hierzu die eben bereits erwähnte im *TLP* zu findende Konzeption. Der Grundstein dieser Theorie findet sich bereits in Freges Auseinandersetzung mit der Arithmetik, denn dieser stellt wie wohl kaum ein Philosoph vor ihm ihre *Anwendungen* in den Mittelpunkt seiner philosophischen Rekonstruktion der Arithmetik. Frege bemerkt, dass egal auf welchen Gegenstandsbereich wir auch stoßen, wir ohne weitere Überlegung in dessen Erfassung sofort auf arithmetisches Vokabular zurückgreifen, dass wir also die Arithmetik als universell konservativ und ihr Vokabular als topik-neutral ansehen. Und er fragt sich dann, woher wir diese Sicherheit nehmen. Erst in seiner speziellen Antwort auf diese Frage, bzw. in der Lösungsstrategie, die arithmetischen Sätze als logische Wahrheiten auszuzeichnen, kommt dann also das logizistische Programm zum Einsatz, aber die Triebfeder, um dieses Programm erst einmal als plausible Arbeitshypothese anzuerkennen, bildet der stetige Hinweis darauf, dass wir *alles* zählen können.

Frege bestimmt die Anwendungen als derart zentral, dass sie bereits aus den Definitionen der jeweiligen arithmetischen Begriffe erkennbar werden müssen. Und genau genommen erscheint die damit verbundene Bindung der Bedeutung von Ausdrücken an die mit ihnen erreichbaren *linguistischen* Ziele in Bezug auf die Mathematik tatsächlich eine besonders große Plausibilität zu besitzen: Die unter Umständen als zu schwach wirkende Bindung an die uns entgegenstehende Welt, die einer solchen Theorie in Bezug auf manche Elemente der Umgangssprache einiges an Attraktivität raubt, stellt hinsichtlich formaler Sprache gerade die *prima facie* größtmögliche Bindung dar: Denn in ihrem Bezug auf unsere sprachlichen Handlungen greift diese Bedeutungstheorie gerade auf die einzigen konkreten Phänomene zurück, die uns hinsichtlich der Mathematik zu Gebote stehen. Die Kopplung von Bedeutung und Gebrauch besitzt kurz gesagt hinsichtlich formaler Sprachen gerade die Rückbindung auf beobachtbare Phänomene, deren Erforderlichkeit andere Bedeutungstheorien der Mathematik vor so große Probleme stellt.

Ähnlich wie für Frege gilt es nun auch für nahezu alle Autoren, deren Entwürfe im weitesten Sinne mit dem oben gebrauchten Begriff des *Internalismus* zu bezeichnen sind, dass eine Erklärung der Mathematik (oder bestimmter ihrer Teile) über ihre Anwendungen eine große Attraktivität ausstrahlt:[2] Denn wo keine Rechtfertigung mehr an ein abstraktes sprachexternes Ideal möglich erscheint, bleibt scheinbar nur noch die Möglichkeit, eine hinreichende Erklärung der Wechselwirkung mathematischer und anderer Sprachbestandteile aufzuzeigen. Dass dieser Ansatz für die Mathematik sehr weit verbreitet ist hängt nun sicherlich mit dem bereits angeführten Sachverhalt zusammen, dass eine solche anwendungszentrierte Rekonstruktion der Mathematik letztlich unabhängig von der Interpretation anderer Sprachbestandteile ist.

Diese Unabhängigkeit erscheint auf den ersten Blick bezüglich des *TLP* gerade deswegen als so bemerkenswert, weil die anwendungszentrierte Rekonstruktion hier auf die Spitze getrieben wird: Es werden alle wesentlichen Elemente unseres sprachlichen Weltbezugs so gedeutet, dass sie bereits in einem minimalen Sprachfragment – den so genannten Elementarsätzen – vollständig angelegt sind, wenn auch in extrem konzentrierter Form. Ohne die obige Argumentation hier wiederholen zu wollen, so rührt die vor diesem Hintergrund nur noch schwer verständliche These, dass die Bedeutungsstruktur dieser nun extrem aufgeladenen Basisstruktur unabhängig ist von spezifischen realistischen oder idealistischen Interpretationen daher, dass Wittgenstein letztlich ‚nur' die These voraussetzt, dass unsere Sprache, so wie sie ist, vollkommen korrekt ist – wobei diese These, wie gleich erkennbar werden wird, mit derjenigen zusammenhängt, dass wir die Welt prinzipiell erkennen können.

Wie wenig von unserem alltäglichen sprachlichen Repertoire diese Basissprache eigentlich nur enthält wird deutlich, wenn man sich die Menge sprachlicher Instrumente vor Augen führt, die im *TLP* allein als ‚Abkürzungen' erklärt werden: Nicht nur die mathematischen Ausdrücke, sondern auch die logischen Konstanten und in gewissem Sinne sogar die prädikativen Sprachbestandteile fallen diesem Schicksal anheim. Im *TLP* werden sie samt und sonders im Sinne von ‚Diskursvereinfachungen' verstanden, die uns bestimmte sprachliche Prozesse mit weitaus weniger Komplexität ausführen lassen, die wir zwar allesamt prinzipiell auch allein mit den Mitteln der Elementarsätze zur Vollendung bringen

[2] So bindet mit Quine etwa auch der dritte im Bunde derer, die von Hintikka als zentrale Vertreter des universalistischen Ansatzes bestimmt werden, seine Rekonstruktion der Mathematik unmittelbar an deren Anwendungen. Vgl. z.B. Quine (1981).

können, die dergestalt ausgeführt aber extrem anspruchsvoll wären. Geht es jedoch um die Bedeutung dieser Ausdrücke, dann muss man ausgehen von den nichtabgekürzten Prozessen und damit gerade anerkennen, dass diese Ausdrücke keine eigenen, unabhängigen semantischen Werte besitzen.

Der Versuch, diese Idee konservativer Erweiterung basaler Praktiken für die Logik und Mathematik auszuarbeiten, erscheint als sehr vielversprechend.[3] Und die obigen Ausführungen sollen daher explizit als Argumente für die prinzipielle Korrektheit dieser Versuche verstanden werden, dass sie nämlich in Bezug auf formale Sprachen tatsächlich viele der Probleme vermeiden können, mit denen sich die algebraische Bedeutungstheorie konfrontiert sieht und dass diese anwendungsbezogenen Versuche darüber hinaus auch die weitaus größere Evidenz auf ihrer Seite haben, und zwar aufgrund ihrer Fundierung in beobachtbaren sprachlichen Vorgängen.

Allerdings erscheint mir diese bei Frege und dem frühen Wittgenstein erkennbare Konzeption nur dann als aussichtsreichere Kandidatin für eine angemessene Bedeutungstheorie formaler Sprachen, wenn man sie um bestimmte Erkenntnisse ergänzt, die erst der spätere Wittgenstein artikuliert hat. Die an dieser Stelle ausschlaggebende Differenz kann sehr genau im Hinblick auf die just angeführte wichtige These bestimmt werden, der zufolge unsere Sprache so wie sie jetzt ist vollkommen in Ordnung ist. In der frühen Philosophie wird diese These als eine über die logische Form unserer Sprache verstanden: Es gibt eine einzige korrekte logische Syntax unserer Sprache, und wenn wir unsere Sätze vollständig in diese überführen, können wir neben einem Einblick in die Tiefenstruktur der Sätze eben auch erkennen, dass die logischen Relationen zwischen allen Sätzen präzise und eindeutig festgelegt sind. Wie auch immer man den Begriff der Welt dann genau versteht, immer hängt die Präzision des Sinns damit zusammen, dass wir die Welt prinzipiell erkennen können, entweder folgt die Präzision des Sinns aus dieser Erkennbarkeit, oder andersherum.

Zwar gibt der spätere Wittgenstein die antirevisionistische These, dass unsere Sprache so wie sie ist, vollkommen in Ordnung ist, nicht auf, aber dennoch deutet er sie anders: Dass wir zu der Meinung gelangen können, unsere Sprache sei in ihren Grundfesten nicht korrekt, speist sich für ihn nun gerade aus dem Missverständnis, die Sprache unabhängig von den mit ihr möglichen Zwecken zu betrachten. Ein Umbau der Sprache kann zwar sehr wohl eine Veränderung der mit ihr einlösbaren Ziele nach sich ziehen, aber es ist ein Fehlschluss, an dieser Stelle von einem internen und wesentlichen Mangel unserer Sprache auszugehen. Mit anderen Worten ist über die Angemessenheit der Sprache nicht länger intrinsisch anhand bestimmter Gesichtspunkte der Sprachform zu entscheiden, sondern allein relativ zu bestimmten beabsichtigten Zielen, die wir mit unseren linguistischen Vorrichtungen erreichen wollen. Der späte Wittgenstein geht

[3] Eine Ausarbeitung dieses Programms für die Logik findet sich etwa bei Dummett (1991b), für die Mathematik bei Field (1980). Nicht verschwiegen werden darf allerdings vor diesem Hintergrund, dass der Versuch zumindest bezüglich der Mathematik vor immensen Schwierigkeiten steht, vgl. Burgess; Rosen (2000).

nicht länger von *einer* basalen logischen Form unserer Sprache aus, in der sämtliche Informationen über begriffliche Verhältnisse sowie über die korrekte Anwendung eines Begriffs auf die Welt verborgen lägen, und wir die Begriffe nur lange genug untersuchen müssten, um diese Form auch erkennen zu können.[4]

Dieser Pluralisierung sprachlicher Strukturen fiel dann auch ein einheitliches Verständnis des Begriffs der logischen Notwendigkeit zum Opfer: Dem späten Wittgenstein zufolge ist es ein Irrglaube, dass es einen versteckten einheitlichen Mechanismus hinter allen Phänomen gibt, bezüglich derer wir von logischer Folgerichtigkeit sprechen, vielmehr besitzt jeder Einzelfall seine ganz eigene Begründung, warum wir den fraglichen Übergang als so selbstverständlich akzeptieren. Wittgenstein versucht also kurz gesagt an all den beschriebenen Fällen aufzuzeigen, dass die Phänomene selbst uns nirgendwo eine hierarchische Sicht auf unsere Sprache nahelegen, sondern bei deren genauer Betrachtung viel eher die extreme Freiheit auffällig wird, die uns in linguistischen Beschreibungen und Fixierungen offen steht.

Ein wesentlicher Grund, aus dem heraus mir diese Idee des späteren Wittgenstein als so wichtig erscheint, hängt damit zusammen, dass vor dieser nicht länger hierarchischen Sicht auf die Sprache der Anwendungsbegriff nicht im Sinne einer Rechtfertigung der Mathematik verstanden werden kann: Zu Mathematik wird etwas nicht erst durch Anwendung auf die empirisch zugängliche Welt, wobei alle anderen Bereiche dieser Wissenschaft nur als uninterpertierte Kalküle zu verstehen sind. Zwar ist es Wittgenstein richtiger Weise ein wichtiges Anliegen, stetig darauf zu verweisen, dass wir den ‚Witz' mathematischer Aussagen nur in größeren Zusammenhängen studieren können und im Besonderen in denen, in denen neben mathematischen auch andere Satzarten vorkommen – aber ebenso wichtig ist der erst in seiner Spätphilosophie artikulierte Gedanke, dass es keine Prioritäten unter diesen Zusammenhängen gibt, womit dann letztlich klar wird, dass der Impuls, die Mathematik von ihren Anwendungen her zu verstehen, *per se* nichts damit zu tun hat, berechtigte und überflüssige Mathematik voneinander zu unterscheiden.

Anstelle einer solchen Unterscheidung ist immer wieder darauf zu verweisen, dass wir vielleicht nirgendwo so gut wie an der Mathematik die immense Freiheit erkennen können, die wir in der Gestaltung unserer linguistischen Instrumente besitzen. Diese begriffliche Freiheit mit der Tatsache in Einklang zu bringen, dass wir sehr wohl wissen, dass wir unsere Probleme nicht allein durch die Erfindung neuer linguistischer Instrumente lösen können, sondern eben nur durch solche, die möglichst genau auf die Widerständigkeiten abgestellt sind, die uns in der Welt begegnen, diesen ebenso intrikaten wie für unser Verständnis der Mathematik wesentlichen Zusammenhang so genau wie vielleicht bislang nirgendwo vorher dargestellt zu haben, darin besteht der enorme Verdienst von Wittgensteins Philosophie der Mathematik.

---

[4] Für eine hervorragende Studie, in der die immensen Probleme einer Sicht auf die Sprache aufgezeigt werden, in der die Einheitlichkeit einer basalen logischen Form zugrunde gelegt wird, vgl. Wilson (2006).

TEIL VI:
LITERATUR

VI.I.

Literatur

Azzouni, Jodi. (1994) *Metaphysical myths, mathematical practice: the ontology and epistemology of the exact sciences*. Cambridge, Cambridge University Press.

Badesa, Calixto. (2004) *The Birth of Model Theory. Löwenheim's Theorem in the Frame of the Theory of Relatives*. Princeton et al., Princeton University Press.

Barwise, Jon. (1985) Model-Theoretic Logics: Background and Aims. In: Barwise, Jon; Feferman, Solomon (Hg.). *Model-Theoretic Logics.* New York et al., Springer: 3-24.

Boolos, George. (1998) Must We Believe in Set Theory? In: Ders. (1998d): 120-132.
- (1998a) The Iterative Conception of Set. In: Ders. (1998d): 13-29.
- (1998b) The Consistency of Frege's *Foundations of Arithmetic*. In: Ders. (1998d): 183-201.
- (1998c) Whence the Contradiction? In: Ders. (1998d): 220-236.
- (1998d) *Logic, Logic, and Logic*. Jeffrey, Richard (Hg.). Cambridge, Massachusetts, Harvard University Press.

Burge, Tyler. (2005) Frege on Truth. In: Ders. (2005b): 83-132.
- (2005a) Frege on Knowing the Foundation. In: Ders. (2005b): 317-355.
- (2005b) *Truth, Thought, Reason. Essays on Frege*. Oxford et al., Oxford University Press.

Burgess, John P.; Rosen, Gideon. (2000) *A Subject with no Object. Strategies for Nominalistic Interpretation of Mathematics.* Oxford University Press.

Canfield, John V. (1976) Tractatus Objects. In: Philosophia **6**(1): 81-99.

Carnap, Rudolf. (1931) Die Überwindung der Metaphysik durch logische Analyse der Sprache. In: Erkenntnis **2**: 219-241.

Carruthers, Peter. (1990) *The Metaphysics of the* Tractatus. Cambridge University Press.

Cavell, Stanley. (2007) Companionable Thinking. In: Cray, Alice (Hg.). *Wittgenstein and the Moral Life. Essays in Honour of Cora Diamond*. Cambridge, Massachusetts, The MIT Press: 281-298.

Cohen, Paul J. (2005) Skolem and pessimism about proof in mathematics. In: Philosophical Transactions of The Royal Society **363**: 2407-2418.

Conant, James. (1989) Must We Show What We Cannot Say? In: Fleming, Richard; Payne, Michael (Hg.). *The Senses of Stanley Cavell.* Lewisburg, Bucknell University Press: 242-283.
- (2002) The Method of the Tractatus. In: Reck (2002): 374-462.

-; **Diamond, Cora.** (2004) On Reading the *Tractatus* Resolutely. In: Kölbel, Max; Weiss, Bernhard (Hg.). *The lasting Siginficance of Wittgenstein's Philosophy*. London, Routledge: 46-99.

Davidson, Donald. (1969) True to the Facts. In: Journal of Philosophy **66**: 748-764.

Deiser, Oliver. (2002) *Einführung in die Mengenlehre*. Berlin et al., Springer.

Diamond, Cora. (1991) What does a concept-script do? In: Dies. (1991d): 115-144.
- (1991a) Throwing Away the Ladder: How to Read the *Tractatus*. In: Dies. (1991d): 179-204.
- (1991b) The Face of Necessity. In: Dies. (1991d): 243-266.
- (1991c). Realism and the Realistic Spirit. In: Dies. (1991d): 39-72.
- (1991d) *The Realistic Spirit. Wittgenstein, Philosophy, and the Mind.* Cambridge, Massachusetts, The MIT Press.
- (1996) Wittgenstein, mathematics, and ethics: Resisting the attractions of realism. In: Sluga (1996): 226-260.
- (1997) Realism and Resolution: Reply to Warren Goldfarb and Sabina Lobivond. In: Journal of Philosophical Research **22**: 75-86.
- (2004) Criss-cross philosophy. In: Ammereller, Erich; Fischer, Eugen (Hg.). *Wittgenstein at Work. Method in the Philosophical Investigations*. London et al., Routledge: 201-220.

Dummett, Michael. (1964) Wittgenstein's Philosophy of Mathematics. In: Benacerraf, Paul; Putnam, Hilary (Hg.). *Philosophy of Mathematics. Selected Readings.* Oxford, Basil Blackwell: 491-509.
- (1973) *Frege. Philosophy of Language*. London, Duckworth.
- (1978) The Philosophical Significance of Gödel's Theorem. In: Ders. *Truth and other enigmas*. Cambridge, Massachusetts, Harvard University Press: 186-201.
- (1981) *The Interpretation of Frege's Philosophy*. Cambridge, Massachusetts, Harvard University Press.
- (1984) An Unsucessful Dig. In: Wright, Crispin (Hg.). *Frege: tradition and influence*. Oxford, Basil Blackwell: 194-226.
- (1991) *Frege. Philosophy of Mathematics*. London, Duckworth.
- (1991a) Does Quantification involve Identity? In: Ders. *The Seas of Language*. Oxford, Oxford University Press.
- (1991b) *The Logical Basis of Metaphysics*. Cambridge, Massachusetts, Harvard University Press.
- (1995) The Context Principle: Centre of Frege's Philosophy. In: Max, Ingolf; Stelzner, Werner (Hg.). *Logik und Mathematik. Frege-Kolloqium Jena 1993*. Berlin et al., Walter de Gruyter: 3-19.
- (2004) *Truth and the Past*. New York, Columbia University Press.

Ebbinghaus, Hans-Dieter et al. (1992) *Einführung in die mathematische Logik*. Mannheim et al., Wissenschaftsverlag.

Etchemendy, John. (1988) Tarski on Truth and Logical Consequence. In: The Journal of Symbolic Logic **53**(1): 51-79.
- (1990) *The Cocept of Logical Consequence.* Cambridge, Harvard University Press.

Feferman, Solomon. (1998) Infinity in Mathematics: Is Cantor necessary? In: Ders. *In the light of logic*. Oxford et al., Oxford University Press: 28-76.

Ferreira, Fernando; Wehmeier, Kai F. (2002) On the Consistency of the Δ_1^1-CA Fragment of Frege's *Grundgesetze*. In: Journal of Philosophical Logic **31**: 301-311.

Field, Hartry. (1980) *Science without Numbers*. Oxford, Basil Blackwell.
- (1986) The Deflationary Concept of Truth. In: MacDonald, Graham; Wright, Crispin (Hg.). *Fact, Science and Morality: Essays on A.J. Ayer's Language, Truth and Logic*. Oxford, Basil Blackwell: 55-118.

Floyd, Juliet. (1991) Wittgenstein on 2,2,2...: The Opening of remarks on the Foundations of Mathematics. In: Synthese **87**: 143-180.
- (1995) On Saying what you really want to say: Wittgenstein, Gödel, and the Trisection of the Angle. In: Hintikka, Jaakko (Hg.). *From Dedekind to Gödel. Essays on the Development of the Foundations of Mathematics*. Dordrecht, Kluwer: 373-426.
- (2001) Number and Ascriptions of Number in Wittgenstein's *Tractatus*. In: Dies.; Shieh (2001): 145-192.

-; **Shieh, Stuart.** (Hg.). (2001) *Future Pasts. The Analytic Tradition in Twentieth-Century Philosophy*. Oxford et al., Oxford University Press.
- (2005) Wittgenstein on Philosophy of Logic and Mathematics. In: Shapiro, Stewart (Hg.). *The Oxford Handbook of Philosophy of Mathematics and Logic*. Oxford, Oxford University Press: 75-128.
- (2006) Wittgenstein on Aspect Perception, Logic and Mathematics. Unveröffentlichtes Manuskript.

Fogelin, Robert. J. (1976) *Wittgenstein*. Boston et al., Routledge & Kegan Paul.

Frege, Gottlob. (1964) Begriffsschrift. In: Ders. (1964b): V-88.
- (1964a) Über den Zweck der Begriffsschrift. In: Ders. (1964b): 97-106.
- (1964b) *Begriffsschrift und andere Aufsätze*. Angelelli, Ignacio (Hg.). Darmstadt, Wissenschaftliche Buchgesellschaft.
- (1966) *Grundgesetze der Arithmetik*. Hildesheim, Olms.
- (1967) Logische Untersuchungen. Erster Teil: Der Gedanke. In: Ders. (1967i): 342-362.
- (1967a) Über Begriff und Gegenstand. In: Ders. (1967h): 167-178.
- (1967b) Kritische Beleuchtung einiger Punkte in E. Schröders Vorlesungen über die Algebra der Logik. In: Ders. (1967h): 193-210.
- (1967c) Über die Begriffsschrift des Herrn Peano und meine eigene. In: Ders. (1967h): 220-233.
- (1967d) Über Sinn und Bedeutung. In: Ders. (1967h): 142-166.
- (1967e) Über die Grundlagen der Geometrie. In: Ders. (1967h): 281-323.
- (1967f) Funktion und Begriff. In: Ders. (1967h): 125-142.
- (1967g) Über formale Theorien der Arithmetik. In: Ders. (1967h): 103-111.
- (1967h) *Kleine Schriften*. Angelelli, Ignacio (Hg.). Hildesheim, Olms.
- (1969) Booles rechnende Logik und die Begriffsschrift. In: Ders. (1969c): 9-52.
- (1969a) Erkenntnisquellen der Mathematik und der mathematischen Naturwissenschaften. In: Ders. (1969c): 286-294.
- (1969b) Was kann ich als Ergebnis meiner Arbeit ansehen? In: Ders. (1969c): 200.
- (1969c) *Nachgelassene Schriften und Wissenschaftlicher Briefwechsel. I. Nachgelassene Schriften*. Hermes, Hans et al. (Hg.). Hamburg, Felix Meiner.
- (1976) *Nachgelassene Schriften und wissenschaftlicher Briefwechsel. II. Wissenschaftlicher Briefwechsel*. Hermes, Hans et al. (Hg.). Hamburg, Felix Meiner.

- (1988) *Die Grundlagen der Arithmetik. Eine logisch mathematische Untersuchung über den Begriff der Zahl.* Thiel, Christian (Hg.). Hamburg, Felix Meiner.

Gerrard, Steven. (2002) One Wittgenstein? In: Reck (2002): 52-72.

Glock, Hans-Johann. (1996) *A Wittgenstein Dictionary*. Oxford, Basil Blackwell.

Gödel, Kurt. (1930) Die Vollständigkeit der Axiome des logischen Funktionenkalküls. In: Monatshefte für Mathematik und Physik **37**: 349-360.

Goldfarb, Warren. (1979) Logic in the Twenties: The Nature of the Quantifier. In: The Journal of Symbolic Logic **44**(3): 351-368.
- (1997) Metaphysics and Nonsense: On Cora Diamond's The Realistic Spirit. In: Journal of Philosophical Research **22**: 57-74.
- (1997a) Wittgenstein on Fixity of Meaning. In: Tait (1997): 75-90.
- (2001) Frege's Conception of Logic. In: Floyd; Shieh (2001): 25-41.
- (2003) Das Überwinden: Anti-Metaphysical Readings of the *Tractatus*. Unveröffentlichtes Manuskript.

Gòmez-Torrente, Mario. (2001) Logical Truth and Tarskian Logical Truth. In: Synthese **126**: 375-408.

Griffin, James. (1964) *Wittgenstein's Logical Atomism*. Oxford, Clarendon Press.

Hacker, Peter. (1972) *Insight and Illusion: Wittgenstein on Philosophy and Metaphysics of Experience*. Oxford, Oxford University Press.
- (1986) *Insight and Illusion. Revised 2nd Edition*. Oxford, Oxford University Press.

Hale, Bob. (2001) Singular Terms (2). In: Ders.; Wright, Crispin (Hg.). *The Reason's Proper Study. Essays Towards a Neo-Fregean Philosophy of Mathematics*. Oxford, Clarendon Press: 48-71

Hallett, Michael. (1994) Putnam and the Skolem Paradox. In: Clark, Peter; Hale, Bob (Hg.). *Reading Putnam*. Cambridge, Massachusetts, Basil Blackwell: 66-97.

Hart, William D. (1971) The Whole Sense of the Tractatus. In: The Journal of Philosophy **68**(9): 273-288.

Heck,Richard G. (1993) The Development of Arithemtic in Frege's *Grundgesetze der Arithmetik*. In: The journal of symbolic logic **58**: 579-601.

Hellman, Geoffrey. (2003) Does Category Theory Provide a Framework for Mathematical Structuralism? In: Philosophia Mathematica **11**(3): 129-157.

Henkin, Leo et al. (Hg.). (1974) *Proceedings of the Tarski Symposium*. Providence, American Mathematical Society.

Hermes, Hans. (1969) Zur Begriffsschrift und zur Begründung der Arithmetik. In: Frege (1969c): IX-XVI.

Hintikka, Jaakko. (1956) Identity, Variables and Impredicative Definitions. In: Journal of Symbolic Logic **21**: 225-245.
-; **Hintikka, Merrill B.** (1986) *Investigating Wittgenstein*. Oxford, Basil Blackwell.
- (1988) On the Development of the Model-Theoretic Viewpoint in Logical Theory. In: Synthese **77**: 1-36.

- (1990) Quine as a Member of the Tradition of the Universality of Language. In: Barrett, Robert; Gibson, Roger (Hg.). *Perspectives on Quine.* Oxford, Basil Blackwell: 159-175.
- (1992) Carnap's Work in the Foundations of Logic and Mathematics in a Historical Perspective. In: Synthese **93**: 167-189.
- (1993) The Original Sinn of Wittgenstein's Philosophy of Mathematics. In: Puhl, Klaus (Hg.). *Wittgensteins Philosophie der Mathematik. Akten des 15. Internationalen Wittgenstein-Symposiums.* Wien, Hölder-Pichler-Tempsky: 24-51.
- (1996) *The Principles of Mathematics Revisited.* Cambridge University Press.
- (1997) *Lingua Universalis vs. Calculus Ratiocinator. An Ultimate Presupossition of Twentieth-Century Philosophy.* Dordrecht, Kluwer Academic.
- (1997a) Is Truth Ineffable? In: Ders. (1997): 20-45.

Hoche, Hans-Ullrich. (1976) Vom ‚Inhaltsstrich' zum ‚Waagerechten'. Ein Beitrag zur Entwicklung der Fregeschen Urteilslehre. In: Schirn, Matthias (Hg.). *Studien zu Frege. II. Logik und Sprachphilosophie.* Stuttgart, Friedrich Frommann: 87-102.

Ishiguro, Hidé. (1969) Use and Reference of Names. In: Winch, Peter (Hg.). *Studies in the Philosophy of Wittgenstein.* London, Routledge & Kegan Paul: 20-50.
- (1979) Subjects, Predicates, Isomorphic Representation, and Language Games. In: Saarinen, Esa et al. (Hg.). *Essays in Honour of Jaakko Hintikka.* Dordrecht, D. Reidel: 351-364.

Kaplan, David. (1975) What is Russell's Theory of Descriptions? In: Davidson, Donald; Harman, Gilbert (Hg.). *The logic of grammar.* Encino, Dickenson: 210-217.

Kneale, William; Kneale, Martha. (1978) *The Development of Logic.* Oxford, Clarendon.

Koellner, Peter. (2006) On the question of absolute undecidabilty. In: Philosophia Mathematica **14**(III): 153-188.

Kreisel, Georg. (1969) Informal Rigour and Completeness Proofs. In: Hintikka, Jaakko (Hg.). *The Philosophy of Mathematics.* Oxford, Oxford University Press: 78-94.

-; **Krivine, Jean-Louis.** (1972) *Modelltheorie. Eine Einführung in die mathematische Logik und Grundlagentheorie.* Berlin et al., Springer.

Kremer, Michael. (1997) Contextualism and Holism in the Early Wittgenstein: From Prototractatus to Tractatus. In: Philosophical Topics **25**(2): 87-120.
- (2001) The Purpose of Tractarian Nonsene. In: Noûs **35**(1): 39-71.
- (2002) Mathematics and Meaning in the Tractatus. In: Philosophical Investigations **25**(3): 272-302.
- (2002a) Review of: Signs of Sense: Reading Wittgenstein's Tractatus by Eli Friedlander. In: The Philosophical Quarterly **52**(209): 652-654.

Kripke, Saul. (1982) *Wittgenstein on Rules and Private Language. An Elementary Exposition.* Cambridge, Massachusetts, Harvard University Press.

Leibniz, Gottfried W. (1955) Zur Characteristica. In: Engelhardt, Wolf v. (Hg.). *Schöpferische Vernunft. Schriften aus den Jahren 1668-1686.* Münster/Köln, Böhlau: 204-209.

Mainzer, Klaus. (1975) Zur Begründung von Freges analytischen Begriffen 2. Stufe in konstruktiver Absicht. In: Thiel (1975a): 90-110.

Mayer, Verena. (2000) Der *Tractatus* als System. In: Vossenkuhl (2000): 11-33.

McCarty, Charles; Tennant, Neil. (1987) Skolem's Paradox and Constructivism. In: Journal of philosophical logic **16**: 165-202.

McDowell, John. (1981) Non-Cognitivism and Rule-Following. In: Holtzmann, Steven; Leich, Christopher L. (Hg.). *Wittgenstein: to Follow a Rule*. London, Routledge & Kegan Paul: 141-162.

McGuiness, Brian. (1981) The So-called Realism of Wittgenstein's *Tractatus*. In: Block, Irving (Hg.). *Perspectives on the Philosophy of Wittgenstein*. Oxford, Basil Blackwell: 60-73.

- (2002) Language and Reality. In: Ders. (2002b): 95-102.
- (2002a) The Path to the *Tractatus*. In: Ders. (2002b): 55-60.
- (2002b) *Approaches to Wittgenstein*. London, Routledge.

McIntosh, Clifton. (1979) Skolem's Criticisms of Set Theory. In: Noûs **13**: 313-334.

Milne, Peter. (1999) Tarski, Truth and Model Theory. In: Proceedings of the Aristotelian Society **99**: 141-167.

Moore, Gregory H. (1982) *Zermelo's Axiom of Choice: It's Origins, Development and Influence*. New York et al., Springer.

Moore, Adrian W.; Rein, Andrew (1987) Frege's Permutation Argument. In: Notre Dame Journal of Formal Logic 28(1): 51-54.

Moreno, Luis Fernàndez. (1992) *Wahrheit und Korrespondenz bei Tarski. Eine Untersuchung der Wahrheitstheorie Tarskis als Korrespondenztheorie der Wahrheit*. Würzburg, Könighsausen & Neumann.

Mostowski, Andrzej. (1972) Recent results in set theory. In: Lakatos, Imre (Hg.). *Problems in the Philosophy of Mathematics*. Amsterdam, North Holland: 82-96.

Müller, Gert H. (1965) Der Modellbegriff in der Mathematik. In: Studium Generale **18**(3): 154-166.

Myhill, John R. (1967) On the Ontological Significance of the Löwenheim-Skolem Theorem. In: Copi, Irving; Gould, James A. (Hg.). *Contemporary Readings in Logical Theory*. New York et al., The Macmillan Company et al.: 41-51.

Parsons, Charles. (1983) What is the Iterative Conception of Sets? In: Ders. *Mathematics in Philosophy. Selected Essays*. Cambridge, Massachusetts, Cornell University Press: 268-297.

Parsons, Terrence. (1987). On the Consistency of the First-Order Portion of Frege's Logical System. In: Notre Dame Journal of Formal Logic **28**: 161-168.

Potter, Michael. (2000) *Reason's Nearest Kin. Philosophies of Arithmetic from Kant to Carnap*. Oxford et al., Oxford University Press.

Putnam, Hilary. (1975) What is mathematical truth? In: Ders. *Mathematics, Matter and Method. Philosophical Papers, Volume 1*. Cambridge, Massachussetts, Cambridge University Press: 60-78.

- (1983) Models and reality. In: Ders. *Realism and Reason. Philosophical Papers, Volume 3*. Cambridge, Massachussetts, Cambridge University Press: 1-25.
- (1994) Model Theory and the "Factuality" of Semantics. In: Ders. (1994e): 351-375.
- (1994c) Rethinking Mathematical Necessity. In: Ders. (1994e): 245-263.
- (1994e) *Words and Life*. Conant, James (Hg.). Cambridge, Massachusetts, Harvard University Press.
- (2001) Was Wittgenstein *Really* an anti-Realist about Mathematics? In: McCarthy, Timothy; Stidd, Sean C. (Hg.). *Wittgenstein in America*. Oxford, Clarendon: 140-194.

Quine, Willard v. O. (1974) Truth and Disquotation. In: Henkin (1974): 373-384.
- (1981) Success and Limits of Mathematization. In: Ders. *Theories and Things*. Cambridge, Massachusetts, Harvard University Press: 148-155.
- (1986) *The Philosophy of Logic*. Cambridge, Massachusetts, Harvard University Press.

Reck, Erich H. (Hg.). (2002) *From Frege to Wittgenstein. Perspectives on Early Analytic Philosophy*. Oxford et al., Oxford University Press.

Resnik, Michael. (1966) On Skolem's Paradox. In: The Journal of Philosophy **15**: 425-438.
- (1980) *Frege and the Philosophy of Mathematics*. Ithaca, Cornell University Press.
- (1993) The Context Principle in Frege's Philosophy. In: Sluga (1993): 60- 70.
- (1993a) Frege's Context Principle Revisited. In: Sluga (1993): 123-138.

Ricketts, Thomas. (1986) Generality, Meaning, and Sense in Frege. In: Pacific Philosophical Quarterly **67**: 172-195.
- (1996) Logic and Truth in Frege. In: Proceedings of the Aristotelian Society **Supplementary Volume 70**: 121-140.
- (1996b). Pictures, logic, and the limits of sense in Wittgenstein's *Tractatus*. In: Sluga; Stern (1996): 59-99.

Russell, Betrand. (1984) Theory of Knowledge: The 1913 Manuscripts. Eames, Elizabeth R. (Hg.). London et al., Allen & Unwin.

Schröder-Heister, Peter. (1987) A Model-Theoretic Reconstruction of Frege's Permutation Argument. In: Notre Dame Journal of Formal Logic **28**(1): 69-78.

Sellars, Wilfrid. (1997) *Empiricism and the Philosophy of Mind*. Harvard University Press.

Shanker, Stuart G. (1987) *Wittgenstein and the Turning-Point in the Philosophy of Mathematics*. London, Croom Helm.

Shapiro, Stewart. (1989) Structure and Ontology. In: Philosophical Topics **17**(2): 145-169.
- (1997) *The Philosophy of Mathematics. Structure and Ontology*. New York, Oxford University Press.
- (1998) Logical Consequence: Models and Modality. In: Schirn, Matthias (Hg.). *The Philosophy of Mathematics Today*. Oxford, Clarendon Press: 131-156.
- (2005) Categories, Structures and the Frege-Hilbert Controversy: The Status of Meta-Mathematics. In: Philosophia Mathematica **13**(1): 61-77.

Sher, Gila. (1991) *The Bounds of Logic*. Cambridge, Massachussetts, The MIT Press.

Simons, Peter M. (1995) Frege's Theory of Real Numbers. In: Demopoulos, William (Hg.). *Frege's Philosophy of Mathematics*. Cambridge, Massachusetts et al., Harvard University Press: 358-385.

Sluga, Hans. (1980) *Gottlob Frege*. London et al., Routledge & Kegan Paul.
- (Hg.). (1993) *The Philosophy of Frege. III. Meaning and Ontology in Frege's Philosophy*. New York et al., Garland.
-; **Stern, Hans G.** (Hg.). (1996) *The Cambridge Companion to Wittgenstein*. Cambridge, Massachussetts et al., Cambridge University Press.

Stenius, Erick. (1964) *Wittgenstein's Tractatus. A critical Exposition of its main lines of thought*. Oxford, Basil Blackwell.

Tait, William W. (Hg.) (1997) *Early Analytic Philosophy. Frege, Russell, Wittgenstein*. Chicago et al., Open Court.

Tarski, Alfred. (1935) Der Wahrheitsbegriff in den formalisierten Sprachen. In: Studia Philosophica **1**: 261-404.
- (1936) Über den Begriff der logischen Folgerung. In: *Actes du congrès international de philosophie scientifique. VII. Logique*. Paris, Hermann & Cie: 1-11.
- (1993) Truth and Proof. In: Hughes, Richard I. G. (Hg.). *A philosophical companion to first-order logic*. Indianapolis, Hackett: 101-125.

Thiel, Christian. (1965) *Sinn und Bedeutung in der Logik Gottlob Freges*. Meisenheim am Glan, Anton Hain.
- (1975) Zur Inkonsistenz der Fregeschen Mengenlehre. In: Ders. (1975a): 134-159.
- (Hg.) (1975a) *Frege und die moderne Grundlagenforschung*. Meisenheim am Glan, Anton Hain

Tiles, Mary. (1989) *The Philosophy of Set Theory. An Historical Introduction into Cantor's Paradise*. London, Basil Blackwell.

Tugendhat, Ernst. (1976) Die Bedeutung des Ausdrucks ‚Bedeutung' bei Frege. In: Schirn, Matthias (Hg.). *Studien zu Frege. III. Logik und Semantik*. Stuttgart, Friedrich Frommann: 51-70.

Van Heijenoort, Jean. (1967) Logic as Calculus and Logic as Language. In: Synthese **17**: 324-330.

Vaught, Robert L. (1974) Model Theory before 1945. In: Henkin (1974): 153-172.

Von Kibéd, Matthias V. (2000) Variablen im *Tractatus*. In: Vossenkuhl (2000): 209-229.

Von Kutschera, Friedrich. (1976) Freges Begründung der Analysis. In: Schirn, Matthias (Hg.). *Studien zu Frege. I. Logik und Philosophie der Mathematik*. Stuttgart, Friedrich Frommann:301-312.

Von Wright, Georg H. (1982) Ludwig Wittgenstein: A Biographical Sketch. In: Ders. (1982a): 13-34.
- (1982a) *Wittgenstein*. Oxford, Basil Blackwell.

Vossenkuhl, Wilhelm. (Hg.). (2000) *Tractatus logico-philosophicus. Klassiker Auslegen 10*. Berlin, Akademie.

Weiner, Joan. (1997) Has Frege a Philosophy of Language? In: Tait (1997): 249-273.

Wilson, Mark. (2006) *Wandering Significance. An Essay on Conceptual Behaviour.* Oxford, Clarendon Press.

Wittgenstein, Ludwig. (1958) *Preliminary Studies for the "Philosophical Investigations" generally known as the blue and brown books.* Oxford, Basil Blackwell.
- (1966) Some Remarks on Logical Form. In: Copi, Irving; Beard, Robert W. (Hg.). *Essays on Wittgenstein's Tractatus.* London, Routledge & Kegan Paul: 31-37.
- (1973) *Letters to C.K. Ogden with Comments on the English Translation of the Tractatus-Logico-Philosophicus.* Von Wright, Georg H. (Hg.). Oxford, London, Basil Blackwell, Routledge & Kegan Paul.
- (1974) *Bemerkungen über die Grundlagen der Mathematik.* Anscombe, Gertrude E. M. et al. (Hg.). Frankfurt a.M., Suhrkamp.
- (1976) *Wittgenstein's Lectures on the Foundations of Mathematics. Cambridge, 1939.* Diamond, Cora (Hg.). Hassocks, Sussex, The Harvester Press.
- (1979) Notes on Logic. In: Ders. (1979c): 93-107.
- (1979a) Notes Dictated to G.E. Moore in Norway. In: Ders. (1979c): 108-119.
- (1979b) *Wittgenstein's Lectures, Cambridge, 1932-1935.* Ambrose, Alice; MacDonald, Margaret (Hg.). Oxford, Basil Blackwell.
- (1979c) *Notebooks 1914-1916.* Von Wright, Georg H. (Hg.). Chicago, The University of Chicago Press.
- (1980) *Wittgenstein's Lectures, Cambridge, 1930-1932.* Lee, Desmond (Hg.). Oxford, Basil Blackwell.
- (1980a) *Briefe.* McGuiness, Brian; Von Wright, Georg H. (Hg.). Frankfurt a.M., Suhrkamp.
- (1984a) Tagebücher 1914-1916. In: *Werkausgabe Bd. 1.* Frankfurt a. M., Suhrkamp: 87-187.
- (1984b) Philosophische Untersuchungen. In: *Werkausgabe Bd. 1.* Frankfurt a. M., Suhrkamp: 225-580.
- (1984c) *Werkausgabe Bd. 2. Philosophische Bemerkungen.* Frankfurt a. M., Suhrkamp.
- (1984d) *Werkausgabe Bd. 4. Philosophische Grammatik.* Frankfurt a. M., Suhrkamp.
- (1984e) Letzte Schriften über die Philosophie der Psychologie. In: *Werkausgabe Bd. 7.* Frankfurt a. M., Suhrkamp: 347-478.
- (1984f). Über Gewissheit. In: *Werkausgabe Bd. 8.* Frakfurt a. M., Suhrkamp: 113-258.
- (1984g) Zettel. In: *Werkausgabe Bd. 8.* Frankfurt a. M., Suhrkamp: 259-444.
- (1989) *Logisch-philosophische Abhandlung. Kritische Edition.* McGuiness, Brian; Schulte, Joachim (Hg.). Frankfurt a. M., Suhrkamp.
- (1995) Bemerkungen zur philosophischen Grammatik. In: *Wiener Ausgabe. Bd. 4.* Nedo, Michael (Hg.). Wien et al., Springer: 1-270.
- (1995a) *Cambridge Letters. Correspondence with Russell, Keynes, Moore, Ramsey and Sraffa.* Oxford, Blackwell.
- (2000) *The Big Typescript.* Nedo, Michael (Hg.). Wien et al., Springer.

Wright, Crispin. (1983) *Frege's Conception of Numbers as Objects.* Aberdeen, Aberdeen University Press.
- (Hg.). (1984) *Frege. Tradition & Influence.* Oxford, Basil Blackwell.